全国各类高等院校食品加工工艺专业"十三五"规划与创新系列教材

果蔬贮藏与加工技术

主　编　王彩霞

中国商业出版社

图书在版编目(CIP)数据

果蔬贮藏与加工技术 / 王彩霞主编. —北京:中国商业出版社,2017.9
ISBN 978-7-5044-9917-2

Ⅰ.Ⅰ.①果… Ⅱ.①王… Ⅲ.①果蔬保藏②果蔬加工 Ⅳ.①TS255.3

中国版本图书馆 CIP 数据核字(2017)第 137193 号

责任编辑:蔡 凯

中国商业出版社出版发行
010-63180647　www.c-cbook.com
(100053　北京广安门内报国寺 1 号)
新华书店经销
北京世嘉印刷有限公司印刷
* * * * *
787×1092 毫米　1/16　18.5 印张　400 千字
2017 年 9 月第 1 版　2017 年 9 月第 1 次印刷

定价:55.00 元

* * * *
(如有印装质量问题可更换)

前 言

《果蔬贮藏加工技术》是经济林专业、园林专业、生物技术专业、食品专业、烹饪专业以及相关专业学生和科研人员、工程技术人员的必修课程。本书是根据经济林专业、园林专业人才培养目标编写的,也可以作为中等职业学校及相关专业学生和其他相关专业科研、技术人员的参考书。

本人多年从事果蔬贮藏加工、葡萄酒酿造与欣赏、营养学教学的科研和检验工作,编写的《果蔬贮藏与加工学》在我院教学中使用五年多,本次编写《果蔬贮藏加工技术》。果蔬贮藏加工学是经济林果类、食品类、园艺类、园林类专业必修的课程。全书包括果蔬贮运基础知识、果蔬商品化处理、果蔬贮藏质量控制方式、常见果蔬贮藏技术、果蔬加工基础知识、常见果蔬加工技术、国内外果蔬贮藏加工新技术等内容;实验实训主要包括果蔬呼吸强度、可溶性固形物、含酸量,果蔬加工案例等多项内容。全书构思创新,图文并茂,直观易懂,突出实践,便于操作。果蔬贮藏加工技术采用流程图的形式展现在读者的面前,同时针对每一个品种贮藏加工中的问题,提出相应的应对措施。根据学生的专业特点和基础知识背景,从应用的角度,较系统地阐述果蔬贮藏与加工学的基本理论和技能。

本书由甘肃林业职业技术学院园林系教授王彩霞任主编,以甘肃民族出版社出版,王彩霞主编的《果蔬贮藏与加工学》为主要参考,根据教学需要,侧重贮藏加工技术,在第三章增加了冰窖贮藏内容;在第四章增加了芒果贮藏技术;第五章增加了加工厂筹建。甘肃林业职业技术学院王小妹老师审稿并编写了第一章,共5.6万字,张欣负责全部图表的绘制整理,并编写了第二章,共4.2万字。

本书编写过程中,受到王小妹等同志的大力支持,在此深表感谢!

本书编写过程中,征求过一些高职高专食品和烹饪专业教师的意见和建议,王彩霞主编的《果蔬贮藏与加工学》,在本校的园林和生物技术专业、经济林教学中使用了五年,并根据这些师生的建议做了章节的增添修改。对此,深表谢意。

本书适用于高等职业院校的学生及从事果蔬贮藏加工技术的生产、经营及企业策划的读者群。

由于作者水平有限、经验不足,加之时间仓促,不妥之处在所难免,敬请广大读者批评指正。

编者

2017 年 9 月

目 录

绪 论 ·· (1)

第1章 果蔬贮运基础知识 ·· (12)
  1.1 采前因素与果蔬质量的关系 ·· (13)
  1.2 果蔬中的化学特性与品质鉴定 ·· (18)
  1.3 采后生理对果蔬贮运的影响 ·· (29)
  实验实训一 果实呼吸强度的测定 ·· (46)
  实验实训二 果蔬中可溶性固形物含量的测定(折光仪法) ································ (48)
  实验实训三 果蔬含酸量的测定 ·· (49)
  实验实训四 果蔬硬度的测定 ·· (51)

第2章 果蔬商品化处理 ·· (52)
  2.1 果蔬采收 ·· (52)
  2.2 果蔬采后商品化处理 ·· (57)
  2.3 果蔬商品化运输 ·· (60)
  实验实训一 选择1—2种果蔬进行商品化处理 ·· (64)
  实验实训二 香蕉催熟处理 ·· (65)
  实验实训三 柿子脱涩处理 ·· (66)

第3章 果蔬贮藏质量控制方式 ·· (68)
  3.1 简易贮藏 ·· (68)
  3.2 通风贮藏 ·· (74)
  3.3 人工冷却贮藏库贮藏 ·· (82)
  3.4 气调贮藏 ·· (90)
  3.5 贮藏新技术 ·· (98)
  实验实训一 果蔬贮藏环境中氧和二氧化碳含量的测定 ································ (104)
  实验实训二 当地主要贮藏设施性能指标调查 ·· (106)

— 1 —

第4章 常见果蔬贮藏技术 (107)

4.1 落叶果树果品贮藏技术 (107)
4.2 果树果品贮藏技术 (129)
4.3 常见蔬菜贮藏技术 (149)
实验实训一 常见果蔬贮藏病害识别 (179)
实验实训二 果蔬贮藏保鲜品质鉴定 (180)

第5章 果蔬加工生产技术 (183)

5.1 果蔬加工厂的筹建 (183)
5.2 果蔬加工品的种类 (188)
5.3 果蔬加工用水 (191)
5.4 果蔬加工对食品添加剂的要求 (195)
5.5 果蔬加工的原料处理 (198)
5.6 罐制品 (204)
5.7 干制品 (219)
5.8 汁制品 (229)
5.9 糖制品 (239)
5.10 腌制品 (247)
5.11 酒制品 (256)
5.12 速冻制品 (269)
5.13 果蔬副产品的综合利用及开发 (281)
实验实训一 水果罐头制作 (288)
实验实训二 果蔬干制品制作 (288)

绪 论

一、我国果蔬贮运、保鲜现状及发展趋势

随着我国改革开放的深入，果蔬产业迅速发展。蔬菜、水果已成为继粮食之后我国种植业中的第二和第三大产业，从1993年开始，水果产量跃居世界第一位，成为世界上水果第一大国。2003年果园面积9436.7千公顷（14155万亩），产量7551万吨。其中，苹果、梨、桃、李、柿的产量均居世界各国之首，苹果产量占世界总产量的40%以上，梨产量占60%左右；柑橘产量仅次于巴西和美国，列第三位；全世界荔枝70%产于中国。山东是我国第一大水果主产省区，年产量1060万吨，之后依次为河北（767万吨）、广东（718万吨）、陕西（621万吨）。2004年全国蔬菜种植面积17954千公顷，产量54032万吨，居世界第一。

果蔬（特别是水果）生产存在较强的季节性、区域性以及本身属易腐性商品，这与消费者对果蔬需求的多样性及淡季调节的迫切性相矛盾，因此果蔬贮藏保鲜工作越来越受到人们的重视。但我国果蔬贮运保鲜的基础研究起步较晚，对于某些果蔬生命活动变化、腐烂变质机理的研究仍显不够，把研究重点放在大宗品种上，而对于经济价值较高的珍稀果蔬和新品种的贮藏保鲜技术研究却不甚成熟，甚至严重缺乏。

（一）我国果蔬贮藏运、保鲜概况

改革开放以来，我国果蔬贮运保鲜与加工技术总体水平取得了阶段性发展，果蔬采后贮藏加工业发展迅猛，大宗果蔬贮藏已基本解决，基本实现南北调运与长期供应，为丰富市场供应，满足城乡居民的消费起到一定的作用，并已经成为国民经济充满活力和后劲的增长亮点。目前，我国果品总贮量占总产量的25%以上，商品化处理量约为10%，果品加工能力约为6%，蔬菜加工能力约为10%。果蔬采后损耗率降至25%~30%，贮藏、加工业也得到了长足的发展，步入了新的历史阶段。

1. 形成几大贮藏区域和主要贮藏品种

我国果蔬全国各地均有贮藏，但受果蔬产地、品种、采收时间、采收期的长短、耐贮藏

性能以及经济能力等因素的影响，果蔬贮藏形成了比较集中的几个特色区域，主要有山东、河北、河南、陕西、江苏、山西、新疆等地，并且区域性的发展形成了一些冷库群，例如：山东的烟台（贮藏苹果为主，兼有洋葱、蒜薹贮藏）、苍山（贮藏蒜薹为主）、金乡（贮藏大蒜、蒜薹、洋葱为主）、寿光（贮藏蒜薹为主）、莒县（贮藏苹果、蒜薹为主）、莱芜（贮藏大蒜、蒜薹为主），这些冷库群贮藏量都在10万吨以上，金乡更是有贮藏库1000余座，贮藏能力达80万吨，另外还有滨州的冬枣小贮藏库群；河北的藁城、深泽、魏县等冷库群（贮藏鸭梨、蒜薹为主），其中深泽的西小丰村就有100多座冷库；河南的中牟、郑州（以贮藏蒜薹、大蒜为主）、西华（贮藏苹果为主）；陕西的西安、周至（以贮藏苹果、猕猴桃、蒜薹为主）、渭南（以贮藏苹果为主），其中渭南市有冷库、气调库140多座，贮藏能力20多万吨，成为西北最大的果品冷藏库群；最近几年山东、陕西、新疆发展较快，山东省2004年新增700多库洞，增加容量约30万吨，2005年又新增280多个，增加容量约12万吨。

2. 采后商品化处理、贮藏保鲜引起重视，贮藏能力不断扩大。

我国自上世纪70年代末80年代初较大规模的果品冷库和简易果品贮藏库建设开始，建设速度不断加快，特别是随着果蔬出口量的逐年增多，采后商品化处理逐渐受到重视，近年来已引进和自行设计制造100多条水果商品化处理生产线用于生产，果品贮藏保鲜体系已基本形成。全国果蔬贮藏量很难统计出一个准确数字，大约我国有各种类型的果蔬冷库3万余座，水果贮藏量约占总产量的25%。

3. 贮藏保鲜技术和设施进一步发展

我国果蔬现代化贮藏保鲜技术研究起步较晚，但自"六·五"以来，国家连续把果蔬采后技术研究作为重点攻关项目开展联合攻关，目前果品贮藏保鲜综合技术体系已基本形成，使果品贮藏从土法迅速发展到大规模利用简易节能库贮藏、冷藏、CA贮藏等商业化贮藏。PE塑料袋包装、PVC透湿保鲜袋包装、PE、PVC大帐及硅橡胶膜等MA气调贮藏技术研究与应用也有较大发展。

从在消费大城市建销地冷库为主，转到了主产地建库贮藏产品；传统的简易贮藏方式转向了冷藏以及气调贮藏的大规模商业性贮藏；化学保鲜（包括吸附型保鲜剂保鲜、防护型保鲜剂保鲜、植物生长调节剂保鲜）和MA保鲜包装的已成功应用；目前在以冷藏手段为主，气调贮藏起步发展的形势下，已开展了减压贮藏保鲜、高压保鲜、电子保鲜、磁场保鲜、电离辐射保鲜、生物技术保鲜、遗传工程保鲜等的试验研究，并均取得了初步效果，正在进一步扩大试验，不断细化和完善工艺方法。

（二）我国果蔬贮运、保鲜中存在的主要问题

产后果蔬贮运、保鲜业是我国农业中的薄弱部分，也是最有发展潜力的产业。从世界发达国家农产品产值构成来看，农产品产值的70%以上是通过产后的贮运、保鲜、加

工等环节来实现的。20世纪90年代初，产后产值与采收时自然产值的比例，美国为3.7:1，日本为2.2:1，我国仅为0.38:1。

1. 贮藏能力总体不足，局部过剩，规模有限，设施落后，利用率低

1978年到1998年，我国果品产量从657万吨增加到5452.9万吨，增长了7.3倍。而目前果品贮藏能力仅为1700万吨左右，约为总产的31.18%，远远低于世界发达国家；其中冷藏能力1000万吨左右，约为总产的18.34%；特别是现代化的气调贮藏在世界发达国家已广泛使用，如法国、意大利、德国、美国等已达50%~70%。1994年意大利的布茨气调贮藏就已达95%，而我国的气调贮藏却刚刚起步。全国已有各种类型的冷库3万余座，机械制冷占贮藏果品的1/3左右，总容量达600余万吨，气调训贮藏仅200余万吨，由于技术和效益等方面的原因，气调库的利用率不高；尽管我国贮藏设施和规模发展很快，但还是远远落后于果品产量的提高，不能满足经济发展和人民生活的日益增长需求，由于大部分果品仍集中上市，不能拉开上市销售时间；大部分果品还不能使用冷源车运输，实现冷源车运输的只占果品贮藏量的10%左右，因此不能实现正常的冷链运输和贮藏。果品的采后损失平均在30%左右，有的高达50%。

但在某些区域却冷库成群，出现在收购季节互相抬价收购产品，高价雇用工人，销售时又竞相降价出售的局面，并致使某些贮藏品种（如白蒜薹）几乎全部入库贮藏，没有应时消费。据有关专家分析预测，到2010年，我国果品总产将达到9300万吨，人均占有量达到67.7kg，接近80年代世界发达国家人均70kg的水平，因此，贮藏设施的配套问题必须引起高度重视。

2. 贮藏品种单一，新品种贮藏技术缺乏

目前真正商业性贮藏的品种较少，主要有苹果、传统品种梨、柑橘、猕猴桃、香蕉、部分品种葡萄、大蒜、蒜薹、洋葱等，其他各品种贮藏技术大都处于研究阶段，应用技术不够成熟，商业性贮藏很少；新品种贮藏技术缺乏，致使有些优良新品种刚刚开始形成产量，就已出现卖果难的问题（如黄金梨等新品种梨）。我国果品贮运技术的研究与我国果品种植的品种、规模和市场需求相比，差距还很大，与国际相比我们的研究还不深入，有很多领域还有待加强，由于管理和经费等方面原因，使研究工作与市场脱节，缺乏连续性和系统性，对果品的采后生理规律不能深入系统研究，也限制了新技术的开发和应用。

3. 果品采收标准不统一，果蔬采后商品化处理不完善

美国等发达国家果蔬采后商品化处理率达80%以上，切割菜和净菜量占70%以上，苹果、甜橙、香蕉等水果已实现周年贮运销世界各地。现代果蔬采后保鲜处理和商品化处理技术、"冷链"技术、现代果蔬加工技术等已广泛应用，并建立了完善的产业技术管理体系，果蔬经产后商品化处理和深加工可增值2~3倍。而我国果蔬商品化处理最近几年刚刚开始，商品化处理量仅占总产量的10%，切割果蔬保鲜等商品化处理几乎是一个空白，果蔬产后贮运、保鲜等商品化处理与发达国家相比差距更大，尤其"冷链"技术更显薄弱。

我国在实践中果品的贮藏标准不明确，或并执行不严格，掌握标准不一致的现象经常出现，造成贮藏果品的质量不高，贮藏期缩短。我国贮运企业对果品的贮前商品化处理重视不够，大部分果品是以原始状态上市，不分等级，没有包装，更没有预冷等采后贮前处理措施，再加上贮藏运输设施性能不完善，不能实现系统冷链流通等原因，果品在贮运过程中往往会造成不应有的损失，浪费大量的人力、物力和财力；难以满足人民对消费果品花色品种多样性、新鲜干净、营养好等方面的消费需要，而且还会造成我国贮藏果品在国际市场上缺乏竞争力，不能实现果品的真正价值。

4. 标准少且不完善

一是果品贮藏加工质量标准偏少。水果贮藏的国家标准只有《苹果冷藏技术》，《柑橘贮藏》，《芒果贮藏导则》，《鲜食葡萄冷藏技术》，《梨冷藏技术》商业部标准等。多数水果采后包装、冷藏、气调贮藏、催熟、销售等流通过程都缺少相应标准，而且现行标准多为推荐性标准。有关水果的气调贮藏技术标准目前既无国家标准，也无行业标准，尚属空白。二是标准标龄过长，跟不上科技与市场的发展。我国果品贮藏加工的国家标准多数制订于80年代末90年代初，标龄普遍过长，如：《苹果冷藏技术》1987年颁布，《柑橘贮藏》1989年颁布，《鲜食葡萄冷藏技术》1997年颁布，《梨冷藏技术》商业部标准1992年颁布。另外，考虑到国内技术水平低，工艺流程和设备落后的状况，有些标准在制订时所定的水平偏低，此外由于标准的修订工作不及时，导致不少果蔬产品包括果品贮藏加工的国家标准明显落后于国际先进标准，已跟不上科技与市场的发展。三是标准实施状况差。随着我国果蔬贮藏保鲜技术的发展，全国各地相应建起许多大型的冷藏及气调保鲜库，并实行企业化管理。然而，由于质量标准意识较差，标准实施缺少明确的监管部门，政府投入资金有限，宣传、示范推广力度不够、生产者素质较低等原因，已制定的标准一直都没有能够得到很好地贯彻实施，最终导致"无标可依，有标不依，执标不严，违标不究"的现象，果品贮藏加工标准的实施状况不容乐观。

5. 贮运保鲜技术研究起步较晚，技术力量相对较弱，技术研究投入不足

我国果品贮运技术的研究与我国果品种植的品种、规模和市场需求相比，差距还很大，与国际相比我们的研究还不深入，有很多领域还有待加强，由于管理和经费等方面原因，使研究工作与市场脱节，缺乏连续性和系统性，对果品的采后生理规律不能深入系统研究，也限制了新技术的开发和应用。

6. 科研推广体制有待完善,推广力度不够

虽然国家和各级政府对技术的重视程度大大提高,但总体投入不足,并且有"抓大放小"的思想观念,强调大宗品种的技术推广,忽视了新品种的贮藏保鲜研究,严重阻碍了新品种产业链的发展。在技术推广方面缺少有效的组织和政府干预强制推广手段,有些企业领导,能用千元吃一顿饭,却不舍得花百元培训技术人员,因此,只靠一些研究部门自身的热情和资金远远不够。

7. 新技术应用受资金、意识和消费水平限制

一些经济落后地区,没有太多的资金投入新技术设施建设,而有些企业又思想保守,满足于现状,如:有的认为一般冷藏就不错了,没必要采用气调贮藏。在某些消费区域存在好果卖不上好价格的现象,这些都制约了新技术的应用和推广。

技术推广力量薄弱果品的贮藏保鲜技术实用性和时效性很强,新技术新工艺不断出现,需要不断地深入探索,这就要求及时将科研成果转化为生产力,同时通过完善的推广体系将生产实践中的信息反馈回来,指导科研工作的深化。

二、果蔬加工业的发展现状和差距

(一)果蔬加工业的发展现状

近年来,我国的果蔬加工业取得了巨大的成就,果蔬加工业在我国农产品贸易中占据了重要地位。目前,我国的果蔬加工业已具备了一定的技术水平和较大的生产规模,外向型果蔬加工产业布局已基本形成。

1. 果蔬种植已形成优势产业带

目前,我国果蔬产品的出口基地大都集中在东部沿海地区,近年来产业正向中西部扩展,"产业西移转"态势十分明显。

我国的脱水果蔬加工主要分布在东南沿海省份及宁夏、甘肃等西北地区,而果蔬罐头、速冻果蔬加工主要分布在中南沿海地区。在浓缩汁、浓缩浆和果浆加工方面,我国的浓缩苹果汁、番茄酱、浓缩菠萝汁和桃浆的加工占有非常明显的优势,形成非常明显的浓缩果蔬加工带,建立了以环渤海地区(山东、辽宁、河北)和西北黄土高原(陕西、山西、河南)两大浓缩苹果汁加工基地;以西北地区(新疆、宁夏和内蒙古)为主的番茄酱加工基地和以华北地区为主的桃浆加工基地;以热带地区(海南、云南等)为主的热带水果(菠萝、芒果和香蕉)浓缩汁与浓缩浆加工基地。而直饮型果蔬及其饮料加工则形成了以北京、上海、浙江、天津和广州等省市为主的加工基地。

2. 装备水平明显提高

果蔬汁加工领域:高效榨汁技术、高温短时杀菌技术、无菌包装技术、酶液化与澄清技术、膜技术等在生产中得到了广泛应用。果蔬加工装备，如苹果浓缩汁和番茄酱的加工设备基本是从国外引进的最先进的设备。在直饮型果蔬汁的加工方面，中国的大企业集成了国际上最先进的技术装备，如从瑞士、德国、意大利等著名的专业设备生产商，引进利乐、康美包、PET瓶无菌灌装等生产线，具备了国际先进水平。

果蔬罐头领域：低温连续杀菌技术和连续化去囊衣技术在酸性罐头（如橘子罐头）中得到了广泛应用；引进了电脑控制的新型杀菌技术，如板栗小包装罐头产品；包装方面EVOH材料已经应用于罐头生产；纯乳酸菌的接种使泡菜的传统生产工艺发生了变革，推动了泡菜工业的发展。

脱水果蔬领域：尽管常压热风干燥是蔬菜脱水最常用的方法，但我国能打入国际市场的高档脱水蔬菜大都采用真空冻干技术生产。另外，微波干燥和远红外干燥技术也在少数企业中得到应用。我国研制的真空冻干技术设备取得了可喜的进步，一些国内知名冻干设备生产厂家的技术水平已达到国际20世纪90年代同类产品的先进水平。

技术有了许多重大发展。首先是速冻果蔬的形式由整体的大包装转向经过加工鲜切处理后的小包装；其次是冻结方式开始广泛应用以空气为介质的吹风式冻结装置、管架冻结装置、可连续生产的冻结装置、流态化冻结装置等，使冻结的温度更加均匀，生产效益更高；第三是作为冷源的制冷装置也有新的突破，如利用液态氮、液态二氧化碳等直接喷洒冻结，使冻结的温度显著降低，冻结速度大幅度提高，速冻蔬菜的质量全面提升。在速冻设备方面，我国已开发出螺旋式速冻机、流态化速冻机等设备，满足了国内速冻行业的部分需求。

在果蔬物流领域：主要果蔬，如苹果、梨、柑橘、葡萄、番茄、青椒、蒜薹、大白菜等贮藏保鲜及流通技术的研究与应用方面基本成熟，MAP技术、CA技术等已在我国主要果蔬贮运保鲜业中得到广泛应用。

3. 国际市场优势日益明显

在农产品出口贸易中，果蔬加工品占有重要的比重。据统计，2003年我国农产品出口贸易额为210亿美元，其中果蔬及加工品出口额居第二位，达到了近40亿美元。2003年，苹果浓缩汁出口量达到46万吨，番茄酱出口量达到40万吨，速冻果蔬出口35万吨，脱水果蔬出口21.39万吨，果蔬罐头162万吨，鲜食果蔬出口超过170万吨。我国的果蔬汁中，苹果浓缩汁生产能力达到70万吨以上，为世界第一位，番茄酱产量位居世界第三，生产能力为世界第二，而直饮型果蔬汁则以国内市场为主。经过多年的发展，逐步建立了稳定的销售网络和国内外两大消费市场。

我国的果蔬罐头产品已在国际市场上占据绝对优势和市场份额，如橘子罐头占世界产量的75%，占国际贸易量的80%以上；蘑菇罐头占世界贸易量的65%；芦笋罐头占世界贸易量的70%。蔬菜罐头出口量超过120万吨，水果罐头超过42万吨。

我国脱水蔬菜出口量居世界第一,年出口平均增长率高达18.5%。2003年,我国脱水蔬菜出口21.39万吨,出口创汇4.46亿美元。出口的脱水菜已有20多个品种。

速冻果蔬以速冻蔬菜为主,占速冻果蔬总量的80%以上,产品绝大部分销往欧美国家及日本,年出口平均增长率高达31%,年创汇近3亿美元。我国速冻蔬菜主要有甜玉米、芋头、菠菜、芦笋、青刀豆、马铃薯、胡萝卜和香菇等20多个品种。

4. 标准体系初步形成

我国已在果蔬汁产品标准方面制定了近60个国家标准与行业标准(农业行业、轻工行业和商业行业),这些标准的制定以及GMP与HACCP的实施,为果蔬汁产品提供了质量保障;在果蔬罐头方面,已经制定了83个果蔬罐头产品标准,而对于出口罐头企业则强制性规定必须进行HACCP认证,从而有效保证了我国果蔬罐头产品的质量;在脱水蔬菜方面,我国已制定《无公害食品脱水蔬菜》等标准,以保证脱水蔬菜产品的安全卫生;在速冻果蔬方面,我国已制定了一批速冻食品与产品标准,包括"速冻食品技术规程"、无公害食品速冻葱蒜类蔬菜、豆类蔬菜、甘蓝类、瓜类蔬菜及绿叶类蔬菜标准,并正在大力推行市场准入制;在果蔬物流方面,与蔬菜有关的标准目前已制定了269项,其中蔬菜产品标准53项,农残标准52项,有关贮运技术的标准10项。

(二)问题与差距

尽管我国的果蔬加工产业无论是加工能力、技术水平、装备硬件以及国内外市场都取得了较大的进步和快速的发展,但是与国外发达国家相比仍然存在一定的差距。

1. 专用加工品种缺乏和原料基地不足

我国在果蔬加工原料的选育方面取得了一定的进步,但是适合加工的果蔬品种仍然很少,制约了果蔬加工业的良性发展。例如,浓缩苹果汁加工长期以来以鲜食品种为原料进行加工,制约了产品质量的进一步提高,产品的出口价格低,经济效益不高。又如,在脱水果蔬及速冻果蔬方面,加工企业多数没有自己的优质蔬菜加工原料基地,如国际贸易中占主导地位的脱水马铃薯、洋葱、胡萝卜及速冻豌豆、马铃薯等大品种,我国加工量较少。

2. 加工装备国产化水平低

尽管高新技术在我国果蔬加工业得到了逐步应用,加工装备水平也得到了明显提高,尽管我国的果蔬加工业发展迅速,但"装备靠引进、技术靠仿效、市场靠国外、规模靠资源、效益靠代价、竞争靠降价"的局面没有得到根本解决。由于缺乏具有自主知识产权的核心关键技术与关键制造技术,造成了我国果蔬加工业总体加工技术与加工装备制造技术水平偏低。

果蔬汁加工领域:无菌大罐技术、PET瓶和纸盒无菌灌装技术、反渗透浓缩技术等没有突破；关键加工设备的国产化能力差、水平低，特别是在榨汁机、膜过滤设备、蒸发器、PET瓶和纸盒无菌灌装系统等关键设备的国产化方面难度大，国内难以生产能够在设备性能方面相似的加工设备。

罐头加工领域：加工过程中的机械化、连续化程度低，对先进技术的掌握、使用、引进、消化能力差。在泡菜产品方面，沿用老的泡渍盐水的传统工艺，发酵质量不稳定，发酵周期相对较长，生产力低下，难以实现大规模及标准化工业生产。

脱水果蔬加工领域：目前我国生产脱水蔬菜大多仍采用热风干燥技术，设备则为各种隧道式干燥机，而国际上发达国家基本上不再采用隧道式干燥机，而常用效率较高、温度控制较好的托盘式干燥机、多级输送带式干燥机和滚筒干燥机。在喷雾干燥设备方面，我国研发的干燥塔的体积蒸发强度和国外同类产品的体积蒸发强度相比差距很大。

果蔬速冻加工领域：我国果蔬速冻工业，在加工机理和工艺方面的研究不足。尤其值得注意的是，国外在深温速冻对物料的影响方面，已有较深入的研究，对一些典型物料"玻璃态"温度的研究通过建立数据库，已转入实用阶段。解冻技术对速冻蔬菜食用质量有重要影响，在发达国家，随着一些新技术逐渐应用于冷冻食品的解冻，对微波解冻、欧姆解冻、远红外解冻等机理研究和技术开发较为热门。在速冻设备方面，目前国产速冻设备仍以传统的压缩制冷机为冷源，其制冷效率有很大限制，要达到深冷就比较困难。国外发达国家为了提高制冷效率和速冻品质，大量采用新的制冷方式和新的制冷装置。以液态氮、液态二氧化碳等直接喷洒的制冷装置自20世纪80年代以后就逐渐运用到速冻机中，这些制冷装置可以使温度下降到比氨压缩机低得多的深冷程度。

果蔬物流加工领域：我国在鲜切果蔬技术研究方面的工作才刚刚起步，如在鲜切后蔬菜的生理与营养变化及防褐保鲜技术方面开展了一些初步研究，但尚未形成成熟技术。在无损检测技术方面，我国尚处于初始研究阶段，与世界先进水平存在巨大差距。在整个冷链建设方面，预冷技术的落后已经成为制约性问题。现代果蔬流通技术与体系尚处于空白阶段。目前，我国进入流通环节的蔬菜商品未实现标准化，基本上是不分等级、规格，卫生质量未经任何检查便直接上市，而且没有建立完整而切实可行的卫生检验制度及检验方法；流通设施不配套，运输工具和交易方式还十分落后，因此导致我国的果蔬物流与交易成本非常高，与发达国家相比平均高20个百分点。

3. 标准体系尚不完善

我国的果蔬标准体系仍不完善，标准的可操作性和指导性不强，行业标准相互交叉、重叠。产品标准制定不科学难以真实反映产品的质量状况；感观指标中描述性语言过多，缺乏量化指标。HACCP已成为国际公认的食品安全保证体系。联合国食品法规委员会（CAC）规定HACCP体系作为食品企业保证食品安全的强制标准，但在我国只是一些出口型或大型企业进行HACCP安全质量体系认证，国家对内销企业还没有强制性要求,很多企业对HACCP体系的内涵和意义认识不够,甚至有些已经通过HACCP认证的企业在具体的生产过程中也没有严格按照HACCP体系的要求去做。

4. 综合利用水平低

中国已发展成为世界果蔬和加工品的最大出口国,但很多是以半成品的形式出口,到国外后仍要进行深加工或灌装,产品附加值较低。高附加值产品少,特别是对原料的综合利用程度低,皮渣中果胶、果蔬天然香精、膳食纤维、色素、籽油等精深加工产品的产业化核心技术没有突破。

5. 企业规模小行业集中度低

果蔬加工行业通过资本运作,逐步进行企业的并购与重组,企业规模不断扩大,行业集中度日益增高,产生了一批农业产业化龙头企业,产业规模得以迅速扩张,但依然处于企业的加工规模小、抗风险能力差、产品单一、产品销路不畅、竞争力差的发展阶段。

更重要的是,我国果蔬加工企业的研发与创新能力十分薄弱,核心竞争力实质只是所谓的"低价格优势"。在国外,绝大部分企业都设有企业的研发部门或研发中心,进行新产品的开发,一般企业的研发费用占销售收入2%~3%以上。但是,国内的大部分加工企业不重视产品的研发和科技投入,不注重企业人才培养与引进,造成企业研发人才和研发设施缺乏,从而导致企业研发与创新能力差、技术水平落后、产品难以满足市场需求。

(三)我国果蔬贮藏、加工业的发展趋势对策

为了使我国的果蔬贮藏、加工行业能适应这种形势的发展,我国果蔬工作者应注意以下几点:

1. 强商品意识,提高果蔬产品质量

量是商品的生命,优质才能优价。既然国外果蔬能够大量涌入国内市场,说明我国的销售难不是消费水平和消费容量的问题,而是产品质量的问题。因此,我国果蔬要与洋果蔬竞争,我国果蔬生产者首先要增强商品意识,要积极采取必要的栽培管理技术措施,如疏花疏果、病虫害防治等,以提高果品质量。

荔枝、龙眼、板栗、大枣等果品是我国加入WTO后的优势水果品种,但首先要解决贮藏保鲜问题才能与国外水果竞争。目前荔枝、大枣的保鲜技术尚未攻克,板栗的产地贮藏保鲜尚未解决,而我国龙眼的保鲜技术相当落后。因此,要加大科研资金投入和先进贮藏保鲜技术的推广,突破传统的贮藏保鲜模式,这对进一步促进我国水果产业的发展,提高经济效益有着非常重要的意义。

2. 优化果蔬品种结构

所谓果蔬品种结构优化,包括两层含义:其一是果蔬品种结构适应市场的需求,即

不同果蔬品种之间的比例合理,并且质量好,能做到均匀上市,竞争力强,卖价好;其二是指为适应市场需求变化,不断进行品种结构调整的过程。

我国具有广阔的自然条件优势,这为培养不同类型的优质果蔬提供了适宜的生态环境。优质果蔬只有在与这相适应的生态环境条件下发展,优良品种的优良特性才能充分体现出来,与国际市场接轨才会使我国果蔬贮藏、加工行业在充分技术的指导下健康发展,我们应遵循经济规律摒弃一哄而起和盲目的生产方式,并从根本上解决长期存在的广种薄收现象。因地制宜地发展果蔬生产是优化果蔬品种结构的关键。

3. 加强采后商品化处理

随着社会经济的发展,果蔬由卖方市场转变为买方市场,特别是消费者对果蔬需求的标准越来越高,不仅要好吃,还要好看,好保存,营养保健性能好等。果蔬商品化处理相当于果蔬"美容"。由于我国目前果蔬业的市场价格已低于国际市场四成至七成,因此市场竞争的主动权就掌握在我方手上,加上我国果蔬的生产规模与产品数量都为我们参与到国际市场进行角逐奠定了丰厚的物质基础。因此,做好果蔬商品化处理,按照不同果蔬品种的特点,分别做好清洗、分级、打蜡、贴商标、包装等工作,我们不仅有价格优势,还可以凭借果品本身与外国果蔬竞争,增强了果品的竞争力,提高附加值。

4. 提高贮藏保鲜、加工技术水平

果品鲜销和加工始终是促进果蔬业发展的两个轮子,缺一不可。作为果蔬生产大国,我国果品加工总量尚不足10%,与发达国家的35%相比还有很大的潜力。

随着鲜果产量的不断增加,果蔬加工已严重滞后,因此,不适应果蔬业发展的要求,且矛盾越来越尖锐,发展果蔬加工已是迫在眉睫的重要任务。所以,我们要积极引进和发展新的加工技术。一方面既可以避免果蔬集中上市而造成的供给过多,价格下跌,导致果农损失,又可以提高果品附加值。当前韩国柑橘产量的70%,苹果的45%,日本苹果的25%,都用于加工。而我国的果蔬加工仅占总产量的10%左右,加工深度不够,品种单一(主要是果汁罐头等),且加工设备规模小,技术落后。所以,为尽快改变这种局面,应当积极引进外资和动员扶持社会力量主要是民间力量投资果品加工,要引进竞争,引进资金、技术和设备,用现代化的装备果蔬加工业,同时还应通过宣传培育和引导人们的消费习惯和方式,扩大果蔬加工品的消费市场。

5. 加大果品采后贮运的投资,增加贮运设施,建立适合我国国情、科学合理的果蔬流通链,完善冷链系统

为了进一步提高果蔬质量,减少采后损失,解决采前采后脱节的问题,应尽快研究并提出适合我国国情的果蔬流通综合技术,建立合理的流通体系,在有条件的地方,率先实行"冷链"流通。

随着经济的发展人们对果品的消费需求会不断提高,要使果品作为高质量的商品进

入国际市场,就必须将采后商品化处理技术和管理工作的现代化摆在首位,这不仅是提高档次和升值的捷径,也是国家实现现代化的标志之一;不断深入研究果品的采后商品化处理技术和配套设施,使果品数量多质量好,在国内外市场上就具有更高的竞争力。

6. 保鲜产业应尽快适应市场经济发展的需要

市场经济条件下,尤其是在进入WTO以后,果蔬保鲜产业要及时了解国内外市场,研究市场,掌握市场,向适度规模经营和集团化方向发展,走产、贮、销一体化的道路,以增加抵抗风险的能力。总之,随着果蔬保鲜基础研究的不断深入,以及扩大流通的需求,一些更新更好的综合保鲜方法将不断涌现并成为主流。

7. 做好采后贮运技术的科技推广工作,使科技成果及时转化为生产力

要在加大科研工作的同时,一定要做好贮藏技术的推广工作,建立稳定的推广体系和渠道,使科研与市场紧密结合起来,只有市场能得到急需的技术,科研能得到市场需求的信息,才能为科研工作的进一步深化提供动力,使科学研究更具有针对性。

8. 加强采后贮藏领域的国际协作和交流,引进国外先进的果品贮藏保鲜的先进技术、人才和设施

由于国外果品贮藏保鲜研究起步早,一些果品贮藏设施和技术已经十分成熟,为了加快我国果品贮藏事业的发展,尽快缩短我国与发达国家的差距,需要密切国内外的技术交流和协作,在重点领域进行联合协同攻关,为我国果品贮藏保鲜事业的迅速发展提供实用、高效、经济的技术。

第1章　果蔬贮运基础知识

> 【教学目标】
> 明确果蔬贮藏的任务是使采收后的果蔬尽可能长时间地保持其特有的新鲜品质；懂得果蔬良好的品质与耐贮性是采收之前形成的生物学特性；果蔬贮藏就是依据果蔬产品自身化学特性及其采后生理特性，采取一切可能的措施，延长采后果蔬的生命，保持果蔬新鲜品质。

贮藏的果蔬产品是植物体的一部分或一个器官，采收之后仍然是个有生命的活体，在商品处理、运输、贮藏等过程中，继续进行着各种生理活动，向着衰老、败坏方面变化，直至生命活动停止。进行果蔬贮藏保鲜，就是要采取一切可能的措施，去减缓这种变化的速度，延长采后果蔬的生命，尽可能长时间地保持其特有的新鲜品质。

果蔬新鲜品质的保持能力决定于果蔬自身的品质与耐贮性。果蔬的品质与耐贮性是在果蔬采收之前形成的生物学特性，是受遗传因子控制的，还受果蔬生长环境和栽培技术等因素影响。所以，在贮藏之前应选择品质优良耐贮性好的果蔬原料才会有完满的贮藏效果。果蔬的品质与耐贮性还受采后处理、运输、贮藏设施与管理技术等的影响。由此可见，果蔬贮藏保鲜是一项系统工程，采前因素、果蔬自身化学特性、采后生理等均影响着果蔬的品质与耐贮性。做好每一项技术环节，才能够有效抑制果蔬的呼吸，延缓衰老，延长贮藏寿命，较长期保持果蔬良好的品质。表1-1显示了果蔬产品从收获到消费过程中的贮运保鲜处理技术环节及其所需的基础知识支持。

表 1-1　贮运保鲜处理技术环节的质量问题与知识基础

技术环节	可能出现的质量问题	相关的基础知识支持
选择贮藏对象	果蔬产品质量不符合贮运保鲜的要求	采前遗传、生态、农业技术因素对果蔬贮藏性的影响，果蔬中的化学成分及贮藏特性
采收	成熟度不适宜。机械伤	呼吸生理，蒸发生理，成熟与衰老生理，休眠生理呼吸生理
采后处理	机械伤，高温或低温伤害，失水	蒸发生理，成熟与衰老生理，低温伤害生理，休眠生理
运输	机械伤，病害，失水	呼吸生理，蒸发生理，低温伤害生理
贮藏保鲜	温度逆境、湿度逆境、气体逆境等伤害，生理病害	呼吸生理，蒸发生理，成熟与衰老生理，低温伤害生理，休眠生理
流通销售	温度、湿度逆境伤害、机械伤	呼吸生理，蒸发生理，低温伤害生理

1.1　采前因素与果蔬质量的关系

果蔬贮藏保鲜是为果蔬流通服务的，对消费者来说，优质果蔬应具有良好的外观特征、质地风味和营养功能等品质特性；对贮藏工作者而言，优质果蔬还应同时具有优秀的耐贮性。耐贮性是果蔬在采收后保持其品质（包括外观和内在质地、风味、营养）缓变、抵抗病原微生物侵染致病的特性，是活体果蔬特有的生命状态的标志。所以，在我们学习讨论的范畴内，果蔬质量是指果蔬的品质与果蔬的耐贮性。果蔬采收后的生命活动，是采收前生长发育过程的延续，采前因素是决定果蔬质量的前提（图 1-1）。在进行果蔬贮藏时，必须首先了解各种采前因素与果蔬质量尤其是与果蔬耐贮性的关系，这是成功进行果蔬贮藏的先决条件。

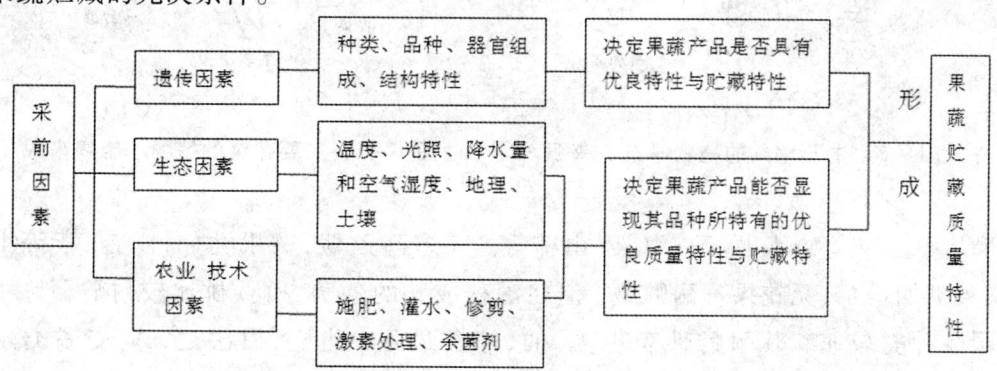

图 1-1　采前因素对果蔬贮藏质量特性的影响

1.1.1 遗传因素

果蔬种类繁多，就其供食用部分来看，可分根、茎、叶、花、果实、种子(图1-2，图1-3)，各有不同的组织结构，各种类品种间的贮藏差异性较大。

1. 种类和品种

果蔬种类品种不同，生物学特性不同，新陈代谢的强弱不同，表现出的耐贮藏特性不同。

（1）种类　起源于热带、亚热带地区的水果柑橘、香蕉、荔枝、枇杷等，蔬菜番茄、茄子、辣椒、黄瓜、冬瓜、菜豆等，一般不耐长期贮藏；但在深秋季节成熟的柑橘、南瓜、冬瓜等，耐藏性相对较强。起源于温带地区的水果苹果、梨、桃、杏等，蔬菜白菜、甘蓝、萝卜、胡萝卜、大葱、洋葱、大蒜等，果蔬器官的形成正是深秋凉爽之时，有些果蔬采收后即进入休眠期，生命活动非常缓慢，耐藏性较强、但在夏季成熟的苹果，大部分的桃、杏等不耐贮藏。蔬菜中凡是用秋菜在春季栽培时，成熟期在高温季节，耐藏性差。

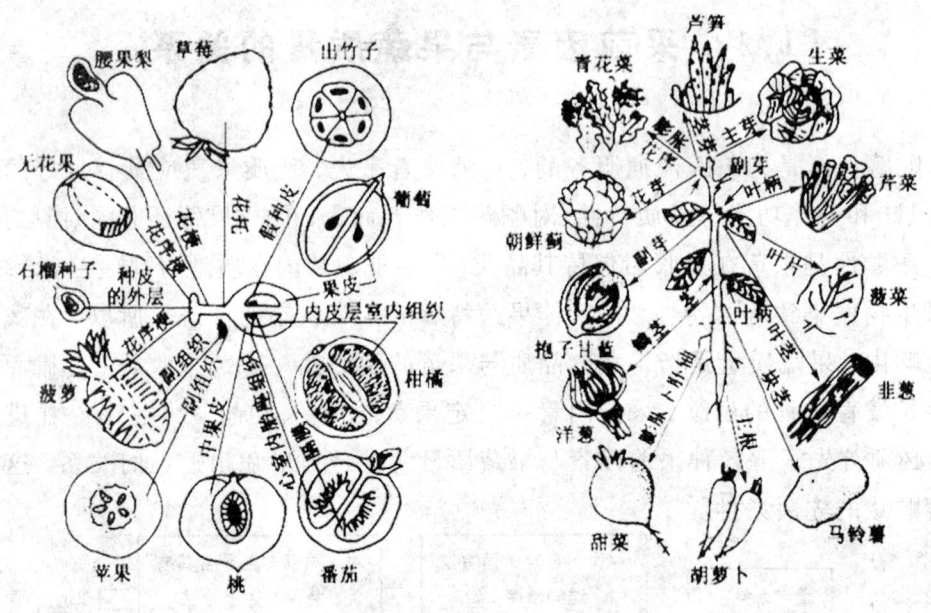

图1-2　主要水果的植物学组织来源　　图1-3　主要蔬菜的植物学组织来源

果品中仁果类如苹果、梨、海棠、山楂等，大多耐贮藏；核果类如桃、杏、李等不耐贮藏；浆果类如草莓、无花果不耐贮藏，但在深秋成熟的葡萄、猕猴桃比较耐贮藏。中国柑橘类果品种类较多，其耐贮性表现为：柚、柠檬最强，甜橙、柑次之，宽皮橘类耐藏性较差。

蔬菜类可食器官多种多样，耐藏性不一致。马铃薯、洋葱、大蒜、萝卜、胡萝卜等根茎类蔬菜,由于有明显的休眠期,其新陈代谢缓慢,所以比较耐贮藏。黄瓜、丝瓜、番茄、菜豆、青椒等果菜类大多产于热带、亚热带地区,新陈代谢旺盛,易失水,比较难贮藏;而冬瓜、南瓜耐藏性较强。菠菜、莴苣、芹菜、芫荽、不结球白菜等绿叶菜类,可食器官生命活动极为旺盛,极易萎蔫,耐贮性极差。

(2)品种 在同一种类不同品种果蔬之间耐贮性也往往有较大差异。一般来说,不同品种的果蔬以晚熟品种最耐贮藏,中熟品种次之,早熟品种最不耐贮藏。仁果类较耐贮藏,但苹果中的黄魁、祝光、伏锦等早熟品种耐藏性差;梨中的巴梨、茄梨、鸭广梨等不做长期贮藏;柑橘中的红橘、早橘不耐贮藏;核果类不耐贮藏,但晚熟品种如绿化9号大冬桃的耐藏性较强。大白菜品种类型较多,一般中、晚熟品种比早熟品种耐贮藏,青帮比白帮耐藏。

晚熟品种耐贮藏的原因是:晚熟品种生长期长,成熟期间气温逐渐下降,组织致密、坚挺,有一定的硬度和弹性,外皮组织致密、坚固的、纤维较多,外部保护组织如蜡质层、蜡粉和茸毛等发育完好,防止微生物侵染和抵抗机械损伤能力强。晚熟品种营养物质积累丰富,抗衰老能力强,一般有较强的氧化系统,对低温适应性好,在贮藏时能保持正常的生理代谢作用。特别是当果蔬处于逆境时,呼吸很快加强,有利于产生积极的保卫反应。

可见,只有了解不同种类果蔬以及相同种类中不同品种的特性,才能对不同的产品做出合理的贮藏安排,从而获得最佳的贮藏效果。

2. 大小、形状与结构

同一种类和品种的果蔬,果实大小形状与其耐贮性密切相关。一般中等大小或中等偏大的果实最耐贮藏。研究发现,苹果采后生理病害的发生与果实直径大小呈正相关。如大个苹果在贮藏期间发生虎皮病、苦痘病和低温伤害病比中等个果实严重,硬度下降也快。这种现象同样也表现在梨果实上,大个的鸭梨和雪花梨采后容易出现果肉褐变与黑心。大个的蕉柑往往皮厚、汁少,在贮藏中容易发生水肿和枯水病。就形状而言,直筒型白菜比圆球型耐贮藏,扁圆形洋葱比凸圆形耐贮藏;尖叶形菠菜比圆叶形耐贮藏。果蔬器官的表面保护层如蜡质层、蜡粉和茸毛等均有助于贮藏,凡是蜡层、果粉较厚的果蔬,如苹果、梨、葡萄、南瓜、冬瓜等都比较耐贮藏。

此外,植物的叶片是新陈代谢最活跃的营养器官,不耐贮藏,但叶球类已成为养分的贮藏器官,比较耐贮。花和果实是繁殖器官,以幼嫩的果实为食用部分以及早熟品种就难以贮藏,老熟的果实就较耐贮。块茎、球茎、根菜类蔬菜,以及需要后熟方可食用的果品,多数具有生理休眠或强制休眠状态,这些果蔬最耐贮藏。

1.1.2 生态因素

1. 温度

气温差异会使果蔬产品特性发生变化,果蔬生长期的平均温度,采收前4~6周的气温和昼夜温差与果蔬的品质、耐贮性密切相关。温度高,生长快,果蔬产品组织柔嫩,可溶性固形物含量低;昼夜温差大,生长发育良好,果蔬产品可溶性固形物含量高;同一种类或品种的果蔬,秋季收获的耐贮性优于夏季收获的,如秋末收获的番茄、苹果等都较夏季收获的耐贮藏。不同种类果蔬生长所需的温度条件也有差异,柑橘类、瓜类和茄果类喜欢温暖气候,白菜类、根菜类及仁果类果品喜欢冷凉的环境。

2. 光照

光照是果蔬生长发育获得良好品质的重要条件之一,光照直接影响果蔬的干物质积累、风味、颜色、质地及形态结构,从而影响果蔬的品质和耐贮性。适宜光照时间,生长发育快,营养状况良好,耐贮性增强。光照充足时,果蔬的干物质含量明显增加,但过强的光照,至番茄等普遍日灼,严重影响耐贮性。除了光照时间和强度外,光质也有一定影响,在强光下,一般短波和紫外线对果实着色和耐贮性有利。

3. 降水量和空气湿度

降水多少关系着土壤水分、土壤pH及土壤可溶性盐类的含量,从而影响果蔬的化学组成、组织结构与耐贮性。高湿多雨,会使番茄干物质含量减少,特别是接近采收季节阴凉多雨时,常使果实的含糖量低,酸味重,味淡,颜色及香味差,不耐贮藏。干旱少雨,影响果蔬对营养物质的吸收,正常生长发育受阻,容易产生生理病害。在阳光充足又有适宜降水量的年份,生产的果蔬耐贮性好。

4. 地理条件

同一种类的果蔬,生长在不同的纬度和海拔高度,其质量和耐藏性有明显的差异。山地或高原地区,海拔高、日照强,特别是紫外线增多,昼夜温差大,有利于红色苹果花青素的形成和糖的积累,果蔬中的糖、色素、维生素C、蛋白质等都比平原地区有明显的增高,表面保护组织也较发达。同一品种的苹果,在高纬度地区生长的比在低纬度地区生长的耐贮性要好。一般河南、山东一带生长的多数苹果品种,耐贮性远不如辽宁、山西和陕西北部生长的果实。在高纬度地区生长的蔬菜,其保护组织比较发达,体内有适宜于低温的酶存在,适宜在较低的温度贮藏。

5. 土壤

土壤的理化性状、营养状况、地下水位高低等直接影响果蔬根细分布深浅、产量、化学组成、组织结构,进而影响果蔬的品质和耐贮性。不同种类、品种的果蔬,对土壤有不同要求。苹果适宜在质地疏松、通气良好、富含有机质的中性到酸性土壤上生长。柑橘要求疏松的土壤,以沙壤土、黏壤土、壤土较好,pH 以 5.5~6.5 为宜,土壤中空气含氧 3%~8%,低于 1.5%,常造成烂根,果实品质差,也不耐贮藏。甘蓝在黑钙土壤中蛋白质含量高,沙土中纤维素和抗坏血酸含量高,因而耐贮藏。轻沙土大大加强了西瓜果皮的坚固性,使它的耐贮性和耐运输能力增强。土壤中含硫高,洋葱的香精油含量高,这样的洋葱较耐贮藏。所以,因"地"制宜种植果蔬,是提高果蔬产量、增进果蔬品质、增强果蔬耐贮性的经济而有效的措施。

1.1.3 农业技术因素

1. 施肥

肥料是影响果蔬发育的重要因素,最终将关系到果蔬的化学成分、产量、品质和耐贮性。

氮肥是果蔬生长和保证产量不可缺少的矿物质营养元素,然而过量施用氮肥,产品耐贮性常常明显降低。含钙量高,则可抵消这些不良影响。增施钾肥,能明显促使果实产生鲜红的颜色和芳香。缺钾时,苹果颜色发暗,成熟差,含酸量低,贮藏中易萎蔫皱缩;过多施用钾肥,又会使果肉变松,产生苦痘病和果心褐变等生理病害。而土壤中缺磷时,果实色泽不鲜艳,果肉带绿色,含糖量降低,在贮藏中易发生果肉褐变和烂果等生理病害。

施肥过量或者在某些地区土壤条件下施入肥料的比例不恰当,对果蔬产品耐性有不良影响。同样土壤中植物所必需的营养元素含量不足,因其产品发育不良,也会降低果蔬耐贮性。施用有机肥料,土壤中微量元素缺乏的现象较少,所以应重视有机肥的应用。在果蔬贮藏中,因生理失调导致的贮藏损失最为严重,其主要原因是矿物质营养的不适宜,如 Ca、N、P、K、Mg 和 B 的元素的含量及其比例不当。因此,应特别注意施肥管理与果蔬贮藏密切结合,运用科学的施肥技术增进果蔬的耐贮藏能力。

2. 灌溉

土壤水分供给状况也是影响果蔬的生长、产品大小、品质及耐贮性的重要因素之一。增加灌水量可以提高果蔬产品的产量,产品个大,含水量增高,含糖量降低,不耐贮藏。灌水量少的果蔬产品产量较低,但产品风味浓,糖分高,耐贮藏。

灌水与贮藏的关系,中国农民很早就有了了解,并能分别根据果蔬的特性和贮藏需求掌握灌水。如对贮藏的叶菜,注意控制生长期灌水,避免水分过多引起徒长,植株柔嫩,含水量高而不耐贮藏;严格控制在采收前一周内不浇水。大白菜蹲苗期,土壤若干旱缺水,土壤溶液浓度高,阻碍了钙的吸收,常大量发生干烧心病。桃在采收前几周内对水分要求特别敏感。此时干旱,桃的个头小,品质也差。如果供水太多,又会延长果实的生长期,果实大而颜色差,不耐贮藏。果蔬在生长期中雨水不足时灌溉是必需的,但灌溉应适当,尤其是采收前的灌溉会大大降低果蔬的耐贮性。

3. 病虫害防治

病虫害不仅可以造成果蔬产量降低,而且对果蔬品质与耐贮性也有不良影响,因此病虫害防治是保证果蔬高产优质的重要措施。许多病害在田间侵染,采后在贮藏中才发病、扩散,从而造成果蔬大量腐烂。

目前,杀菌剂与杀虫剂种类很多,在防治病虫害时,使用药剂的种类、浓度和配方均会影响果蔬的品质,因此,必须注意使用药剂对果蔬产品安全性的影响,以免污染果蔬产品,造成不良后果。

4. 品质管理

果树的修剪、果蔬的人工授粉、疏花疏果、套袋栽培、摘叶转果、铺反光膜等技术措施,都能够提高果蔬产品的质量,使果实形状端正、果个均匀、着色艳丽、可溶性固形物含量提高,农药残留减少,果蔬的抗逆性增强,对于延长果蔬的耐藏性,改善商品性,提高果农和菜农的经济效益有着重要意义。

5. 植物生长调节剂

使用植物生长调节剂,在提高果蔬产量、品质,以及在果蔬贮藏中保鲜、保色、保味上都有明显的效果。

萘乙酸和2,4-D能防止苹果、葡萄和柑橘的采前落果,推迟果实的成熟期,还能防止国光苹果的裂果;矮壮素可增加果实含糖量,减少裂果;赤霉素有防止柑橘果蒂脱落,延迟衰老的作用;青鲜素能抑制马铃薯、洋葱、大蒜、胡萝卜等萌芽。据报道,用含氨基酸多糖生长调节剂CT,80倍浸果10min,贮藏40d可使金冠苹果的好果率比对照提高30%~53.5%,可溶性固形物含量比对照提高1.70%~2.54%,硬度比对照提高了1.27~5.71kg/cm^2。

1.2 果蔬中的化学特性与品质鉴定

果蔬是由许多的化学物质构成的,形成了其特有的色、香、味、质地等品质特性。同时,水果蔬菜中所含的各种维生素和某些碱性矿物质,是维持人体正常生理机能,保持人体健康不可缺少的物质,又形成了果蔬的营养功能品质(表1-2)。各种化学物质在果蔬贮藏过程中,都会发生量和质的变化,这些变化与果蔬的品质、贮藏寿命密切相关。

1.2.1 果蔬的化学组成

果蔬中所含的化学成分,总的可分为两部分:水分和干物质。根据化学物质在果蔬品质形成中的作用,果蔬中的化学物质又可分为风味物质、营养物质、色素物质和构成质地的物质。

表1-2　　　　　　果蔬中的化学物质及其在形成果蔬品质中的作用

新鲜果蔬品质评价指标	果蔬化学成分与果蔬品质的关系	
	化学成分	形成品质
色	叶绿素	绿色
	类胡萝卜素	橙色、黄色
	花青素	红色、紫色、蓝色
	类黄酮素	白色、黄色
香	芳香物质	各种芳香气味
味	糖	甜味
	酸	酸味
	单宁	涩味
	杏苷	苦味
	氨基酸、核苷酸、肽	鲜味
	辣味物质	辣味
营养	糖类	一般
	脂类	次要品质
	蛋白质	次要品质
	矿物质	重要品质
	维生素	重要品质
质地	果胶物质	致密度、成熟度、硬度
	纤维素	粗糙、细嫩
	水	脆度
残毒	亚硝酸盐、硝酸盐	有害
	重金属(Pb、Hg等)	有害
	农药残留	有害

1. 风味物质

（1）甜味物质　可溶性糖是果蔬中的主要甜味物质，主要是葡萄糖、果糖和蔗糖，其次是阿拉伯糖、甘露糖以及山梨醇、甘露醇等。果糖和葡萄糖是还原糖，蔗糖是双糖，水解产物称作转化糖。果蔬的含糖量反映了果蔬的品质，根据果实成熟期含主要糖类成分，可将果蔬分成三种类型：① 蔗糖型，如桃、香蕉、柑橘、甜瓜、胡萝卜等；② 葡萄糖型，如樱桃、梅子、甘蓝、番茄；③ 果糖型，如苹果、梨、西瓜（表1-3）。各种糖的甜度不一，以蔗糖的甜度为100，则果糖为173.3，葡萄糖为74.3。

果蔬甜味的浓淡与含糖总量有关，也与含糖种类有关，同时还受其他物质如有机酸、单宁的影响，在评定果蔬风味时，常用糖酸比值（糖/酸）来表示。

表1-3　　　　　　　　　　　主要果蔬含糖种类和含量　　　　　　　　　　　单位：%

果蔬种类	果糖	葡萄糖	蔗糖	总糖
苹果	6.5~11.8	2.5~	1.0~5.3	8.6~14.6
桃	2.3~4.4	3.3~6.9	3.3~10.7	8.9~12.4
葡萄	6.3~12.0	4.5~13.0	0~1.5	12.5~25.0
樱桃	1.7	4.8	0.5	7.7
甜橙	1.9	1.2	4.2	7.5
番茄				1.5~4.2
甘蓝				2.0~5.7
西瓜				5.5~9.8
甜瓜				4.0~11.9

（2）酸味物质　果蔬中的有机酸含量（0.05%~0.10%）是构成新鲜果蔬及其加工品风味的主要成分，果蔬中含有多种有机酸，主要有柠檬酸、苹果酸、酒石酸和草酸（表1-4），在这些有机酸中，酒石酸的酸性最强，并有涩味，其次是苹果酸、柠檬酸。柑橘类、番茄类含柠檬酸较多；苹果、梨、桃、杏、樱桃、莴苣等含苹果酸较多；葡萄含酒石酸较多；草酸普遍存在蔬菜中，果品中含量很少。

果蔬酸味的强弱不仅同果蔬含酸量、缓冲效应及其他物质存在有关，更主要的是同其组织中的pH，即氢离子的解离度有关，pH越低，氢离子的浓度越大酸味越浓。此外，氢离子解离度随温度升高而加大，同时高温促使果蔬中蛋白质变性，失去缓冲作用，使酸味增强，因此，酸味会随温度升高而增强。

表1-4　　　　　　　　　　　　　果蔬中主要有机酸

种类	主要有机酸	种类	主要有机酸
苹果	苹果酸、少量柠檬酸	桃	苹果酸、柠檬酸、奎宁酸
洋梨	柠檬酸、苹果酸	梨	苹果酸、果心含柠檬酸
葡萄	酒石酸、苹果酸	樱桃	苹果酸
杏	苹果酸、柠檬酸	梅	柠檬酸、苹果酸、草酸
温州蜜橘	柠檬酸、苹果酸	夏橙	柠檬酸、苹果酸、琥珀酸
柠檬	柠檬酸、苹果酸	菠萝	柠檬酸、苹果酸、酒石酸
甜瓜	柠檬酸	番茄	柠檬酸、苹果酸

(3) 涩味物质　果实中的涩味成分主要是单宁物质,即多酚类化合物,以儿茶酚和五色花青素为主,在果实中普遍存在,在蔬菜中含量很少。

单宁具有涩味,引起涩味的机制是味觉细胞的蛋白质遇到单宁后凝固而产生的一种收敛感。单宁有水溶性和不溶性两种形式。水溶性单宁是有涩味的,在未成熟的果蔬中含水溶性单宁较多,会降低甜味,并引起涩味,如番茄、柿子等。经自然成熟或人工催熟以后,水溶性单宁发生凝固成为不溶性单宁,即可脱涩而适于食用。单宁与糖和酸以适当的比例配合,能表现良好的风味。

(4) 鲜味物质　果蔬的鲜味主要来自一些具有鲜味的氨基酸、酰胺和肽等含氮物质,其中,L-谷氨酸、L-天冬氨酸、L-谷氨酰胺和L-天冬酰胺最为重要,广泛存在于果蔬中,在梨、桃、葡萄、柿子、番茄中含量较为丰富。果蔬中含氮物质虽少,但其对果蔬及其制品的风味有着重要的影响。其中影响最深的是氨基酸(表1-5)。有些氨基酸是具有鲜味的物质,谷氨酸钠味精的主要成分。

表1-5　　　　　　　　　几种果蔬的必需氨基酸组成　　　　　　　　　单位:mg/100kg

种类	必需氨基酸							
	异亮氨酸	苏氨酸	色氨酸	蛋氨酸	赖氨酸	亮氨酸	缬氨酸	苯丙氨酸
桃(大久保)	0.5	4.0	—	—	—	0.1	0.9	0.5
柿(富有)	6.3	6.6	—	0.1	0.2	6.0	6.2	6.4
矮脚香蕉	1.3	5.1	—	—	0.9	28.9	24.0	1.0
葡萄(无核)	1.0	9.7	—	0.6	0.4	2.6	3.9	1.4
梅(白加贺)	1.1	2.2	—	—	0.2	0.9	2.1	0.4
温州蜜柑	—	—	—	—	1.4	—	—	2.1
胡萝卜	23	20	9	9	21	35	40	24
马铃薯	70	71	32	30	93	113	113	81
菠菜	102	143	55	48	136	203	180	124
花椰菜	95	102	26	34	127	158	149	96
蘑菇	80	100	40	20	170	140	90	80

(5) 香味物质　果蔬的香味来源于果蔬中各种不同的芳香物质，是决定果蔬品质的重要因素之一。芳香物质是成分繁多而含量极微的油状挥发性混合物，其中包括醇、酯、酸、酮、烷、烯、萜等有机物质。各种果蔬的芳香物质成分组成不同，就表现出各自特有的芳香（表1-6）。

表1-6　　　　　　　　　　　果蔬中芳香物质及主要成分

种类	香料名称	含油种类（种）	主要成分
苹果	苹果油	250	醇、醛、酯
香蕉	香蕉油	170	酸、戊酸、酯、醇类
菠萝	菠萝油	120	酸、甲酯、乙酯
桃	桃油	70	广癸内酯
葡萄	葡萄油	280	牦牛乙醇为主萜类衍生物
草莓	草莓油	300	醛、醋酸酯、丁酸酯
大蒜	大蒜油	—	顺式-3-己烯-1-醇
番茄	番茄油	—	二硫化二丙烯酯

在同一种果蔬中，不同部分芳香物质含量不同。核果类果实种子中含量较多其他果实芳香物质主要存在果皮中，果肉中极少。在蔬菜中，分别存在于根（萝卜）茎（大蒜）、叶（香菜）、种子（芥菜）中。

多数芳香物质具有抗菌杀菌作用，能刺激食欲，在果蔬贮藏过程中，芳香物。质具有催熟作用，应及时通风换气，把果蔬中释放的香气脱除，延缓果蔬衰老。

2. 色素物质

果蔬的色泽是人们感官评价其质量的一个重要指标，在一定程度上反映了果实新鲜程度、成熟度和品质的变化，因此，果蔬的色泽及其变化是评价果蔬品质和判断成熟度的重要外观指标。果蔬呈现各种色泽，是由于多种色素混合组成的；随着生长发育阶段环境条件的不同，果蔬的颜色也会发生变化。

(1) 叶绿素　果蔬植物的绿色，是由于叶绿素的存在。叶绿素不溶于水，易溶于乙醇、乙醚等有机溶剂中，叶绿素不耐光、不耐热。叶绿素主要存在于绿色蔬菜中，在未成熟的果实中也含有较多的叶绿素，随着果实成熟，叶绿素在酶的作用下水解生成叶绿醇等溶于水的物质，绿色逐渐消退，而显现出其他色素的黄色或橙色。

(2) 类胡萝卜素　是一大类脂溶性的黄橙色素，表现为黄、橙黄、橙红色，主要由胡萝卜素、番茄红素及叶黄素组成。类胡萝卜素对热、酸、碱等都具有稳定性，但光和氧却能引起类胡萝卜素的分解，使果蔬褪色。

在果蔬中，杏、黄桃、番茄、胡萝卜表现的橙黄色都是类胡萝卜素。胡萝卜素在胡萝卜根中含量丰富，在动物体内转化为维生素A，称为维生素A原。

(3) 花青素 花青素称花色素，通常以花青苷的形式存在于果、花或其他器官的组织细胞液中，是形成果蔬红、蓝、紫等颜色的色素。苹果、葡萄、樱桃、草莓、杨梅、李子、桃以及某些品种的萝卜在成熟时呈现的红紫色，都是由花青素所致。花青素普遍存在于果蔬中，是维生素P的组成成分。

花青素是一种感光色素，它的形成必须要阳光，在遮阴处生长的果蔬，色彩的呈现就不够充分。但在贮藏中，照光则不利，能加快其变为褐色。

3. 质地物质

果蔬是典型的鲜活易腐品，人们希望果蔬新鲜饱满、脆嫩可口，果蔬的质地主要体现为脆、绵、硬、软、细嫩、粗糙、致密、疏松等。果蔬在生长发育的不同阶段，质地会有很大变化，因此，质地又是判断果蔬成熟度、确定采收期的重要参考依据。

(1) 水分 水分是影响果蔬新鲜度、脆度和口感的重要成分，与果蔬的风味品质也密切相关。一般新鲜果品含水量为70%~90%，新鲜蔬菜含水量为75%~95%（表1-7）。

表1-7　　　　　　　　　几种果品蔬菜的水分含量　　　　　　　　单位:%

名称	水分	名称	水分
苹果	84.60	辣椒	92.40
梨	89.30	冬笋	88.10
桃	87.50	萝卜	91.70
梅	91.10	白菜	95.00
杏	85.00	洋葱	88.30
葡萄	87.90	甘蓝	93.00
柿	82.40	姜	87.00
荔枝	84.80	芥菜	92.00
龙眼	81.40	马铃薯	79.90
无花果	83.60	蘑菇	93.30

水分的存在是植物完成全部生命活动过程的必要条件；同时，水分通过维持果蔬的膨胀力或刚性，赋予其饱满、新鲜而富有光泽的外观；水分也是维持采后果蔬生命活动的限制因素；同时，水分为微生物与酶的活动创造了有利条件，也就是说，新鲜的水果蔬菜易腐烂变质。所以，进行果蔬贮藏时，必须考虑到水分的存在和影响，加以必要的控制。

(2) 果胶物质 果胶物质主要存在于果实、块茎、块根等植物器官中，果蔬的种类不同，果胶的含量（表1-8）和性质也不相同。水果中的果胶一般是高甲氧基果胶，蔬菜中的果胶为低甲氧基果胶。

果胶物质以原果胶、果胶和果胶酸三种形式存在于果蔬组织中。原果胶多存在于未成熟果蔬的细胞壁的中胶层中，不溶于水，常和纤维素结合，使细胞彼此黏结，果实呈脆硬的质地。随着果蔬的成熟,在果胶酶作用下,原果胶分解为果胶,果胶溶于水,黏结作用下降,使细胞间的结合力松弛,果实质地变软。成熟的果蔬向过熟期变化时,在果胶酶的作用下,果胶转变为果胶酸,失去黏结性,使果蔬呈软烂状态。

表1-8　　　　　　　　　　几种果蔬的果胶含量　　　　　　　　单位:%(以干物计)

果品类	果胶含量	蔬菜类	果胶含量
山楂	6.40	胡萝卜	8.0~10.0
柑橘(白皮层)	1.50~3.00	成熟番茄	2.0~2.9
苹果	1.00~1.91	甜瓜	1.7~5.0
梨	0.50~1.40	甘蓝	5.0~7.5
桃	0.56~1.25	甜菜	3.8
杏	0.50~1.20	南瓜	7.0~17.0
李	0.20~1.50	马铃薯	0.20~1.50
草莓	0.70	芜菁	11.9

(3)纤维素和半纤维素　纤维素、半纤维素是植物细胞壁的主要构成成分,是植物的骨架物质,起支持作用。果品中纤维素含量为0.2%~4.1%,半纤维素含量为0.7%~2.7%;蔬菜中纤维素的含量为0.3%~2.3%,半纤维素含量为0.2%~3.1%。

纤维素在皮层特别发达,与木质素、栓质、角质、果胶物质等形成复合纤维素,对果蔬有保护作用,对果蔬的品质和贮藏有重要意义。纤维素老时产生木质素与角质,因而坚硬粗糙,吃起来有多渣、粗老的感觉,影响果蔬质地品质。

4.营养物质

(1)维生素　维生素是人和动物为维持正常的生理机能而必须从食物获得的一类微量有机物质。果蔬所含的维生素及其前体很多(表1-9),是人体所需维生素的基本来源。其中以维生素A原(胡萝卜素)、维生素C(抗坏血酸)为最重要。据报道人体所需维生素C的98%,维生素A的57%左右来源于果蔬。

表1-9　　　　　　　　　几种果蔬中维生素的含量　　　　　　　　　单位:mg/100kg

名称	胡萝卜素	硫胺素	抗坏血酸	名称	胡萝卜素	硫胺素	抗坏血酸
苹果	0.08	0.01	5	枣	0.01	0.06	380
杏	1.79	0.02	7	番茄	0.31	0.03	11
山楂	0.82	0.02	89	青椒	1.56	0.04	105
葡萄	0.04	0.04	4	芦笋	0.73	17	21
柑橘	0.55	0.08	30	青豌豆	0.15	0.54	14

① 维生素A　新鲜果蔬含有大量的胡萝卜素,在动物的肠壁和肝脏中能转化为具有生物活性的维生素A。1分子β-胡萝卜素在人体内可产生两分子维生素A,而1分子α-胡萝卜素和1分子γ-胡萝卜素只能形成1分子维生素A。因此,胡萝卜素又被称为维生素A原。维生素A不溶于水,碱性条件下稳定,在无氧条件下,于120℃下经12h加热无损失。贮存

时应注意避光,减少与空气接触。

②维生素C(抗坏血酸) 维生素C易溶于水,很不稳定。在酸性条件下比在碱性条件下稳定,贮藏中,注意避光,保持低温,低氧环境中,减缓维生素C的氧化损失。

(2)矿物质 果蔬中含有钙、磷、铁、硫、镁、钾、碘等矿物质(表1-10),其中,矿物质的80%是钾、钠、钙。果蔬中的矿物质进入人体后,与呼吸释放的HCO_3^-离子结合,可中和血液中的H^+子,使血浆的pH增大,因此又称果蔬为"碱性食品"。人体从果蔬中摄取的矿物质是保持人体正常生理机能必不可少的物质,是其他食品难以相比的。

表1-10　　　　　　　　　　果蔬中主要矿物质含量　　　　　　　　　　单位:mg/L

种类	钠	钾	钙	铁	磷
苹果	20	1120	70	1.0	60
葡萄	60	1630	130	8.0	820
杏	30	1000	90	3.0	130
番茄	1200	3100	430	9.0	410
菠菜	700	7500	800	30.0	1650

矿物质元素对果品的品质有重要的影响,必需元素的缺乏会导致果蔬品质变劣,甚至影响其采后贮藏效果。金属元素通过与有机成分的结合能显著影响果蔬的颜色,而微量元素是控制采后产品代谢活性的酶辅基的组分,因而显著影响果蔬品质的变化。如,在苹果中,钙和钾具有提高果实硬脆度、降低果实贮期的软化程度和失重率,以及维持良好肉质和风味的作用。在不同果蔬品种中,果实的钙钾含量高时,硬脆度高,果肉密度大,果肉致密,细胞间隙率低,贮期软化进变慢,肉质好,耐贮藏;果实中锰铜含量低时,韧性较强;锌含量对果实的风味、肉质和耐贮性的影响较小,但优质品种含锌量相对较低。

(3)淀粉 淀粉又称多糖,是α-葡萄糖聚合物。虽然果蔬不是人体所需淀粉的主要来源,但某些未熟的果实如苹果、香蕉以及地下根茎菜类含有大量的淀粉。果蔬中的香蕉(26%)、马铃薯(14%~25%)、藕(12.8%)、荸荠、芋头等淀粉含量较高。其次是豌豆(6%)、苹果(1%~1.5%),其他果蔬含量较少。淀粉是糖源。未成熟的果实含淀粉较多,在后熟时,淀粉转化为糖,含量逐渐降低,使甜味增加,如香蕉在成熟过程中淀粉由26%降至1%,而糖由1%增至19.5%。

凡是以淀粉形态作为贮存物质的种类大多能保持休眠状态而有利于贮藏。

1.2.2 各种化学成分在果蔬贮运中的变化

采收后的果蔬在贮藏运输过程中,其化学成分仍会发生一系列变化,由此引起果蔬耐贮性、食用品质和营养价值等的改变。为了合理地组织运销、贮藏,充分发挥果蔬的经济价值,了解果蔬化学成分在贮运中的变化规律，以控制采后果蔬化学成分的变化是十分必要的。

1. 风味物质变化

构成风味化学成分在贮运过程中不断发生着变化，导致果蔬在贮藏过程中风味发生变化。

（1）糖　果蔬在贮藏过程中，其糖分会因生理活动的消耗而逐渐减少。贮藏越久，果蔬口味越淡。

有些含酸量较高的果实，经贮藏后，口味变甜。其原因之一是含酸量降低比含糖量降低更快，引起糖酸比值增大，实际含糖量并未提高。

选择适宜的贮藏条件，降低糖分消耗速率，对保持采后果蔬质量具有重要意义。

（2）有机酸　在果蔬贮运中，有机酸由于呼吸作用的消耗而逐渐减少，特别是在氧气不足的情况下，消耗得就更多。如以气调法贮藏果蔬，有机酸消耗大，引起果蔬品质逐渐变化，如苹果、番茄等贮藏后由酸变甜。

酸分的变化会影响到果蔬的酶活动、色素物质变化和抗坏血酸的保存。

（3）单宁　单宁物质在贮运过程中的变化主要是易发生氧化褐变，生成暗红色的根皮鞣红，影响果蔬的外观色泽，降低果蔬的商品品质。果蔬在采收、贮运中受到机械伤，或贮藏后期，果蔬衰老时，都会出现不同程度的褐变。因此，在采收前后应尽量避免机械伤，控制衰老，防止褐变，保持品质，延长贮藏寿命。

（4）芳香物质　多数芳香物质是成分繁多而含量极微的油状挥发性混合物，在果蔬贮运过程小，随着时间的延长，所含芳香物质由于挥发和酶的分解而降低，进而香气降低。而散发的芳香物质积累过多，具有催熟作用，甚至引起某些生理病害，如苹果的"烫伤病"与芳香物质积累过多有关。故果蔬应在低温下贮藏，减少芳香物质的损失；及时通风换气，脱除果蔬贮藏中释放的香气，延缓果蔬衰老。

2. 色素物质变化

色素物质在贮运过程中随着环境条件的改变而发生一些变化，从而影响果蔬外观品质。

蔬菜在贮藏中叶绿素逐渐分解，而促进类胡萝卜素、类黄铜色素和花青素的显现，引起蔬菜外观变黄。叶绿素不耐光、不耐热，光照与高温均能促进贮藏中蔬菜体内叶绿素的分解。

光和氧能引起类胡萝卜素的分解，使果蔬褪色。在果蔬贮运中，应采取避光和隔氧措施。

花青素不耐光、热、氧化剂与还原剂的作用，在贮藏中，光照能加快其变为褐色。

3. 质地物质变化

构成果蔬质地的化学成分的变化，则引起贮藏中果蔬质地的变化。

（1）水分　水分作为果蔬中含量最多的化学成分，在果蔬贮运过程中的变化主要表现为游离水容易蒸发散失。由于水分的损失，新鲜果蔬中的酶活动会趋向于水解方向，从而为果蔬的呼吸作用及腐败微生物的繁殖提供了基质，以致造成果蔬耐贮性降低；失水还会引起果蔬失鲜，变得疲软、萎蔫，食用品质下降。因此，在果蔬贮运过程中，为了保持果蔬的鲜嫩品质，必须关注水分的变化，一方面要保持贮藏环境较大的湿度，防止果蔬水分蒸发，另一方面还必须采取一系列控制微生物繁殖的措施。

大部分果蔬如苹果、梨、香蕉、菠菜、萝卜等采后进行涂蜡、涂被剂、塑料薄膜包装等措施，保持果蔬水分。在果蔬贮藏过程中进行地面洒水、喷雾、挂草帘等提高贮藏环境的相对湿度，保持果蔬的含水量，维持果蔬的新鲜状态，延长贮藏寿命。

少部分果蔬，如柑橘、葡萄、大马铃薯等，可适当降低含水量，降低果皮细胞的膨压，减少腐烂，延长寿命。

(2) 果胶物质　在果蔬贮运过程中，果胶物质形态变化是导致果蔬硬度变化的主要原因：

$$原果胶 \xrightarrow[成熟阶段]{原果胶酶} \begin{Bmatrix} 果胶 \\ 纤维素 \end{Bmatrix} \xrightarrow[成熟阶段]{果胶酶} \begin{Bmatrix} 果胶酸 \\ 甲醇 \end{Bmatrix} \xrightarrow[过熟阶段]{果胶酸酶} \begin{Bmatrix} 还原糖 \\ 半乳糖醛酸 \end{Bmatrix}$$

果胶物质分解的结果，使果蔬变得软疡状态，耐贮性也随之下降。贮藏中可溶性果胶含量的变化，是鉴定果蔬能否继续贮藏的标志。所以，为保证果蔬的食用品质和适应远运与久藏的要求，采收的果蔬应避免过于成熟，并保持良好的硬度。

霉菌和细菌都能分泌可分解果胶物质的酶，加速果蔬组织的解体，造成腐烂，贮运中必须加以注意。

(3) 纤维素和半纤维素　幼织的细胞壁中有含水纤维素，食用时口感细嫩；贮藏过程中组织逐渐老化后，纤维素则发生木质化和角质化，使蔬菜品质下降，不易咀嚼。

4. 营养物质变化

贮运中的果蔬由于自身的呼吸消耗、营养物质稳定性等原因的影响，营养物质变化的总趋势是向着减少与劣变的方向发展。

如果蔬中的淀粉含量在贮藏期间会由于淀粉酶的活性加强，淀粉逐渐变为麦芽糖和葡萄糖，致使某些果蔬(香蕉、烟台梨等)的甜味增强，改善食用质量。

但果蔬的耐贮性也随着淀粉水解的加快而减弱，而马铃薯出现甜味，还说明其食用质量下降。因此，在果蔬贮运过程中，必须创设低温、高湿条件，抑制淀粉酶的活性，控制淀粉的水解。

1.2.3 果蔬的品质鉴定

随着人民生活水平的不断提高，人们在消费果蔬产品时，越来越看重其品质特性。从市场调查结果来看，凡品质优、质量高的果蔬不仅畅销，而且价格也高；相反，价格低廉的劣质果蔬则难以销售。果蔬产品不论是内销或是外销,都面临着挑战,其竞争的焦点就是果蔬品质。所以,只有重视提高生产、贮运、流通各环节果蔬品质,才能获得良好的经济效益。

1. 果蔬品质的概念

果蔬品质是指果蔬满足某种使用价值全部有利特征的总和,主要是指食用时果蔬外观、风味和营养价值的优越程度。根据不同用途,果蔬品质可分为鲜食品质、内部品质、外部品质、营养品质、销售品质、运输品质、加工品质和桌面品质等。果蔬品质是个复合的概念,包括许多不同而相关的方面。对不同种类或品种的果蔬均有具体的品质要求或标准。因此,品质要求有其共同性,也有其差异性。

2. 果蔬品质的属性

果蔬品质特征可归为两大类,即感官属性和生化属性。

(1) 感官属性　感官属性是指人们通过视觉、嗅觉、触觉和味觉等感觉器官所感觉和认识到的属性,它又可分为表观属性、质地属性和风味属性等。

消费者对果蔬品质的感觉,首先是外观品质。外观品质是引起消费者购买欲望的直接因素,但不是唯一因素。在判断果蔬质量时,除了目测评价外,经过人的口腔品尝进行判断也是一种重要的检验方法,但因不同人的爱好不同而有较大差异,所以必须建立评味组,将评味组每个人的主观评价综合起来,以得到相对客观的结果,这样才能获得有意义的风味品质评价信息。有时为了更正确地了解消费者对某一果蔬风味的偏好性,还需要通过消费者代表进行大范围的试验。

① 表观属性　表观属性是指人们能通过视觉所认识的属性,包括果蔬的大小、形状、色泽、光泽和缺陷(指病害、虫害和机械伤害)等外观品质,因而是决定果蔬产品质量的主要因素,也是决定果蔬产品市场价格的最重要因素。

色泽　是果蔬很重要的表观属性。果蔬只有在达到一定成熟度时,才能具有固有的内在品质,即优良的风味、质地和营养等,同时表现典型的色泽,也就是说理想的风味和质地常与典型颜色的显现分不开,所以,果蔬的外表色彩可作为果蔬综合品质是否达到理想程度的外观指标,是果蔬分级的重要标准之一。色泽又是给予人们的第一个感觉,能直接刺激消费者的购买欲望,所以,色泽常常是消费者决定购买某种果蔬的基础。

大小　消费者通常对大部果蔬的大小及其整齐度有明确的选择。产品按大小进行分级时,通常是将同样大小的果蔬包装在一起。

形状　果蔬具有其特征的形状是很重要的表观属性,异常形状的果蔬很难被人们接受。消费者认为,缺少特征形状的果蔬价值要低一些。

状态　状态是涉及果蔬产品新鲜与否的质量特征。有损于果蔬表观的状态有:菜叶的枯萎或水果的皱缩;碰伤、擦伤和切口等表皮缺陷;表面的各种污染等。状态不好的果蔬往往使消费者失去购买欲望,也就很难获得较高的销售价格。

② 质地属性　质地属性包括果蔬内在和外表的某些特征，如手感特征以及人们在消费过程中所体验到的质地上的特征。一般指那些能在口中凭触觉感到的特性。质地的复杂特性是以许多方式表现出来的，其中最有意义的用来描述质地特征的术语有硬度、脆度、沙性、绵性、汁性和纤维性等。理想质地的总印象，或为鉴别产品被接受程度的内在标准。

③ 风味属性　风味包括口味和气味，主要是由果蔬组织中的化学物质刺激的味觉和嗅觉而产生的。口味是由于某些可溶性和挥发性的成分通过口腔内部柔软的表面及舌头上的腺膜抵达味蕾而产生的。果蔬最重要的口味感觉有4种，即甜、酸、苦、涩。它们分别是由糖、有机酸、苦味物质和鞣酸物质产生的。气味对总体风味的形成影响较大，是由于挥发性物质到达鼻腔内的受体并被吸收后，人就感觉到气味了，它给人以愉悦或难受的感觉。有些水果和蔬菜在成熟时大量产生这种化合物。

（2）生化属性　生化属性指以营养功能为主的果蔬内在属性，是果蔬体内的生化物质的营养功能综合形成的果蔬内在品质特性。

果蔬作为人类食物的一部分，除可满足人们消费时所带来的感官享受之外，更主要的是给人们带来营养并增进健康。果蔬的最大营养价值是富含各类维生素及矿物质，此外，某些果蔬还具药用价值。因此，从其使用价值的角度考虑，营养品质是果蔬产品更重要的一个方面。影响果蔬品质的生化物质很多，主要有水分、碳水化合物、有机酸、蛋白质、脂类、色素、维生素、矿物质、酶、风味和芳香物质等。

1.3　采后生理对果蔬贮运的影响

果蔬从生长到成熟，经过完熟到衰老，是一个完整的生命周期。采收后的果蔬属于生命周期的一部分，在处理、运输和贮藏中，仍然继续进行着生长时期中各种生理过程。这些过程既与采前的变化相连接，又与生长时的变化有着本质的差别。采收后的果蔬来自根的营养物质被切断，光合作用停止，生物化学变化从以合成为主改变为以水解为主。果蔬的贮运技术，则是以调控果蔬采后生理为基础的应用技术。

1.3.1 呼吸生理

果蔬收获后，呼吸作用成为有机体新陈代谢的主要过程。呼吸是生活的植物细胞的呼吸底物在一系列酶系统的参与下，经过许多中间环节，逐步从复杂形态分解成简单形态，同时释放出蕴藏在其中的能量。呼吸底物在氧化分解中形成各种中间产物，其中有些是再合成新物质的原料。维持细胞结构和功能的完整性以及再合成新物质，都是需能反应，这些能是由呼吸释放而暂时贮备在ATP等高能化合物随时提供。可见，呼吸同各种生理生化过程都有着密切联系，并制约着这些过程，这就显然会影响到果蔬采收后全部质和量的变化，影响到耐贮性的变化和整个贮藏寿命。

1. 呼吸代谢

呼吸作用标志着果蔬生命的存在，果蔬采后的呼吸作用是一个营养消耗过程，消耗果蔬体内的干物质而使果蔬逐渐丧失新鲜度，直至衰老死亡，耐贮性也随之丧失。因此果蔬采后应使其呼吸强度降低，以减缓营养物质消耗，从而延长果蔬寿命。但一味降低果蔬的呼吸作用，又会影响果蔬的正常生理代谢，从而会出现生理病害，削弱果蔬的耐贮性。由此可见，呼吸作用强弱与果蔬组织的生理生化变化、果蔬的贮藏寿命密切相关，在保持采后果蔬产品正常呼吸过程基础上降低呼吸作用，是新鲜果蔬采后贮藏、运输的基本原则。

（1）呼吸的基本概念

① 有氧呼吸和无氧呼吸　植物的呼吸作用有两种类型，即有氧呼吸和无氧呼吸。有氧呼吸必须从空气中吸收分子态氧，呼吸底物最终彻底氧化分解成二氧化碳和水，同时释放出能量。无氧呼吸不从空气中吸收氧气，呼吸底物不能被彻底氧化，生成乙醛、酒精等物质。以己糖为呼吸底物时，两种呼吸总的化学反应式为

有氧呼吸　　$C_6H_{12}O_6 + 6O_2 \rightarrow 6CO_2 \uparrow + 6H_2O + 2870.2kJ$

无氧呼吸　　$C_6H_{12}O_6 \rightarrow 2C_2H_5OH + 2CO_2 \uparrow + 100.4kJ$

在正常的情况下，有氧呼吸是植物细胞进行的主要代谢类型。有氧呼吸有氧的参与，呼吸底物氧化得彻底，释放的能量多。从有氧呼吸到无氧呼吸主要取决于环境中氧的浓度，一般在1%~5%。高于这个浓度进行有氧呼吸，低于这个浓度进行无氧呼吸。无氧呼吸使呼吸底物氧化得不彻底，产生的乙醛、乙醇物质积累过多会毒害植物细胞，所释放的能量较低，为了获得同等数量的能，要消耗远比有氧呼吸为多的呼吸底物。从这些方面来看，无氧呼吸是不利的或是有害的。但无氧呼吸是植物在逆境中所形成的一种适应能力，使植物在缺氧条件下不会窒息而死。在这种情况下为了获得生命活动所必需的能量，就需要进行无氧呼吸，也就是要消耗更多的贮藏养分，因而加速果蔬的衰老过程，缩短贮藏时期。无论何种原因引起的无氧呼吸的加强，都被认为是对果蔬正常代谢的干扰、破坏，对贮藏都是不利的。

② 呼吸强度和呼吸商

呼吸强度　衡量呼吸作用的数量水平，是指在单位时间内、单位质量的果蔬，吸收氧或放出二氧化碳的量。通常以1kg重的果蔬在1h内吸收氧或释放二氧化碳mg(mL)数来表示，即CO_2或O_2 mg/(kg·h)或mL/(kg·h)。

呼吸强度只能反映呼吸作用的量，而不能反映呼吸作用的性质。

呼吸商（呼吸系数）　是指一定质量的果蔬，在一定时间内所释放的二氧化碳同所吸收氧气的体积比，即

$$RQ = CO_2/O_2$$

呼吸商在一定程度上可以用来估计呼吸的性质——底物的种类、呼吸反应的彻底下，以

及需氧和缺氧过程的程度及其比例。各种呼吸底物有着不同的 RQ 值,以糖为呼吸底物时,$RQ=1.0$;以有机酸(苹果酸)为底物时,$RQ=1.3>1.0$;脂肪为呼吸底物时,$RQ=0.69<1.0$。在正常情况下,以糖为呼吸底物,当 $RQ>1$ 时,可以判断出现了缺氧呼吸,这是因为无氧呼吸只释放 CO_2 而不吸收 O_2,因此整个呼吸过程的 RQ 就要增大。

③ 呼吸消耗、呼吸热和田间热

呼吸消耗　呼吸要消耗呼吸底物,大部分果蔬的呼吸底物主要都是糖。呼吸底物的消耗是果蔬在贮运过程中发生失重(自然损耗)和变味的重要原因之一。从呼吸强度可以计算出呼吸底物的消耗量。果蔬贮藏时,应尽可能降低其呼吸强度,以减少呼吸底物的消耗。

呼吸热　是指果蔬呼吸过程中所释放的热量。呼吸消耗呼吸底物,同时释放热能,有氧呼吸每消耗 1 分子葡萄糖,释放的能总共达 2870.2kg;每产生 $1mgCO_2$,同时释放 10.69J($10.69J/mgCO_2$)的能。这些能只有一小部分用于维持维持生命活动及合成新物质,大部分都以热能的形态释放至体外,称呼吸热,使果蔬体温和环境温度升高。所以贮藏时,必须随时排除果蔬释放的呼吸热,才能保持贮藏库内恒定的温度。

田间热　是指果蔬从田间带到贮藏库的潜热,是随着果蔬体温的下降而散发出来的热量。

田间热 = 果蔬重量(ks) × 果蔬比热容[kJ/(kg·K)] × 果蔬温差(℃)

果蔬比热容[kJ/(kg·K)] = 4.18(0.2 + 0.8 × 含水量%)

田间热虽不是果蔬呼吸释放的热量,但在果蔬贮藏初期,也会增加贮藏场所的温度,影响贮藏效果。贮藏的果蔬在凉爽的早晨采收,贮藏前进行预贮,都是为了减少田间热导致贮藏场所温度升高的重要措施。

④ **呼吸跃变现象**　有些种类的果蔬在生长发育过程中呼吸强度不断下降,达到一个最低点,在果蔬成熟过程中,呼吸强度又急速上升直至最高点,随果实衰老再次下降。一般将果实呼吸的这种变化称为"呼吸跃变"(图1-4)。具有呼吸跃变特性的果实称为跃变型果实。属于这种类型

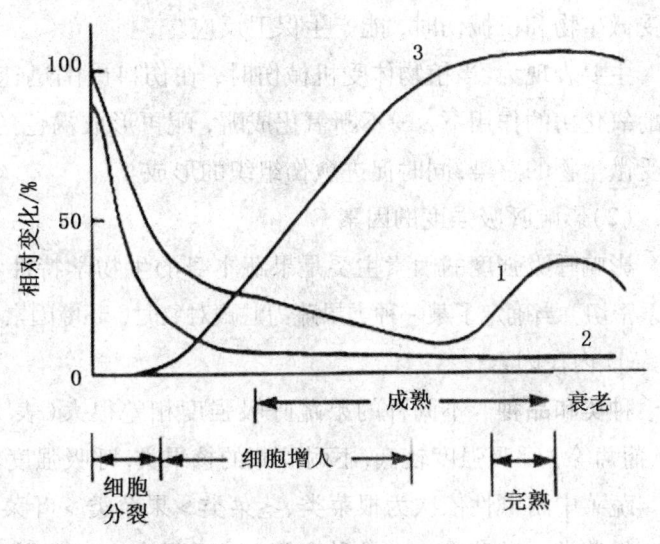

图 1-4　果实生长曲线和呼吸曲线
1.高峰型果实呼吸曲线;2.非高峰型果实呼吸曲线;
3.果实生长曲线

的果实有苹果、梨、香蕉、番茄、芒果、网纹甜瓜等。有些果实采收后,呼吸强度持续缓慢下降,不表现有暂时上升现象,称为非跃变型果实。属于非跃变型的种类有柑橘、葡萄、菠萝等。

跃变型果实的跃变高峰始点,与果实体积达到最大值几乎同步。完熟期间所持有的一切其他变化,也正是发生在跃变期内。非跃变型果实不显示跃变高峰,在完熟期间所有变化比跃变果实缓慢得多。呼吸跃变是果实生命中的一个临界期,它标志果实从成熟到衰老的转折。对跃变型果实而言,跃变上升期正是它的贮藏期,必须设法推迟呼吸高峰的到来,才能延长贮藏期。

⑤ 呼吸失调　在正常呼吸代谢过程中,各个反应环节和能量转移系统之间是前后协调平衡的。当细胞进入衰老阶段或遭受到破坏,细胞结构和酶促作用的平衡受到破坏,物质转化和能量转移受挫或中断,正常生理代谢发生紊乱,称为呼吸失调。

呼吸失调的产生是由于催化某一环节酶的活性被促进或抑制,就与前后反应失去协调,使得整个反应链发生紊乱,致使某种氢化不完全的中间产物积累,细胞受害。如冷害引起原生质凝固,使原来与膜结合的酶活性降低,而非氧化酶的活性相对活跃起来,这种不平衡代谢,造成 ATP 短缺和丙酮酸、乙醛、乙醇等有害物质积累,使细胞受害。又如,贮藏环境中的高浓度二氧化碳,能抑制线粒体内琥珀酸过氧化物酶系统,引起琥珀酸、乙醛和乙醇的积累,使细胞中毒。因此,呼吸失调,必然引起生理障碍,它是生理病害发生的根本原因。

⑥ 呼吸保卫反应　呼吸保卫反应是指植物在逆境(冷害、干旱、病菌侵染、机械伤等)条件下,呼吸迅速加强,抑制微生物所分泌的酶活性,防止积累有害的中间产物加强合成新细胞的成分,加速伤口愈合的现象。果蔬采收后,呼吸作用在整个生命代谢中居主导地位,当其遭受微生物和机械伤时,能产生保卫反应。

主要表现为:当植物体受机械伤时,在伤口周围迅速产生并积累大量的酚类衍生物,在多酚氧化酶的作用下,酚不断氧化成醌,醌再形成褐色的聚合物积累在伤口周围,保护伤口不受微生物的感染;同时促进愈伤组织的形成。

(2)影响呼吸强度的因素

影响呼吸强度的因素主要是果蔬本身的生物学特性和生理状态,其次,外界环境条件也关系密切。当确定了某一种类果蔬为贮藏对象时,环境因素则成为影响果蔬呼吸强度的主要因素。

① 内在因素

种类和品种　不同种的果蔬呼吸强度相差很大(表 1 - 11)。在果实中较耐贮藏的仁果类、葡萄等,呼吸强度较低;不耐贮藏的核果类,呼吸强度较大,草莓最不耐贮藏,呼吸强度最大。蔬菜中耐藏性依次为根菜类、茎菜类 > 果菜类 > 叶菜类。其呼吸强度依次为根菜类、茎菜类 < 果菜类 < 叶菜类。在品种之间,呼吸强度也有差别,一般晚熟品种呼吸强度小于早熟品种。陕西省仪祉农业学校测定 4 个苹果蔬种的呼吸强度,以金冠、红星较高,秦冠次之,小国光最低。

表 1-11　　　　　　　　几种蔬菜在 0~2℃ 时的呼吸强度（CO_2）　　　　　单位：mg/(kg·h)

种类	呼吸强度	种类	呼吸强度
石刁柏	44	胡萝卜	5.4
豌豆	14.7	番茄	18.8
甜玉米	30	洋葱	2.4~4.8
菠菜	21	马铃薯	1.7~8.4
生菜	11	甘蓝	6
菜豆	20	甜瓜	5

表 1-12　　　　　　　　橘子不同部位的呼吸作用　　　　　　　　mg/(kg·h)

部位	呼吸强度/mg/(kg·h)]		
	O_2	CO_2	呼吸商
外果皮	61.9	59.3	0.95
内果皮	23.1	19.7	0.85
果肉	10.5	18.6	1.75

果蔬部位不同，气体交换程度不同，呼吸作用有很大差异。从橘子不同部位的呼吸作用（表1-12）可以明显看到这种差异。

发育年龄和成熟度　发育年龄和成熟度不同，呼吸强度也有很大差别。幼龄时期呼吸强度最大；随着年龄的增长，呼吸强度逐渐下降。幼嫩果蔬呼吸强是因为正处在生长最旺盛的阶段代谢过程都最活跃；还因为这时期表层保护组织尚未发育，或者结构还不完全，组织内细胞间隙也较大，便于气体交换。成熟的果蔬，新陈代谢降低，表皮组织和蜡质、角质保护层加厚并变得完整；一些果实在成熟时细胞壁中胶层溶解，组织充水，细胞间隙被堵塞而体积减小，这些都会阻碍气体交换，使得呼吸强度下降。

② 环境条件

a. 温度　温度是影响呼吸作用最重要的环境因素。在一定范围内，温度升高，酶活性增强，呼吸强度随之增大。一般在 5~35℃ 范围内，温度每上升 10℃ 呼吸强度增加的倍数，称为温度系数（Q_{10}）。大部分果蔬的温度系数（Q_{10}）=2~2.5。但不同种类和品种以及同一品种成熟度不同或环境条件不同，温度系数（Q_{10}）也不同（表 1-13）。

从表 1-13 可以看出，多数果蔬的温度系数在低温范围内要比高温范围内大。这一特性表明，果蔬在低温贮藏时应严格控制好适宜稳定的低温，因为这时环境温度仅为 0.5~1℃ 的变化也会使呼吸有相当明显的增强。

表 1-13　　几种果品 Q_{10} 与温度范围的关系

种类	温度范围/℃				
	0~10	11~21	16.6~26.6	2.2~26.6	33.3~43.3
草莓	3.45	2.0	2.20		
桃子	4.10	3.15	2.10		
柠檬	3.95	1.70	1.95	2.00	
佛灵橙	3.95	2.15	1.60	1.50	1.95
葡萄柚	3.35	2.00	1.45	1.65	2.50

每一种果蔬都有其最适的贮藏温度。当温度高于贮藏适温时，呼吸作用成倍增加，当温度超出果蔬正常生活范围时，呼吸强度表现初期上升之后大幅度下降直到零。这主要是因为催化呼吸反应的酶系统受高温破坏，失去活力，使呼吸不能正常进行；同时外部的氧向组织内部渗透速度赶不上呼吸消耗的速度，增加了内层组织的缺氧程度，内层组织的二氧化碳来不及向外渗透，在细胞内积累到危害代谢的程度，加重了缺氧呼吸。对跃变型果实，高温还会促使呼吸高峰提早出现。当贮藏温度低于适宜温度时，轻者出现冷害，重者出现冻害。各种果蔬适贮低温不同，原产温带地区的果蔬大多数适宜 0℃ 左右低温贮藏保鲜，其低温界限应在其冰点以上，以不冻结为准，温度越低，保鲜效果越好。如苹果、梨、葡萄、大白菜、甘蓝、芹菜等。原产热带、亚热带的果蔬不适宜于 0℃ 左右低温贮藏，要求在 10℃ 左右较低温度下贮藏。这类果蔬会因不适低温造成"冷害"。如柑橘、香蕉、青椒、菜豆等。

贮藏温度的稳定同样是十分重要的，贮藏温度上下波动 1~1.5℃，对细胞原生质有强烈的刺激作用，使呼吸相应加强。如洋葱贮藏在 5℃ 时，呼吸强度为 9.9mg/(kg·h)，若每隔一天浮动 2~8℃，呼吸强度增加为 11.4mg/(kg·h)，温度的浮动，会促进呼吸，增加呼吸底物消耗，成熟衰老加快，不利于贮藏。

所以果蔬贮藏时，应力求贮藏库的温度适宜稳定，避免经常波动或较大波动。

b. 空气成分　空气成分也是影响呼吸作用的重要环境因素。降低空气中氧浓度，呼吸就会受到抑制并推迟一些果蔬跃变高峰的出现。但氧浓度过低，又促进缺氧呼吸。这种氧的临界浓度，不同种类果蔬有所不同。据试验，在 20℃ 时菠菜、菜豆、苹果、香蕉的氧临界浓度为 1%；豌豆、胡萝卜为 4%，低于临界浓度就会出现缺氧呼吸。

提高空气中二氧化碳浓度，呼吸也受到抑制。多数果蔬适宜的二氧化碳浓度为 1%~5%。二氧化碳达 10% 时，一些果实的琥珀酸脱氢酶和烯醇式磷酸丙酮酸羧化酶的活性受到抑制，引起代谢失调，严重时出现二氧化碳中毒。不过氧和二氧化碳之间有拮抗作用：一方面二氧化碳毒害可因提高氧浓度而有所减轻；另一方面，较高浓度的氧伴随有较高浓度的二氧化碳，对植物的呼吸仍能起到明显的抑制作用。因此，氧和二氧化碳对呼吸作用的影响以及两种气体之间的拮抗作用为气调贮藏提供了理论依据。

贮藏环境中,常常有乙烯等香气的积累,脱除乙烯,有利于贮藏。

c. 空气湿度　贮藏环境对湿度的要求,以轻度干燥为宜。湿度过低,果蔬失水,易发生萎蔫,其结果是酶的活性增强,水解作用加快,呼吸强度增加,呼吸底物消耗增多。但贮藏环境的湿度过高,为病菌侵染提供温床,造成果蔬的腐烂。不利于贮藏。

机械损伤与病虫害　任何机械伤,即使是轻微的挤伤或压伤,也会引起呼吸加强。刺伤、压伤、摔伤、碰伤等创伤影响呼吸的机制可能是:损伤破坏了完好的细胞结构,加速了气体交换,提高了组织内氧的含量,同时增加了组织中酶与作用底物接触的机会。

病虫害与机械伤影响相似。果蔬受到病虫侵害时,呼吸作用明显加强。此外,机械损伤给微生物侵染创造了条件。

鉴于机械损伤与病虫害的危害,在果蔬采收、运输、贮藏各环节中,要尽量避免机械损伤和病虫害的侵染。控制机械伤和病虫害有利于贮藏。

植物激素　植物激素有两大类:一类是生长激素,如生长素、赤霉素、细胞分裂素等有抑制呼吸、防止衰老的作用;另一类是成熟激素,如乙烯、脱落酸,有促进呼吸,加速成熟的作用。在贮藏中控制乙烯生成,排除降低乙烯含量,是减缓成熟、降低呼吸强度的有效方法。

综上所述,影响呼吸强度的因素是多方面的、复杂的。这些因素之间不是孤立的,而是相互联系、相互制约的。由于果蔬贮藏中,外界环境多种因素同时共同作用于果蔬,影响果蔬的呼吸强度,所以,在贮藏中不能片面强调哪个条件,而要综合考虑各种条件的影响,抓住关键,采取正确而灵活的保鲜措施,才能达到理想的贮藏效果。

2. 乙烯代谢

乙烯是一种不饱和烃类化合物,是一种植物体本身存在的引起果实成熟的内源植物激素(表1-14)。它以极微量的作用阈值影响着果蔬的呼吸生理和成熟与衰老,从而影响着果蔬在贮藏期间的生理及品质变化。

(1) 乙烯对果蔬品质的影响

① 乙烯的生成　所有的果实在发育期间都产生微量的乙烯,结合众多前人的研究成果,发现1-氨基环丙烷-1-羧酸(ACC)是乙烯的直接前体,从而确定了植物体内乙烯生物合成途径(图1-4):Met→SAM→ACC→C_2H_2。而乙烯生物合成的关键步骤是SAM→ACC,催化这个反应的酶是ACC合成酶,因为该酶的出现能使ACC在果实中大量生成,并进而氧化生成乙烯。果蔬一旦产生少量乙烯,就会反过来诱导ACC合成酶的活性,启动乙烯的迅速合成。见图1-5。

表1-14　　　　　　　　几种跃变型与非跃变型果实内源乙烯含量　　　　　　　单位:μL/L

呼吸类型	果实	乙烯	果实	乙烯
跃变型	苹果	25~2500	香蕉	0.05~2.1
	梨	80	芒果	0.04~3.0
	桃	0.9~20.7	西番莲	466~530
	油桃	3.6~602	李	0.14~0.23
	鳄梨	28.9~74.2	番茄	3.6~29.80
非跃变型	柠檬	0.11~0.17	橙	0.13~0.32
	酸橙	0.30~1.96	菠萝	0.16~0.40

不同的果实自身内源乙烯的生成量不同,在完熟期内,跃变型果实产生的乙烯要比非跃变型果实产生的乙烯多得多。

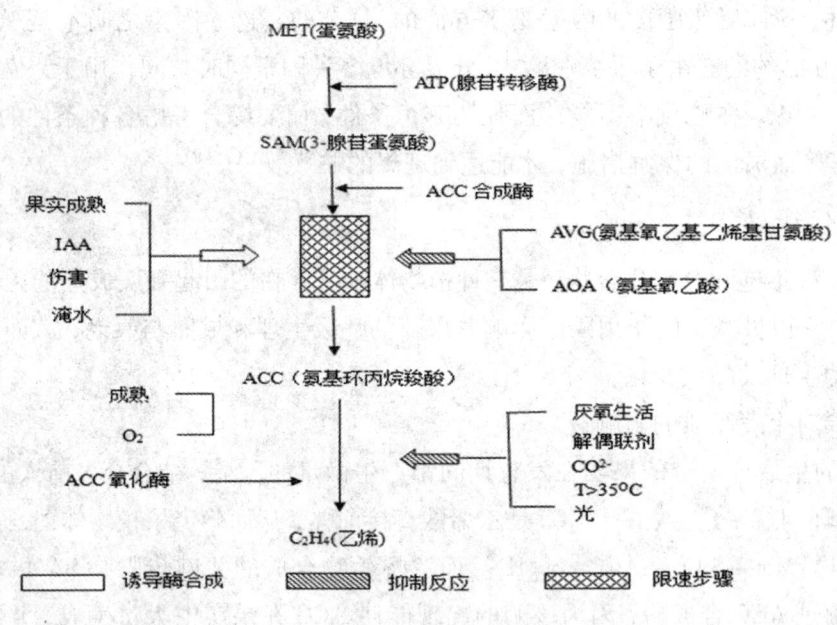

图1-5　乙烯生物合成途径及调节(Adams和Yang,1981)

② 乙烯对呼吸作用的影响　果实成熟时可以自身产生乙烯并向外释放,空气中乙烯浓度增大,又反过来促进果实的呼吸代谢。若采用贮藏措施抑制了乙烯的产生,呼吸跃变就可被推迟,后熟衰老得以延缓,果实贮藏期延长。空气中的外源乙烯能刺激进入成熟阶段的跃变型果实的呼吸高峰提前到来,提前的时间与乙烯浓度有关,在一定范围内乙烯浓度越大,

呼吸跃变出现得越早。

③ 乙烯对果蔬品质的影响　乙烯除刺激呼吸作用外，对果蔬品质有很大影响。乙烯促进淀粉转化为可溶性糖，果实变甜，使淀粉含量下降；促进果胶酶的活性增加，使原果胶含量下降，水溶性果胶含量增加，果实变软；使叶绿素减少，有色物质增加。此外，乙烯对非跃变型植物组织也有不利影响，可使绿叶菜和食用嫩绿果失绿、失鲜。

(2) 影响乙烯作用的因素

① 成熟度　具有呼吸跃变的果实未成熟时乙烯生成量很低，成熟的果实内部乙烯浓度增加，达到 $0.1mg/L(0.1\times 10^{-6})$ 时就促进呼吸，导致呼吸高峰到来。用于贮运的果蔬成熟度要一致，避免因成熟果实大量释放乙烯而启动未成熟的果实很快成熟衰老。

② 温度　在 0℃ 左右，乙烯合成能力极低，随温度上升，乙烯生成加快。因此采用尽可能低的温度可以控制乙烯的合成。

③ 气体成分　乙烯是细胞的氧化代谢产物，组织合成乙烯（ $ACC-C_2H_4$ ）必须有 O_2，缺 O_2 则减少乙烯的合成量或停止合成作用。因此降低贮藏环境中的 O_2 浓度，可减少乙烯的合成。低 O_2（1%）还会抑制乙烯对新陈代谢的刺激作用。适当提高贮藏环境中的 CO_2 浓度也会抑制乙烯的生成以及乙烯对新陈代谢的刺激作用，认为可能是在受体的特定位置上，CO_2 与乙烯有竞争作用，也可能是 CO_2 阻止了乙烯的形成。

④ 机械损伤、病虫害　这类果蔬不但呼吸旺盛、传染病害，还可产生较多的乙烯，会启动未成熟的果实成熟，缩短贮藏期。在贮运果蔬中要严格去除此类果蔬，在各项商品化处理环节中要避免产生机械损伤。

⑤ 产品混贮　将自身释放乙烯少的非跃变型果实或其他蔬菜与大量释放乙烯的果实混合贮藏，就会受到乙烯的不良影响，所以，在贮藏中要注意将上述果蔬分开贮藏。更严格来讲，每一种果蔬都不能在同一场所贮藏，以减少风味物质的相互影响。

乙烯对果实特别是跃变型果实的贮藏寿命起决定性的作用，因此在贮藏中一方面要创造适宜的低温、低 O_2、高 CO_2 环境抑制乙烯的生成，同时要及时排除贮藏库内果蔬自身产生的乙烯。

1.3.2 蒸发生理

新鲜果蔬含水量很高，达 65%~96%。由于水分充足，膨压大，使其外观显得充实、坚挺，饱满有弹性，富有光泽，给人以新鲜脆嫩的感觉。若贮运过程中，由于环境湿度低，缺少包装，往往会使果蔬产品体内水分蒸发散失，使其感官上显得萎蔫、皱缩、疲软、光泽消退，使产品逐渐失去鲜度，并带来一系列的不良影响。当贮藏环境湿度过高或果蔬成大堆散放时，有时可见表层的产品潮润或有凝结水珠，影响果蔬的安全贮藏。

1. 蒸发与结露对贮藏的影响

(1) 蒸发对贮藏的影响

① 失重和失鲜　果蔬在贮藏中由不断的蒸发脱水所引起的最明显的表现是失重和失鲜。失重即所谓"自然损耗"，是果蔬在贮藏中数量方面的损失。据试验，苹果普通贮藏自然损耗在5%~8%。失鲜是质量方面的损失，表现为形态、结构、色彩、光泽、质地、风味等多方面的劣变，综合地影响到果蔬食用品质和商品品质的降低。

② 降低耐贮性　果蔬萎蔫在造成失重失鲜的同时，还会引起正常的代谢作用被破坏，显然会影响果蔬的耐贮性。病菌趁机而入，腐烂率增加。

(2) 果蔬结露对贮藏的影响

当空气水蒸气的绝对含量不变，温度降到某一定点时，空气的水蒸气达到饱和而凝结成水珠，这种现象称为结露。如在贮藏窖、库中堆大堆，或者采用200~300kg装的大箱贮藏，有时可以看到堆或箱的表层产品湿润或有凝结水珠；采用塑料薄膜帐、袋封闭气调贮藏果蔬时，有时会看到薄膜内壁面有凝结水珠。

结露后，附着或滴落到果蔬表面的液态水，有利于微生物孢子的传播、萌发和侵入，特别是受机械伤的果蔬更易引起腐烂。所以，结露必然导致增加腐烂损失。

2. 影响蒸发与结露的因素

(1) 影响蒸发的因素

蒸发的程度与果蔬的种类、品种、组织结构及理化特性等内在因素有关，同时与贮藏环境的温度、湿度及空气流速有关。

① 内在因素

表面积比　表面积比是指单位重量或体积的物体所占表面积的比率(cm^2/g)。所以蔬菜中的叶菜类表面积比最大，其最易蒸发脱水；果蔬类，个头小的表面积比大，蒸发脱水快。

表面保护结构　植物器官水分蒸发通过两个途径，即表皮层和自然孔(皮孔气孔)。幼嫩器官，表皮层不发达，主要是纤维素，易蒸发脱水，如多数以幼嫩器官为产品的蔬菜。随着器官的成熟，角质层开始发育、加厚，有些表面还有蜡层、蜡粉或油，这种结构特征都有利于保持水分，减少蒸发，减轻萎蔫。苹果、梨、南瓜等表皮有较厚的保护层，不易萎蔫，金冠表面保护层薄，易萎蔫。马铃薯采后经愈伤，在伤面形成完好的周皮组织和木栓层，洋葱经晾晒使外层鳞片膜质化，都利于防止水分损失。

细胞持水力　细胞中亲水胶体和可溶性固形物的含量同细胞的持水力有关。果蔬中原生质亲水性胶体多，可溶性固形物含量高，细胞具有较高的渗透压，有利于保持水分。

② 环境因素

空气湿度　空气湿度是影响果蔬蒸发的最主要的因素。与空气湿度相关的几个概念如下：绝对湿度——空气中实际含水量；饱和湿度——空气湿度达饱和时的含水量；相对湿度——绝对湿度占饱和湿度的百分率。生产实践中常以测定相对湿度来了解空气的干湿程度：

相对湿度(%)=绝对湿度/饱和湿度×100。

相对湿度越小,果蔬中的水分越易蒸发,果蔬越易萎蔫。

温度 由于空气的饱和湿度是随温度而变化的。温度升高,饱和湿度增大,在绝对湿度不变的情况下,空气的相对湿度变小,则果蔬中的水分易蒸发。所以,贮藏环境的低温有利于抑制果蔬水分的蒸发。

温度固定,相对湿度则随着绝对湿度的改变而成正相关变动,贮藏环境加湿,就是通过增加绝对湿度达到提高环境的相对湿度的目的的。

空气流动 空气流动会改变空气的相对湿度,空气流动越快,果蔬蒸腾越强。

(2)影响结露的因素

结露是空气相对湿度大于100%的表象。在空气绝对湿度不变的情况下,相对湿度会随着环境温度的改变而发生变化。当环境温度降低到其所对应的饱和湿度与空气绝对湿度相等时,相对湿度即达到100%,此时的温度就是露点温度;温度继续下降,就会出现结露现象。

贮运中的果蔬产品之所以会产生结露现象,是环境中温湿度的变化引起的。大堆或大箱中贮藏的果蔬会因产品呼吸放热,堆、箱内不易通风散热,使其内部温度高于表面温度,形成温度差,这种温暖湿润的空气向表面移动时,就会在堆、箱表面遇到低温达到露点而结露;采用薄膜封闭贮藏时,会因封闭前果蔬产品预冷不透,内部产品的田间热和呼吸热使薄膜内的温度高于外部,这种冷热温差便会造成薄膜内结露;果蔬保鲜要求贮藏环境具有较高的相对湿度,在这种环境条件下,库内温度的少量波动就会导致达到露点而在冷却产品的表面结露。可见,温差是引起果蔬结露的根本原因。温差越大,凝结水珠也相对越大、越多。

3. 蒸发与结露的控制因素

(1)控制蒸发的措施

控制贮运中果蔬产品蒸发失水速率的方法主要在于改善贮藏环境,对果蔬失水增加障碍。

① 严格控制果蔬采收成熟度,使保护层发育完全。

② 增大贮藏环境的湿度。减少果蔬失水的有效方法是提高空气的相对湿度,可通过喷雾等方式增大空气相对湿度。

③ 采用涂被剂,增加商品价值,减少水分蒸发。

④ 采用塑料薄膜等包装材料包装,保持贮藏环境的相对湿度。

(2)控制结露的措施 控制结露的最有效方法是避免温差的出现,具体措施如下。

① 果蔬入库前需充分预冷,设法消除或尽量缩小库温与品温的温差,防止贮藏库内温度的急剧变化。

② 塑料薄膜气调冷藏的果蔬,需充分预冷后才能装袋、封帐,防止袋、帐内外出现较大温差。

③ 贮藏过程中要尽量避免库温较大或较频繁的波动，维持稳定的低温状态，保持相对平稳的相对湿度。

④ 在果蔬包装容器周围设置"发汗层"。

⑤ 堆藏果蔬时，不要堆得过高过多，并留有通风孔和必要的空间，保证具有良好的通风条件，以利于自然通风散热。

⑥ 果蔬出库时应逐渐升温，尽量减小与外界环境温度的温差。一旦果蔬"结露"时，应采取适当措施，除去过多的水分。

1.3.3 成熟衰老生理

果实的一生，在授粉以后可分为生长、成熟和衰老三个生理阶段。不同种类的果蔬，可食部分不同，需要在不同的生理阶段采收。处在不同生理阶段的果蔬，其色泽、质地和风味有很大差异，且采收后各生理阶段的代谢活动仍然继续进行，直到最后机体衰老、死亡。能够控制果蔬的成熟和衰老生理，就能延长果蔬的贮藏寿命（图1-6）。

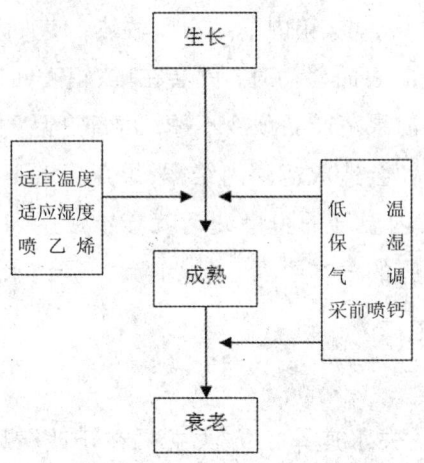

图1-6 果蔬成熟与衰老控制

1. 成熟衰老

（1）生长 指从授粉开始至果实生长达到品种应有的大小。包括细胞分裂、细胞膨大的过程，是肉质性果实鲜重增加的决定因素。一般鲜食的蔬菜需要此时采收，如黄瓜、西葫芦、菠菜、油菜等，只需细胞分裂结束，不需细胞完全膨大，食用时鲜嫩质脆。

（2）成熟 从果实发育定型到生理上完全成熟的阶段。成熟的特征是绿色完全消失，显现出本品种特有的色彩和香气，糖分增加，酸度下降，涩味减少，果肉组织由硬变软，种子颜色由浅褐变成深褐色。这一阶段，种子仍以合成过程占优势，果肉部分以分解过程为主导。由于果蔬种类不同，成熟变化并非同步进行，所以成熟又分为初熟、完熟和老熟。大部分果蔬是食用幼嫩的果实，需在初熟阶段采收，如苹果、梨、番茄、甜瓜和西瓜等；充分成熟的食用价值高，可在完熟时采收，如葡萄；冬瓜和南瓜可在老熟时采收，这时生理上尚未进入明显的衰老阶段，以后还有一段较长的"后熟"时期。有的果实如鳄梨、巴梨，尽管已完全成熟，但采收后仍不能食用，质地硬，含糖量低，要经历一个后熟的过程才能食用，这种采后成熟的现象叫做后熟。对于长期贮藏的果蔬，要适当控制温度、湿度和空气成分，使后熟过程缓慢进行，达到延长果蔬贮藏寿命的目的。

（3）衰老 果蔬的衰老是指个体发育的最后阶段，开始发生一系列不可逆的变化，最终导致细胞崩溃及整个器官死亡。衰老的症状是果肉组织开始软化，细胞逐渐自溶崩溃，细胞间隙减小，气体交换受阻，正常的呼吸代谢被破坏，缺氧呼吸比重增大，组织内积累的乙醛、乙醇等有毒物质达到最高含量。这标志着果蔬的贮藏性、抗逆性已处在迅速衰降的过程中。有些果蔬成熟过渡到衰老是连续性的，不能截然分开，成熟是衰老的开始，衰老意味着生命的终结。

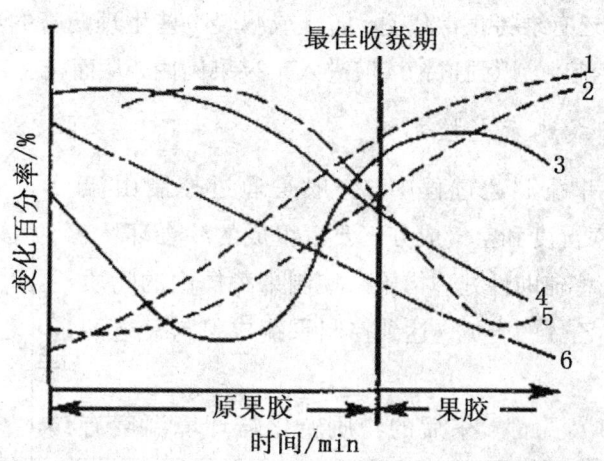

图1-7 苹果采收前后物质转换(Tonini,1997)
1.糖；2.颜色；3.风味；4.酸度；5.底色；6.淀粉

一般果蔬在具有该品种固有的颜色、风味、质地和营养价值时采收（图1-7）。采收后，物质积累停止，干物质不再增加，由于生命活动的需要，体内物质不断转化，使固有的色、香、味、质地及营养价值发生变化。表现在物质的转化、转移、分解和重组。

2. 成熟衰老机制

细胞内有许多因素对果蔬成熟与衰老起着调节作用，首先是乙烯，此外还有其他植物激素（图1-8）和钙等。

不同种类的激素对果实成熟的作用不同。生长素低浓度可抑制叶绿素分解、果肉软化、呼吸上升及组织对乙烯的敏感性，高浓度则可刺激乙烯的产生与果肉的成熟。细胞分裂素和赤霉素有延迟果实成熟和衰老的作用。

近年来，有些人认为脱落酸对果实的成熟起非常重要的促进作用，甚至在有些果实上的作用比乙烯更大。越来越多的人认为植物激素对果实后熟的影响可能是通过体内平衡而起作用的。

近年来的研究指出，钙在调节植物呼吸和推延衰老方面，以及在防止果蔬代谢病害方面，都有着重要作用。

研究发现，含钙量低的苹果，从跃变前到跃变后的呼吸强度都高于含钙量高的，但跃变的时间不受含钙量的影响。高氮量常促进果实的呼吸、衰老和败坏，含钙量高则可抵消这些不良的影响。果实进入衰老时合成活性常下降，钙能使蛋白质合成加强，或使之保持在较高的水平上。钙有助于维持细胞器膜的结构，保持膜的结构，保持膜的完整性，并控制一些酶的活性。采后果实以钙盐浸渍，可保持果肉硬度，这是因为阻止了果胶酶破坏果胶物质。此外，钙还有维持正常代谢，防止或减轻一些生理病害的功能。如人们将苹果置于真空并浸于钙盐溶液中，以强迫钙溶液进入苹果果肉内，从而控制苦痘病和腐烂，取得了很好的效果。

3. 成熟衰老控制

在果蔬贮运过程中，一般是通过控制由温度、相对湿度和空气成分三要素组成的综合环境，采用一些辅助性处理措施来控制果蔬体内的物质转化和乙烯的合成，达到控制果蔬成熟与衰老的目的。

（1）温度 采后的物质转化与环境温度有关。温度升高，果蔬的呼吸作用、蒸发作用、水解作用、完熟老化作用等都加强；并且，缺氧呼吸的比重也增大，一些果实的跃变高峰提早出现。在适当的低温条件下，果蔬的各种代谢可以降到最低水平，且仍然保持原有的协调平衡，保持正常的生理活动，从而有效地控制果蔬的成熟与衰老过程。

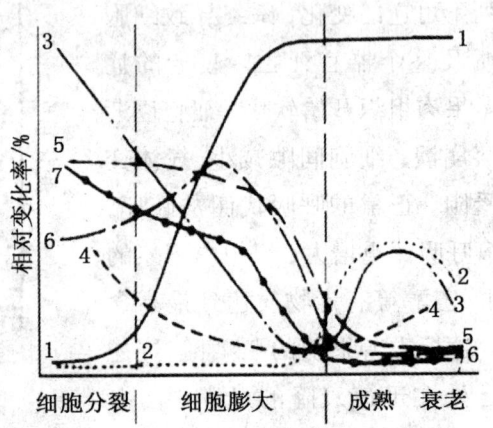

图 1－8 高峰型果实在生长、发育、成熟过程中激素平衡

1. 生长；2. 乙烯；3. 呼吸；
4. 脱落酸；5. IAA；6. GA；7. 激动素

（2）相对湿度 果蔬在贮藏中，水分仍在不断蒸发。一般果蔬损失原有质量的5%的水分时就明显地呈现萎蔫，其结果不仅降低商品价值，而且还使正常的呼吸作用受到破坏，促进酶的活性，加速水解过程，促进了衰老。

（3）气体组成 在一定范围内，降低 O_2 浓度、升高 CO_2 浓度都有抑制果蔬呼吸，延缓后熟老化过程等作用。同时控制 O_2 和 CO_2 两者的含量，可以获得更好的效果。控制适当的气体组成，即使温度较高，也有比较明显的减少损耗、延缓衰老、延长贮期的效果。若同时控制贮藏温度，则能获得更好的延缓成熟衰老的效果。

（4）辅助性处理

① 钙处理 目前进行钙处理的方法有田间增施钙肥或采前喷钙（0.05%的氯化钙），采后用钙盐浸果等。

② 施用乙烯抑制剂 如 B_9 能延缓苹果的衰老，可能是抑制了正常乙烯的产生。氨基乙氧基乙烯基甘氨酸（AVG）、氨基氧乙酸（AOA）都能抑制乙烯的合成，延缓衰老。

1.3.4 低温伤害生理

从降低贮运中果蔬产品的呼吸强度、抑制各种营养损失与水分蒸发、减缓成熟衰老过程等角度出发,低温有利于果蔬保鲜。然而,在果蔬贮运期间,常常会出现因为低温管理不适宜,使果蔬产品发生冷害或冻结等低温伤害,造成重大的采后损失。

1. 冷害

冷害是指在冰点以上不适宜温度引起果蔬生理代谢失调的现象。一些原产热带和亚热带的果蔬,如香蕉、柑橘、番茄、黄瓜、辣椒等,由于系统发育长期处于高温多湿环境,所以对低温特别敏感。若在低温下贮藏,易遭受冷害。不同种类的果蔬遭受冷害的温度有差异(表1-15)。

表1-15　　　　　　　　各种果蔬发生冷害的临界温度及症状

种类	温度/℃	症状
苹果	-1.5~2.2	橡皮病、烫伤、果肉(心)褐变
梨(部分品种)	5.0~8.0	果肉(果心)褐变
香蕉(绿、黄果)	11.7~12.7	果皮变黑,后熟不良
葡萄油	10.0	烫伤、果皮凹陷、水浸状斑点、腐烂
橙(品种各异)	2.8~5.0	表皮凹陷,褐变
西瓜	4.4	凹陷、异味
黄瓜	7.2	表皮凹陷、水浸状斑点、果肉褐变、腐烂
茄子	7.2	表皮凹陷、烫伤症状、腐烂
甜椒	7.2	表皮水浸状凹陷、种子、萼部变褐
南瓜	10.0	腐烂
甘薯	10.0	腐败凹陷,水浸状软烂
番茄(成熟果)	7.2~10.0	水浸状软化,腐烂
番茄(未熟果)	12.8~13.9	后熟不良,腐烂
甜瓜	2.2~4.4	凹陷,表面腐烂
马铃薯	3.3~4.4	褐变,糖分增加
扁豆	7.21	凹陷,变色

冷害在贮运中更容易发生,而且经常发生。如果技术管理不当,冷害带来的损失就会在某种程度上大于冻害,故应当引起足够重视。

(1)冷害症状　不正常成熟,有异味;表皮组织坏死,变色或干缩;果皮出现凹点或凹陷的斑块；皮薄或组织柔软的果蔬，出现水渍斑块；果皮、果肉或果心褐变等。不同的果蔬冷害症状不同。香蕉受冷害果皮变暗灰色，重者颜色加深，以致全果变为灰黑色；柑橘果皮颜色变淡而无光泽，果肉微苦，重者整个果皮淡白色，局部果皮出现不规则的水渍状；鸭梨会出现早期黑心病；黄瓜为水浸状，部分色泽变暗，易感染灰霉病；马铃薯还原糖增高，味甜，煮时褐变；番茄不能正常成熟，出现水浸状软烂，易受交链孢霉侵染。见表1-15。

（2）冷害对果蔬贮运的影响

① 生理生化变化　组织结构改变，如细胞膜由柔软的液晶态转变为固态胶体，细胞膜透性增加，电解质外渗，汁液流失；促进了酶的活性，如果胶酶、淀粉酶，使果胶及淀粉发生水解，多酚氧化酶活性也大大加强了，组织迅速褐变；加强了呼吸作用，刺激了乙烯的生成，加速了组织成熟和衰老；积累有毒物质乙醇、乙醛、丙二醛等，使组织受伤致死。

② 对贮藏性状的影响　受冷害的果蔬新陈代谢紊乱，果蔬的外观、质地和风味劣变，贮藏性状明显下降，各种抗逆性基本丧失，极易被微生物浸染。如香蕉的腐生菌、黄瓜的灰霉菌、柑橘的青绿霉菌、番茄的孢链霉菌等，使受冷害的果蔬迅速腐烂。因此果蔬一旦发生冷害应立刻终止其贮藏。

（3）防止果蔬冷害的措施

① 采用变温贮藏　升温可以减轻冷害的原因，可能是升温减轻了代谢紊乱的程度，使组织中积累的有毒物质在加强代谢活性中被消耗，或是在低温中衰竭了的代谢产物在升温时得到恢复。

② 低温锻炼　在贮藏初期，对果蔬采取逐步降温的办法，使之适应低温环境，可避免冷害。

③ 提高果蔬成熟度　提高果蔬成熟度可以降低对冷害的敏感性。粉红期的番茄在0℃下放置6d后，在22℃下可以完全后熟而无冷害。而绿熟期的果实在0℃下贮藏12d则完全丧失风味。

④ 提高贮藏环境的相对湿度　在研究黄瓜的冷害与温度、湿度的关系时，证明了在较高的相对湿度下，冷害可以减轻。McColloch（1962）观察到辣椒在0℃及相对湿度88%~90%中贮藏12d，有67%出现陷斑，而在同样的时间和温度下，在96%~98%的相对湿度中陷斑为33%。结合施用杀菌剂，调节相对湿度接近100%，可以减轻冷害。

采用塑料薄膜包装，可以保持贮藏环境的相对湿度，减轻冷害。

⑤ 气调气体组分　在贮藏过程中，适当地提高二氧化碳浓度，降低氧的浓度有利于减轻冷害。据报道，7%的氧是最能防止冷害的浓度。

⑥ 改良品种　将抗寒基因移入到对低温敏感的果蔬体内，培育优良的抗寒品种是防止冷害的根本措施。

2. 冻害

冻害是指在冰点以下不适宜的温度引起果蔬组织结冰所受到的低温伤害。不同果蔬的冰点温度不同,一般蔬菜为 -1.5 ~ -0.7℃,果品的冰点为 -2.5℃以下。贮藏温度低于果蔬的冰点就会受冻。其症状是果蔬组织内的水分冻结成冰晶状(水泡状),组织呈现半透明或透明状,有的呈水烫状,色素降解,颜色变深、变暗,表面组织产生褐变,有异味。出库升温后,会很快腐烂变质。

果蔬受冻害的程度决定于受冻时的温度及持续的时间。环境温度不太低或持续时间并不长,组织的冻结程度轻,细胞结构还未遭到破坏,应缓慢回升库温,且不要搬动、翻动,解冻后有可能恢复正常状态。如若迅速回升温度,或搬到温暖处,会因组织细胞不能很快回吸水分,或因外力作用使冰晶刺破细胞,造成不可逆的伤害。

如若受冻温度较低,受冻时间较长,会造成永久性的生理损伤,出现组织细胞脱水、干萎,便无法解救。受冻的果蔬细胞就会受破坏而死亡,解冻后汁液流失,失去食用价值。

1.3.5 休眠生理

在果蔬贮藏过程中,有些处于休眠状态,有些则处于生长状态。休眠是植物为了渡过严冬、酷暑、旱涝等不良环境,在长期的系统发育中形成的生长发育暂时停止的现象。此期植物仍保持生命活力,但一切生理活动都降到最低水平,营养物质的消耗和水分蒸发都很少。休眠器官在经历一段时间后,又逐渐脱离休眠状态,这时如有适宜的环境条件,就可发芽生长。对果蔬贮藏来说,休眠是一种十分有利的生理作用。

1. 休眠类型

按果蔬休眠时的生理状态,休眠可分为强迫休眠和生理休眠。

强迫休眠是果蔬在完成营养生长以后,遇到不适宜的外界条件而引起的。如结球白菜和萝卜,当产品器官形成以后严冬已经来临,外界环境不适宜它们的生长而进入休眠,但春播的结球白菜和萝卜没有休眠。生理休眠的果蔬,即使有适宜的生长条件,仍能保持一段时间的休眠状态。如洋葱、大蒜、马铃薯等处在生理休眠阶段时,环境条件适宜也不会发芽。

显然,具有生理休眠的果茄,比具有强迫休眠期的种类更耐贮藏。对具有强迫休眠期的果蔬,在采后整个贮运过程中,都要加强管理,创造不适宜生长的环境条件以使之延长休眠期,减少营养损耗,提高贮藏保鲜效果。

2. 休眠阶段

休眠期大致可划分为三个阶段:

第一休眠期即休眠诱导期(休眠前期),此时果蔬器官刚采收,发生一系列生物学变化,表现为伤口部分形成木栓组织,角质层和皮层加厚或形成膜质鳞片,以减少水分蒸发,防止病菌的侵入。从生理上看,处于休眠准备阶段。此阶段植物体内生理活动仍较旺盛,若环境条件适宜,就会结束休眠而发芽。

第二休眠期即生理休眠期(深休眠期),这时即使有适宜于生长的环境条件也不会发芽生长。此阶段植物的生命力下降到最底程度。生理休眠期的时间因品种不同而不同,一般为2~3个月。

第三休眠期即休眠苏醒期(休眠后期),此时如外界条件不适宜还可适当延长休眠期;若外界条件适宜,便迅速萌发生长。

因此,对于具有生理休眠的果蔬,贮藏的关键在于抓好休眠诱导期及苏醒期的管理,使其在采收后很快进入休眠,贮藏后期延缓苏醒,延长休眠期。

3. 休眠的控制

休眠对贮藏有利,休眠一旦结束,即进入生长,表现为幼茎的伸长与木质化、蔬菜的抽薹和开花、果肉变糠等,严重影响贮藏质量。因此,人们采取相关的技术措施,延长休眠期,且在休眠解除后,继续保持在强制休眠状态。

(1)控制环境条件　控制休眠最有效、方便、安全的方法是低温贮藏,可以有效地防止马铃薯和洋葱的发芽。在0℃贮藏,4~6个月不发芽。适当的低O_2高CO_2和低湿也可延长休眠。同时采用低湿、低温和低低O_2高CO_2能更有效地抑制发芽。

(2)植物激素处理　据研究,植物组织内脱落酸是一种强烈的生长抑制物质。若脱落酸的水平降低,可以解除休眠。在采收前用0.25%的青鲜素(MH)喷洒植株,可使洋葱、大蒜贮藏8个月不发芽。

(3)辐射处理　用γ射线照射马铃薯抑制发芽在生产上已广泛应用。在休眠期间,用80~100Gy的γ射线,使其常温3个月到1年不发芽。

实验实训一　果实呼吸强度的测定

1. 目标原理

呼吸作用是果蔬采收后进行的重要生理活动,是影响果蔬耐藏性的重要因测定果蔬的呼吸强度,感受果蔬采收后的生命现象,了解果蔬采后生理变化。为低温和气调贮藏以及呼吸热计算提供必要的依据。通过实验,使学生掌握果蔬呼吸强度的测定方法。

呼吸强度的测定,一般采用定量碱液吸收果蔬在一定时间内呼吸所释放出来的二氧化碳量,再用已知浓度的酸滴定剩余的碱,用消耗酸的数量与对照数量之差,即可计算出呼吸所释放出的二氧化碳,求出其呼吸强度。表示单位为二氧化碳$mg/(kg \cdot h)$。

主要反应如下:

$2NaOH + CO_2 = Na_2CO_3 + H_2O$

$Na_2CO_3 + BaCl_2 = BaCO_3 \downarrow + 2NaCl$

$2NaOH + H_2C_2O_4 = Na_2C_2O_4 + 2H_2O$

2. 材料、用具、试剂

（1）材料　苹果、梨、柑橘、番茄、菜豆等。

（2）用具　真空干燥器、大气采样器、吸收管、滴定管架、25mL。滴定管、150mL。三角瓶、500mL。烧杯、8cm 培养皿、小漏斗、10mL 移液管、洗耳球、100mL。容量瓶、万用试纸、台秤。

（3）试剂　钠石灰、20% NaOH（氢氧化钠）、0.4mol/LNaOH（氢氧化钠）、0.1mol/L$H_2C_2O_4$（草酸）、饱和氯化钡溶液、酚酞指示剂、正丁醇、凡士林。

3. 操作步骤

（1）滴定法　此法设备简单，测定方便。安装如图 1-9。

测定时，用一定体积的干燥器作为呼吸室，上接二氧化碳吸收管。内装有钠石灰，用它净化空气。在干燥器底部放装有定量碱液（0.4mol/NaOH）的培养皿，放置隔板，入 1kg 果蔬。封盖，呼吸 1h、后取出培养皿，把碱液移入烧杯，加饱和氯化钡 5ml、酚酞 2 滴，溶液变红色。用 0.1mol/，草酸滴定红色完全消失，记录用 0.1mol/L 草酸的用量。以同样方法做空白滴定.干燥器中不放果蔬样品。

（2）气流法　其特点是使果实处在气流畅通的环境中进行呼吸. 比较接近自然状态。可以在恒定的条件进行较长时间的多次连续测定。

① 安装按图 1-10 安装，连接好大气采样器，暂不接吸收管，开动大气采样器的空气泵，如果在装有 20% 氢氧化钠溶液的净化瓶中有连续不断的气泡产生，说明整个系统气密性良好。否则应检查接口是否漏气。

② 测定　称取果蔬 1kg，放入呼吸室，先将呼吸室与安全瓶连接，拨动开关，把流量调到 0.4L/min 处，定时 30min，先使呼吸室抽空平衡 0.5h，然后连接吸收管开始正式测定。

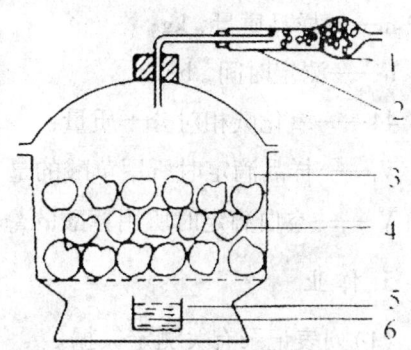

图 1-9 （滴定法）呼吸室装置
1.钠石灰;2.二氧化碳吸收管 3.呼吸室;4.果实;培养皿;6.氢氧化钠

取一支吸收管装入 0.4mol/L 氢氧化钠 10mL，加一滴正丁醇，当呼吸室抽空 0.5h 后，立即接上吸收管，调整流量 0.4L/min 处，定时 30min. 待样品呼吸 0.5h，取下吸收管，将碱液移入三角瓶中，加饱和氯化钡 5ml、酚酞 2 滴，然后用 0.1mol/L 草酸滴定至粉红色完全消失即为终点，记下滴定时草酸的用量。空白滴定是取一支吸收管装入 0.4mol/L 氢氧化钠 10ml，加一滴正丁醇。稍加摇动后将碱液转移到三角瓶中，用蒸馏水冲洗 5 次。加饱和氯化钡 5ml、酚酞 2 滴，用草酸滴定至粉红色完全消失即为终点。

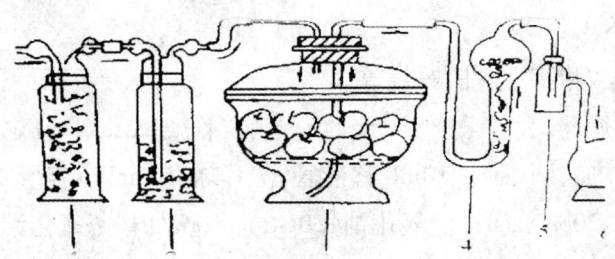

图 1-10 气流法呼吸室装置

1.钠石灰；2.20%NaOH；3.呼吸室；4.吸收瓶；

5.缓冲瓶；6.气泵

4. 结果计算

$$呼吸强度[CO_2 mg/(kg \cdot h)] = \frac{(V_2 - V_1)c \times 44}{mh}$$

式中 c——草酸浓度，mol/L

m——样品质量，kg；

h——测定时间，h；

44——氧化碳相对分子质量；

V_1——样品滴定时所用草酸的毫升数，mL；

V_2——空白滴定时所用草酸的毫升数，mL。

5. 作业

（1）列表记录有关测定数据。

（2）根据所给公式计算所测果蔬的呼吸强度。

（3）对自己感兴趣的问题进行结果分析。

实验实训二 果蔬中可溶性固形物含量的测定（折光仪法）

1. 目标原理

果蔬样品中可溶性物质（主要是可溶性糖）的含量高低，直接反映了果蔬品质和成熟度，是判断适时采收和耐贮性的一个重要指标。生产上常使用手持折光仪来测定果蔬中可溶性固形物的含量。通过实验，学会手持折光仪（测糖仪）的使用方法及可溶性固形物含量的测定方法。

2. 材料用具

(1)材料　苹果、桃、梨、番茄、黄瓜等。

(2)用具　手持折光仪(测糖仪)。

3. 操作步骤

(1)仪器校正　手持折光仪的结构如图2-2所示。使用前先用蒸馏水对仪器进行校正。即掀开照明棱镜盖板，用柔软的绒布(或镜头纸)仔细将折光仪棱镜拭净，注意不能划伤镜面，取蒸馏水或清水1~2滴于折光棱镜上，合上盖板，将仪器进光窗对向光源或明亮处，调整校正螺丝，将视场明暗分界线调节在0处。然后把蒸馏水拭净，准备测定样品。

(2)取样　切取果肉一块，挤出果汁或菜汁数滴于折光棱镜面上，合上盖板，使果汁遍布于棱镜表面。

(3)测定　将进光窗对准光源，调节目镜视度圈，使视场内黑白分划线清晰可见，于视场中所见黑白分界线相应的读数，即果汁或菜汁中可溶性固形物的含量百分数，用以代表果实中含糖量。一般重复测定3次，取其平均值，以百分数计算。

注意：测定时温度最好控制在20℃，或者接近20℃左右范围内观测，其准确性较好。

4. 作业

根据测定的数据综合分析果蔬可溶性固形物含量特点，试根据可溶性固形物含量对其品质与耐贮性进行评价。

实验实训三　果蔬含酸量的测定

1. 目标原理

果蔬中含有各种有机酸，主要有苹果酸、柠檬酸、酒石酸等。由于果蔬种类不同，含有机酸的种类也不同；同一果蔬品种，其成熟度不同，有机酸的含量也有很大差异。果蔬中含酸量的多少亦是衡量其品质优劣的一个重要指标，它与新鲜果蔬及加工处理后成品的风味关系密切。因此，了解其含量对鉴定果蔬品质及进行合理加工有重要作用。通过实验，使学生了解果蔬总酸量测定的原理，学会并掌握果蔬含酸量测定的方法。

果蔬含酸量的测定是根据酸碱中和的原理，即用已知浓度的氢氧化钠溶液滴定，并根据碱溶液用量，计算出样品的含酸量。所测出的酸又称总酸度或可滴定酸。还有少量的酸，由于受果蔬中缓冲物质的影响，不易测出。计算时以该果实所含的主要酸来表示，如仁果类、核果类主要含苹果酸，以苹果酸计算，其毫摩尔质量为0.067g；柑橘类以柠檬酸计算，其毫摩尔量为0.064g 葡萄以酒石酸计算，其毫摩尔量为0.075g；蔬菜中主要含草酸，其毫摩尔量为0.045g。

2. 材料、用具、试剂

（1）材料　苹果、桃、葡萄、柑橘、菠萝、番茄、莴苣等。

（2）用具　碱式滴定管，100mL。三角瓶，250mL，烧杯，200mL、1000mL，容量瓶，10ml移液管，漏斗、滤纸、研钵或组织捣碎器、电子天平、脱脂棉花、纱布、小刀等。

（3）试剂　0.1mol/L氢氧化钠标准溶液，1%酚酞指示剂。

3. 操作步骤

（1）称取均匀样品20g，置研钵中研碎，注入200mL容量瓶中，加蒸馏水至刻度，混匀后，用脱脂棉花或滤纸过滤到干燥的250mL烧杯中。

（2）吸取滤液20mL放入100mL三角瓶中，加酚酞指示剂2滴，用0.1mol/L氢氧化钠滴定，直至呈淡红色，15g不褪色即为终点。记下氢氧化钠用量。重复滴定3次，取其平均值。

有些果实容易榨汁，而其汁含酸量能代表果实含酸量，榨汁后，取定量汁液（5～10mL），稀释（加蒸馏水20mL），直接用0.1mol/L氢氧化钠滴定。

4. 结果计算

$$果实含酸量(\%) = \frac{V \cdot C \cdot K}{W} \times \frac{B}{A} \times 100$$

式中：V——NaOH溶液用量，mL；

　　　B——样品液制成的总毫升数，mL；

　　　W——滴定时吸取样品液毫升数（或用于测定的果蔬汁液的毫升数），mL；

　　　K——换算系数，以果蔬主要含酸量种类计算，如苹果为0.067，柑橘为0.064；

　　　c——NaOH溶液浓度，mol/L；

　　　A——样品克数，g。

5. 作业

（1）将测定数据填入下表中。

样品名称	NaOH 浓度/(mol/L)	NaOH 用量/mL	含酸量/%	以何种酸计

（2）列出计算式的计算结果。

（3）分析评价实验结果偏高、偏低、还是适宜？为什么？

实验实训四　果蔬硬度的测定

1. 目标原理

果蔬的硬度是鉴定果蔬成熟度、质地品质和耐贮性的重要指标。通过实验,学会硬度计的使用方法及果蔬硬度的测定方法。

硬度直接与果蔬细胞壁及其周围结构的成分有关。通过测定果品组织对外来压缩力的阻力程度来衡量硬度大小。

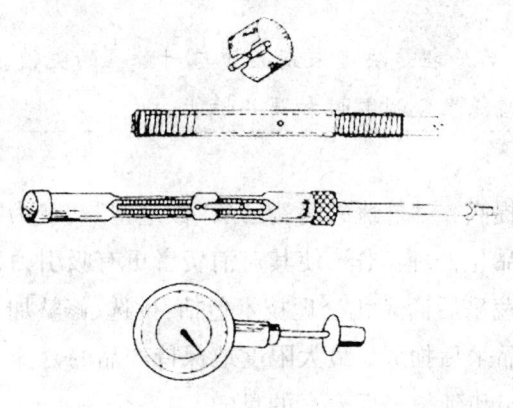

图 1-11　硬度计结构图

2. 材料、用具

(1)材料　苹果、桃,梨等。

(2)用具　硬度计。

3. 操作步骤

(1)去皮在果实胴部对应两面削占厚 2mm,直径为 1cm 的圆形果皮。

(2)测定　硬度计结构如图 1-10,用一手握住果实,另一只手握住硬度计,对准已削好的果面,借助于臂力,使测头顶端部分垂直压入果肉中即可。在标尺上读出游标所指的硬度。以每平方厘米面积上承受压力表示硬度($1b/cm^2$ 或 kg/cm^2)。仪器回零后,再次测定,每一个果实测 2~4 次,取其平均值。

4. 作业

(1) 列表记录。

(2) 分析试验结果,试对测定的果蔬品质和耐藏性加以评价。

第 2 章 果蔬商品化处理

【教学目标】
明确果蔬采收及采后处理是决定果蔬品质与耐贮性的关键技术环节；掌握果蔬采收、采后处理技术，以增强果蔬耐贮性和商品性能。

随着人民生活水平的提高，对果蔬的消费已从"数量型"转变为"质量型"，开展以提高果蔬的质量为中心的采后商品化处理工作，使其对消费者更有吸引力，可以有效提高果蔬产品的档次和增加附加值。果蔬采后商品化处理技术包括：挑选、修整加工、分级、涂蜡、包装、运输等技术，从而达到减少产品采后损失，最大限度地保持产品的营养、新鲜程度和食用安全性，美化产品，延缓其新陈代谢和延长采后寿命的目的。

2.1 果蔬采收

果蔬采收是果蔬贮运的最初一环。采收成熟度及采收的一切操作是否适当都将直接影响到果蔬的采收质量，对保持果蔬品质是至关重要的，也是搞好商品化处理的前提。

2.1.1 采收质量

果蔬营养丰富，组织脆嫩，在采收、装卸、运输过程中极易损伤，易引起微生物感染而腐烂。因此，贮藏果蔬一般要求成熟适当，耐贮藏，新鲜度高，避免病虫感染、日晒雨淋和一切损伤，入贮前应预冷，这样才能达到长期贮藏、延长供应的目的。

适期采收是影响采收质量的关键因素。据王钟经等研究，采收期对茌梨产量与品质影响很大（表2-1）。据沈阳农业大学对苹果梨采收与贮藏关系的观察：早期采收的果实，单果重最小，自然耗最大；晚采的果实，腐烂率明显高于早、中期采收（表2-2）。

表2-1　　　不同采收期对苤梨的产量及品质的影响　　　　　　（王钟经等，1993）

采收期/(月/日)	单果/g	产量/(<kg/d)	硬度/(kg/cm²)	总糖/%	总酸/%
9/10	171.90	2265.00	10.15	7.11	0.21
9/20	229.20	3020.00	8.65	9.406	0.20
9/30	266.0	3514.00	7.10	10.23	0.16

菜豆、青豌豆食用幼嫩组织，采收期推迟，纤维素增多，结球甘蓝若不及时采收，裂球率显著增加。番茄采收期推迟，如遇连阴雨裂果多。

表2-2　　　　　　苹果梨采收时期与耐藏性关系

采收期/(月/日)	单果重/kg	自然耗/%	腐烂率/%
早(9/23)	0.200	7.7	16.5
中(10/3)	0.235	5.9	18.0
晚(10/13)	0.245	5.3	24.4

注：贮期6个月。

2.1.2 采收成熟度的确定

成熟度可分为"生理成熟度"和"商业成熟度"，两者有明显的差别。前者是植物生命中的一种特定阶段，后者涉及到能够转化为市场需要的采收时机，是市场对植物体所要求的一种状态。各种果蔬采收时的成熟度是以商业成熟度作为依据，也就是以风味品质的优劣作为依据，长期贮藏的果蔬，还要以贮藏结束时的风味品质及损耗状况为标准。

商业成熟与生理成熟几乎没有什么关系，它在发育期和衰老期的任何阶段均可发生。商业成熟度与生理发育阶段的对应关系见图2-1。

在果蔬采收工作中，主要的问题是果蔬产品商业成熟度的鉴定。果蔬的种类很多，各个品种的生理特性各不相同，采收后的用途也各不相同，采收成熟度要求很难一致，所以不便订出统一的标准。现介绍一般采用的方法作为判断果蔬成熟度的参考。

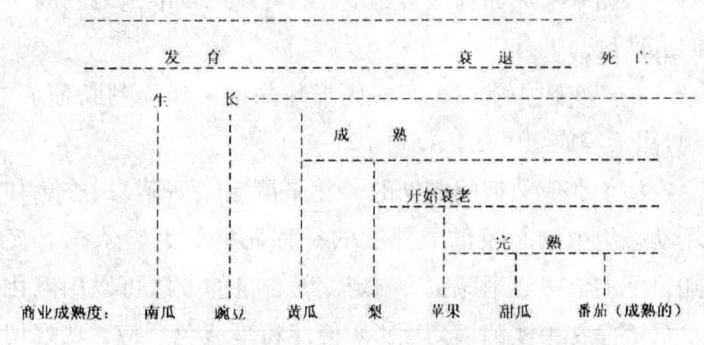

图2-1　果蔬商业成熟度与不同的生理发育阶段

1. 颜色变化

颜色包括底色和面色。果实成熟过程中，其底色由深变浅，由绿转黄，是判断成熟度的主要依据；面色逐渐显现，其着色状况是质量的重要标志。如番茄在果顶呈奶油色时采收，用于较长期贮藏，在果顶粉红色时采收可用于当地销售；茄子应在亮而有光泽时采收；黄瓜在深绿色时采收；花椰菜为白色时采收。但面色受光照的影响较大，有些果实在成熟前也会显现，有的果实已成熟仍未显现。如四川红橘果实全部红色，其味仍酸。蜜柑之类果皮尚有青绿色时采收，其味已甜。生长在树冠外围中上部的李子，面色已红，其味仍涩。绿色的苹果如金冠、青香蕉等基本上不着面色，在底色变浅绿色时采收，适宜长期贮藏。目前生产上大多根据颜色变化来决定采收期，此法简单可靠，容易掌握。

2. 果肉硬度

指果肉抗压力的强度。当果实成熟和完熟时，由于细胞壁间果胶的溶解而变软，果实的硬度也逐渐下降，因此可根据硬度判断果实的成熟度。苹果、梨、桃、李等水果的成熟度与硬度的关系十分密切。采收的目的不同，对采收硬度要求也不同。如红元帅系和金冠苹果采收时，适宜的硬度应在 $7.7kg/cm^2$ 以上，青香蕉为 $8.2kg/cm^2$，秦冠、国光为 $\geq 9.1kg/cm^2$，鸭梨为 $7.2 \sim 7.7kg/cm^2$，莱阳茌梨为 $7.5 \sim 7.9 kg/cm^2$。

判断蔬菜硬度有时称为坚实度。坚实度作为蔬菜的采收标准有不同的含义：一是表示蔬菜没有过熟变软，如番茄、辣椒有一定硬度采收；二是表示蔬菜发育良好，充分成熟，如甘蓝叶球、花椰菜花球等都应充实坚硬；三是硬度高表示品质下降，如莴苣、芥菜、四季豆、甜玉米等都应在幼嫩间采收，不希望硬度变高。

3. 化学鉴定

根据果蔬产品糖酸含量变化，可以比较准确地判断果实的成熟度。

生产实践中常以可溶性固形物的含量作为判断葡萄、柑橘、甜菜等成熟度的依据（图2-2）。

淀粉在成熟期间向糖的转化是测定某些苹果、香蕉和食用幼嫩组织的蔬菜的成熟度的一种简单的试验依据。淀粉随果蔬的成熟逐渐减少，测定淀粉含量的方法可以用碘化钾水溶液涂在果实的横切面上，使淀粉呈蓝色反应，观察切面的颜色，成熟度从低到高，淀粉的颜色从深到浅变化，染色面积逐渐缩小，当淀粉含量降到一定程度时，便是该品种适

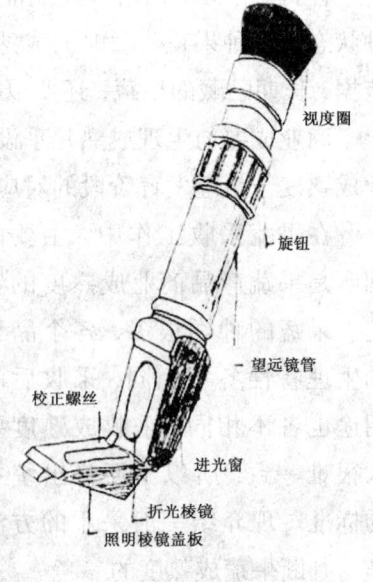

图2-2 手持糖量计

宜的采收期。豌豆、四季豆、甜玉米等，以食用幼嫩组织为主，应在糖分多、淀粉少的时候采收，否则组织粗硬，品质下降。马铃薯、芋头等应在淀粉含量多时采收，这样产量高、营养丰富、耐贮藏。

果实在成熟过程中的酸度是迅速下降的。糖酸比或可溶性固形物总量与酸之比同果实的可食性的关系，比单一的糖或酸含量更为密切(表2-3)。如苹果在糖酸比为30:1时采收，风味浓郁；甜橙采收时，糖酸比不低于10:1；而美国甜橙的糖酸比为8:1作为采收成熟度的低限标准。

表2-3　　　　　　　　　　苹果糖酸比与风味的关系　　　　　　　　　　单位：%

果实风味	含糖量	含酸量
甜	10	0.10~0.25
甜酸	10	0.25~0.35
微酸	10	0.35~0.45
酸	10	0.45~0.60
强酸	10	0.60~0.85

4. 果实的形状与大小

某些情况下，某些品种可用果实形状来确定成熟度。例如，西瓜和香瓜，与瓜蒂相对一头的形状，几个品种的香蕉在成熟期横截面上的棱角逐渐钝圆，黄瓜在身体膨大之前采收等。大小作为成熟的一个标志的价值是有限的。例如瓜类，大的表示成熟，小的表示未熟。

5. 日历期

根据果蔬生长天数来确定采收期，是当前果蔬生产上常用的简便方法。如苹果一般早熟品种应在盛花后100d，中熟品种100~140d，晚熟品种140~175d采收。应用果实生长期判断成熟度，有一定的地区差异，如国光苹果采收期在陕西是盛花后175d，山东是160d，北京是185d以上。现在，国外科学家在计算日历期时，已经增加了温度、果实出现梗洼时间等因素，较精确地计算适宜上市的采收期和适宜贮藏的采收期。

6. 呼吸作用的行为和乙烯浓度

高峰型果实的商业成熟度可以与呼吸作用有关，为了获得最长的贮藏期，苹果和梨应该在呼吸作用刚刚开始增强之前采收，但也不能太早，否则成熟时质量不好。根据果实在开始成熟时乙烯含量急剧升高的原理，近些年来，在美国使用手提乙烯测定计，通过快速测定乙烯的浓度来决定果实的采收期，如红星苹果乙烯释放量在0.1~0.5mg/kg时采收为宜。

7. 其他方法

人们在长期的生产实践中，还总结出一些判断果蔬成熟度的方法：洋葱、芋头、荸荠、生姜等蔬菜，在地上部枯黄后开始采收好，耐藏性强；黄瓜、丝瓜、茄子、菜豆应在种子膨大硬化之前采收，否则组织变硬、纤维化、品质下降；南瓜、冬瓜在果皮硬化、白粉增多时采收，有利于贮藏，西瓜卷须枯萎表示成熟等。

在实践中，要结合具体果蔬种类、品种、特性、生长情况、气候条件、栽培情况、市场情况和采后用途等综合考虑，才能确切地决定适当的采收期。

2.1.3 采收方法

1. 采收工具

常用的工具有采果剪、采果梯、采果筐、采果袋、采果箱、运输车等。采收柑橘、柿子、葡萄等都有特制的采果剪，圆头而刀口锋利，避免刺伤果实。采果篮是用细柳条编制或钢板制成的无底半圆柱形筐，篮底用帆布做成。采果袋完全是用布做成。果筐是用竹篾或柳条编制，要求轻便牢固，果箱有木箱、纸箱两种，一般以 10～15kg 为宜。

2. 采收方法

果蔬种类繁多，性状各异，采收方法多种多样，可概括为人工采收和机械采收两大类。

(1) 人工采收　用手摘、采、拔、用刀剪、刀割，用锹、镢挖等采收方法都属于人工采收。人工采收便于边采、边选、分期分批采收，还便于满足一些种类的特殊要求，如苹果、梨带梗采收，黄瓜顶花带刺采收，葡萄、荔枝应带穗采收。

同一植株上的果实，由于花期或各自所处的光照和营养状况不同，成熟期早晚有差异。如黄瓜、番茄、菜豆等分期采收，可提高果实品质，增加产量；板栗分期拾捡落栗，可保证其成熟度，有利于贮藏。在进行果蔬采收时，可先从下向上，从外向内采，既保持采收质量，又能保护果树。

(2) 机械采收　与人工采收比较，效率高，速度快，适于那些果梗与果枝间易形成离层的果实，以及成熟期一致、机械作业方便的果蔬。

振动法　用一个器械夹住树干并振动，使果实落到收集帐上，再通过传递带装入果箱，在美国用于李子的采收。

挖掘机地下根茎类菜，如马铃薯、萝卜、胡萝卜等，多用挖掘机采收，也用犁翻。总之，挖得要够深，否则会伤及根部。同时配有收集器、运输带，边收边运，及时送往加工车间。

为了保证果蔬质量，采收时应注意以下几点：采收人员最好事先经过技术培训，采收时轻拿轻放，保护好果实表面保护结构。采收前应根据果蔬种类特性，事先准备好适宜的采收工具和包装容器，以免损伤产品。果蔬的采收时间一般应选择在晴天上午晨露消失后进行，避免在雨天和正午采收。抽蒜薹宜在中午进行，经太阳曝晒，蒜薹细胞膨压降低，质地柔软，抽拉时不易折断。而苹果、梨宜在太阳升起之前或落山以后采收。

2.2 果蔬采后商品化处理

果蔬商品化处理是顺利进行果蔬流通的需要。果蔬从采后到贮藏、销售、加工前还需要经过一系列的处理,如喷淋、预冷、愈伤、晾晒、熏蒸、涂蜡、分级、包装等,以提高其商品价值。

2.2.1 喷淋

喷淋的目的是除去果蔬表面的污物和农药残留以及杀菌防腐。最简单的办法是用流水喷淋。去除污物常用1%稀盐酸加1%石油,浸洗1~3min,或0.2~0.5g/L的高锰酸钾溶液,清洗2~10min。杀菌防腐多用0.5g/g托布津或多菌灵。用2g/,二苯胺洗果,可防治苹果虎皮病,用1~5g/L氯化钙可防治生理病害。

2.2.2 预冷

果蔬采收后,采取一系列措施将果蔬的温度尽快降低到接近冷库温度的过程叫预冷。预冷的目的在于降低果蔬的呼吸强度,散发田间热,降低果蔬品温至适宜运输和贮藏的低温状态,以最大限度地保持其新鲜度、品质和耐贮性;还可减少果蔬入贮后制冷机械的能源消耗,缩小果蔬品温与库温的差别,防止结露现象的产生。产品温度一般预冷至0~5℃,预冷的方法有自然冷却、水冷、冰冷、强制冷却、真空冷却等。

2.2.3 愈伤

果蔬在采收过程中,难免受到一些机械伤,即使有了微小的不易察觉的伤口,也会招致病菌侵染引起腐烂。所以,马铃薯等采收后在贮藏前进行愈伤是十分重要的。

一般伤口愈合要求高温、高湿的条件,以利于破伤组织表皮周皮细胞的形成。如山药在38℃,空气湿度95%~100%的相对湿度下,处理24h,愈伤效果好;马铃薯采收后保持在18.5℃以上2d,然后在7.5~100℃和90%~95%的相对湿度下,保持10~12d,促使伤口愈合。有的果蔬愈伤时,要求较低的相对湿度,如洋葱、大蒜,经过晾晒,外部鳞片干燥,可减少微生物侵染,鳞茎的颈部和盘部的伤易于愈合,有利贮藏。

2.2.4 熏蒸

苹果、梨、枣、板栗的食心虫严重,用二硫化碳熏蒸,防治效果很好。用药量及熏蒸时间因温度而定,15~25℃时,每1000m³用药1.5kg,熏蒸24h;10~15℃时,用药2kg,熏蒸36h。

2.2.5 涂膜

涂膜(涂被)处理即对采后果蔬在其表面人工涂被一层薄膜,起到延缓代谢、保护组织、美化商品的作用。涂膜处理还可作为防腐剂的载体,抑制病原微生物的败坏作用。还可以减轻果蔬贮运中的机械损伤。涂膜最先用于柑橘、苹果、梨,现在番茄、黄瓜、青椒等果菜上也开始使用。广东省植物研究所利用紫胶涂料处理甜橙,获得了较好的保鲜效果(表2-4)。

表2-4　　　　　　　　　紫胶涂料处理甜橙的保鲜保质作用

贮藏温度和时间	处理	维生素C/(mg/kg)	有机酸/%	可溶性糖/%	乙醇/mg/kg	青蒂率/%	品质
常温	对照	336	0.43	8.4	399	40.0	果肉软,味淡
120d	处理	356	0.56	7.6	518	57.0	较硬,风味适中
3~5℃	对照	359	0.45	10.9	559	36.4	光泽差,风味一般
120d	处理	934	0.52	9.3	595	47.6	光泽好,风味佳

2.2.6 分级

分级是对采后果蔬进行质量控制的手段,是根据果蔬的大小、重量、色泽、形状、成熟度、新鲜度、清洁度、营养成分以及病虫和机械伤等进行严格的挑选,分成若干等级。分级的主要目的是使果蔬产品达到商品标准化,实现优质优价,减少浪费,便于包装运输.有利于开展进出口贸易。

果品分级一般是在果形、新鲜度、颜色、品质、病虫害和机械伤等方面符合要求的基础上,再进行大小分级。果实比较大的种类一般分三至四级。如苹果果实横径最大处直径为65mm为一级;>60mm为二级;>55mm为三级。小型而柔软的果实,一般分为两级,葡萄的分级是以果穗为单位。分级标准见表2-5。

蔬菜由于供食用的器官不同,成熟标准不一致,所以没有固定的统一规格。一般根据坚实度、清洁度、大小、质量、颜色、形状、成熟度、新鲜度、病虫害和机械伤等,按照各种蔬菜的品质要求订出具体的品质标准。一般分为三级,即特级、一级和二级。

分级的方法主要是凭感官进行手工操作。在进行大量果蔬分级时,可采用分级机依果实的大小、质量来进行,如番茄、苹果、梨、柑橘等。一些国家利用光电原理,根据果实表面叶绿素含量多少而对光的反射波高低不同,不同成熟度、色泽、内部缺陷对光的透过能力不同,进行果实分级。

表 2-5　　苹果收购规格标准

标准\等级	一等	二等	三等
个头（最大横断面直径）	65mm 以上	60mm 以上	55mm 以上
果型	果实成熟，具有本品种应有的形状和特征，果面洁净，带有果梗	果实成熟，具有本品种应有的形状和特征，果面洁净，可不带果梗，但无表皮伤	果实成熟，形状不限，可不带果梗，但无表皮伤。
色泽	具有本品种应有的色泽，红色品种集中着色面 1/3 以上	具有本品种应有的色泽，红色品种集中着色面 1/4 以上	不限
允许不超过下列种类损伤	3 项	3 项	3 项
刺伤（破皮划伤、破皮新雹伤）	不允许	不允许	不允许
碰压伤	允许轻微者总面积不超过 0.5cm²	允许轻微者总面积不超过 1cm²	轻微者总面积不超过 3cm 干枯者 2 处
磨伤、瘤子	允许轻微者各不超过 1cm²	允许轻微者总面积不超过果面的 1/8	允许轻微薄层不超过果面的 1/4
水锈	允许轻微者各不超过 1cm²	允许轻微者总面积不超过果面的 1/8	允许轻微薄层不超过果面的 1/4
药害	允许轻微薄层不超过果面的 1/10	允许轻微薄层不超过果面的 1/5	允许轻微薄层不超过果面的 1/2
日烧病	允许桃红色及稍微发白者不超过 1.5cm²	允许桃红色及稍微发白者不超过 1.5cm²	允许轻微者不超过 3cm²
裂果	不允许	允许风干 2 处，每处不过 0.5cm	允许风干 5 处，每处不超过 1cm
雹伤	不允许轻微者不得超过 1cm²	允许轻微者 2 处，但每处面积不超过 1cm²	允许轻微者处，但每处不超过 1cm²
梨圆介壳虫伤（包括新红玉斑点和青斑点）	允许 5 个斑点	允许 15 个斑点	允许 30 个斑点
病虫	不允许	不允许	允许病虫危害 1 处，密果病 1 处，总面积不超过 2cm²
其他虫害	允许 3 处，每处不得超过 0.03cm²	允许 5 处，每处不得超过 0.05cm²	允许总面积不超过

2.2.7 包装

包装是果蔬产品安全运输、贮藏和商品化流通的重要手段。

1. 包装材料的选择

对于新鲜果蔬的包装，人们期望它能满足各种各样的要求，可归纳为下面一些：足够的机械强度；适应贮运和销售需要的重量、尺寸、形状；具有防潮性能；便于操作，可循环使用；不含对果蔬和人体有害的化学物质；包装成本尽可能低等。选择包装材料时，要根据果蔬产品对物理损伤的承受能力和易受物理损伤的程度、失水的难易程度；细菌感染和聚热、流通环节过程、销售成本等因素，选择出能给果蔬提供最大保护，并能为市场所接受的包装。

（1）外包装材料　外包装主要是抵抗来自外界的损害，使用的材料主要有五种类型。筐，用柳条、荆条、竹篾、铁丝、紫穗槐和白蜡条等编制而成，是我国传统的包装容器，成本低，但形状不规则。网袋，采用天然或合成纤维制成，多用于蔬菜。木箱，用木板、胶合板、纤维板制成，结实，可制成各种规格统一的形状，但自身较重。纸板箱，瓦楞纸板箱轻便、便宜、外观光滑，便于印刷宣传，作为木箱的替代物，大量出现在果蔬流通领域。塑料箱，可以用多种合成材料制成，其中以较硬的高密度聚乙烯为材料的塑料箱，在满足新鲜果蔬流通要求方面具有较理想的技术特性。

（2）内包装材料　内包装用于防止包装容器内各个商品之间或商品与容器之间可能造成的相互碰撞。用于内包装的材料主要有下面一些：植物材料，像叶子之类，主要用于衬垫，但其呼吸作用会影响商品，有时，此类内包装也会有损于商品的外观视觉；纸，作为内包装材料应用得很普遍，用于衬垫，也用于单果包装，包装纸的种类很多，有包纸、纸托盘、瓦楞插板纸等；塑料，使用方法与纸一样，种类很多，比纸更吸引人，在控制果蔬失水与呼吸方面有显著优势，但成本较高。有时人们也用柔软的刨花、泡沫塑料或纤维素层等作内包装。

2. 包装的方法

先在箱底平放一层垫板，加上格套，把纸包好的果实放入格套内，每格一果，放好一层后再放垫板、格套，继续装果至满。最后加垫板一块，封盖、黏严、捆好。在箱外用不易脱落的颜料写明品种、个数、发货单位等。如我国出口柑橘所用纸箱，内积为470mm×277mm×270mm，每箱装果约17kg，分七级，个数分别为60、76、96、124、150、180、192个。

2.3　果蔬商品化运输

运输是果蔬贮运、流通过程中的一个重要环节，果蔬对运输方式要求很高，要保证果蔬少受损失，运输道路应当平稳，运送时间要短，运输环境条件要适宜。实际上对果蔬运输方式的选择是有限的。在果蔬运输过程中，外界条件对果蔬质量影响很大，极易造成物理损伤、聚热、失水等，影响果蔬的商品质量与耐贮性，造成果蔬在运输中的损失。改善果蔬运输作业，提高果蔬运输管理水平，改进果蔬运输技术设备，是减少果蔬运输损失的主要措施。

2.3.1 公路运输

公路运输是目前果蔬的重要运输形式，它作业灵活，方便快捷，适宜中短途运输及门对门的装卸服务。运输质量直接受路面的影响，选择公路运输的道路十分重要。

1. 运输工具

（1）货车运输　大量果蔬公路运输是由普通货车和厢式货车承担的。优点是装载量大，费用低。但运输质量不高，损耗大。

（2）冷藏汽车运输　目前使用的冷藏汽车主要有：保温汽车，有隔热车体但无任何冷却设备；非机械冷藏车，用冰等作冷源；机械制冷汽车，车厢隔热良好，并装有控温设备，能维持车内低温条件。可用来中、长途运输新鲜果蔬。

（3）平板冷藏拖车　是一节单独的隔热拖车车厢，从国外进口的。这种拖车移动方便灵活，可在高速公路上运输，也可拖运到铁路站台，安放在平板火车上，运到销地火车站后，再用汽车牵引到批发市场或销售点。整个运输过程中减少了搬运装卸次数，从而可避免伤损，经历温度变化小，对保持产品质量，提高效益有利。适应日益发展的高速公路运输新鲜果蔬。

2. 运输技术要点

（1）严格做好产品包装工作　果蔬运输上车前要打好包装，严禁散装堆放；无论何种果蔬的包装，均要装紧、装实，以免运输途中相互摩擦，即使浆果也要如此。

（2）装车时要合理堆码　装车时包装箱之间的堆码不要压伤下层产品，箱间既要留足缝隙，又不能途中倒塌。最佳方式是品字形堆垛。

（3）运输中要做好果蔬质量控制工作　果蔬运输中注意防雨淋、防日直晒、防冻，还要做好通风工作，不平路面要减速行驶。

2.3.2 铁路运输

铁路运输在果蔬长途运输中占80%以上，是果蔬流通主要运输工具。铁路运输运载量大，速度较快，运输平稳，运费较低。但是机动性差，中间环节多。

1. 运输工具

（1）普通棚敞车　新鲜果蔬运输中的普通棚敞车在我国仍为重要的运输工具，这种车辆的温湿度通过通风、草帘棉毯覆盖、炉火加温、夹冰降温等措施调节，难以达到适宜运输温度，虽然运费低，但损耗高达40%～70%，运输风险也大。

(2) 加冰冷藏车　通称冰保车，在运输中靠冰融化吸收车箱中果蔬的热量。始运前须向车顶或车端冰箱加冰，并加入一定比例食盐，以获较低温度。冰保车在运输途中要补加冰，铁路沿线每 350~600km 设有加冰站。现有 B_{11} 型、B_8 型和 B_6 型三种加冰冷藏车。

(3) 机械冷藏车　通称机保车，比加冰车先进，冷却效果好，操作管理自动比。不足的是一旦制冷机停运，车内温度回升快，温度稳定性不如冰保车。使用机械制冷的铁路运输车辆有：B_{16} 型、B_{17} 型、B_{18} 型、B_{19} 型、B_{20} 型和 B_{21} 型。

(4) 冷冻板冷藏车　称冷板车，是一种低共晶溶液制冷的新型冷藏车。冷板安装在车棚下，并装有温度调节装置，冷板充冷是通过地面充冷站进行的，一次充冷时间为 12h，制冷时间可维持 120~140h。是一种耗能少、成本低、效益好的冷藏车。缺点是需靠地面充冷站提供冷源，使用范围局限在大干线上。

2. 运输技术要点

(1) 包装、码垛　同公路运输。

(2) 装卸车　装卸车时要轻拿轻放。野蛮装卸会严重损伤果蔬质量，所以装卸车时要特别注意轻拿轻放。

(3) 搭建风道　尤其是普通棚敞车，在装车时要注意搭建风道，否则，一般 3~5d 运程，高温季节捂包上热容易造成大量腐烂。

(4) 重视冷藏保温车管理　冷藏保温车能很好抵御外界热干扰，但对高温保鲜果蔬要防止冷害；采用冰保车与机保车运输的果蔬要预冷；冰保车与机保车运输的果蔬到站后，要快卸快运，注重保温。高温季节不能马上入库的果蔬应加盖棉苫，以免重结露。

(5) 防腐保鲜处理　火车运输条件相对稳定，对于大多数果蔬均有机会进行防腐保鲜处理。最佳方式是采用熏蒸、烟熏法，简便实用，常用仲丁胺液剂和 TBZ 烟剂。

2.3.3 其他运输方式

1. 船舶水路运输

包括内河船舶运输和近海轮船、远洋轮船运输。船舶水路运输装载量大，运输平稳，伤损少，费用也低。但速度较慢，远洋轮运果蔬应采用冷藏集装箱。否则，腐烂十分严重。

2. 飞机空运

空运适合国内或国际远距离、快速运输，抢占市场灵活，保鲜效果明显，适宜高档果蔬，尤其对极易腐烂的荔枝、芒果、芦笋、香椿、松蘑等，运输质量变化很小。虽运费高，但速度快，损失小，发展很快。

3. 集装箱运输

集装箱运输是国内外迅速发展的一种现代运输方式。它是将一批批小包装的果蔬集中装入一大箱，形成整体，便于快速装卸运输.集装箱方法运输果蔬产品最有前途，它能保证最大限度地减少产品的损耗和损伤，缩短运输时间。

（1）冷藏集装箱　有隔热层和制冷装置及加温装置，可谓控果蔬运输所需的温度条件。一般冷藏集装箱主要分6.1m（20尺）和12.2m（40尺）两种，分别载重20t和40t。从产地装载上产品，封箱，设定运输温度条件，可利用汽车、火车、轮船等多种运输方式，机械装卸，快速、安全、稳定。可"门对门"服务，运输质量高。

（2）气调集装箱　是在冷藏集装箱基础上的发展。在箱体内加设气密层，可调节厢内低氧和高二氧化碳气体状况，并可进行内部气体循环，达到对运输中的果蔬气调冷藏的效果。比单纯冷藏运输的产品更加新鲜。

4、低温冷链运输

目前在发达国家已建立起以低温冷藏为中心的冷藏系统，如图2-3，使果蔬采后损失＜5%。这种果蔬采后的流通、贮藏、销售中连贯的低温冷藏技术体系称为冷链保藏运输系统。低温冷链运输依据果蔬采后的生理特点，选择最佳安全低温运输温度（表2-6）。

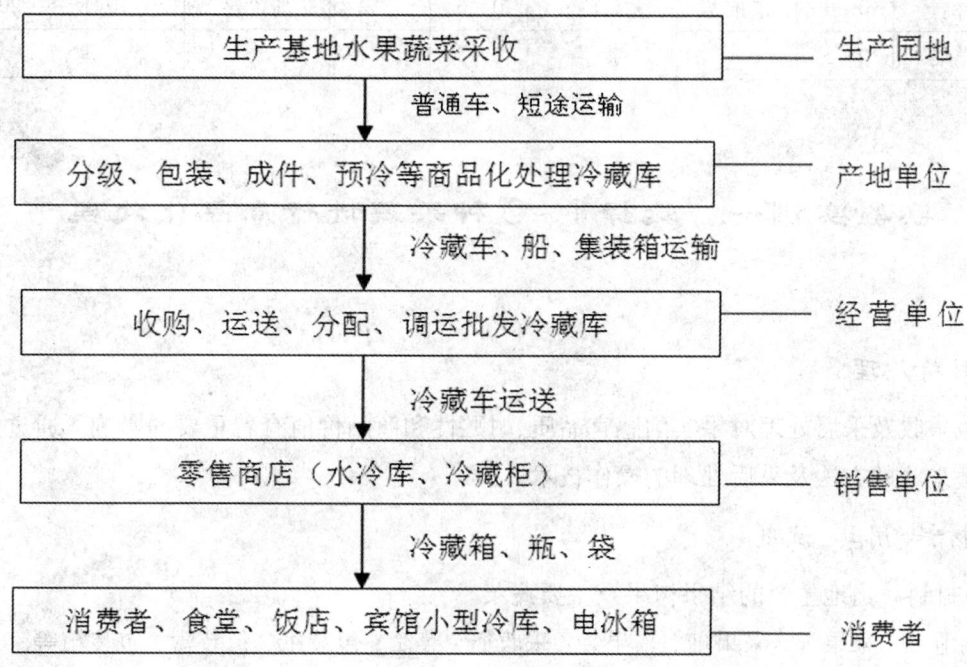

图2-3　低温冷链保藏运输系统示意图

表 2-6　　　　　　　　　新鲜果蔬在低温运输中的推荐温度

果蔬	冷链运输/℃ 1~2d	冷链运输/℃ 2~3d	果蔬	冷链运输/℃ 1~2d	冷链运输/℃ 2~3d	果蔬	冷链运输/℃ 1~2d	冷链运输/℃ 2~3d
苹果	3~0	3~10	甜瓜	4~10	4~10	辣椒	7~10	7~8
蜜橘	4~8	4~8	草莓	1~2	未推荐	黄豆	10~15	10~13
甜橙	4~10	2~10	菠萝	10~12	8~10	菜豆	5~8	未推荐
柠檬	8~15	8~15	香蕉	12~14	12~14	食荚豌豆	0~5	未推荐
葡萄柚	8~15	8~15	板栗	0~20	0~20	南瓜	0~5	未推荐
葡萄	0~8	0~6	石刁柏	0~5	0~2	番茄(未熟)	10~15	10~13
桃	0~7	0~3	花椰菜	0~8	0~4	番茄(成熟)	4~8	未推荐
杏	0~3	0~2	甘蓝	0~10	0~6	胡萝卜	0~5	0~5
梨	0~7	0~5	蕹菜	0~8	0~4	洋葱	-1~20	-1~13
樱桃	0~4	未推荐	莴苣	0~6	0~2	马铃薯	5~10	5~20
西洋梨	0~5	0~3	菠菜	0~5	未推荐			

实验实训一　选择 1~2 种果蔬进行商品化处理

1. 目标原理

果蔬采收及采后处理对果实的感官品质、耐贮性和商品价值有着重要的影响。通过实验，学会果蔬采收的方法及采后处理的操作技术。

2. 材料、用具、试剂

(1)材料　当地主要的结果树果及主要蔬菜。

(2)用具　采果梯，采果剪，采果袋，采收篮，菜筐，包装纸，包装盒，包装箱等。

(3)试剂　0.2%二苯胺乳剂，0.3%亚硫酸盐。

3. 操作步骤

(1)果蔬采收操作

① 判断成熟　采收前观察待采果蔬生长、结果、成熟情况，根据采收目的(食用、贮藏或加工)，确定适宜的采收期。

② 采收方法

苹果　用手将苹果带柄采下，小心放入果篮中，注意轻拿轻放，避免碰压伤，然后再小心倒入果筐中。

柑橘　用采果剪采收。开始用"一果两剪"法,即第一剪带3～4mm果柄减掉,第二剪齐果蒂把果柄剪去;熟练后,可用"一果一剪"法,即一次齐果蒂把果柄剪断。

香蕉　用刀先切断假基,紧扶母株让其徐徐倒下,按住蕉穗并切断果轴,注意减少擦伤、跌伤和碰伤。

葡萄　用修枝剪将整串果穗摘下,手提穗轴将果穗横放箱中,避免擦掉果粉。

蔬菜　都属于草本类,采收较容易,依不同的食用器官,进行不同方法采收。

胡萝卜、萝卜、马铃薯、大葱、大蒜等采用拔、挖、刨;甘蓝、大白菜、菜花等用刀砍、割;四季豆、黄瓜、番茄等用手摘。

③ 采收注意事项　一般晴天上午或傍晚气温较低时采收为宜。采收时,避免一切机械伤,保证采收质量。

（2）果蔬采后处理操作

① 苹果　采后按大小、颜色进行分级;为了防止苹果虎皮病,用0.2%的二苯胺乳剂浸染30s,捞出后晾干;单果包纸,再装箱,入库。

② 葡萄　采后挑选,将果穗中的烂、小、绿果粒摘除;装入有垫物的纸箱中;同时将称好的亚硫酸钠粉剂加硅胶粉剂混合,按果重的0.2%亚硫酸钠和0.6%的硅胶分包成若干个纸包,在葡萄果箱的不同部位均匀放入纸包;盖盖、放入冷库中贮藏。

③ 蔬菜　荷兰豆、西芹、扁豆等,经挑选、分级、称重(250g/包),放在塑料方盒中,用保鲜膜密封起来,待入库贮藏。

4. 作业

总结果蔬采收、采后处理的操作技术要点,针对实训中的问题提出改进意见。

实验实训二　香蕉催熟处理

1. 目标原理

贮运香蕉的成熟度一般为75%～90%,商业上往往根据香蕉的销售情况有计划地进行催熟,以保证香蕉果实成熟度一致,色泽、风味和口感良好,以最佳食用品质状态到达消费者手中。通过实验使学生掌握香蕉催熟方法,并观察催熟效果。

香蕉具有典型的呼吸高峰,外源乙烯对香蕉有较强的催熟作用,同时配合适宜的温度,以促进酶的活件,增强果蔬的呼吸作用,促进其成熟过程。18～20^{0}C下0.2%～0.3%乙烯利70h即可催熟变黄。

2. 材料、用具、试剂

（1）材料　香蕉(未出现呼吸跃变)。

(2) 用具　果箱,温箱,温度计,聚乙烯薄膜袋(0.08mm)。

(3) 试剂　乙烯利。

3. 操作步骤

(1) 乙烯利催熟　将乙烯利配成 1000~2000mg/kg 的水溶液,取香蕉 5~10)kg,将香蕉浸于乙烯溶液中,随即取出,自行晾干,装入聚乙烯薄膜袋后置于果箱(或筐)中,将果箱封盖,置于温度为 20~25°C 的环境中,观察香蕉脱涩及色泽变化。

(2) 对照　用同样成熟度的香蕉 5~10kg,不加处理,置于相同温度环境中,观察其脱涩及色泽变化。

4. 作业

记录所作香蕉催熟的处理条件和催熟效果,针对试验现象提出香蕉催熟技术方案。

实验实训三　柿子脱涩处理

1. 目标原理

柿子由于自身生理特性不能在植株上正常成熟,需要在采收后完成脱涩过程。通过实验使学生掌握柿子脱涩方法。

创造条件使适合于分子内的呼吸产生乙醛,或增加乙烯量,使果实中单宁物可溶状态变为不溶状态,从而脱去涩味。

2. 材料、用具、试剂

(1) 材料　涩柿。

(2) 用具　温箱,聚乙烯薄膜袋(0.08mm),果箱,温度计。

(3) 试剂　酒精,乙烯利,石灰,温水。

3. 操作步骤

(1) 温水脱涩　取柿子 10~20 个,放于小盆中,加入 45℃ 温水,使柿子淹没,上压竹箅不使露出水面,置于温箱内,将温度调至 40℃,经 16h 取出,用小刀削下柿子果顶,品尝有无涩味,如涩味未脱可继续处理。

(2) 石灰水浸果脱涩　用清水 50kg,加石灰 1.5kg,搅匀后稍加澄清,吸取上部清液,将柿子淹没其中,经 4~7d 取出,观察脱涩及脆度。

(3) 自发降氧脱涩　将柿子放于 0.08mm 厚聚乙烯薄膜袋内,封口,将袋放于 22~25℃ 环境中,经 5d 后,解袋观察脱涩、腐烂及脆度。

（4）混果催熟　取柿子10~20个，与梨或苹果混装于干燥器中，置于温箱内，使温度维持在20℃，经4~7d，取出观察柿子脱涩及脆度。

（5）对照　将柿子置于20℃左右条件下，观察柿子涩味和质地的变化。

4. 作业

记录所作柿子脱涩的处理条件和脱涩效果，提出柿子脱色技术方案。

※复习思考题

1. "处于完熟期的番茄在颜色、风味、质地等方面均达最佳食用品质，此时是番茄的最佳采收期"，谈谈你对此观点的看法。果蔬采收时期对产量、品质和储藏性有什么影响？
2. 作为一名果蔬贮运技术工作者，试阐述自己的果蔬产品采收质量观。
3. 如何鉴定果蔬的成熟度？
4. 商品化处理是如何优化果蔬产品质量的？
5. 为什么说商品化运输是保持采后果蔬质量的关键控制环节？
6. 机械损伤会对果蔬品质与耐贮性产生伤害，请找出果蔬商品化处理过程中的机械损伤质量控制技术点。

第3章　果蔬贮藏质量控制方式

> 【教学目标】
> 明确各种果蔬质量控制方式对环境因素控制的特点、性能与操作；掌握相应的贮藏设施的设计、建立与应用技术。

掌握采后果蔬质量的控制是通过控制贮藏果蔬的设施中的温度、湿度与气体成分等环境因素来实现的。不同类型的贮藏设施，提供果蔬贮藏保鲜所需环境条件的性能与方式不同，对贮藏中果蔬质量的控制效果也不同。

3.1　简易贮藏

简易贮藏是传统的贮藏设施，包括堆藏、沟藏和窖藏三种基本形式以及由这三种形式衍生而来的冻藏和假植贮藏。简易贮藏作为果蔬产品质量控制方式，有着悠久的历史。由于建造方便，成本低，运用得当可以获得较好的质量控制效果，因而在我国农村世代相传，至今仍占有一席之地。

3.1.1　堆藏

1. 特点与性能

堆藏是将果蔬产品堆在室内或室外平地或浅坑中的贮藏方式。堆藏产品的温室主要是受气温影响，同时也受到土温的影响，所以秋季容易降温而冬季保温却较困难。这种贮藏方式一般只适用于北方秋季果蔬的贮前短贮和果蔬采收后入库前的预贮。宽度是影响堆藏温度的控制因素，增大堆藏的宽度，降温性能减弱而保温性能增强。另外，由于堆藏产品内部散热慢，容易使内部发热，所以叶菜类产品不宜采用堆藏形式。

2. 形式与结构

堆藏一般堆高为 1~2m，宽度多为 1.5~2m，长度依果蔬的数量而定。通常在堆表面覆盖一定的保温材料如薄膜、秸秆、草席、泥土等。

3. 管理措施

根据堆藏的目的及当时的气候条件，控制好分层覆盖和通风，以维持堆内适宜的温度、湿度条件，防止果蔬受热、受冻和水分过度蒸发，进行果蔬质量控制。

3.1.2 沟藏

1. 特点与性能

沟藏也叫埋藏，是一种地下封闭式贮藏方式，产品堆放在地面以下，所以秋季降温效果较差而冬季的保温效果较好。沟藏进行果蔬质量控制主要是利用土壤的保温性能维持贮藏环境中相对稳定的温度；同时，封闭式的贮藏环境，还具有保湿和自发气调的作用，从而获得适宜的控制果蔬质量的综合环境。较宽的沟藏常设置底部通风道系统，以随时排除产品的呼吸热，维持贮温恒定。

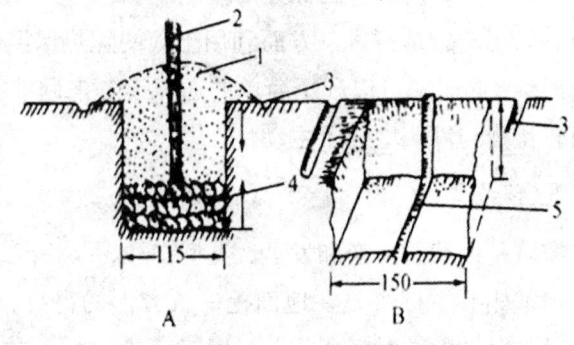

图 3-1　果蔬沟藏/cm

A. 北京萝卜沟藏；B. 陕西果蔬沟藏；
1. 覆土；2. 通风塔；3. 排水沟；4. 产品；5. 通风沟

2. 形式与结构

沟藏是将果蔬堆放在沟或坑内，达一定的厚度，面上一般只用土壤覆盖。用于沟藏的贮藏沟，应选择在平坦干燥，地下水位较低的地方；沟以长方形为宜，长度视果蔬贮藏量而定；沟的深度视当地气候条件、贮藏果蔬的种类而定，华中地区一般为 1.0~1.2m，东北地区及华北寒冷地区为 1.2~1.5m；宽度一般在 1.0~1.5m；沟的方向一般为东西向，平底直沟，寒冷地区以南北向为宜，以减少寒风侵袭。为了便于空气流通，在沟底顺沟长方向挖一条 10cm×10cm 的通风纵沟，并沿两头直通地面；顺沟长每隔 3~5m 再挖同样一条通风沟，形成纵横交错的通风系统。

3. 管理措施

将采收后的果蔬进行预贮散热，除去果实的田间热，降低呼吸热。按要求挖好贮藏沟，放置果实前在沟底平铺一层洁净的干草或细沙，将消毒后的果实小心放入，也可整箱整筐放入。南方地区高度距地面 10cm，北方地区高度距地面 30cm 为宜，以保证果蔬产品不受冻害。对于容积较大的贮藏沟，在中间每隔 1.2~1.5m 插一作物秸秆，以利通风散热。随着外界气温的变化逐步进行覆草或覆土、堵塞通风设施，以防降温过低。为观察沟内的温度变化，可用竹筒插一个温度计,随时掌握沟内温度情况,最后在贮藏沟的左右开一条排水沟,以防外界雨雪的渗入。

3.1.3 窖藏

1. 特点与性能

窖藏在地面以下,受土温的影响很大;同时设有通风口,受气温的影响也很大。这两种影响的相对程度,则依窖的深度、地上部分的高度以及通风口的面积和通风效果而有变动。窖藏控制果蔬质量是通过一方面利用土地的隔热保温性以及窖体的密闭性保持稳定的温度和较高的湿度,同时又可以利用简单的通风设备来调节控制窖内的温度与湿度,在贮藏环境控制方面较沟藏与堆藏增强了主动性。

2. 形式与结构

窖藏是沟藏的演变和发展,类型多样,以棚窖最为普遍。

(1) 棚窖 棚窖是在地面挖一长方形的窖身,并用木料、秸秆、泥土覆盖成棚顶的窖型。是一种临时性的贮藏场所,主要用于苹果、梨、大白菜、萝卜等耐藏性较好的果蔬的贮藏。如图3-2。

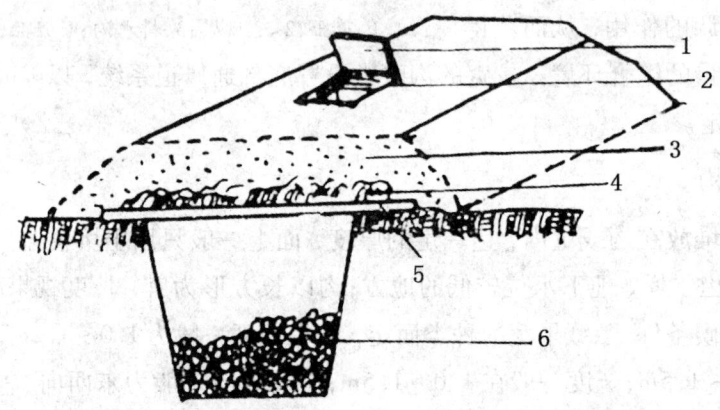

图3-2 马铃薯的棚窖断面与地上覆盖情况示意图

1.窖盖;2.窖门;3.覆土;4.秸秸;5.窖木;6.薯堆

棚窖有地下式和半地下式两种(图3-3)。棚窖的宽有2~3m和4~6m两种,长视贮量而定,一般为20~50m。窖顶上开设若干个窖口(天窗),供出入和通风之用。

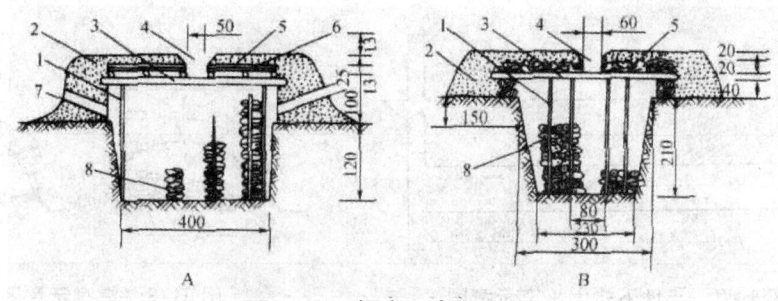

图 3-3　棚窖示意图/cm

1.支柱;2.覆土;3.横梁;4.天窗;5.秫秸;6.檩木;7.气孔;8.大白菜

(2) 井窖　井窖是一种深入地下封闭式的土窖,窖身全部在地下,窖口在地上,窖身可以是一个,也可以是几个连在一起。深度一般为3~4m,底宽2~3m,南充地区的吊井窖是目前普遍采用的井窖形式(图3-4,图3-5)。

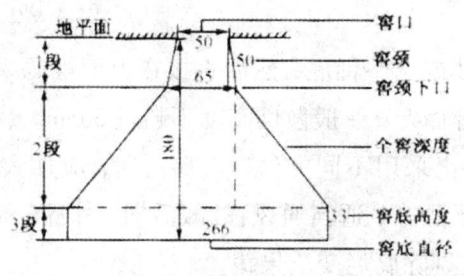

图 3-4　井窖纵界剖面图/cm

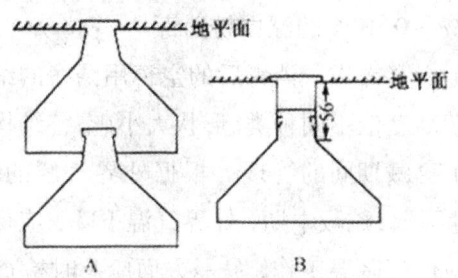

图 3-5　井窖示意图/cm

A.双层窖;B.双盖窖

(3) 窑窖　窑窖贮藏是我国西北地区普遍采用的一种贮藏形式,主要在山西、陕西、甘肃及河南西部等地。选择在地势高燥、土质紧密的山坡或土丘上挖窑洞,也可建成地下砖窑。窑窖的结构由窖身、窖门和通风孔组成,一般长6~8m、宽1~2m,窖顶厚度不少于5m,窑窖内呈拱形或人字形(图3-6,图3-7,图3-8)。

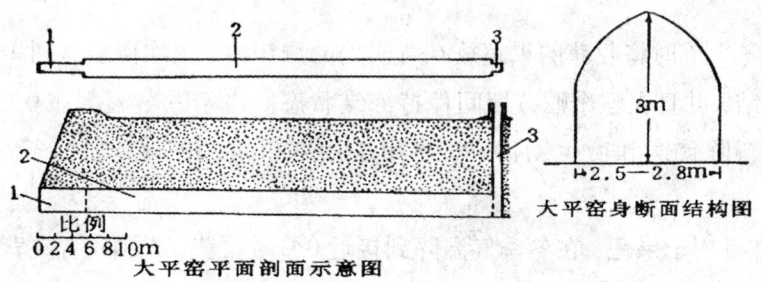

图 3-6　大平窑平面、剖面、断面示意图

1.门道;2.窑身;3.通气孔

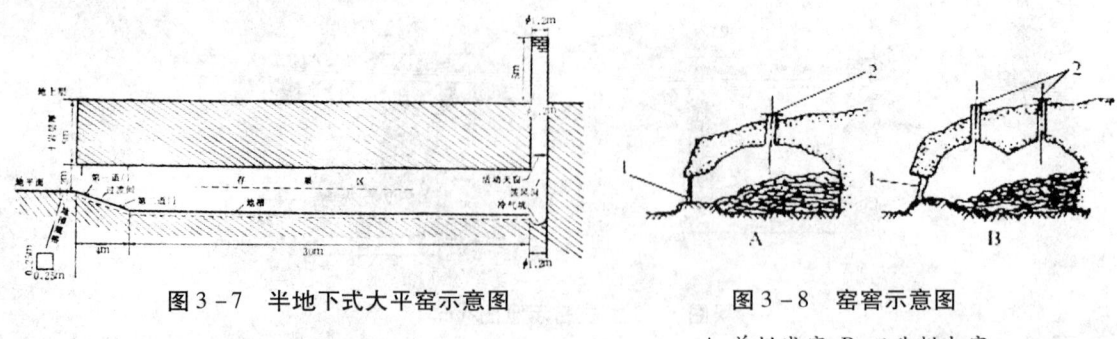

图3-7 半地下式大平窖示意图　　图3-8 窑窖示意图
A.单拱浅窖；B.双曲拱大窖

3. 窖藏的管理

（1）空窖消毒　空窖特别是旧窖，在果蔬入贮前1周，要进行彻底消毒。消毒的方法是用硫磺熏蒸，用量为10g/m³。点燃后密闭，2d后换入新鲜空气。贮藏时所使用的工具也要用0.05%~0.10%的漂白粉消毒。

（2）入窖操作　消毒后的空窖用洁净的细沙或木垫铺底，然后直接在上面堆码果蔬，堆码时果蔬高度依不同种类、形状大小、空窖结构等而定，一般散堆高度不超过60cm。

（3）窖藏期间的管理　根据外界气候的变化采用不同方法，入窖初期，应加大通风换气，迅速降温；贮藏中期，外界气温下降，应保温防冻，适当通风；贮藏后期，外界气温回升，一方面应做好降温工作，另一方面应及时检查，剔除腐烂变质果蔬。

（4）清窖　窖内果蔬产品全部出窖后，应立即将窖内打扫干净，同时封闭窖口及通气孔，以备第二年使用。

3.1.4 冻藏和假植贮藏

冻藏和假植贮藏是埋藏和窖藏的特殊利用形式。

1. 冻藏

冻藏是在入冬上冻时将收获的果蔬放在背阴处的浅沟内，稍加覆盖。利用自然低温使入沟的蔬菜迅速冻结，并且在整个贮藏期间保持冻结状态。由于贮藏温度在0℃以下，可以有效地抑制蔬菜的新陈代谢和微生物活动，多用于耐寒果蔬的贮藏，如柿子、菠菜、芹菜、芫荽等。

冻藏方法：准备用于果蔬，在冬季气温降到接近0℃时收获，先囤积置在背阴处使之继续冷却，几天之后移入深度为20cm米左右的浅沟内，菠菜可捆成小捆立在沟中，芫荽可以平放，上覆盖一层薄土。随着气温下降，蔬菜自然缓慢冻结。在整个贮藏期中，果蔬保持冻结状态，无特殊管理。到出售前取出放在0℃左右的环境或就地缓慢解冻，仍可恢复新鲜品质。冻藏蔬菜收获时间、覆土厚度等都需根据当地气候条件灵活掌握。菠菜和芫荽忍受冻结的低温也有一定限度，温度过低也产生伤害。温度以保持在-5℃至-6℃为宜。冻藏与沟藏的区别在于冻藏的沟较浅，覆盖层薄。冻藏多用窄沟，约30cm宽，如100cm或更宽的沟时，沟底需设通风道，一般要设置荫障，避免阳光直射，以便加快蔬菜入沟后的冻结速度，并防止忽冻忽化造成腐烂现象。（如图3-9，图3-10）。

在上市前将其缓慢解冻，解冻时温度不可升高过快，否则会加速果蔬变质；解冻后的果蔬应立即食用或处理，不宜长期存放。

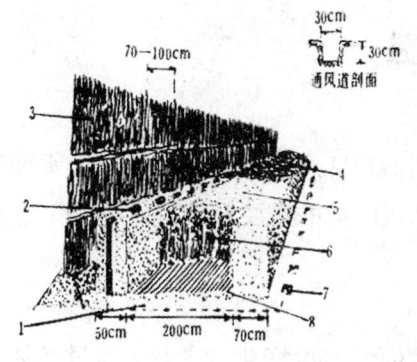

图3-9 芹菜冻藏（山东潍坊）
1.通风道；2.通风筒（φ=10cm）；3.风障；
5.覆土；6.芹菜；7.通风口；8.秫秸（两层）

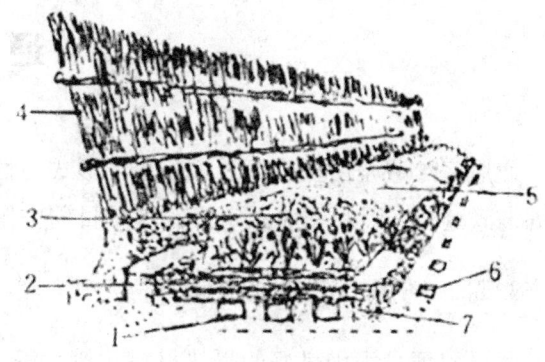

图3-10 菠菜冻藏（北京）
1.通气道；2.苇秆；3.菠菜；4.荫障；
5.覆土；6.气眼；7.土埂

2. 假植贮藏

假植贮藏是将即将收获的蔬菜连根收获密集假植在沟内或窖内，使蔬菜处在极其微弱的生长状态，但仍能保持正常的新陈代谢的一种贮藏方法。假值贮藏是我国北方秋冬季节贮藏蔬菜的特有方式，主要用于各种绿叶菜和幼嫩蔬菜，如：芹菜、小白菜、莴苣、锅塌菜、花椰菜、甘蓝、菜花和水萝卜等。这些蔬菜由于其结构和生理特点，用一般方法贮藏容易缺水萎蔫，引起代谢反常，降低蔬菜的耐藏性和抗病性。而假植贮藏使蔬菜还能从土壤中吸取少量的水分和养分，甚至进行微弱的光合作用因而能较长期地保持蔬菜的新鲜品质，随时供应市场消费。实际上假植贮藏是当外界温度下降时，使蔬菜继续保持缓慢生长的能力的一种贮藏方式。假植期间外界温度过低时，应加盖草席，不仅可以防寒防冻，也阻挡了阳光照射蔬菜，起到软化蔬菜的作用。

假植贮藏的方法：假植贮藏的蔬菜要连根收获，单株或成簇假植，只假植一层，不能堆积，株行间还应留适当通风空隙，覆盖物一般不接触蔬菜，菜面上有一定空隙层，有的在窖顶只作稀疏的覆盖，使一些散射光能够透入。土壤干燥处常须灌几次水，以补充土壤水分的不足，灌水还有助于降温。假植贮藏的管理技术，主要是在阳畦或浅沟内维持冷凉而不致发生冻害的低温环境，使蔬菜处于极缓慢生长的状态，大多数适宜用假植贮藏的蔬菜如芹菜、小白菜等在0℃左右的温度下贮藏比较适宜。因此，应该在露地气温已经下降时收获蔬菜进行假植，假植后调节通风量使最阳畦或沟内温度逐渐降低，避免贮藏初期因气温过高或栽植紧密而引起芹菜枯萎、莴苣抽薹脱帮等损失。待气温明显下降后,用一层或多层草席防寒,避免蔬菜受冻,盛夏时节在阳畦北面立风障保护。假植贮藏适用于北方的冬季供应蔬菜,随市场需要取出销售,春季气温回升后,即需结束贮藏。假植后要立即浇水,要适当加以覆盖防寒并适时放风,根据需要适当浇水,最冷的季节要注意防寒,需加盖双席。

3.2 通风贮藏

通风库贮藏是由棚窖发展而来的,形式与性能很相似,只是已将其变为砖、木、水泥结构的固定式建筑,因此又叫固定窖。这是目前中国各地果蔬贮藏的重要设施。

3.2.1 通风贮藏的概念及特点

通风贮藏是采用良好的隔热材料建筑库房,利用库内外温度变化的差异,通过通风换气设施,使库内、外空气发生对流,以保持库内适宜而又稳定的温度的一种贮藏方式。通风贮藏属于自然冷却贮藏范围,对贮藏环境的控制也是通过利用空气对流的原理,引入外界空气而起到降温的作用的。由于建造通风库时设置了更完善的通风系统和隔热结构,所以其降温和保温的性能都比棚窖大大提高。

通风贮藏库和其他自然降温贮藏相比较,具有如下特点:

1. 具有良好的隔热建筑材料,库体保温性能较好,具有良好的温度保持能力;
2. 具有较完善的通风设施,降温速度较快,具有较强的温度调节能力;
3. 贮藏量大;
4. 贮藏范围较广;
5. 工作人员进出方便,易操作管理。

3.2.2 通风贮藏库的类型与性能

通风贮藏库根据库体的位置可分为地上式、半地下式和地下式三种类型。

1. 地上式

地上式通风库的库体全部处在地面以上,库体全部采用隔热材料建成,受外界气温影响最大,保温性能较差,但通风换气效果最好,降温速度快。主要适合于较温暖的地区及地下水位较高的地区。如图3-11。

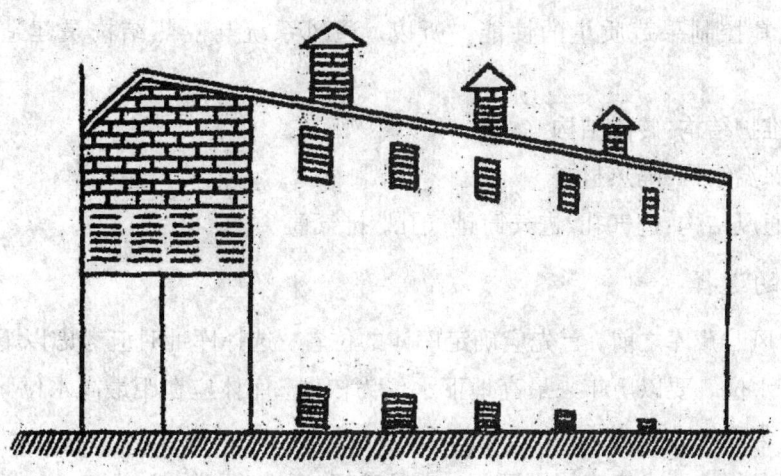

图 3-11 地上式通风库

2. 地下式

地下式通风库的库体全部处在地表面以下,受外界气候影响较小,保温性能最好,但受地下水位影响大,挖掘土方量也大,同时通风换气速度慢,通风效果最差,常在我国北方寒冷地区采用。如图 3-12。

3. 半地下式

半地下式通风库的库体有 1/3~1/2 的库身处在地面以下。其性能也介于地上式和地下式之间,一般在较温暖的地区采用。

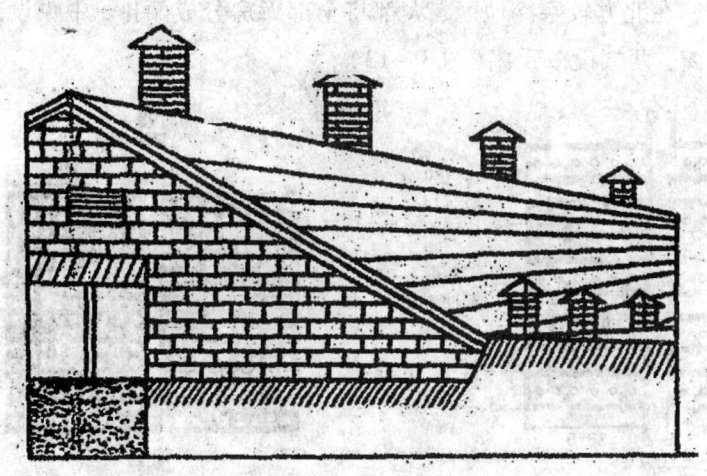

图 3-12 半地下式通风库

3.2.3 通风库的结构和建造

从通风库的特点与性能不难看出,通风库作为果蔬贮藏保鲜设施,其通风系统与隔热结构密切关系到其控制果蔬质量的性能。所以，通风系统与隔热结构是建造通风库的核心技术。

通风库 { 维护结构：砖混结构
保温结构：隔热材料
通风结构：进气孔、进气筒排气孔、排气筒 }

1. 库址的选择

在建造通风贮藏库之前，首先应确定库体的位置，选择库址时应考虑以下因素：

（1）地下水位　要以历年来最高地下水位为依据，库体应在距最高水位1m以上，防止库内产品湿度过大而导致腐烂。

（2）通风条件　要求库房周围开阔，通风良好，空气新鲜无污染。

（3）库房坐落　库的方向应遵循北方以南北向为宜，以减少迎风面；南方以东西向为宜，以减少东西晒。同时在库房周围种植阔叶树，用以遮挡南面的光线直射。

（4）交通条件　库址应选择在交通方便的地方，保证果蔬及时进出。

（5）动力条件　库址应选择在电源、水源充足的地方，保证常规管理的进行。

2. 平面设计

通风库多建成长方形或长条形，库容不宜过大，一个库房一般长为30~50m，宽为5~12m，高为3.5~4.5m，面积为251~400m²。总贮量大的单位，多分建若干个库房，组成一个库群（图3-13）。建造大型通风库群时要注意合理的平面分配。在北方较寒冷地区，大都将全部库房分成两排，中央设走廊，宽为6~8m，走廊有顶盖与气窗，两端设双重门（图3-13）。

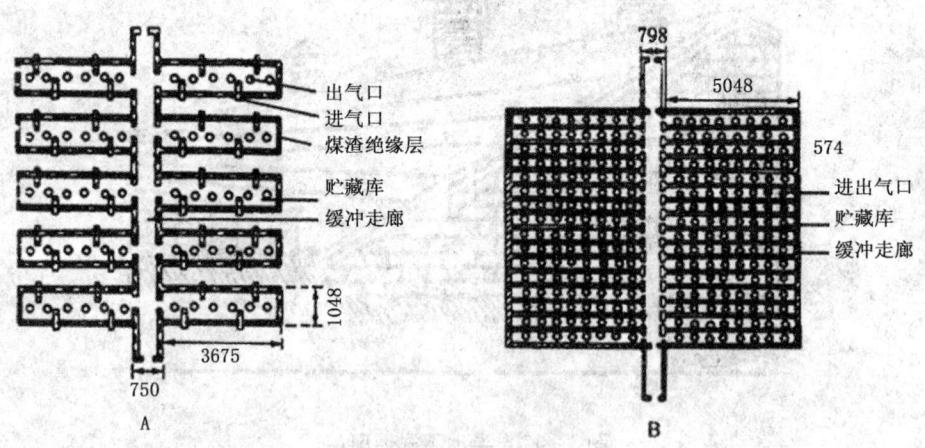

图3-13　通风贮藏库平面图/cm
A. 分列式；B. 联接式

中央走廊可起缓冲温度变化的作用,还可兼作分级、包装及临时存放场所。除主体建筑外,还要有各种辅助和附设房间,如工作室、实验室、器材贮藏室等。

整个库群大小,主要按常年贮藏任务而定。库容根据单位面积贮量或果蔬的单位面积容重及存放方式来计算。例如架贮大白菜每平方米库地面积贮 250~350kg,码贮大白菜每平方米贮 350~500kg,一个 300m^2 的库房贮大白菜 100t 左右。一些果蔬的单位容重(kg/m^3)大致如下:

马铃薯　650~700　胡萝卜　570　甘蓝　325~425　洋葱 540~590

苹果、梨 400~500　柑橘　350　甜菜　600

3. 库的保温结构

库墙、库顶、库门的保温结构及其结合处的严密性综合形成了库的保温结构,构成了通风贮藏库的保温性能。库墙、库顶、库门的保温性能首先决定于所用材料的导热系数,其次决定于厚度、暴露面的大小、四壁的严密程度。

(1) 库墙　生产上通风库的库墙多使用土墙、砖墙,常用中间填充隔热材料(表 3-1)来满足隔热要求。隔热材料要具有良好的隔热性能,不易吸水腐烂,不易燃烧,无毒,无异味。

隔热材料的选择应根据当地气候条件及资源条件而定,其隔热能力用热阻表示,热阻是指材料阻止热流通的能力。同时也可用导热系数表示,导热系数是指材料传递热量的能力,其大小为每平方米厚 1m,内外相差 1℃ 时,在 1h 内传热的数量(kJ)。导热系数与热阻成反比,导热系数越小,热阻越大,隔热性能越好。

对于一般通风贮藏库,库体暴露部分的隔热能力,应相当于 7.6cm 软木板的隔热能力,热阻值为 0.36;冬季最低气温为 -20~30℃ 的地区,要有相当于 25~35cm 厚的软木板的隔热能力,热阻值为 $1.2~1.7 m \cdot ℃ \cdot m^2/kj$。在选择隔热材料时,要充分考虑地区气候及隔热材料种类是否能满足隔热要求,即在一般地区,各种热阻值要达到 0.36,寒冷地区,热阻值要达到 1.7。

例:华中某地拟建一通风贮藏库,内外墙采用砖墙结构,其厚度均为 24cm,中间用炉渣作隔热层,其厚度为 20cm,问能否满足隔热要求?如在寒冷地区最低温度为 -20℃,炉渣厚度应为多少?

解:各种材料的热阻值为

内墙:$24 \times 0.37 \div 100 = 0.09$;外墙:$24 \times 0.37 \div 100 = 0.09$;炉渣:$20 \times 1.33 \div 100 = 0.27$。

总热阻为:$0.09 + 0.09 + 0.27 = 0.45 > 0.36$,所以能满足隔热要求。

在寒冷地区,总热阻应达到 1.2,设炉渣厚度为:xcm,则:

$x \times 1.33 \div 100 + 24 \times 0.37 \div 100 + 24 \times 0.37 \div 100 = 1.2$

$x = (1.2 - 0.09 - 0.09)/0.013 = 76.6 cm$,即需要 76.6cm 厚度的炉渣。

表 3-1　　　　　　　　　　　　几种材料隔热性能

材料名称	导热系数/ KJ/m.℃.m²	热阻/ m.℃.m²/K	材料名称	导热系数/ KJ/m.℃.m²	热阻/ m.℃.m²/KJ
聚氨酯泡沫塑料	0.084	50.0	锯末	0.376	11.1
聚苯乙烯泡沫塑料	0.146	28.5	炉渣	0.752	5.6
聚氯丙烯泡沫塑料	0.155	27.0	木材	0.752	5.60
膨胀珍珠岩	0.125 – 0.167	33.3 – 25.0	砖	2.717	1.50
加气混凝土	0.334 – 0.502	12.5 – 8.3	玻璃	2.842	1.50
泡沫混凝土	0.585 – 0.669	7.1 – 6.2	干土	1.045	4.00
软木板	0.209	20.0	湿土	12.54	0.33
油毛毡	0.209	20.0	干沙	3.135	1.30
芦苇	0.209	20.0	湿沙	31.35	0.13
刨花	0.209	20.0	水	2.09	2.00
铝瓦楞板	0.242	23.0	冰	8.36	0.50
秸草秆	0.251	16.7	雪	1.672	2.50

（2）库顶　通风贮藏库库顶受外界影响最大,所以库顶的热阻值应比库墙增加25%,才能达到隔热要求。库顶一般有脊形顶、平顶和拱顶三种形式。脊形顶库房在南方温暖地区,可以在覆瓦下衬一层油毛毡和芦苇把;北方需做天棚,棚上设隔热材料,增加保温效果(图3-15),但这种库顶耗材量多,结构也较复杂,一般不常采用。平顶即在库墙上铺设预制水泥板,这种库顶造价较高,库内利用空间小。拱形库库顶呈弧形,用砖和水泥砌成,比较牢固,可利用空间较大,目前在北方地区使用较多。

（3）门窗　库房的门窗在不妨碍管理的前提下,应尽量减少,并且宜设双道门,间距为1.8～2m,以缓冲来自外界的影响。门窗应以泡沫塑料填充,其保温效果更好。

此外,加强库墙与库顶等结合处的严密性,也十分重要。

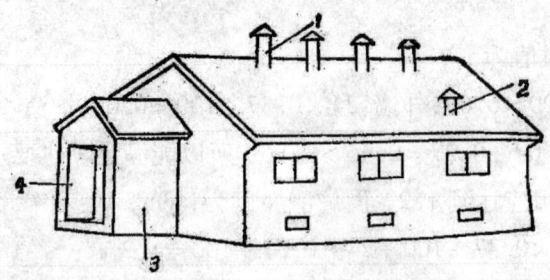

图 3-14　通风贮藏库平面图/cm

A.分列式;B.联接式

4. 库的通风结构

是保证通风库正常通风降温的主要设施。根据通风库的类型不同,设计不同的通风系统,才能确保通风效果。通风贮藏库的通风设施主要有进气孔和排气筒。(图3-15,图3-16)。

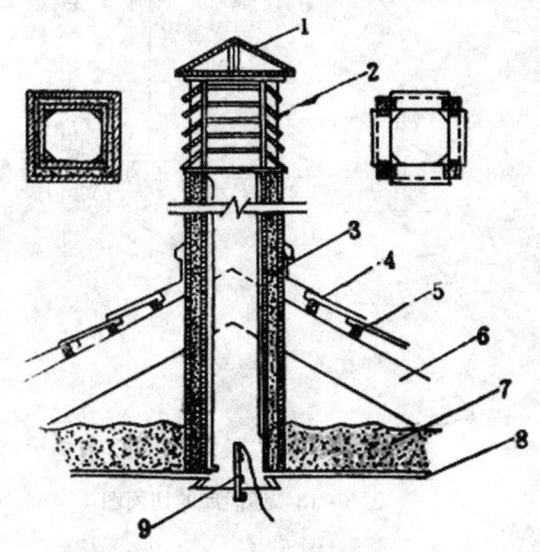
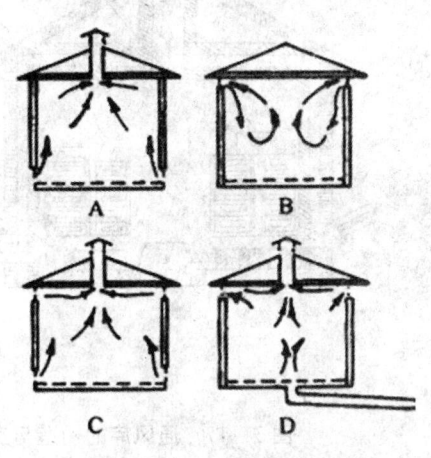

图3-15 通风贮藏库排气筒的结构　　　　图3-16 通风贮藏库的通风结构图
1.防风罩;2.百叶窗;3.保温通风筒;4.机瓦;5.排瓦条;　　A..屋顶烟囱式;B屋檐小窗式;
6.屋架;7.保温隔热层;8.顶棚;9.通风调闸板　　　　　　C.混合式;D.地道式

在设计通风结构时应考虑以下问题:① 通风面积和通风量。设计通风面积时,应保证秋季果蔬入库后最大通风量为原则;② 进气孔与排气筒之间应有一定的垂直距离。一般进气孔设在通风库的底部,排气筒设在高出屋顶1m以上;③ 在通风口面积一定时,应考虑尽量多设通气口,每个进排气口,合理分布在库各部位,保证通风均匀;④ 进气孔和排气孔均应设置隔热层,排气筒顶部设置帽罩,防止雨水及灰尘进入;帽罩下设置铁纱窗,防止虫、鼠的进入;进、排气筒可设置活门,根据外界气温及贮藏要求灵活掌握通风量。对于一般500t以下的风贮藏库,每50t贮藏量的通风面积应不少于0.5㎡,每个通风孔面积为25cm×25cm,圆形气孔口径为35~40cm,间隔5~6m设置1个。必要时设置排风扇。当通风不足时,采用强制通风。

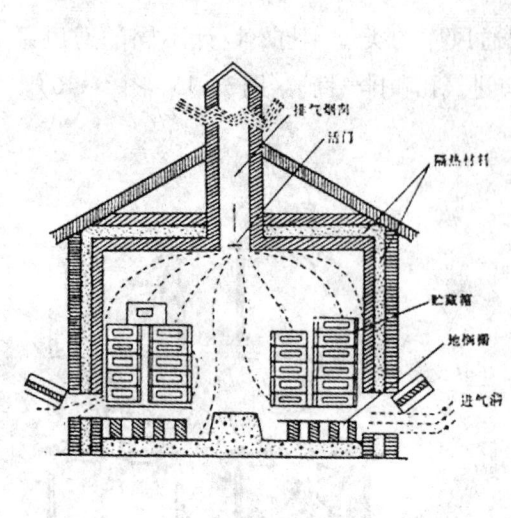

图 3-17 通风库的构造与空气流状　　图 3-18 通风库的切面图

3.2.4 通风库贮藏管理技术

1. 库房及用具消毒

每年在果蔬入库前要对库房进行全面消毒，尤其是使用过的库，必须彻底进行清扫。清除杂物，扫净垃圾和尘土。对墙体、地面、贮架、包装容器、工具器材等进行洗刷，以确保其清洁卫生。同时，要对库的环境进行消毒杀菌处理。经常使用的消毒方法有：

（1）漂白粉　消毒普遍应用的一种消毒剂，它是由硝石灰吸收氯气制得，为灰白色或淡黄色粉末，有味，具有强腐蚀性，稍能溶于水，在水中易分解产生氯气而具灭菌作用。市售产品多为含有效氯25%~30%的漂白粉和浓缩的漂白精（液）。使用方法：一是配成浓度为0.5%~1.0%的水溶液，喷洒库房或洗刷墙体、地面、器具；二是可将漂白粉直接撒放在库、窖地面，使其自然挥发，熏蒸灭菌。

（2）硫磺粉　主要成分为二氧化硫，淡黄色粉末，是一种强氧化灭菌剂，对霉菌类灭菌效果显著。使用方法是燃烧烟雾熏蒸。用量为每立方米空间用10~15g硫磺。在库内地面分布几点，混拌锯末等易燃材料点燃成烟后，密闭24~48h，然后打开库、窖门，充分通风。熏蒸时人员必须撤出。

（3）过氧乙酸（也称过氧醋酸）　是一种无色透明，具有强烈氧化作用的广谱杀菌剂，对真菌、细菌、病毒等均有杀灭作用，腐蚀性较强，使用分解后无残留。使用方法是将市售过氧乙酸甲、乙液混合后，用水配成0.5%~0.7%的溶液，按每立方米空间500mL用量，倒在玻璃或陶瓷器皿中，分多个点放置在库内，或直接在库内喷洒（注意不能直接喷到金属表面），密闭熏蒸。也可用市售20%的过氧乙酸，按每立方米空气5～10mL的量，配成1%的水溶液来喷雾。密闭熏蒸12～24h后，再通风换气。使用时注意不要喷到人体上，要做好人体防护。

（4）福尔马林　市售的产品一般是含甲醛36%的弱酸性水溶液，也可使用前现配。福尔马林对真菌杀灭力很强。使用方法是将福尔马林按每立方米空间15的量，加入适量的高锰酸钾或生石灰，稍加些水，待发生气体时，密闭库门熏蒸6～12h，然后开库通风换气。

（5）二氧化氯　该剂无色、无臭；透明液体，具强氧化作用，对细菌、真菌、霉菌均有很强杀灭和抑制作用。市售溶液为2%浓度。使用时按每立方米库内空间用1mL原液，加0.1mL（1∶10比例）柠檬酸晶体，经10～30min溶解活化后，进行库间喷雾，密闭熏蒸6～12h，可开库通风。

（6）乳酸　该剂无臭、无色或黄色浆状液体，对细菌、真菌、病害均有杀灭和抑制作用。使用时将浓度80%～90%的乳酸原液和水等量混合，按每立方米库内空间用1mL混合液的量，置于瓷盆内，用电炉加热，使之蒸发，关闭电炉。密闭熏蒸6～12h，再开库通风。

（7）其他消毒剂　除上述药剂方法外，还可用1%新洁尔灭、2%双氧水、2%热碱水、0.25%次氯酸钠等药剂进行喷洒熏蒸，或洗刷墙面、地面和贮架。

2. 温度控制

通风贮藏库的控温主要是通过开启通风设施实现的，因此随外界气候的变化及时调整开启时间和次数。在入库初期，由于库内果蔬存在大量田间热和呼吸热，一般都要求尽量增大通风量，充分利用夜间低温进行通风换气，迅速降低库内温度。所以这时应将全部通风口和门、窗打开，使库门作为进气口，库顶通风口都作为排气口。随着气温逐渐下降，逐渐缩小通风口的开放面积；到最冷的季节。关闭全部进气口，使排气口兼作进气作用，利用白天气温较高时通风，夜间关闭，或缩短放风时间，要做好保温防冻工作。贮藏后期，外界气温回升，要做到及时检查剔除腐烂衰老的果蔬，同时做好夜间通风降温。可见，通风库的放风要服从于温度的要求。

通风库贮量大，为避免产品入库过于集中，势必要把产品提前入库，为使这时尽可能获得较低的温度，在产品入库之前要对空库进行放风管理，充分利用夜间，冷空气预先使库体温度降低。产品入库时，不要一次进得太多，并适当散开以利通风散热，必要时可辅以人工鼓风，加大通风量。在排气口装抽风机将库内空气抽排出库，比在进气口装吹风机向库内吹风要好，后者迎风处的风速很大，外温低于0℃时易使该处产品受冻。

3. 湿度管理

通风库内湿度一般维持在相对湿度80%～90%。原则上说，通风量越大，三内湿度越低。所以贮藏初期往往造成库内湿度不足，可采用地面喷水、悬挂湿草帘、洒湿锯末等形式增加湿度；严寒季节有时库内湿度又过高，易引起某些霉菌的活动，需降低湿度，除适当加大放风量外，可采用在库内放置消石灰等吸湿剂，降低湿度。

4. 常规检查

在通风库贮藏期间，除做好温湿度的管理外，还应做好其他常规检查工作，如硬度、可溶性固形物含量、呼吸强度等，以判断贮藏果蔬品质，发现问题及时处理。

3.3 人工冷却贮藏库贮藏

人工冷却贮藏库贮藏是在良好的绝缘前提下，靠人工降温来获得果蔬贮藏适宜低温条件的一种贮藏方式。此种贮藏方式有两种，即冰冷却贮藏和机械制冷贮藏。

3.3.1 冰冷却贮藏

1. 冰冷却贮藏原理

冰冷却贮藏是利用冰为冷源的一种贮藏方式。在冬季比较寒冷的地区，都可以利用这一自然冷源贮藏果蔬。也可用人工制冰。但此法成本大，生产中不便于大量应用。目前主要利用自然冰冷却贮藏。

冰藏果蔬时，冰不断地吸收果蔬散发出来的热而溶化，而使果蔬的温度不断地下降。这种方法一般只能维持在2~3℃而达不到0℃，如果要求更低的温度，需设法降低冰的溶点。降低冰点的措施，在生产上常用给冰块中加入食盐或氯化钙，食盐和氯化钙的用量不同，温度也不同(表3-2)。

表3-2　　　　　　　　　不同比例冰盐混合物的溶点温度

100份冰加食盐份数	溶点(℃)	果实100份冰加食盐份数	溶点(℃)
2	-1.1	16	-10.5
4	-2.4	18	-12.1
6	-3.5	20	-13.7
8	-4.9	22	-15.2
10	-6.1	24	-16.9
12	-7.5	26	-18.7
14	-9.0		

2. 冰的采制和贮存

冰冷藏库所用的冰有两种办法获得。一是利用河流湖泊天然结冰，人工采集，再运至贮冰场，另则是在有条件的情况下，也可用人工天然冻冰，即选好地点，整平地面，分次洒水，待冻结达到要求厚度时即可采集。

通常在冬季采集的冰块，存于贮冰场，待春夏使用。贮冰场应选择地势高燥的地方，挖一坑，深为 2~4m，长度视贮量而定。坑底稍有倾斜，并铺一层碎石煤渣，其低的一端作排水沟，以利排出溶化的水。坑内堆码冰块，可高出地面 1m 左右，其上端盖草席，再堆土 1m 左右。如果有稻壳、稻草、锯屑等绝缘良好的材料覆盖，保存效果更好。也有将采回来的冰块直接贮放在贮藏果蔬的冷库内，封盖密闭。贮果时，将库内冰块按要求整理摆放即可，不再另建贮冰场。

3. 冰窖的结构

窖通常为一个长方形坑，其方向宜东西延长，这种可减少太阳的直接东晒和西晒。窖门留在北面，设双道门，有利于隔热保温。如图 3-19。

永久性冰窖的墙壁和窖顶可用砖砌成。土质较为黏的地方，可修成上口比窖底稍宽的窖坑，再在窖墙上架设"人"字形屋架，上盖苇帘和稻草、稻壳等以隔热保温。窖底应挖成稍有倾斜的平面，并敷以砖或石板，低端设排水沟，应与窖外相连通，以免窖内积水。

冰窖应坚固耐用，隔热性能要好，具体窖形可因地而异，如北京北海冰窖，其长、宽、深为 (15~20)m×(6~7)m×(3~4)m，窖墙用砖砌成，厚度约 1.2m，高出地面 1.5~2m。吉林市的露地简易冰窖，深 4.7m，宽 5m，如图 3-19。

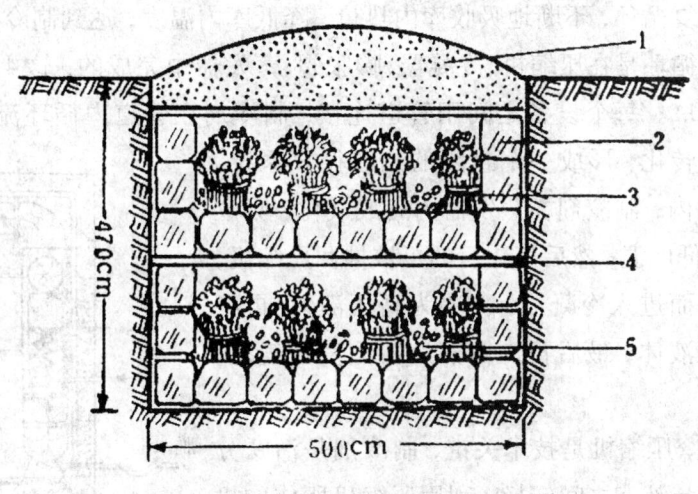

图 3-19 冰窖(吉林)
1.稻壳；2.冰块；3.芹菜；4.木板；5.碎冰

3.3.2 机械冷藏

机械冷藏是在一个适当设计的绝缘建筑中借助制冷系统的作用，降低贮藏库内温度，并始终保持库内恒定的低温的一种贮藏方法。从果蔬质量控制性能上看，机械冷藏不受外界环境条件的影响，可以终年维持冷藏库内保持果蔬品质所需要的低温；冷藏库内的温度、相对湿度以及空气的流通等都可以调节，形成适合控制果蔬产品质量的综合环境因素。所以，作为果蔬质量控制的设施，机械冷藏对果蔬质量的保持能力明显优越于前面所提的方法，也是目前生产上应用较多的一种贮藏措施。

1. 机械冷藏的原理

(1) 制冷原理

采后果蔬在贮藏中会产生呼吸热，贮藏设施受外界影响而产生漏热，以及照明、电扇、工作人员活动产生的热量，都需要不断地排除才能维持库内适宜的低温。在机械制冷系统中，热的传递任务是靠制冷剂来完成的。制冷剂是指在膨胀蒸发时吸收热量产生制冷效应的物质，如氨和氟里昂12等。制冷剂由液态蒸发为气态时吸收周围环境的热量，如氨在 $-33℃$ 时气化，每千克可吸收1365.06kJ的热量，氟里昂12在 $-0℃$ 时气化，每千克可吸收167.16kJ的热量，制冷剂气后再经压缩、冷却回到液态。如此反复循环，不断地吸收库内热量，降低库内温度，达到制冷目的。

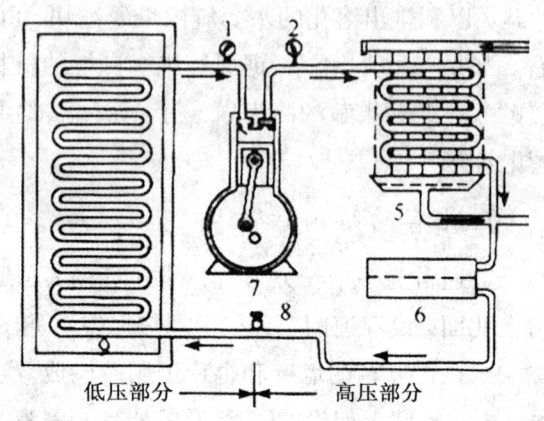

图3-20 制冷循环原理图(直接蒸发系统)
1.回路压力；2.开始压力；3.冷凝入水口；4.冷凝水；5.冷凝器；6.贮液(制冷剂)器；7.压缩机；8.调节阀(膨胀阀)；9.蒸发(制冷)

制冷剂的制冷循环是在压缩机、冷凝器、膨胀阀、蒸发器中完成的，这4个设备是制冷系统4大件(图3-20)。每个设备之间用管道连接，制冷剂在管道内循环流动，不断完成气态—液态—气态的转化，形成一个封闭的制冷循环系统，其中蒸发器设在库内，制冷剂在蒸发器内完成气化，吸收周围环境热量，降低库温，然后气化后的再被抽回压缩机，压缩成为高压状态而进入冷凝器，冷凝为高压液体；再经膨胀阀膨胀为低压液体，最后再次由蒸发器蒸发为气态，完成制冷循环。

在制冷循环中，压缩机是技术关键，制冷剂是活跃分子。制冷剂在气态与液态之间转换，利用压缩机所作的机械功为条件，从库内不断地吸收热量，到库外经冷凝器作用将吸收的热量释放到环境中，从而不断地将库内的热量排除，维持库内较低的温度。

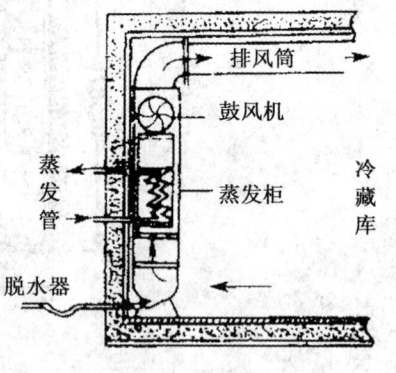

图3-21 蒸发柜

(2) 冷却方式

通常蒸发器在冷库中的安装有两种形式。

① 直接膨胀冷却　此法将蒸发管直接安装在冷库中。

A. 自然对流式　是指将蒸发器装置在近天棚处。利用冷空气自然下沉、热空气上升而发生自然对流，从而完成库房及产品的冷却。这种冷却方式降温速度较慢，也容易形成"死角"，目前生产上采用较少。

B. 强制式　是利用鼓风机完成库房冷却的。将蒸发管安装在一个柜中，上部装有鼓风机，将冷空气迅速均匀地吹到库房内的各个角落（图3-21）。冷藏库中的空气由该柜的下部吸进，经过中部冷凝系统蒸发管，进行热交换而降温，再由上面的鼓风机吹送到冷库中去。冷却速度快，且冷却均匀，但由于空气流动速度大，增加了果蔬中水分的蒸发，容易使贮藏产品出现过度失水而萎蔫，因此，在库房内应加设调湿装置以弥补湿度的不足。

② 间接冷却　将制冷剂蒸发管安置在盐液柜中，再将冷却的盐液川流于冷藏库内的蛇型管中，进行热交换使库内空气降温，盐液再被压回盐液柜中重新冷却，循环不断构成连续的制冷系统。一般用20%的NaCl或$CaCl_2$溶液，前者可降至$-16.5℃$，后者可降至$-23℃$。两者对金属均有腐蚀作用，盐水的存在要求制冷剂必须在较低的温度下蒸发，从而加重压缩机的负荷，增添了盐水泵的电力消乏。但此系统可避免有毒及有臭味的致冷剂在库内泄漏而损害果蔬和入库人员。

2. 冷藏库的设计

冷藏库的建设要注意到库址的选择、保温结构的设计、制冷机热负荷的选择、库房及附属建筑的布局等问题，在设计时应有比较全考虑。

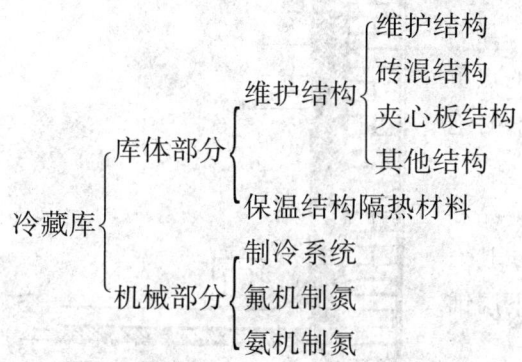

（1）位置的选择

库房位置的选择要注意交通的方便，有利于果蔬输送；也要考虑到与市场和产区的联系，减少果蔬在常温下不必要的拖延。库房以建在地下水位低、土壤干燥、没有阳光照射和热风频繁的阴凉地方为佳，周围应有良好的排水条件。

（2）库的保温结构

冷藏库以冷藏室为主体，另外还配有各种附属用房。整个冷库要求坚固、保温、隔热性能好。保温结构是冷藏库土建工程的核心与技术关键，其性能直接关系到冷库的降温速度、耗电量、库温稳定性、库的保温隔热水平、制冷设备的匹配和库体的使用寿命等。

① 隔热材料　冷库建造的一个重要问题是设法减少热源流入库内，这就有必要提供一

种热阻障,即隔热材料的安装。隔热材料种类很多,在选择使用时,除了考虑其隔热性能外,教好还具有下列特性:造价低廉易得;质量轻;不吸湿;抗腐蚀力强,不霉烂;耐火耐冻;便于使用;无异味,没有毒性;保持原形不变,不下沉;防虫鼠蛀蚀。

在以增加隔热材料厚度来增强隔热能力的同时,要考虑成本费用,合理的厚度一般以软木板为标准,认为合适的墙壁隔热厚度在10cm左右,地板厚度在5cm左右。其他隔热材料选用的厚度,根据他们的导热系数(表3-1),以软木板为标准可以计算出来。

② 隔热材料的敷设和保护　冷藏库是一种永久性建筑,采用软木板一类的定形隔热材料为宜。绝热材料的敷设应当使绝热层成为一个完全连续的整体,决不要让橘扇、屋顶和支柱等建筑物参与刀具热层中,断裂其阻热层的完整性,形成传热渠道。绝热板的敷设要分层进行,第一层应用黏胶剂加上必要的钉子,牢固地将绝热板紧密连续地敷设在建筑物的墙壁、天花板和地面上,尽可能减少两块板之间的间隙。第二层绝热材料紧紧黏合在第一层绝热板上,板块接头位置与第一层的接头位置应交互错开,减少漏热渠道。

隔热材料中积累水气会降低其隔热效应,而且引起损坏,因此还需设防潮保护层保护隔热材料。具体做法是,在隔热材料的两面与建筑材料之间要加一层阻障,封闭水气进入隔热层。用于防潮的材料有塑料薄膜、金属箔片,沥青胶剂抹灰,树脂黏胶绝缘材料于夹板之间。不管用哪种防水气的材料,敷用时要注意完全封闭,不能留有微小缝隙漏泄。如果只在绝热材料的一面敷设防水气层,就应敷设在绝热层经常温度比较高的一面的外表上,这是很重要的。

③ 冷藏库的地面　果蔬冷藏库的温度一般维持在(0±1)℃,而地温常在10~15℃,那么就会有一定的热量由地面不断传入库内,增加冷凝系统的热负荷。所以,地面通常要采用相当于5cm厚软木的绝热层。

此外,地面要有一定的强度以承受堆积的产品和搬运车辆的行动。如采用软木板作隔热材料时,其上下需敷上7~8cm厚的水泥地面和地基。地基下层铺放煤渣石 以利排水(图3-22)。

(3) 冷凝机的热负荷　要维持冷藏库的低温条件,有赖于冷凝系统的热负荷量。在设计、选择和安装冷凝系统时,需有下面几方面的资料为依据。

① 漏热 Q_1　指通过库房四壁和库顶、底的传热作用,由库外 Q_1 = 耗冷面积×导热系数(2)果蔬含热 Q_2 指果蔬田间热 Q 和果蔬呼吸热 Q_2。

② 果蔬含热 Q_2　指果蔬田间热 Q_{21} 和果蔬呼吸热 Q_{22}。

Q_{21} = 果蔬的质量(kg)×果蔬比热容×果蔬下降的温度(℃)

果蔬产品比热容 = (0.2 + 0.8×含水量)×0.00418(kJ)

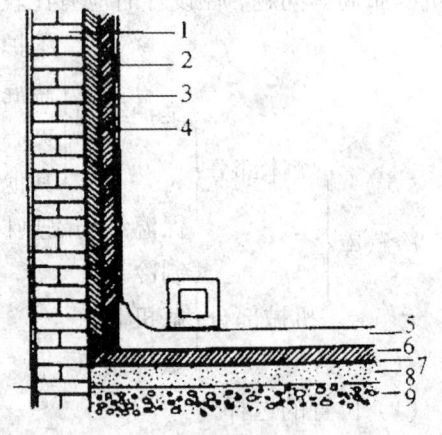

图3-22　冷藏库墙壁和地面结构
1.砖墙;2、4、7.水器封锁层(沥青类物质);3、6.隔热材料层;5.钢筋混凝耐磨封口地面;8.水泥地;9.煤渣石子基层

Q_{22} = 呼吸强度 × 0.0109(kJ/mg)CO_2 × 果蔬质量(kg)

③ 其他热负荷

A. 通风换气耗冷量 Q_3 计算因和外界通风换气而导入的热量,首先应该测定引入空气的温度、湿度,查表3-3得出每立方米空气含热量,然后根据库容积和每天通风次数计算出总的通风换气热。

表3-3　　　　　　　　　　引入库外空气的热量　　　　　　　　　单位:kJ/mL

库内温度/℃	库外空气温度/℃			
	0	5	25	32
	相对湿度/%			
	90	80	70	68
5	—	—	53.92	84.02
0	—	9.20	66.46	97.3
-5	10.03	19.65	78.17	107.52
-10	19.65	29.68	89.45	121.22
-15	28.84	38.87	100.32	132.92
-20	38.46	47.65	108.68	143.37

B. 经营管理耗冷量 Q_4　　主要包括照明和工作人员所消耗的冷量。

照明　　360kJ

机械　　2650kJ

工作人员:根据库温不同,其放热量大致如下(表3-4)

表3-4　　　　　　　　　不同温度下工作人员放热表

库温/℃	10	4	0	-18	-23
每位工作人员放热/kJ	775	900	1005	1382	1486

上述几方面总和即为冷库总热负荷,在选用制冷机组时,要以所计算的总热负荷为依据,其制冷能力应与总热负荷相匹配。

3. 冷藏库的管理技术特点

温度对果蔬质量控制的影响是很明显的,所以,冷藏是果蔬贮藏的基本条件,再配合其他因素的控制,效果会更进一步提高。由于果蔬的含水量很高,如将田间的热产品直接入库,库中相对湿度即使是100%,也会因产品较高的蒸汽压而使产品失水;同时,贮藏中空气流通也会促进产品失水而影响产品的风味和外观。因此,新鲜果蔬在冷藏库中的管理要注意以下技术问题。

(1) 消毒

库房及工、用具消毒，方法同通风贮藏库消毒方法。

(2) 产品的预冷

果蔬在进入冷藏库前的预冷，是一项非常重要的技术措施。果蔬产品预冷的主要目的是除去田间热量，降低呼吸强度，使品温接近贮藏温度，减少生理病害的发生，同时也减轻了冷库制冷系统的负荷，还可保持库内相对较稳定的贮藏温度。预冷的方法主要有下面一些：

① 自然冷却　在没有冷藏或预冷设备情况下，可采用自然冷却法。将采后果蔬用通透包装运至阴凉通风处，利用夜间低温、冷风来除去产品的田间热。自然冷却需时较长，且不易达到适贮温度。

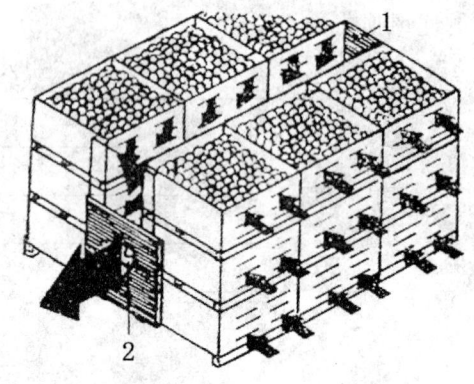

图3-23　差压冷却中的空气流动示意图
1.挡板器；2.风机

② 冷库预冷　将采后果蔬迅速包装后运到冷库，堆码时彼此间多留空隙，利用冷库风机强制空气循环流经产品周围，带走热量，使之冷却。该法冷却速度较慢，一般需1~3d才能冷却到预定温度(与冷藏温度差1~2℃)。包装容器须有孔，适用于较长时间贮藏的果蔬预冷。

③ 强制冷风预冷　又称差压预冷。在专用预冷库内设冷却墙，墙上开冷风孔，将装果蔬的容器堆码在冷风孔两敷6或面对冷风孔。堵塞腺容器通风孔以外的一切气路。用冷风机推动冷却墙内的冷空气，在容器两侧造成压差，强制冷空气经容器通风孔流经果蔬，迅速带走其热量(图3-23)。该法较冷库预冷的效率和所需制冷量高4~6倍。其包装容器，必须有大于边板4%通风孔，且不做内包装，不加垫衬。

该法需提高环境湿度。必要时进行喷雾加湿，以减少预冷期间果蔬失水。成本较低，适合各种果蔬预冷。

④ 水预冷　将木、塑箱装果蔬，浸泡在流动的冷水中，或用冷水喷淋。通常20~50min时间可预冷到预定温度。但需经冷风吹干产品，冷却水必须进行消毒处理。

⑤ 冰预冷　用天然冰或人造冰作冷媒，将碎冰装填在产品包装容器内，直接接触产品，装冰量约占产品质量的1/3。适用于胡萝卜、甜玉米、花椰菜、芹菜等。

⑥ 真空预冷　将包装产品放在真空预冷机的气密真牢罐内将压，试产品表层水分在低压真空状态下汽化，由于水在汽化蒸发时吸热而使产品冷却。该法预冷设备投资大，成本高。

(3) 入库堆码

预冷好的果蔬应及时入库贮藏，每日入库应根据库容量及制冷能力，一般产三每天入库量占库容量的20%，对热带及亚热带果蔬或人库时未经预冷的果蔬三控制在日入库量10%

左右,入库量过多,降温过慢,会影响贮藏寿命。果蔬入库牵堆码时,应以充分利用库内空间和保证产品间冷空气流通为原则。具体要求是:

① 堆码与库墙之间应留有一定间隙。强制通风冷却的库房和墙距应为8cm左右;自然对流式的库房和墙距为50~60cm,保证冷空气的对流。

② 堆垛与天棚间距离应不少于25cm,在蒸发器或冷风吹出口处,应在2m内不堆码果蔬。

③ 堆垛与地面之间应有垫木衬垫,留有8~10cm的空隙。

④ 堆垛相邻的包装箱之间应留有1cm的间隙,便于箱间空气流通。

⑤ 果蔬堆码的方法有"品"字形或"一压四"法,保证箱与箱之间有一定的空隙,保证堆垛的稳定性。

(4) 温度控制

温度是控制果蔬质量的重要环境因素。果蔬入库后,应根据不同果蔬的特性尽快降到贮藏适温。在温度管理中要注意维持适宜、稳定的低温。贮藏温度不能低到引起冷害的程度,根据产品特性控制在适温状态。库内的温度要尽量避免幅度大和持久性的变化,温度的大幅度波动会加速产品的败坏。还要注意贮藏库内的温度要分布均匀,不要有过热或过冷的死角,使局部产品受害。为了了解库内温度的变化情况,通常在库内不同的位置安放准确的温度表或遥测温度计进行观察记载。

冷藏库的温度是靠制冷剂在蒸发系统中的流量和汽化速率来控制的。通常在膨胀阀上装有一个恒温器,它的感温管则安置在蒸发器上,根据其温度的变化而操纵膨胀阀以调节制冷剂的流量。在运行期间冷库内的湿空气与蒸发管接触时,水分极易达到露点而结霜(温度低于零度),形成隔热层,阻碍热交换,影响冷却效应。

(5) 湿度控制

湿度也是果蔬保鲜的一个重要环境因素。为了保持果蔬新鲜的膨胀状态,贮藏库中要保持较高的相对湿度,一般为80%~90%或以上。在冷库中维持高湿度是比较困难的,因为在低温物体的表面上经常将空气中的水蒸气凝结或冻冰,降低了相对湿度。另一方面,湿度过高,有利于微生物的生长,影响安全贮藏。冷藏库中应安装测量相对湿度的仪表,放置仪表的周围应保持空气流通方能得到准确的数据。库内控制湿度的方式有多种设计和装置,最简单的方法是地面洒水、撒湿锯末、覆盖湿蒲包等增加湿度,或撒吸湿剂降低湿度。

(6) 冷藏库的通风

果蔬在冷库内仍进行呼吸作用,不断地消耗氧气,放出热量、二氧化碳和微量乙烯。释放出的呼吸热须靠强制流通的冷空气不断地携带走,保持其一直处于低温环境中。通风的方法是设置冷风柜(蒸发冷却器)和风道(图3-21),一般把通风道装置在冷藏库的中部产品堆叠的上方,向两面墙壁方向吹出,转向下方通过产品行列,由下部进入冷风柜,上升通过冷凝蒸发管将空气冷却,再由风道吹出,通过不断流动的冷空气去平衡库内各部位的温度趋于一致,减少温差,保持贮藏质量基本一致。另外,流动的冷空气,可使果蔬周围的病原菌不会滞留,而被不断地带走,以减轻病腐,防止滋生繁殖,败坏果蔬。此外,过多的二氧化碳和乙烯的积累会不利于果蔬代谢活动和人的作业活动,甚至会对产品产生毒害,造成某些生理病害。因此冷藏库还应定期通风换气排除内部陈旧空气,吸入外部新鲜空气。换气时间一般在温度较低的凌晨进行,以免因库内外温湿度差异较大,而导致库内温湿度波动大,对果蔬贮藏保鲜不利。

(7)其他常规管理

① 果蔬入库后,应定期抽样检查,化验糖分、硬度等指标,并做好详细记录,发现问题及时处理。

② 在贮藏期间,应定期测定果蔬呼吸强度,发现呼吸强度突然升高时应及时处理。

③ 按每种果蔬的特性及预定贮藏期分别堆码,按先入先出的原则管理。

(8)出库

果蔬达到出库时间后应及时出库,出库前应先进行升温,升温应缓慢进行,掌握每2~3h 1℃的速度,防止因升温过快而出现结露现象,待库温升至与外界气温相差2~3℃时即可出库,出库后的库房应及时清理,以备下次使用。

3.4 气调贮藏

调节气体贮藏,简称气调贮藏(CA 贮藏)。气调贮藏是调节控制果蔬产品贮藏环境中气体成分的冷藏方法。它县冷藏.减少环境中氧,增加二氧化碳的综合质量控制方式,除控制贮藏环境的温度、湿度外,还同时控制气体条件,形成有利于保持果蔬品质的综合环境,是当代贮藏设施的高级形式。

现在有两种气调方式。CA 贮藏是指空气中的 O_2 和 CO_2 都有较严格规定的指标,允许变动的范围较小,根据各种产品的特性而定。另一种方式称自发气调贮藏或限气贮藏,简称 MA 贮藏,即薄膜包装贮藏,是靠果蔬的呼吸作用来降低 O_2 的含量和增加 CO_2 浓度,O_2 和 CO_2 浓度变动大,多用于短期贮藏、运输、及销售时的临时性贮藏。

3.4.1 气调贮藏的条件

1. O_2、CO_2 和温度的配合

气调贮藏是把低温、低氧和高二氧化碳结合起来,按不同果蔬的最佳贮藏要求,优化组合成新的综合环境的贮藏方法。三者具有适当的配合才能达到果蔬质量控制的最优化效果。

(1)温度要求 采取气调措施,即使温度较高,也能收到较好的贮藏效果。如绿色番茄

在 20~28℃进行气调贮藏的效果,与在 10~13℃下普通空气中贮藏相仿。所以,对低温敏感的热带亚热带果蔬采用气调方法,更有利于保持质量延长贮期。但不能就此认为进行气调贮藏就可以不必注意温度管理了。实际上只有适宜的气体组成与适宜的温度相配合,才能充分发挥气调贮藏的效果。只是对于同一种果蔬,气调贮藏的适温可能与在普通空气中贮藏的适温有所不同。气调贮藏时常需把温度稍提高一些。这是因为有些植物组织在 0℃附近的低温下对 CO_2 很敏感,容易发生 CO_2 伤害;在稍高的温度下,这种伤害就可以避免。

(2) O_2、CO_2 和温度的综合影响 气调贮藏要同时配合好 O_2、CO_2 和温度条件,不仅因为它们个别密切影响着果蔬的生理生化过程,而且它们彼此间存在着互相联系互相制约的关系。一个条件的有利影响可因结合另外的有利条件而进一步加强;反之亦然,如低 O_2 可延缓叶绿素的分解,配合适量的 CO_2 保绿效果更好。另一方面,不利条件会削弱有利条件,如,温度升高会加速叶绿素的分解;一个不适条件的不利影响可因改变另一条件而使之减轻或消除,如适当提高 O_2 含量或升高温度,可以缓解 CO_2 伤害。

所以必须重视 O_2、CO_2 和温度三者的综合影响,使它们有一个最佳配合(表 3-5)。

2. 气体组成和配比

表 3-5　　　　　　　　　　一些果蔬的气调贮藏条件

果蔬	温度	相对湿度	CO_2/%	O_2/%	可能贮藏时间/d
苹果(红玉)梨	0	90~95	3	3	180~210
(20 世纪)	0	85~95	3~4	4.5	180~210
温州蜜橘	3		0~2	10	
伏令夏橙	5	90	0~1	5	>60
桃	-1~0	90~95	2~3	2	42
杏(摩帕克)	1	90~97	2.5	5	30~45
葡萄	0	85~90	0~0.5	7	180
草莓	0	95	0		20
香蕉	13~14	95	5~8	4~5	21~28
番茄	12~13	95	0	3	14~21
甜椒	8~9	90~95	2~3		21
黄瓜	7~10	95	5	2	15~20
四季豆	7~8	90~95	3~5	2	14
花椰菜	0	90~95	0~3	2~3	40~60
莴苣	1.7	90~95	2.5	2.5	>45
芦笋	1~2	95 以上	3	4	21

气调贮藏时要注意 O_2 和 CO_2 的浓度及比例,O_2 浓度过低或 CO_2 浓度过高,会导致果蔬的呼吸失调,引起生理病害的发生。因此,根据不同果蔬生物学特,选择合理的 O_2 和 CO_2 浓度

配合比例,是气调贮藏的关键,目前在生产上应用的有三种方式。

(1) 双指标,总和约21%　该法把气体组成定为两者之和等于21%,如 O_2 10%; CO_2 11%或 O_2 6%, CO_2 15%,管理上很方便。但 O_2 较高或较低均不利贮藏,一般将 O_2 和 CO_2 控制于相近的指标(两者各约10%),简称高 O_2 高 CO_2 指标。

(2) 双指标,总和低于21%　该法 O_2 和 CO_2 含量都比较低,两者之和不到21%,这是当前国内外广泛应用的配合方式。比较地说,大多数果蔬都以低 O_2 低 CO_2 指标较适宜。但这种配合操作管理比较麻烦,所需设备也较复杂。

(3) O_2 单指标　只控制 O_2 的含量, CO_2 用吸收剂全部吸收掉。 O_2 单指标必然是一个低指标,不能超过7%,才能有效抑制呼吸强度。其效果不如上述第二种方式,但优于第一种,操作上也比较简便。

3.4.2 气调贮藏的封闭系统

封闭是杜绝外界空气对贮藏环境气体组成的干扰。封闭系统是贮藏设施进行气体成分调节的前提。目前国内外气调贮藏的封闭系统可分为两类.一类是气调冷藏库,一类是塑料薄膜袋(帐),后者是前者的轻型化,也用于运输。

1. 气调冷藏库

气调冷藏库的结构除要求具备冷藏库所具有的制冷能力、隔热能力外,还应具备良好的气密性(图3-24),保证库内气体环境的相对稳定。

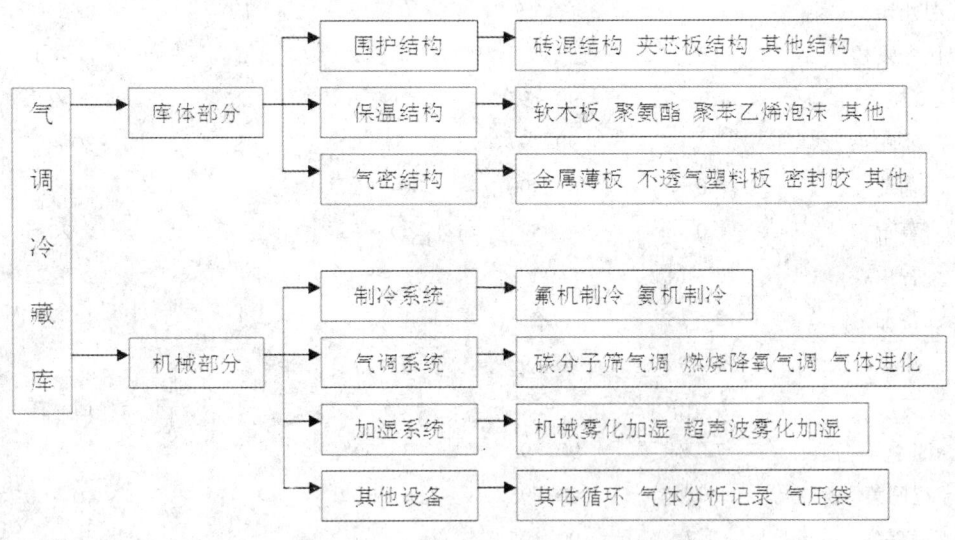

图3-24　气调冷藏库结构示意图

为提高库房的气密性,可在四壁内侧和天地板加衬金属薄板或不透气的塑料板,或喷涂塑料层(硬质聚酯),杜绝一切漏缝;库门、观察窗和各种通过墙壁的管道也都要有气密构造,共同构成气调冷藏库的气密封闭系统。整个库房应能承受一定的压力(正压或负压)。

一个气调贮藏库只能保持一种气体组成和温、湿度,且不宜经常启闭。所以通常整座气调库是分隔成若干可以单独调节管理的贮藏室。每个室贮藏容积不很大,只贮藏一种产品,并且最好是整批出入库。

2. 塑料薄膜封闭系统

利用塑料薄膜的低透气性,构成果蔬气调贮藏中的封闭系统。基本上有两种形式:一为大帐封闭,另一为薄膜袋封闭。

(1)塑料大帐封闭 即垛封。是在产品上下四周用薄膜包围封闭,可在窖、通风贮藏库内进行,成为简易气调。利用塑料大帐封闭系统贮藏果蔬,贮藏规模大,管理方便,成本低,贮藏效果好,是近几年各贮藏保鲜单位广泛采用的一种贮藏方法。

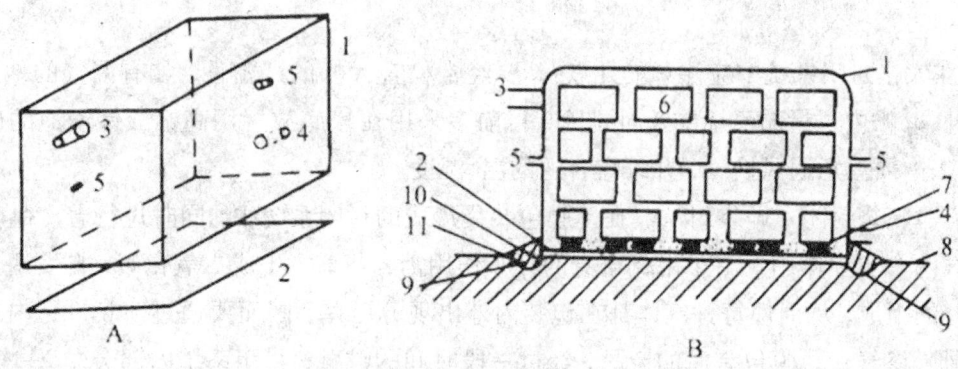

图 3-25 塑料大帐气调贮藏示意图

A. 大帐结构示意图; B. 密封后纵剖面示意图

1. 帐顶;2. 帐底;3. 抽气袖口;4. 充气袖口;5. 取气样小孔;6. 果箱;
7. 垫砖;8. 地面;9. 小沟;10. 帐壁与帐底的帐卷边;11. 覆盖紧压物

① 大帐制备 用作气调贮藏的大帐,一般选用厚度为 0.12~0.20mm 厚的聚乙烯薄膜,这种薄膜机械强度好,耐低温,透明,热封性能好。大帐分帐身和帐底两部分,大小以能贮藏果蔬 2000~3000kg 为宜。帐身的下部设有抽气袖口,上部设充气袖口,中间设取气样孔,平时密封,帐底比帐身稍大 20~30cm,以便卷封严密(图 3-25;图-26)。

② 帐内堆码 先在库底铺设帐底,帐底上垫枕木,在枕木上按气调库要求堆码果蔬,堆码原则是既要保证冷空气及气体循环,又要保证堆垛的稳定性。

③ 扣帐 堆码后将大帐扣好,将帐身与帐底充分卷合,用砖及砂土压实,保证帐内外气体不相互影响。

④ 调气 按不同果蔬对气体组分的要求,调节气体成分。

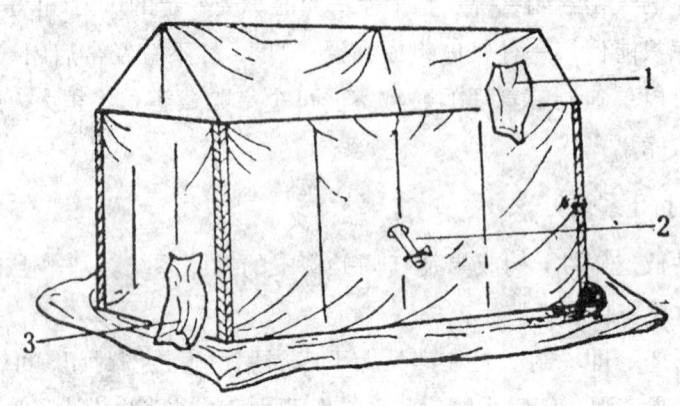

图3-26 塑料帐示意图
1. 上袖口；2. 取气孔；3. 下袖口

⑤ 在大帐封闭系统中应注意的几点：a. 要经常检查大帐的严密性，如有漏气的地方，应及时粘补；b. 帐内过量的乙烯要及时排除，目前多采用在帐底放置用高锰酸钾浸泡的砖块吸乙烯；c. 帐内要注意通风换气，并维持合适的温、湿度。

(2) 薄膜袋封闭　即袋封法。在薄膜包装袋形成的封闭系统中，同时进行着产品呼吸和薄膜渗气两个主导作用。由于果蔬自身的呼吸作用消耗氧气，生成二氧化碳，自发调节袋内气体成分的组成，从而使每种气体都在包装内外出现分压差，因而要通过薄膜进行内外交换即所谓薄膜渗气。薄膜包装后的产品，经过一段时间的贮藏，封闭系统内部会建立一种稳定状态，O_2 和 CO_2 达到平衡浓度，即产品的呼吸率等于薄膜的渗气率。

① 塑料薄膜袋　塑料薄膜袋封闭系统属于自然气调，简称MA贮藏。这种方法简便、易行，可结合其他贮藏方式（窖藏、通风库贮藏、冷藏等）进行。具体操作是，将果蔬产品装入薄膜袋内，扎紧袋口，放在分层的架上，或放在漏空的板箱或纸匣内，再码成垛。袋的规格不同，小袋装产品0.25kg至数千克，即小包装，薄膜厚度一般为0.03~0.05mm，适于短贮、远途运输或零售。大袋容量可达15~30kg，大多用0.06~0.08mm厚的聚乙烯薄膜作封闭袋，适用于运输或贮藏。这种袋封法通常采用放风管理方式，当 CO_2 浓度达到一定浓度时，打开袋口通入新鲜空气，然后再扎紧口袋封闭。这样定期放风，使袋内果蔬大部分时间处于高 CO_2 低 O_2 环境，且保持较高湿度，有较好的贮藏效果。

① 硅窗集装袋　硅窗集装袋是在塑料薄膜袋上粘嵌上一定面积的硅橡胶膜，利用硅橡胶膜对各种气体的透气性不同，保持袋内相对稳定气体成分的一种简易气调贮藏方法。硅橡胶是一种有机硅高分子聚合物，对不同气体有不同的透过率，对二氧化碳的透过速度比氧气快5倍，因此经过一段时间后，使袋内二氧化碳和氧气含量维持在一定范围，达到气调效果（图3-27）。硅橡胶的面积根据不同果蔬呼吸强度、藏等的不同而确定。贮温高、呼吸强度

大，硅窗面积应大些，反之，硅窗面积可小些。如用厚度为 0.12mm 的国产压延硅胶膜作硅窗，贮藏番茄时，每吨贮量其参考面积为 10～13℃时 0.5～0.7m²；22～26℃时 15～2.3m²。利用硅窗袋贮藏果蔬时，将果蔬放入袋内，扎紧袋口，不用定期放风，始终保持袋内稳定的气体成分，管理方便，贮藏效果较好。

（3）塑料薄膜封闭系统在冷库中的应用

塑料薄膜封闭系统应用在冷库中，可以获得控制温度、湿度与气体条件的综合效果，而成本较低，在生产中使用较广泛。在具体使用中，由于薄膜封闭系统中的产品与冷库所处的空间位置同，加之有薄膜的阻碍，产品呼吸热逸散缓慢，使封闭（袋）内的温度总要高于境（库）温度，薄膜内侧很易达到或超过露点而有水珠凝结，若库温波动，则膜内侧

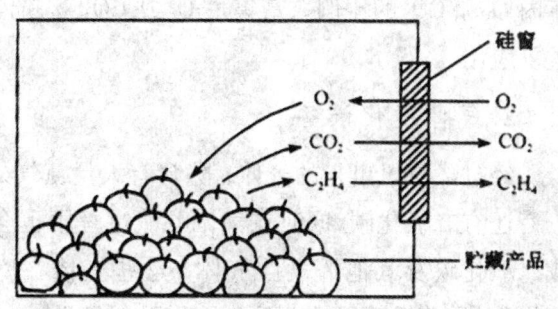

图 3-27 硅窗气调示意图

水珠越多，易引起病菌活动。产品内的水分则不断变成凝结水而流产生较明显的脱水现象。解决的方法是：① 产品在封闭前要充分预冷；② 力求库温恒定，尽量减少封闭系统内外的温差；③ 封闭系统内不要堆积太密集，要大的自由通风空隙（图 3-25）。

3.4.3 气调设备

1. 降氧机或氮气发生器

降氧机是气调库快速调节气体成分的必要设备，目前使用的降氧机种类：一类是燃烧式降氧机，另一类是分子筛式气调机。

（1）燃烧式降氧机 是用气 O_2，产物为 CO_2 和水，再经冷却塔冷却，输入封闭系统，经过分离设备得到一定浓度的氧气、氮气和二氧化碳，达到调节气体成分的目的（图 3-25）。这种机械可使空气中的 O_2 降至 4% 以下，CO_2 含量约为 10%，如不需太高浓度的 CO_2，可用 CO_2 吸收机脱除，即所谓组合式气体生装置。这种装置，预先制造出 CA 冷为 10%，如不需太高浓度的 CO_2，可用 CO_2 吸收机脱除，即所谓组合式气体生装置。用这种装置，预先制造出 CA 冷藏库所需要的最适气体组成连续地输入冷藏库内，即连续喷射式，这种方法与果蔬在呼吸时产生的气体成分关系不大，并能制造出理想的气体组成。

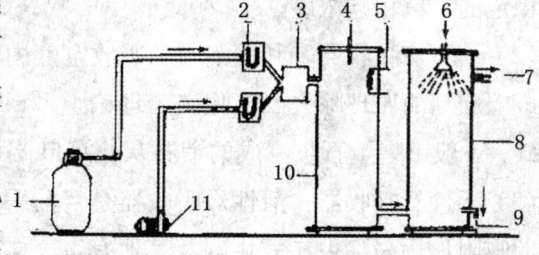

图 3-28 液化石油制氮机

1.液化罐；2.计量器；3.混合器；4.热电偶；5.电热丝；6.水；7.氮气；8.冷却器；9.水；10.燃烧炉；11.低压风机

在美国等国广泛应用。见图3-28。

(2)碳分子筛气调机 是利用焦碳分子筛吸附剂根据各种气体进入分子筛微孔的扩散速度不同。因而使混合气体的各组分分离。在此分子筛中。O_2、O_2、乙烯的扩散速度比氮气快。当空气或气调库内的气体通过分子筛时，O_2、CO_2、乙烯被吸附，氮则易于通过，以此来调节库内O_2和CO_2的比例。富集了O_2或CO_2、乙烯等气体的分子筛，可通入空气进行脱附再生，重复应用。

2. 气体净化设备

经过降氧机出来的气体，除含有大量氮气外，还有二氧化碳。同时在气调贮藏过程中也会生成二氧化碳及其他挥发性气体，这些气体在库内积累。对果蔬贮藏及为不利，因需及时脱除。脱除的方法，除上述碳分子筛气调机外，目前国内普遍采用的有以下几种：

(1)氢氧化钠洗涤器 利用氢氧化钠和二氧化碳的反应，吸附二氧化碳。达到净化气体成分的目的。图3-29是一个常用的气体洗涤器。洗涤液由下部贮液柜中经离心泵抽送到洗涤器的上部，通过许多层的有孔眼的平板，分散逐层下流回到贮柜中。库内含有过多CO_2的空气由进口处向上流动穿过孔眼板与氢氧化钠喷淋层相遇，再由最上部的鼓风机吹回到气调库中。如此循环往复。在此过程中，二氧化碳被氢氧化钠吸收，不断地减少空气中的CO_2成分。通过调节气流速度，保持洗涤后稳定的二氧化碳浓度。

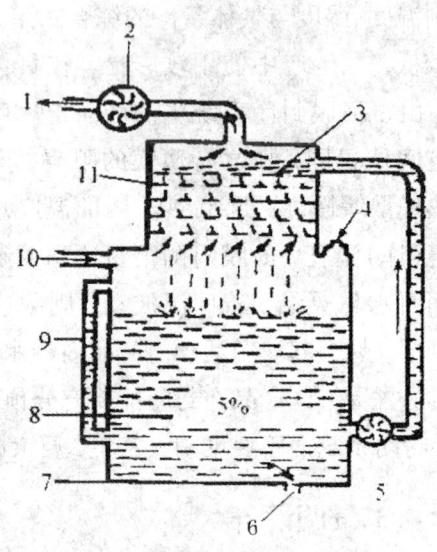

图3-29 气体洗涤器

1.洗涤后的新鲜空气进入贮藏室;2.电扇;
3.喷出NaOH溶液;4.加液口;5.水泵;
6.NaOH溶液出口;7.Na_2CO_3沉淀;
8.NaOH溶液9.深度管10.从贮藏室引
入的空气;11.通气铁片

(2)消石灰吸收器 利用消石灰吸收空气中的水气生成氢氧化钙。然后再与二氧化碳反应生成碳酸钙的原理除去二氧化碳。理论上1kg生石灰制成的消石灰，可吸收约$0.4m^3$的二氧化碳，一般市售生石灰制成的消石灰，每5kg可吸收$1m^3$二氧化碳。

(3)活性炭吸收器 活性炭吸收器是目前采用的较为理想的一种吸收装置，它是利用活性炭的吸附作用来除去二氧化碳及其他有害气体的。当活性炭吸收达到饱和后，可用新鲜空气吹入吸收器，使活性炭再生，重新利用。一般生产上常采用A、B两个吸附缸罐，两罐交替使用，提高利用效率。

3. 其他设备

气调冷藏库除上述主要设备外，还应配备以下设备。

(1) 调湿设备　气调冷藏库和普通冷藏库一样，相对湿度常会过低，为此，可以从两方面解决。一是提高冷却管的温度，缩小与库内温度的差异。以减少冷却管结霜的程度。这就要求加强贮藏库的绝热性能并减少库内的其他热源。另一方面是在库内备有加湿器，可在库内喷水雾加湿。

(2) 气体循环设备　除充 N_2 时进行气体循环外，有时还要对库内空气作内部循环，使库内各部位的温度与气体成分分布均匀一致，这一设备可由气泵和进二气管道组成。

(3) 常规气样分析仪器设备　包括奥氏气体分析仪，氧气、二氧化碳分析仪及测定果蔬呼吸强度所使用的常规仪器。

(4) 气压袋　库内常会发生正压或负压的变化。为保证库体完好的气密性，可设置气压袋。通常做成一个软质不透气的聚乙烯袋子，体积为贮藏室体积的 1~2%，设在室外，用管子与室内相联通。室内气压发生变化时，袋子膨胀或收缩，因此可保持室内外气压平衡。

3.4.4 气调贮藏的管理技术特点

1. 入库准备

(1) 库房首先要进行气密性检查，发现问题及时解决。同时，库房及所使用的工具要进行消毒。

(2) 果蔬产品预冷方法同冷藏。

(3) 入库时所采用的机械设施，要进行试车检查。

2. 库房管理

主要有温度、湿度的管理及气体成分的调节，按不同产品的生物特性要求调节合理的温、湿度和气体组分。气调贮藏容器内的气体成分从刚封闭时的正常空气成分转变到所规定的气体指标之间有一个过渡期，可称为降氧期。降氧期长短关系到果蔬的贮藏效果，也涉及所需的设备器材。主要有以下几种方式：

(1) 自然降氧法　封闭后依靠产品自身的呼吸作用使 O_2 逐渐下降并积累 CO_2。

① 放风法　每隔一定时间，当 O_2 降至规定的低限或 CO_2 升至规定的高限时，启开封闭容器，部分或全部换入新鲜空气，再重新封闭。

② 调气法　双指标总和低于 21% 及 O_2 单指标两种方式，在降氧期用吸收剂吸除超过指标的 CO_2，待 O_2 降至规定指标后，定期或连续输入适量的新鲜空气，同时继续使用 CO_2 吸收剂，使两种气体稳定在规定的指标范围内。

③ 充 CO_2 自然降 O_2 法封闭后当即人工充入适量 CO_2（10%~20%），而仍使 O_2 自然下降。在降 O_2 期不断用吸收剂吸除部分 CO_2，使其含量大至与 O_2 相接近，使 O_2 和 CO_2 同时平行下降，直到两者都达到规定的指标。

(2) 人工降氧法　人为地使密闭容器内的 O_2 迅速降低，CO_2 升高，实际上免除了降氧期，封闭后立即就进入稳定期。

① 充 N_2 法　封闭后抽出容器内的大部分空气。充入 N_2，由 N_2 稀释剩余空气中的 O_2 使其浓度达到所规定的标准。有时也充入适量 CO_2，使之立即达到要求的浓度。以后的管理同上述的调气法。另一办法是封闭容器同降 O_2 机联成闭路循环降 O_2。

② 气流法　把预先由人工按要求的指标配制好的气体输入密闭容器，以替代其中的全部空气。在以后的整个贮藏期间，始终连续不断地排出气体和充入人工配制的气体，控制气流速度使内部气体组成稳定在要求的指标。

在气调库贮藏期间，要经常进行气样分析，每周进行一次；一般库房封闭后，工作人员不进入库内，必要时必须配带防护装置及步话机入库时联系，防止人身危险。

3. 出库

气调库贮藏结束后，要及时出库，出库前要进行升温和通风，升温方法同冷藏；通风时应打开排风和鼓风设施，使库内通入新新鲜空气。排除低氧、高二氧化碳、高氮气体，然后工作人员才能入库操作。出库后要及时清扫、消毒，以备下次使用。

3.5　贮藏新技术

果蔬质量控制的方法与设施在不断地改革创新之中，辐射处理用于果蔬贮藏已有较久的历史，现在还在研究之中。近年来又出现了一些新技术，如减压贮藏、电场、磁场处理等。

3.5.1　保鲜剂贮藏技术

1. 利用涂抹处理保鲜果蔬

涂膜（涂被）处理即对采后果蔬在其表面人工涂被一层薄膜，起到延缓代谢、保护组织、美化商品的作用。涂膜是一种简便、且有类似气调作用的处理。可适当堵塞果蔬表皮气孔和皮孔、孔隙，减少水分蒸发。阻碍内部气体交换，抑制呼吸强度，延缓后熟，减少养分消耗。还可增加产品光泽，改善外观质量，提高商品价值。涂膜处理还可作为防腐剂的载体，抑制病原微生物的败坏作用。还可以减轻果蔬贮运中的机械损伤。

涂膜处理通常用蜡（石蜡、蜂蜡虫蜡）、天然树脂（虫胶）、脂类（棉籽油）、明胶等造膜物质制成的适当浓度水溶液或乳胶，采用浸渍、涂抹、喷布、泡沫和雾化等方法施与果蔬表面，风干或烘干后会形成一层薄薄的透明被膜。涂膜不能太后。涂料必须无毒、可食，易溶与水，食用前易洗掉。

（1）蜡膜涂被剂　先将100g蜂蜡和10g蔗糖脂肪酸酯溶解在乙醇中，再将20g酪蛋白钠溶解在水中，两液混合后定容到1000mL（量多按比例配），快速搅拌，乳化分散后即可使用。

适于番茄、茄子、辣椒、苹果、梨等果蔬涂被。

（2）天然树脂涂被剂　将50g虫胶加到80mL乙醇、80mL乙二醇的混合溶液中浸泡，使其溶解。加1500ml1.25%氢氧化钠水溶液，加热搅拌，使溶解的虫胶皂化后即可使用。适用于苹果、梨、柑橘等果实涂被。

（3）油脂膜涂被剂　先将琼脂浸泡在1000mL温水中，待溶涨后加热化开，然后加入酪蛋白钠2g，脂肪族单酸甘酯2.5g，豆油400g，进行高速搅拌得到乳化液后即可使用。适用于瓜果类和果菜类的涂膜保鲜。

（4）其他膜涂被剂　用少许冷水将100g淀粉调匀，倒入10kg沸水中调制成稀浆糊，冷却后加入50g碳酸氢钠，充分搅拌均匀即可使用。适用于柑橘涂膜保鲜。

2. 利用化学防腐剂保鲜果蔬

果蔬采后可用一些化学防腐剂处理，然后再进行贮藏，可以减少果蔬贮藏过程中的病腐损失。目前，用于果蔬的化学防腐剂主要有仲丁胺（如克霉灵、保果灵、橘腐净等）、托布津、多菌灵、苯菌灵、塞菌灵、异菌脲、咪鲜胺、山梨酸、苯甲酸、过氧乙酸、涕必灵、伊迈唑、邻苯酚钠、碳酸氢钠、扑海因等，这些化学防腐剂有的属于表面杀菌剂，有的属于内吸杀菌剂，有的属熏蒸杀菌剂。

（1）仲丁胺（又称2－AB、氨基丁胺）　是一种熏蒸剂，挥发性强，对一些真菌，尤其是青霉菌有较强的杀菌力。用仲丁胺熏蒸处理青椒、黄瓜、菜豆等有较好的效果。使用时用瓷盘盛装仲丁胺原液，用电炉加热后，放在密闭的贮藏环境中，使其蒸发。

（2）托布津　是一种广谱性内吸杀菌剂，对瓜类白粉病、马铃薯环腐病、番茄灰霉病和晚疫病、辣椒灰霉病等都有预防或防治作用。使用时先将50%的可湿性粉剂加水稀释至500~1 000倍液，用该药液浸、喷菜体均可。

（3）多菌灵　是一种广谱性内吸杀菌剂。对各种真菌有良好的抑制作用，但对细菌无效。对多种蔬菜病害有防护和治疗作用。使用时将25%、50%的可湿性粉剂加水稀释至1000倍液，浸、喷菜体。

这些化学防腐剂在果蔬贮运中的作用是辅助性措施，其长时间贮藏主要还是要依靠温度、湿度、气体等环境控制才行。

3. 利用乙烯脱除剂保鲜果蔬

一些呼吸跃变型果蔬，如苹果、香蕉、番茄等，采后贮运中，对乙烯气体很敏感，容易受低浓度乙烯（1000mg/kg）刺激，诱发果蔬迅速后熟。为防止果蔬的后熟衰老，延长贮期，可在采收后1~5d内施用乙烯脱除剂，抑制其呼吸作用。

（1）物理吸附型乙烯脱除剂　将活性炭装入透气性的布、纸等小袋中，连同待贮的果蔬一起装入塑料袋或其他容器中贮藏。果蔬贮量较大时，将活性炭分散地放置于果蔬中层或上层。使用量一般为果蔬质量的0.3%~3.0%。如活性炭受潮，吸附性能会降低，应予更换。

(2) 氧化吸附型乙烯脱除剂　一般不单独使用，而是将其被覆于表面积大的多孔性吸附体的表面，构成氧化吸附型乙烯脱除剂。将高锰酸钾5g、磷酸5g、磷酸二氢钠5g、沸石65g、膨润土20g，或按比例配、放在一起混合，加少量水，搅拌均匀，充分浸润，经干燥后粉碎，制成粒径2~3mm的小颗粒或柱状体乙烯脱除剂。使用时将其装入透气性的纸袋内，与待贮藏的果蔬一起装入贮藏箱、袋等容器中，密封包装，置于贮藏库中。适用于甜瓜、水蜜桃、苹果等果蔬的脱乙烯保鲜。使用量按果蔬质量的0.6%~2.0%计算。

(3) 触媒型乙烯脱除剂　是用特定的有选择性的金属、金属氧化物或无机酸催化乙烯的氧化分解。适用于脱除低浓度的内源乙烯。制作时将次氯酸钡100g、三氧化二铬100g和沸石200g混合在一起（也可按比例混合），加少量水搅拌均匀，制成粒径3mm的颗粒或柱状体，阴干或人工干燥，冷却后即成。该脱除剂适用于各种果蔬，使用量按果蔬质量的0.2%~1.5%计算。

4. 利用气体调节剂保鲜果蔬

气体调节剂主要是调节影响果蔬贮藏保鲜效果的O_2和CO_2气体浓度，或脱除，或发生。

(1) 脱O_2剂　将铁粉60g、硫酸亚铁10g、氯化钠7g、大豆粉23g（量大可按比例配）混合均匀，装入透气性的纸袋内，加入待贮藏的果蔬密封包装容器中。一般1g脱氧剂可脱除1000mL密闭空间的O_2。

使用该脱O_2剂需采用聚乙烯透湿薄膜袋、聚氯乙烯透湿薄膜袋、聚丙烯薄膜袋、KOP（聚乙烯、偏二氯乙烯、聚丙烯复合）薄膜袋。

(2) 脱CO_2剂　将500g氢氧化钠溶解在500mL水中，配制成饱和溶液，然后将草炭投入到氢氧化钠溶液中，搅动令其吸附，过滤后控干即可使用。使用时将其装入透气性容器中，再装入运输或贮藏果蔬的包装容器中，即可达到脱除CO_2的目的。

(3) 脱O_2脱CO_2剂　可在脱O_2的同时脱除CO_2，造成低O_2、低CO_2贮藏环境。将铁粉200g、氧化亚铁120g、碳酸氢钠200g、邻苯二甲酸80g、斑脱石200g混合均匀，装入透气性的纸袋中即可。使用时需与0.02~0.04mm厚聚乙烯薄膜袋密封包装配合。使用量按每升体积用3~8g该保鲜剂。

(4) 二氧化碳发生剂　将碳酸氢钠73g苹果酸88g、活性炭5g混合均匀即可。将其分装成5~10g小袋封。使用时将其密封在聚乙烯薄膜袋、纸箱贮藏果蔬的容器中，即可在其间释放出二氧化碳气体。

5. 利用湿度调节剂保鲜果蔬

在果蔬贮藏过程中，为保持一定的湿度环境，可采用在薄膜包装的果蔬容器中，施用水分蒸发抑制剂和防结露剂的方法来调节，以达到提高贮藏效果的目的。

将聚丙烯酸钠包在透气性的纸袋内，与果蔬一起封入塑料薄膜包装袋。当袋内湿度降低时，它能放出已捕集的水分，以调节环境中的湿度。使用量一般为果蔬重量的0.6%~2.0%。

适用于葡萄、苹果、梨、柑橘、桃、李等水果和蒜薹、青椒、番茄、菜花、菠菜、蘑菇等蔬菜的贮藏湿度调节。

6. 利用生理活性调节剂保鲜果蔬

生理活性调节剂系指对植物生长、成熟过程具有生理活性的物质(植物激素)或刺激生长、成熟，或调节生长、成熟的化学药剂。用0.1g苄基腺嘌呤溶解于5000mL水中，配制成0.002%的溶液，用浸渍法处理叶菜类(芹菜、菠菜、香菜、甘蓝、大白菜、青花菜等)或果菜类(青椒、黄瓜、菜豆等)，能够抑制其呼吸代谢，延缓其衰老过程。使用浓度通常为0.0005% ~0.002%。

7. 利用气体发生剂保鲜果蔬

气体发生剂是挥发性物质，或经化学反应能产生的气体，这些气体能杀菌消毒或释放乙醇催熟。

(1) 二氧化硫发生剂　将焦亚硫酸钠50g，与氧化硅胶100g混合均匀(量大可按比例)，分装在透气的棉纸制成的小袋内。使用时将其按规定量(葡萄为0.5% ~1.0%)加施到聚乙烯薄膜包装贮藏果蔬袋内，可释放二氧化硫防腐。适用于葡萄、花椰菜、芦笋等果蔬保鲜，可防治灰霉病的发生。

(2) 乙醇发生剂　将30g无水硅胶放在40mL乙醇中浸渍，使其充分吸附，吸附后除掉余液，装入耐湿透气性的容器中。可与10kg绿熟香蕉一起装入聚乙烯薄膜包装袋内，密封后置于20℃左右温度环境中，经3~6d即可使之成熟转黄，上市销售。这种催熟方法最适合香蕉运销中使用，往往到达目的地即可销售。

8. 保鲜剂使用过程中的几个问题

(1) 保鲜剂在贮藏过程中一般只作为辅助措施，必须和其他贮藏方式(冷藏、气调等)结合起来使用，才能具有较好的保鲜效果。

(2) 保鲜剂的浓度，要根据不同果蔬不同贮藏温度而定，在使前须认真阅读使用说明，不能照搬某一浓度。

(3) 保鲜剂的种类不同，其保鲜机理和保鲜作用也不同，在具体应用时应根据贮藏果蔬的要求使用。

3.5.2　辐射贮藏

辐射贮藏果蔬主要是利用钴-60，它能产生具有较强的穿透能力的β射线，当其穿透过生物机体时，使机体中的水和其他物质发生电离作用，影响到机体的新陈代谢，严重时杀死细胞，从而杀死果蔬表面的各种病菌及发芽部位的细胞，延长果蔬贮藏期。

辐射贮藏一般不作为单独的贮藏方式，而是和冷藏气调等贮藏方式相配合使用，根据所要求的作用不同，采用的辐射剂量也不同，在生产上使用的剂量有三种：

低剂量：1kGy（戈瑞）以下，其作用是抑制块茎、鳞茎类蔬菜的发芽，杀死寄生虫。

中剂量：1～10kGy，其作用是抑制代谢，抑制真菌活动。

高剂量：10～50kGy，其作用是彻底灭菌。

应该指出的是应用辐射技术贮藏果蔬，目前只是在部分产品中允许使用，果蔬经辐射后，在抑制发芽、抑制微生物活动的同时，也会产生一些不良作用。如产品异味、果实组织软化、失去脆性，汁液增多，贮运中损伤增加，维生素 A、维生素 C、维生素 E 被破坏，果实颜色变暗甚至褐变等。所以，在实际应用中，应根据需要选择合理的使用剂量，同时在照射前后进行水洗、涂蜡、速冻、微波、低温等处理，也可减少辐射伤害。

另外，辐射操作过程中，要认真细致，避免对工作人员造成危害，辐射处理的果蔬品种，应经过充分的毒理试验及分析，确保使用后对人体无毒，保证安全。

3.5.3 减压贮藏

减压贮藏是气调贮藏的特殊运用形式，它是通过减压技术使贮藏环境中的气压低于大气压，即具有一定的真空度。由于气压的降低，使氧气分压也减少，乙烯等有害气体浓度也较低。从而起到延长贮藏保鲜期的目的。其结构示意图如图 3 - 30 所示。

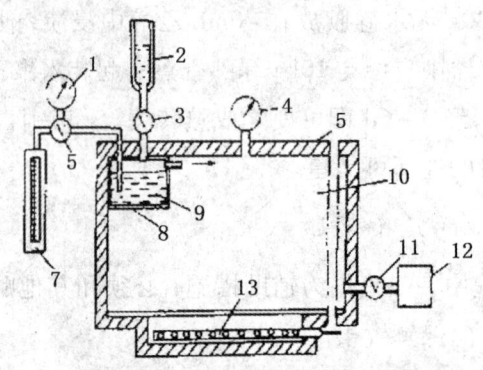

图 3 - 30 减压贮藏的基本设施

1.着空表；2.加水器；3.阀门；4.湿度表；5.隔热墙；6.真空调节器；7.空气流量计；8.加湿器；
9.水,可加入挥发性杀菌剂如仲丁胺；10.减压贮藏室；11.真空调节阀；12.真空泵；13.制冷系统的冷凝管

减压贮藏是将果蔬放置在气密性极好的贮藏室内，用真空泵抽出室内部分空气，使贮藏室内气压达到某一标准，并在贮藏期间维持恒定的压力，室内真空度的大小根据不同果蔬、不同的成熟度而确定，一般控制压力为 $(53.310 \sim 5.263) \times 10^4 \mathrm{Pa}$。工作工艺流程：产品预冷→入减压贮藏室10→完成各项气密处理→启动制冷系统冷却管13→启动真空泵12→调节真空节流阀11→观察真空表1使压力保持某一定值→打开真空调节器6输入新鲜空气→观察并保持一定值空气流量7→新鲜空气经过加湿器8中的液体→使减压贮藏室内保持一定温度、湿度、气体（O_2 和 CO_2）、压力即可。压力平衡后的气体流量每小时为减压室体积的 1～

4倍。

减压贮藏由于贮藏环境和果蔬组织内部的压力存在差异,有助于果蔬组织内的氧和挥发性代谢产物乙烯、乙醇、乙醛等气体迅速逸出,再通过真空泵散发到室外,从而避免果蔬中毒伤害;能抑菌、灭菌,某些侵染性病害在 3.705×10^4 Pa 条件下菌丝生长受到抑制,因此具有较好的贮藏效果。某些原来因气味相互干扰不易混贮的果蔬(但温度、湿度、压力、气体指标需一致)可以混贮。

在减压贮藏过程中存在的问题是,在减压条件下果蔬组织内的水分极易蒸发,容易造成萎蔫现象的发生,因此,在利用减压贮藏时,贮藏室内要保持较高的湿度,一般在95%以上,而高湿度又会加重病菌的污染,所以减压贮藏应配合化学防腐剂的应用。另外,利用减压贮藏也容易造成芳香物质的挥发,使产品风味劣变。此外,现阶段还无法将减压与气调和为一体,因为在减压条件下,还无法解决气调中的 CO_2 浓度值。如5% CO_2 加入10%大气压的减压贮藏室中,则变为1.5%;如何保持气体循环中气源的 O_2 和 CO_2 浓度仍有问题。

由于减压贮藏要求贮藏室气密性高,否则达不到减压要求,因此,减压贮藏设备投资大,操作复杂,目前在生产上还未被广泛应用,但它克服了气调贮藏中的一些缺点,所以仍为果蔬贮藏中的一种较为先进的方法。

3.5.4 电磁处理

电磁处理是利用果蔬本身的电荷特性,通过高压电场和磁场处理,使果蔬内部分子有规则地排列,从而增强果蔬的抗衰老和抗病虫害的能力。电磁技术的应用为果蔬贮藏保鲜提供了一条新途径。

1. 高压电场处理

将果蔬放置在通过两个金属板极组成的高压电场中,使产品受电场和高压放电形成的离子空气作用;或是由于高压放电形成的臭氧的作用。

2. 磁场处理

将产品放在通过电磁线圈的磁场中,果蔬受磁力线的影响,提高生活力和抗病变能力。

3. 臭氧处理和离子空气处理

用高压放电产生的离子空气和臭氧处理果蔬,离子空气能抑制果蔬的生理活性,钝化酶的活性,从而抑制果蔬的生理活性。臭氧具有灭菌消毒、破坏乙烯等的作用,具有较好的防腐保鲜效果。

电磁处理技术贮藏果蔬,目前处于试验阶段,它作为重要的贮藏辅助技术效果是非常明显的,今后也必将会得到广泛应用。

实验实训一 果蔬贮藏环境中氧和二氧化碳含量的测定

1. 目标原理

贮藏环境中氧和二氧化碳的含量多少,会影响果蔬的呼吸作用。尤其在气调贮藏果蔬中,随时掌握环境中二氧化碳和氧含量的变化是十分重要的。通过技能训练,使学生学会使用奥氏气体分析仪和测定贮藏环境中氧、二氧化碳含量的方法。奥氏仪运用化学吸收法测定环境中二氧化碳和氧,以氢氧化钾溶液吸收二氧化碳,焦性没食子酸碱性溶液吸收氧,从而测出其含量。

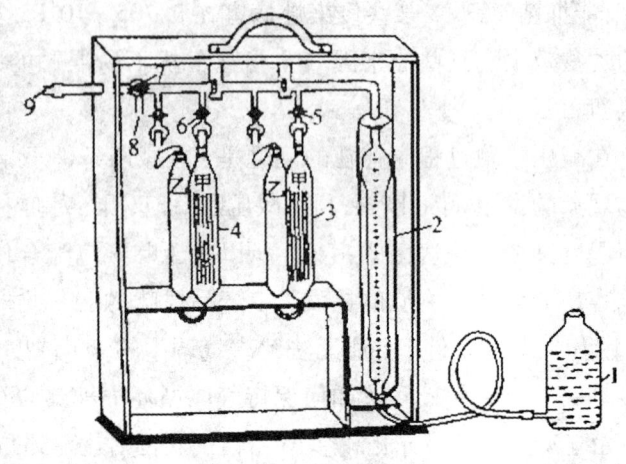

图3-31 奥氏气体分析仪

1.调节液瓶;2.量气筒;3、4.吸气球管;5、6.二通活塞;7.三通活塞;8.排气口;9.取样气孔

2. 材料、仪器

(1) 材料 氢氧化钾、焦性没食子酸、甲基红(或甲基橙)、氯化钠、盐酸、果蔬产品,2kg装塑料袋。

(2) 仪器 奥氏气体分析仪(图3-31)。

3. 操作步骤

(1) 配制指示剂和吸收剂

① 指示剂配制 在调节液瓶(1)中,装入200mL氯化钠饱和溶液,再滴入2~3滴0.1~1.0mol/L的盐酸和3~4滴1%甲基红(或甲基橙),此时瓶中即为玫瑰红色的指示液,以便于进行测量,同时,当操作时不慎使吸气球管中碱液进入量气管内,即可使指示剂呈碱性反应,由红色变为黄色,很快能发觉。

② 氧吸收剂的配制 通常使用的氧吸收剂主要是焦性没食子酸碱性溶液。配制时,称取33g焦性没食子酸和117g氢氧化钾,分别溶解在一定量的蒸馏水中,冷却后将没食子酸溶液倒入氢氧化钾溶液中,再加蒸馏水至150mL,即配成焦性没食子酸碱性溶液。

③ 二氧化碳吸收剂的配制 称取氢氧化钾(分析纯或化学纯)20.30g,放在塑料容内,加入70~80mL蒸馏水,不断搅拌,配成的溶液浓度为20%~30%。

(2) 仪器的清洗和调整

① 将仪器中所有玻璃装置部分洗净,磨口活塞涂上凡士林,并按图示装配。

② 注入吸收剂　管3注入氢氧化钾溶液；管4注入焦性没食子酸碱性溶液。要求将吸收剂注至球管口。

③ 量气筒套管中注上蒸馏水，调节液瓶中注上指示液。

④ 关掉所有二通塞开关，把7转成排气位置卜，举1排出2中空气；再旋转7呈入位置，即关闭了取气口和排气口，然后打开5，下降1，此时3中的吸收剂上升至管口顶部，立即关闭5，使吸收剂液面停止在刻度线上；再打开7处排气位置，举1排出2中空气，然后旋转7处关闭位置，再打开6，下降1，使4中液面上升至管口刻度，立即关闭6。

⑤ 洗气　先打开7呈卜排气位置，举1排出2中空气，量气管液面升至刻度线100时，立即旋紧7呈一上位置，下降1使吸入样气至最低刻度处，这样即吸入100mL样气。然后关闭7，举1观察液面有无上升，如发现液面上升，说明漏气，应检查各连接处及磨口活塞加以堵漏。再把样气排出。重复洗气一次，就可进行取样测定。

（3）取样　洗气后，旋7呈上状，降1使2液面降至刻度0处，并将1与2两液面于同一水平，这时吸收了100mL气样。记录初试体积 V_1。

（4）测定

① 测定二氧化碳含量　旋动5接通3管，举1使气样全部压入3中，再降1，重新将气样抽回到2，这样重复4~5次后，关闭5，把1移近2，在两液面平衡时读数，记录后重新开5，同上操作一次，将两次读数平均后，记录测试体积 V_2。

② 测定氧含量　旋动6接通4管，举1使气样压入4中，用测二氧化碳的方法测出测试体积 V_3。

4. 计算

$$O_2\% = \frac{100 \times (V_1 - V_2)}{V_1};$$

$$CO_2\% = \frac{100 \times (V_2 - V_3)}{V_1}$$

5. 注意事项

（1）排、压和吸入气体时，2内的液面不能上升至最高刻度线，下降时也不能过低。以免指示剂液与试剂接触，使测定失误。

（2）举1时动作不宜太快，以免气样受压过大，造成吸收剂自乙管溢出，如发生这种现象，需重新测定。

（3）先测二氧化碳，然后测氧。

（4）吸收剂为强碱溶液，使用时应注意安全。

6. 作业

（1）及时记录测定数据，并将计算结果写成实验报告。

（2）总结测定环境中二氧化碳、氧含量的关键所在。

实验实训二　当地主要贮藏设施性能指标调查

1. 目标原理

贮藏设施是果蔬采后延续生命的场所,其提供果蔬贮藏保鲜所需条件的性能如何,是影响果蔬采后减损、保值、增值的基础和前提条件。通过对当地主要贮藏设施性能指标的调查,了解当地贮藏设施性能水平情况。

2. 用具资料

卷尺、温度计,当地气候条件数据统计,当地果蔬贮藏品种及规模。

3. 操作步骤

(1) 确定贮藏设施性能指标

① 控温性能　能提供的温度范围,控制温度条件的方式。

② 控湿性能　能提供的湿度范围,控制湿度条件的方式。

③ 气体调节性能　能提供的气体成分范围,控制气体成分的方式。

④ 保温性能　保持温度的能力,保温材料的使用,保温方式。

⑤ 通风性能　通风换气的能力,通风孔的分布情况。

⑥ 气密性能　保持气密性的能力,气密材料的使用,气密方式。

⑦ 库容积　贮存产品的能力。

⑧ 辅助性能　照明、防火、避雷、防鼠、贮藏架、包装、称量等设施等。

(2) 实地调查

① 对当地主要贮藏设施进行普查摸底,确定重点调查对象。调查对象要呈典型性分布,力求涵盖尽可能多的贮藏设施类型。

② 通过实地考察、询问等对贮藏设施性能进行调查,并做详细记录。

③ 了解贮藏设施的使用情况及贮藏效益。

(1) 据对当地主要贮藏设施性能指标的调查写出调查报告。

(2) 试对当地贮藏设施性水平及其使用水平进行评价。

【复习思考】

1. 简易贮藏的方法有哪些?是怎样进行果蔬质量控制的?

2. 通风贮藏库的设计应考虑哪些因素?如何计算通风贮藏库的隔热能力?

3. 怎样使用通风贮藏库对果蔬进行贮藏保鲜?

4. 如何利用通风贮藏库控制果蔬质量?如何计算冷库的耗冷量?

5. 为什么说气调冷藏库是当代贮藏设施的高级贮藏形式?

6. 如何在通风库中进行塑料大帐贮藏?

第4章 常见果蔬贮藏技术

【教学目标】

通过学习本章内容，使学生熟悉我国常见落叶果树果品、常绿果树果品及常见蔬菜品种的贮藏特性、环境条件，掌握其贮藏管理技术要点和贮运期病害的症状、机理、防治措施，学会当地主要果蔬的贮藏技术，针对关键问题找出应对措施。

4.1 落叶果树果品贮藏技术

落叶果树的果品主要产自北方地区，分布区域广阔，能耐寒冷。也有一些种类及品种能生长于南方比较温暖的地方。由于落叶果树长期生长在冬季低温的环境，大多数果实在低温条件下贮藏时期较长，并能获得良好的效果。其中落叶果树中的苹果、梨、桃、葡萄、柿、枣等是我国的主载树种，也是贮藏保鲜的主要原料。

4.1.1 苹果、梨

苹果原产于欧洲、中亚细亚和我国新疆。2001年，我国苹果产量2066万吨，占当年世界苹果产量的34%，世界排名第一。我国苹果生产主要集中在渤海湾、西北黄土高原和黄河故被称为三大产区。山东、陕西、河南、河北、山西、辽宁是我国苹果主要产区，占全国总产量的85%左右。其次为江苏、甘肃、安徽等地。

梨原产于中国，全国除海南省外，各省市、自治区均有生产。河北省为我国产梨的最大省。

1. 苹果

目前，我国苹果总贮藏能力约占总产量的25%。其中，各种形式的冷藏约占40%，气调贮藏仅占4%左右。

(1) 贮藏特性　苹果品种很多，品种不同，耐藏性差异很大。早熟品种如辽伏、黄魁、祝光、早金冠等，生长发育期较短，干物质积累少，果实采后呼吸旺盛，多不耐贮藏一般采后立即上市、加工或作短期贮藏。中熟品种如元帅、红星、红玉、金冠、乔纳金等，较早熟品种耐贮藏，但在常温下易发绵，贮藏期较短。若采用低温冷藏或气调贮藏可使贮期延长到7个月以上。晚熟品种如富士、国光、秦冠、鸡冠、倭锦、印度（甜香蕉）、青香蕉（白龙）、澳洲青果等，果实生长发育期长，干物质积累多，呼吸强度低，乙烯生成量较少，因此耐藏性好，在常温下也能贮藏3~4个月，用低温贮藏可达8~12个月。同一个品种，产于北部地区耐贮性较南部区为好，产于高原、丘陵地带较平原地带耐贮藏性好。我国选育的耐贮优质品种有秦冠、向阳红、双秋、红国光、香国光、丹霞、宁冠、宁锦等。苹果属于呼吸跃变型果实。据王文辉等（2003）研究，元帅、新红星、津轻，乔纳金等品种，在20℃条件下果实呼吸强度一般为12~30mg CO_2/(kg·h)，具有明显的呼吸高峰，常温下贮藏性不好。而富士苹果相同条件下仅为10~14mgCO_2/(kg·h)，呼吸跃变较弱或没有明显的呼吸跃变，表现为较强的耐贮性。

(2) 贮藏条件

① 温度　温度为(0±0.5)℃，易出现冷害的少数品种需温度是2~4℃；

② 湿度　85%~90%；

③ 气体组合　O_2浓度2%~3%，CO_2浓度2%~5%；

④ 乙烯<1mL/L

气体成分在具体应用中应注意几点：第一，苹果品种不同，对CO_2忍耐力不同。根据苹果对CO_2的敏感程度大致分为三类：一类是CO_2不敏感型，主要包括元帅系品种、金冠、乔纳金、红玉、秦冠等；二类是CO_2敏感型，主要包括富士系品种、贝宾、澳洲青苹果等品种；三类是介于一、二类之间，代表品种为国光。第二，贮藏前期，苹果对高CO_2和低O_2忍耐力较强。第三，采用气调贮藏时温度要比普通冷藏稍高一点，因为贮藏温度过低，易造成高CO_2伤害。第四，同一品种可能有不同的CO_2和O_2浓度指标，但基本原则是：在阈值范围内，高CO_2必须与高O_2搭配，低CO_2必须与低O_2搭配。第五，不同产地由于气候、生长条件不同，相同品种对CO_2忍耐力不同。富士、国光苹果不耐高CO_2，简易气调贮藏时，温度越高环境CO_2积累越多，越易产生CO_2伤害，通常防止CO_2伤害的浓度富士苹果<2%，国光苹果<5%，秦冠、金冠、红星苹果比较耐CO_2，即使较长时间在CO_2>10%的环境下也不产生伤害。小果比大果耐CO_2，外围果较内膛果耐CO_2，高钙果比低钙果更耐CO_2。另外，贮藏环境中乙烯气体的存在会影响苹果的贮藏性。

(3) 贮藏技术

① 贮藏工艺（图4-1）

② 操作要点

a. 采收及采后处理　采收期对耐藏性影响很大，适宜的采收期要由品种、贮藏期和该品种贮藏发生的主要病害来决定。如早熟品种，不做长期贮藏，采后即上市，按运输时间长短来决定采收期。当运输时间长时，要适当早收；晚熟品种，应按贮藏期的长短来决定采收期，如预定贮藏期较长或气调贮藏，可提早几天采收，预定贮藏期短时，或冷藏的可延缓几天采收。

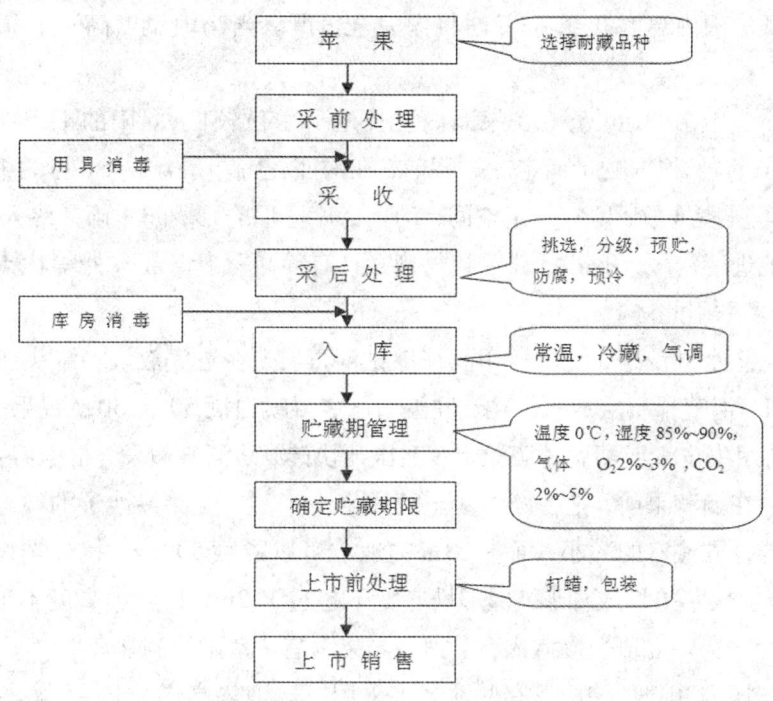

图4-1 苹果贮藏工艺

苹果采收太早，其外观、色泽、风味都不够好，容易发生某些生理病害，如虎皮病、苦痘病、褐心病、二氧化碳伤害、失水萎蔫等。采收过晚，也容易发生另一些病害，如果肉发绵、衰老褐变、红玉斑点病、水心病、及微生物导致的腐烂等病害。

在采收后，应立即剔除病、虫、残、伤果，在产地分级，装于内衬保鲜袋的箱中，加入药剂仲丁胺1号固体保鲜剂（0.2g/kg），扎紧口或封口。或采用其他药剂做防腐处理。当日入库不预冷，或预冷后入库，于（0±0.5）℃条件下贮藏。

b. 库房消毒、码垛　入库前库房消毒常用硫磺熏蒸，硫磺用量为$1kg/100m^3$方法是：把硫磺与锯末混合后点燃，使其产生二氧化硫，密闭2d，打开通风。果筐或箱在库内堆码成花垛形式为好。垛下垫砖或枕木，垛与墙壁间留有空隙，垛间留有通道，以利通风换气。

c. 实用贮藏技术

各地在生产实践中总结了很多行之有效的贮藏方法，可因地制宜，根据需要选择。苹果最适宜进行气调贮藏。贮藏期要经常检查质量，控制适宜的贮藏条件，排除有害气体，根据需要出库销售。

a. 简易贮藏

装袋沟藏 贮藏沟选在背阴处，宽1m，深为0.8~1m，长度不限，沟挖好后，盖10cm厚的草帘。用0.07mm厚聚氯乙烯薄膜制成小袋，每袋装15~20kg苹果，边采收边装袋，装好后放在阴凉处，经1~2个冷凉夜晚预冷，于早晨放入贮藏沟内。入贮初期白天盖帘，夜间揭开使沟温度降低。沟内温度低于-3℃时将沟完全盖严。当沟内温度高于15℃以上时，结束贮藏。

普通沟藏 多用于产地贮藏，在果园内选择地下水位较低、向阳的平坦地段挖沟，沟深1m，宽1~1.5m，沟长根据贮量而定。贮藏前，在沟底先铺一层6~7cm厚的细沙，沟内堆果厚度60~80cm，分段堆放，留有一定空间，沟上搭席呈屋脊形，防止雨雪渗入。

苹果在产地进行沟藏，不需特殊建筑材料，具有简单易行，成本低等优点，山东、河北、河南、山西等地多采用此法。

水缸贮藏 将水缸洗净，缸内壁用酒精擦拭消毒，先在缸底放入一罐头瓶水或放半瓶白酒，酒瓶开着口，把苹果层层放入缸内，同缸口平，再喷白酒50~150g（视果多少）。把缸口用棉絮盖严，再用牛皮纸或塑料薄膜蒙上，上压几块砖，防酒气散发，根据需要，随取随盖。

室内沙藏 在摘苹果前，把备好的沙土晒成半干半湿，要保持沙子的纯净，不要混入杂草。根据需要选择贮藏室的大小，通常10㎡的地方可以贮藏500kg。摘后选好果，在地上铺3cm厚的沙土，上放苹果堆成梯形，梯形堆底宽不超过1.2m，长度和高度不限，但注意四周不要靠墙。把沙土从果堆顶慢慢撒入，上露一半果为宜，室温控制在2~5℃。

窑洞贮藏 辽宁、山西、陕西等有些地区多采用。选地势高燥，土层深厚，不易塌方的地方挖窑洞，窑洞以上要有4m左右厚的土层，规格为高1.8m，顶为拱型，宽1.5m，洞长随贮量而定，贮5t果，需长6m，过长的洞挖成"U"字形，贮果应在当日气温降至0~3℃时入贮，距门30cm以上，堆果高度60cm以下。入窑半个月左右，第一次倒果，贮期进行2~3次倒果，去除伤果烂果，初期加强通风，随气温下降通风口逐渐减小。

棚窖贮藏 窖址选地势高、地下水位低、空气畅通的地段挖筑，南北向。辽宁一带窖深2m，上筑土1m高，宽3~6m，长10~60m不等；华北一带入土浅，挖1~1.3m。窖顶修棚盖，留天窗多个，窖底铺砖10~20cm，将果筐码在其上，距墙壁留0.5m，距窖顶留1m的空隙，当窖温降至0℃时，将门和天窗关闭，并随气温的降低，于窖顶分次加覆盖。立春逐渐开窗通风降温。控制窖内保持较低温度。此法适宜贮藏晚熟苹果。

b. 通风库贮藏 此法是目前商业上应用最为广泛的一种贮藏法。这种库型具有隔热保温条件，以通风换气来保持库内比较稳定和适宜的贮藏温度。

苹果入库前，库房要清扫、晾晒和密闭消毒。库房消毒常用硫磺熏蒸，用量3kg/100m³，方法是把硫磺与一定量锯末混合后点燃，使其产生二氧化硫，密闭2d左右，再打开通风。或用含甲醛40%的福尔马林1份加水40份，配成消毒溶液，喷洒地面和墙壁，密闭24h后通风。

苹果预冷后,待库温将至10℃左右入库。果箱码垛以花垛形式为好,果箱垛下垫砖或枕木,垛与墙留有空隙,垛间留通风道,以利通风。

通风库管理主要以调节库内温度、湿度为主。在库内选有代表性部位放置温度计和湿度计,以便掌握通风换气的时间、次数和通风量。

秋、春季节要做到"三勤",即勤关、勤开、勤查,使库内温、湿度达到适宜水平。冬季以保温为主,适当通风。

c.微型节能冷库加塑料帐简易气调贮藏　如图4-2、图4-3、图4-4、图4-5、图4-6、图4-7。

在制冷循环中,压缩机是技术关键,制冷剂是活跃分子。制冷剂在气态与液态之间转换,利用压缩机所作的机械功为条件,从库内不断地吸收热量,到库外经冷凝器作用将吸收的热量释放到环境中,从而不断地将库内的热量排除,维持库内较低的温度。

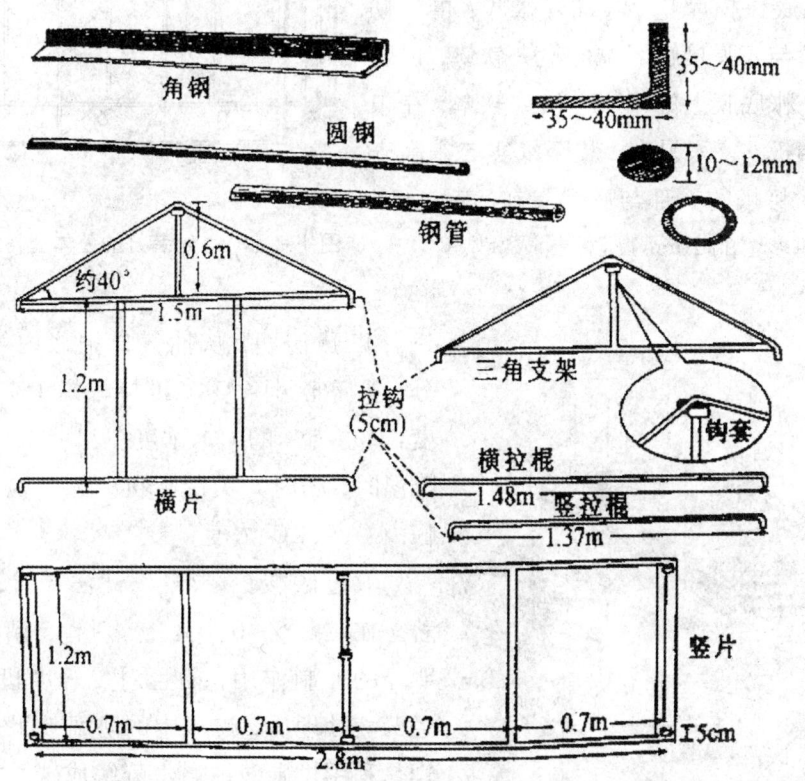

图4-2(a)　塑料帐架结构示意图较

此法建造容易,投资少,见效快,是在20世纪80年代山西、陕西土窑洞的基础上发展而来的,以前主要贮藏元帅、国光、印度、倭锦、金冠等苹果品种。目前主要用于富士、新红星、红富士、秀水、国光、澳洲青苹等苹果品种的贮藏。在微型冷库内建塑料大帐,用高1.2m,宽1.5m,长2.8m的帐架。帐架用角钢或圆钢制成。塑料帐和底可采用0.12mm厚无毒聚氯乙烯膜热和而成。塑料帐的高要比帐架高出20cm。底布的长、宽比架底面的长、宽分别为20cm，（图4-2）。帐上设1个上袖口、2个下袖口和1~2个取气孔。上袖口直径20cm长30cm，供调气和取样用；下袖口直径20cm，长40cm，用来抽气或同活动硅窗相连接。（图4-7）活动硅窗的制作是将硅膜黏贴在木条制作的筐架上，并在筐架另一侧黏合一段塑料薄膜袖口。硅膜的面积大小按每1kg果实1.5~2cm²确定。然后将塑料帐下袖口和硅窗袖口套在铁皮套筒上，用线绳扎紧。

苹果采后当日或次日入库，3d内扣帐。支帐架前，将帐架底位扫净垫平，铺好帐底，再支帐架。帐架底角与底膜接触部位可垫一软垫，以防扎破帐底。在帐底膜上放一层秫秸或软草，在帐架四周放上挡板，装入果实，装至果实与帐高齐平便可扣帐。将帐的下部与底膜卷在一起，（帐高和底布分别多留的20cm）压好封严。

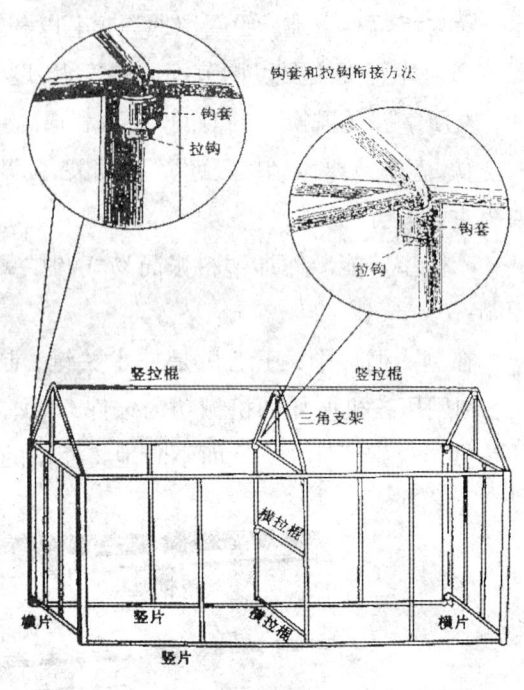

图4-2(b) 组装好的整体塑料大帐架示意图

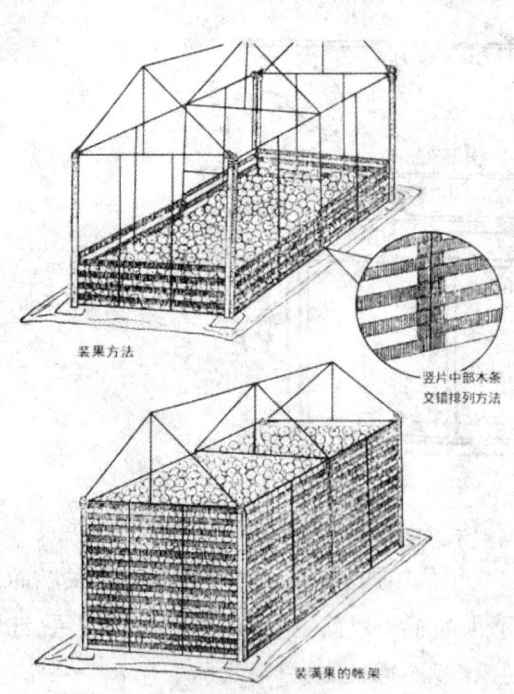

图4-3 塑料大帐装果方法示意图

贮藏初期，从抽气口把帐内气体抽出一部分，然后密封降O_2。维持帐内1%~3%的O_2浓度，1%~5%的CO_2浓度。温度保持0~1℃。需降温时，随时开关制冷机。加强检查，定期检测帐内O_2和CO_2浓度。

d.过碳酸钠贮藏 此法无毒，经济效果显著。在贮藏5~6个月中，对青霉菌和轮纹菌均有明显的抑制作用，而且对受轻度机械伤的果实，经药液处理后，贮藏中的防腐效果也很明显。原理是利用过碳酸钠遇水分解成碳酸盐和过氧化氢（双氧水），由过氧化氢释放出活性氧，起很强杀菌作用。过碳酸钠及其分解后的产物均无毒、无臭，对果品不造成任何污染。

采前当日或 1~2d 用 1% 过碳酸钠的水溶液喷树上的果实。或以 0.5% 的过碳酸钠水溶液滴浸没果实 2~3min，待药液干后包装入贮。药液宜随配随用。

e. 硅橡胶扩散常温库贮藏　硅橡胶扩散膜贮藏苹果是一种简便、实用的气调贮藏新技术，成本比冷库贮藏低 2/3 以上。是在常温库内设镶嵌硅橡胶扩散膜的塑料大帐，大帐用 0.2mm 厚的聚氯乙烯制成。库内温度一般是 5~25℃。

每贮藏 1000kg 苹果，每帐镶嵌硅橡胶扩散膜 $0.7m^2$。贮藏期间管理简便，不用调节帐内气体，经一段时间后，帐内气体稳定在 O_2 6%~7%，CO_2 8%~9% 的水平。

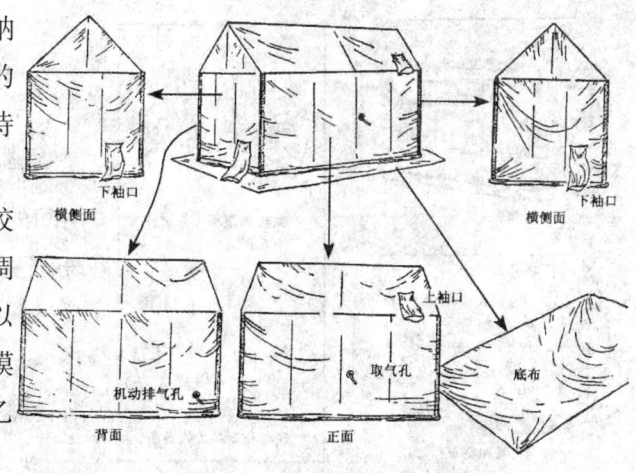

图 4-4　塑料大帐扣好塑料膜不同面示意图

若把大帐设在冷库内，贮藏同样多的苹果，镶嵌硅橡胶扩散膜面积减半，用 $0.35m^2$ 即可。

在生产上也常采用硅窗气调袋贮藏，袋用 0.06~0.07mm 厚的聚乙烯塑料薄膜镶嵌一定面积的硅橡胶制成。硅橡胶扩散膜目前使用最多的是 FC-8 布基硅橡胶膜。

f. 气调库贮藏　此法采用专用设备，其具有机械制冷和调节气体成分的设施，苹果是最适宜气调贮藏的水果之一。气调贮藏比单纯冷藏的贮期可延长 2~4 个月，是目前商业上实现苹果长期贮藏的最好方法。

只要根据需要开关机械制冷设施和调节气体成分设施，气调库内的温度、湿度、O_2 浓度和 CO_2 浓度就得到控制。具报道我国目前多采用双变气调方式，起始温度为 10℃，经 60~90 天逐渐降至 0℃，CO_2 从 12% 逐渐将至 3%，O_2 为 3%。

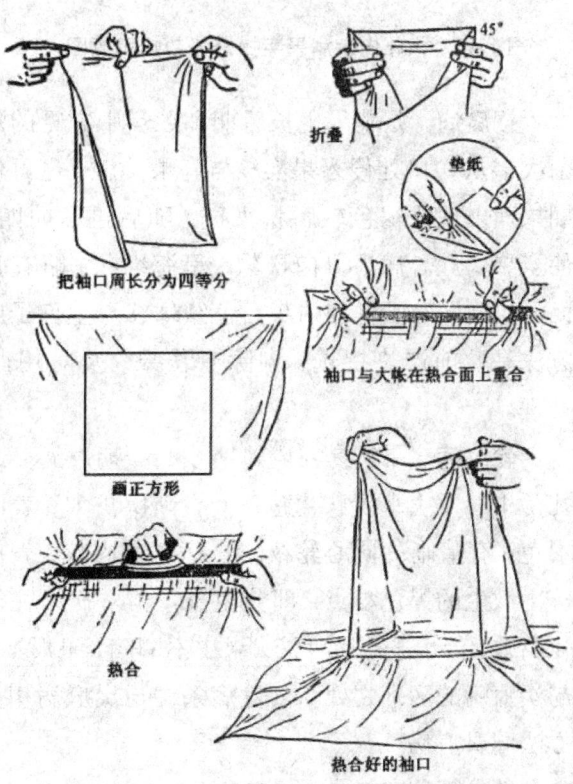

图 4-5　塑料大帐袖口热合制作过程示意图

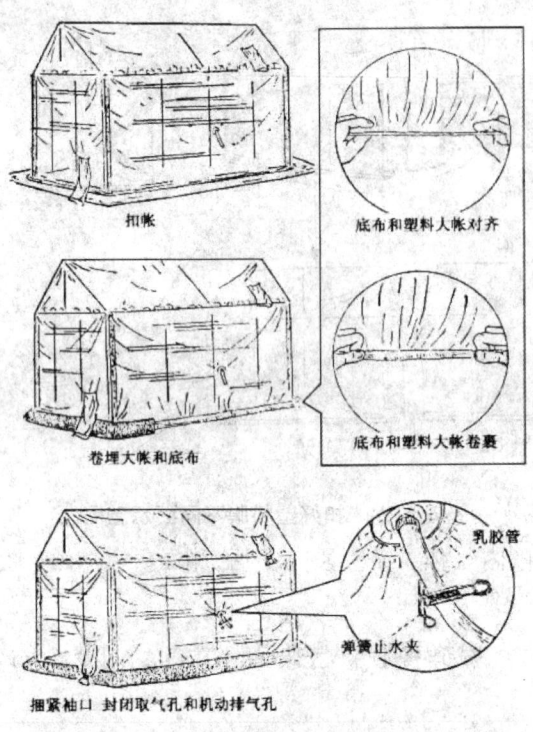

图4-6 大帐内装满果实扣好帐封帐示意图

(4) 贮藏期间病害及控制

① 浸染性病害

炭疽病 又称苦腐病，是苹果生长期和贮藏期间的重要病害，初发病果面出现淡褐色圆斑，逐渐扩大，果肉随后软腐下陷，病斑表面颜色深浅交错，有明显同心纹。斑点扩大至直径1cm时，病斑中心隆起小粒点，先为褐色，渐变黑色，此即分生孢子盘。

此病果实成熟时开始在树上发生，高温高湿多雨条件下容易传播发展。病菌孢子发芽后可自皮孔或角质层侵入果肉，条件适宜时发展很快。炭疽病潜伏时间长。在贮藏期秦冠、国光、红玉等易发生。

防治方法是在采收后喷洒0.05%~0.10%苯来特、托布津、多菌灵等；贮前做好防腐处理。

褐腐病 是苹果生长后期和贮运中常见的病害。病菌大多从伤口处侵入果实，与病果接触，也可传染。初期果面出现浅褐色软腐状小斑，随后迅速向四周扩展，使全果腐烂。病果果肉松软，呈海绵状，略有弹性。果面可出现同心圆排列的灰白色绒球状分生孢子座。防治方法是贮前严格挑选，剔除有伤果，及时用药剂防腐处理。

轮纹病 果实易在成熟期或贮藏期发病。起初以皮孔为中心发生水渍状褐色斑点，渐次扩大，表面呈暗红褐色，有清晰的同心轮纹。自病斑中心起，表皮下逐渐产生散生的黑色粒点，即分生孢子器。病果往往迅速软化腐败，流出茶褐色汁液，果皮不凹陷，果形不变，这是与炭疽病的区别之处。其发病条件与炭疽病相似。防治方法同炭疽病。

图4-7 塑料大帐下袖口与活动硅胶连接示意图

② 生理病害

苦痘病（苦陷病） 是易发生的一种皮下斑点病害，局部组织坏死变褐，呈海绵状或蜂窝状。初期不易识别，发病后期及于表面，这时果皮向内凹陷，呈灰褐色或绿褐色，红色果面处为暗红色圆斑，也有呈不规则形的，病斑可扩大至直径 1cm，深为 0.2~0.3cm，坏死组织有苦味。果实采收及贮藏期间均有发生。萼端比其他部位易发此病。

发病原因众说纷纭，一般认为是营养失调引起的。目前倾向性的认识是苦痘病为一种缺钙生理病害，与果实中的氮、钙含量及氮、钙比例有关。

防治方法是首先要选择适宜的品种、砧木组合。其次要改良果园土壤，降低地下水位，增施有机肥料，合理修剪，适量结果，中后期不能偏施氮肥。此外可于采前喷洒或采后浸渍钙盐预防，如氯化钙、硝酸钙、氢氧化钙等，用氯化钙浓度为 2%~6%。也可采用气调贮藏，温度 0~2℃，O_2 3%，CO_2 2.5%~5%，能够减少发病。

CO_2 伤害　富士苹果是极不耐 CO_2 伤害的一个品种，通常轻度伤害只引起果肉褐变，严重时果肉干燥、粉质、开裂或成褐色空洞，外部伤害似虎皮病褐变，边缘清晰，严重时组织失水成凹斑。

防治方法是选择最佳贮藏气调指标，如富士苹果 0℃时贮藏环境中要求 $CO_2<2\%$。

2. 梨

(1) 贮藏特性　梨属于呼吸跃变型果实。果实成熟时，乙烯释放量很大，同时对外源乙烯较为敏感。不可与释放乙烯较多的水果同库贮藏。从品种的耐贮藏性看，其顺序是早熟<中熟<晚熟。梨有四大系统，即秋子梨、白梨、砂梨和西洋梨。白梨系统的多数品种耐贮藏，砂梨系统的耐贮性不如白梨系统。砂梨系统中晚三吉、爱宕耐贮藏；新高梨、苍溪梨、威宁大黄梨、黄金梨等较耐贮藏；黄花梨、丰水梨等耐藏性较差；二宫白梨、菊水梨等不耐贮藏。秋子梨和西洋梨多数品种在常温下极易后熟、软化，不耐贮藏或极不耐贮。如采用冷藏或气调贮藏，多数品种一般可贮 3~4 个月甚至更长。秋子梨系统中，安梨、花盖梨、尖把梨耐贮藏，南果梨、京白梨，较耐贮藏。白梨系统中，苹果梨、秦酥梨、秋白梨、锦丰梨、蜜梨、冬果梨、红霄梨等极耐贮藏，一般采用冷藏可贮至翌年的 4~5 月份。黄县长把梨、库尔勒香梨、栖霞大水梨、金川雪梨、金花梨等耐贮藏，一般可贮至翌年的 3~4 月份；鸭梨、砀山梨等较耐贮藏。根据采后生理特性，梨一般分为软肉梨和脆肉梨(硬肉梨)。软肉梨一般指秋子梨和西洋梨等系统的品种，采收时果实脆硬，后熟后变软。脆肉梨一般指白梨和砂梨系统的品种，采后不需后熟即可食用。软肉梨通常呼吸强度较高，在 20℃时果实呼吸强度为 20~70 $mgCO_2 \cdot /(kg \cdot h)$，常温下不耐贮藏。中晚熟脆肉梨果实呼吸强度为 12~18 $mgCO_2 \cdot /(kR \cdot h)$，常温下耐贮性大大好于软肉梨。在 0℃下，一般梨果实呼吸强度为 2~6 $mgCO_2 \cdot /(kg \cdot h)$。采用低温贮藏，无论软肉梨还是脆肉梨，果实呼吸强度都大大降低，乙烯释放量也维持在一个很低的水平，因而贮藏时间可大大延长。

(2) 贮藏条件

① 温度　多数梨为 0℃，鳄梨为 11℃；

② 湿度　90%~95%；

③ 气体　组合是 O_2 浓度在 2%～3%，CO_2 浓度在 4%～5%；

④ 冰点　-1.6～-1.2℃

多数洋梨品系极不耐 CO_2，贮藏环境 CO_2 浓度应 <1%～2%。一般大多数中国梨的适宜贮藏温度为 0℃，大多数洋梨适宜温度为 -1℃

(3) 贮藏技术

① 贮藏工艺　请参考苹果的贮藏工艺(图 4-1)。

② 操作要点

a. 采收及采后处理　确定适宜采收期采收，过早或过晚采收的梨均不耐贮藏。采收过早，果实含糖量低，风味淡，色泽差，品质劣，贮藏中易失水皱皮，果心易变褐；采收过晚，软肉梨易软化、衰老、腐烂；脆肉梨对 CO_2 敏感程度增强，黑心、黑皮和腐烂率明显增加。在采收过程中，必须十分注意避免一切人为的机械伤。因为梨果实水分含量大，果皮薄，肉质脆，很容易造成机械损伤。采收时要做到"四轻"，即轻摘、轻放、轻装、轻卸，避免造成"四伤"，即指甲伤、碰压伤、刺伤和摩擦伤，这样才能保证果实的贮藏质量和减少腐烂。采后要进行分级，使果品达到商品的标准化要求。

预冷　及时预冷，温度 5～12℃，时间 5～7d。

包装　采用单果包纸或套塑料发泡网套再放入纸箱或周转箱中。

药剂处理　贮藏前采用药剂处理或在保鲜袋中加入仲丁胺 1 号。

b. 库房消毒、码垛　入库前库房消毒常用硫磺熏蒸，硫磺用量为 1kg/100m³。方法是：把硫磺与锯末混合后点燃，使其产生二氧化硫，密闭 2d，打开通风。果筐或箱在库内堆码成花垛形式为好。垛下垫砖或枕木，垛与墙壁间留有空隙，垛间留有通道，以利通风换气。

c. 实用贮藏技术　梨最适宜的方法是机械制冷贮藏。贮藏期应维持适宜贮藏温度、湿度、气体成分，经常检查、排除有害气体，适时出库。采用冷藏的出库前要进行升温，以免果实结露。

南果梨塑料袋贮藏　梨果无伤适时晚采，剔除伤、残、烂果，进行分级，采后及时装入内衬专用保鲜袋的箱中，每袋 5～10kg，扎紧口，运输到贮藏场所，解开袋(半敞口)放在 20℃ 左右条件下预贮 5～8d，然后放入仲丁胺 1 号固体保鲜剂，每袋放药 1.5～2g，松扎口于 -0.5～0.50℃ 下贮藏即可。

鸭梨冷库贮藏　鸭梨是对低温和 CO_2 都十分敏感的品种，若采收后直接入 0℃ 库易导致果心褐变，因此鸭梨冷藏应采用逐渐降温法。采收处理后，当天运进 10～15℃ 库中经 2～3d，再把库温降到 10℃，以后每周降温 1℃，经 3 周温度降到 7℃，然后每 5d 降温 1℃，再经 35d，温度即降到 0℃，此后一直保持在 0～0.5℃ 贮藏即可。管理要求湿度在 90% 和稳定的低温。

在冷库条件下可与气调贮藏相结合。气调贮藏可用气调帐、塑料袋小包、硅窗气调等。应当特别注意的是 CO_2 浓度最好不超过 1%，O_2 浓度可高一些，在 10% 左右。

臭氧贮藏　是利用臭氧使梨保鲜的方法，即把臭氧保鲜装置放到贮藏场所，贮藏前打开臭氧保鲜装置释放臭氧处理梨果,时间为 10h 左右。臭氧用量不能过高,否则会出现果皮褐斑,用量适宜范围 $0.08\times10^{-6}\sim0.12\times10^{-6}\mu g/mg$。以后根据需要定期或不定期开机,每 600$m^2$ 贮藏面积,可用一台果蔬专用臭氧消毒机(3BC-6 型),放臭氧量是 3~6g/h。贮藏面积大可增加机器数量。

此法对梨果实在贮藏期的侵染性病害防止效果明显,而且表皮有伤的梨果,经臭氧作用,破皮处变干,并不再向里溃烂。在贮藏 5~6 个月后果柄及果皮仍保持绿色。

注意市场上销售的臭氧保鲜机,种类很多,效果好的是带臭氧扩散管的机型。

(4) 贮藏期病害控制

① 侵染性病害　梨的许多种侵染性病害与苹果的相同,其病症、病原菌、发病规律及预防措施与苹果基本相同或者相似。常见病害有褐腐病、炭疽病、轮纹病、青霉病和绿霉病等。对它们的识别与防治参考苹果的相应病害。下面仅介绍梨果实采后常见病害。

梨黑星病(疮痂病)　是我国梨产区普遍发生的重要病害。病菌能侵染梨树地上所有绿色组织。发病期主要为 5 月下旬至 9 月中旬。幼果受害易早落,较大果实受害后,病部木质化,停止生长而成畸形果。长到一定大小的果受害后,形成疮痂状凹陷,发生星状开裂,后期病斑上生土粉色的粉霉菌或浅粉色的镰刀菌,近成熟时果面呈微凹陷的褪绿小圆斑,病斑扩大生黑霉。防治方法是加强田间防病工作,贮运前严格剔除伤病果;加强果园综合管理,增强树势。

梨黑斑病　病菌除危害果实外还危害新梢。发病期在幼果至采摘期,幼果受害时,果面上产生 1 个或多个黑色小圆斑点,逐渐扩大成圆形或椭圆形微凹陷的病斑,表面有黑色霉状物发生。果实发育不一致,龟裂,裂缝生长黑霉。病果易早脱落。成果被侵染时呈黑褐色的病斑,有时带微同心轮纹,病斑断续扩大。病菌易从伤口侵入,也可直接接触传染。树势弱易感病。防治方法参照梨黑星病。

② 生理病害

黑心病　主要在鸭梨上发生,其他梨也有发生,如雪花梨、长把梨、莱阳梨、安久梨、八月红梨等。症状是外观色泽暗(黄),果心、果肉均变褐,有酒味。

发病原因有 4 个:一是贮藏前降温过快,引起低温生理伤害,造成冷害型果肉褐变;二是果实采收过晚,采后不能入库,或贮温过高,贮期过长,产生衰老型黑心病;三是采前果园施氮肥过多,缺乏钙、磷肥。采前灌水也会造成贮藏后期黑心病大量发生;四是贮藏环境中 CO_2 浓度过高(如鸭梨>1%)。

防治方法:一是缓慢降低贮藏温度;二是果实生长期控制氮肥施用量,尤其是生长后期控制大量施氮和灌水量,在生长期,连续喷施 0.2%~0.3% 硝酸钙和氯化钙,在采后用 2%~4% 氯化钙浸果 5~10min;三是适时早采,采后及时入贮;四是控制贮藏环境中 CO_2 浓度,加强贮藏库通风换气。鸭梨贮藏环境中 CO_2 应降至 1% 以下,或采取无 CO_2 气调贮藏。

黑皮病　是梨果贮藏后期经常发生的一种生理病害。黑皮病是果实衰老的一种表现,一般发生在贮藏后期。此病基本特征是果皮变黑，可表现为浅黄褐色、黑色及黑色不规则斑块，严重时扩展到整个果面，使果实变为黄褐色或黑色。该病类似苹果虎皮病。防治方法：一是适期采收，加强库内外通风换气；二是采用乙氧基喹溶液浸果，或用乙氧基喹处理过的包装纸包果；三是采用气调贮藏；四是脱除库内乙烯；五是贮藏期要适当。

CO_2伤害和低氧伤害 多数白梨和砂梨系统的品种对环境中CO_2较为敏感，CO_2过高就会导致梨果果肉和果心褐变，并产生酒味，后期果肉产生空洞。

防治方法：一是加强库内通风换气；二是库内放干熟石灰吸收多余的CO_2（按果重0.5%~1%放于透气袋中，吊于库顶）；三是严格控制气体参数。

4.1.2 葡萄、猕猴桃

1. 葡萄

葡萄属浆果类，是我国六大水果之一，在我国长江以北种植较多。据不完全统计，我国近年来70%葡萄用于鲜食。贮藏规模由传统的、以自然经济为特征的小规模贮藏以市场经济为特征的大规模的贮藏方式转化。现已达到总贮量近2亿kg的贮藏量；贮藏设施从销地的商业大中型冷库贮藏向产地的中小型节能冷库贮藏转化，在部分地区已形成"小群体，大基地"的葡萄贮藏新格局；从传统的调温、调湿技术向控温、控湿、调气加防腐保鲜剂方向转化；贮藏品种从以龙眼和甜红葡萄品种为主转向巨峰、黑奥林、红地球、秋黑、无核白、木纳格等新品种。

（1）贮藏特性 不同葡萄品种的耐藏性是不同的，一般耐藏性依次为龙眼、秋黑＞红地球、巨峰＞玫瑰香、红富土、红宝石＞马奶、无核白、里扎马特、木纳格；着色品种耐藏于五色品种；晚熟品种耐藏于早熟品种；糖酸含量高的品种耐藏于糖酸含量低的品种。葡萄属于非跃变型果实，无后熟变化，应该在充分成熟时采收。

（2）贮藏条件 葡萄的冰点一般在-3℃左右，因果实含糖量不同而有所不同，一般含糖量越高，冰点越低。因此，葡萄的贮藏温度以-1~0℃为宜，在极轻微结冰之后，葡萄仍能恢复新鲜状态。葡萄需要较高的相对湿度，适宜的相对湿度为90%~95%，相对湿度偏低时，会引起果梗脱水，造成千枝脱粒。降低环境中O_2浓度，提高CO_2浓度，对葡萄贮藏会产生极积效应。一般认为O_2 2%~4%，CO_2 3%~5%的组合适合大多数葡萄品种，但在气调贮藏实践中要根据试验来确定。

（3）贮藏技术

① 贮藏工艺（图4-8）

② 操作要点

a. 采收及采后处理 采收标准为：果实充分成熟，果皮厚、韧性强、着色好、蜡质多；果穗新鲜健壮、无病虫害、无生理病害、无机械伤、洁净、无附着外来水分；果粒在穗梗上应紧凑，并具有均匀的适当间隙；主梗应已木质化或半木质化，呈褐色或鲜绿色，不失水。采收时间：应选择天气晴朗、气温较低的上午或傍晚采收,阴雨、大雾天皆不宜采收;采收前对果穗喷布液体葡萄保鲜剂,干后采收。或者采收后的葡萄直接用液体葡萄保鲜剂浸果,会得到更好的贮藏效果。采收前1d应对果穗喷一次采前防腐保鲜剂CT_5号,这种药剂为食品添加剂型,具有消灭田间病菌,抑制酶活性、呼吸作用等功能,在北方已广泛应用,在南方更有其必要。采收方法:采时用剪刀剪取后,对果穗进行修剪,并剔除病粒、虫粒、破粒、穗尖未成熟小粒等;采收后就地分级、包装,挑选穗大、紧密适度、颗粒大小均匀、成熟度一致的果穗,然后将果穗平放在衬有3~4层纸的箱或筐中。收果过程中做到轻拿轻放。容器要浅而小,以能放5~10kg为度,果穗装满后盖纸,预冷。或轻轻地摆放在内衬PVC或PE葡萄专用保鲜袋的箱内,在果穗间放入葡萄专用保鲜剂每500g果1包(2片),用前在塑料包上扎2个眼,扎紧袋口,装箱;装箱后12h之内运到冷库预冷,时间10~12h,预冷时保鲜袋开口,预冷后密封。

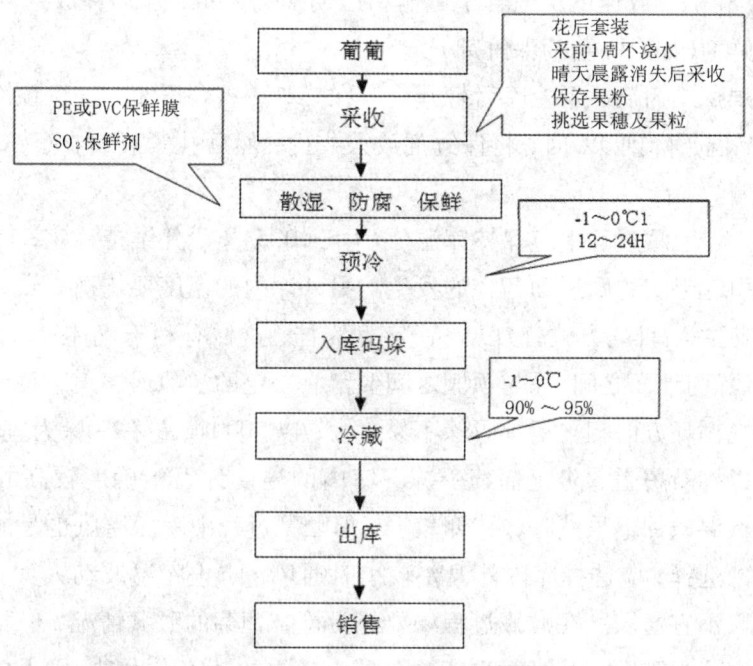

图4-8 葡萄糖贮藏工艺

b.实用贮藏技术

窖藏 此法适用于北方寒冷地区的晚熟品种贮藏,新疆和田应用最多。葡萄入窖前先需预冷处理,即将采下的葡萄装筐(箱)后迅速置于背阴处临时存放,散发田间热,随着气温下降而冷却果温,直到露地出现轻霜后入窖。窖内两边各搭设离地60~70cm垫架,葡萄筐置于垫架上,堆叠成单排或双排,高达3~4层,每层间隔板条,每窖中间设通道便检查通风。

也有在窖内搭设立架,葡萄果穗悬挂其上贮藏。具体做法是窖内两边各设一排水泥柱或木柱,柱与柱间宽100cm,架上扎4~6层横杆,横杆可用竹竿或铁丝横拉而成。横杆之间层距30~40cm。挂藏果穗连藤蔓一起采下,藤蔓保留10~15cm长度,然后挂在横杆上,果穗之间保持 5~10cm 距离，以利通风。平时管理需注意覆盖增温防冻和窑内洒水增湿。

微型节能冷库贮藏 为了防止葡萄入贮后的再次污染，必须在葡萄入贮前对库房进行彻底的消毒杀菌。库温应在果实入贮前 2d 降至 -2℃。

用于葡萄贮藏的保鲜包装箱应以装量 4kg 以下，放一层果为宜。目前生产上采用的规格有 37cm×27cm×17cm、36cm×26cm×16cm 等，其材质有木箱、纸箱和塑料箱，保温性能好的聚苯板泡沫箱在运输中更受欢迎。保鲜袋：最好选用葡萄专用的 PVC 或 PE 袋。这种袋具有结露轻甚至不结露，葡萄品质变化小，果梗保绿性能好等优点。但 PVC 袋开袋困难，因此应提前 1 个月左右购买。在葡萄装袋前要对袋进行试漏实验，具体的方法是打开袋口向里吹气，然后看或听一下是否有漏气现象，漏气的袋子要用透明胶带黏上，否则在贮藏过程中不但不能发挥气调保鲜的作用，而且会导致果实腐烂加重。保鲜剂，目前的葡萄保鲜剂有两种，粉剂和片剂，粉剂释放速度快适合于运输和短期葡萄贮藏，片剂释放速度慢是葡萄长期贮藏最适宜的保鲜剂（如 CT_2 葡萄保鲜剂）。

快速预冷与贮藏 葡萄运至冷库后打开袋口在 -2~-1℃ 条件下进行预冷，使葡萄的品温尽快下降，当品温下降到 0℃ 时，将保鲜剂放入袋内，然后扎紧袋口在 (-0.5±0.5)℃ 条件下进行长期贮藏。

贮藏期管理 在贮藏过程中应保持库温 (-0.5±0.5)℃，并维持稳定，库温波动太大易造成袋内结露而引起果实的腐烂和药害的发生。另外库内的温度要均衡一致。为了减小库内各部分的温差，应注意：堆码方式：应以"品"字型为佳，这样有利于气体循环；垛与垛之间以及垛与墙壁之间、垛与地面之间、垛与顶棚之间要留有一定的空隙或通道，而且垛与垛之间的通道方向要与冷气循环方向相平行。码垛不易过大，以 5000kg 左右一垛为宜。靠近风机、送风管的葡萄应加以棉被覆盖，防止葡萄受冻。库内的温度计以精确度较高的水银温度计为佳。葡萄采后在低温条件下虽然呼吸代谢较弱，但贮藏过程中库房通风也是非常必要的。通风时要注意时间的选择，应选择库内外温差较小时通风，防止库温波动太大，当外界空气湿度大如下雨或雾天不宜通风。在贮藏过程中要经常检查葡萄的贮藏情况，但是最好不要开袋检查，如发现葡萄果梗已开始干枯，变褐、腐烂或有较重的药害发生时，要及时销售。

(4) 贮藏期病害控制

① 青霉病 病原菌在葡萄上形成圆形凹斑，果面皱缩，果实软化，腐烂组织有一种发霉的味道。初期霉菌菌丝为白色霜状物，而后由于形成子实体或孢子而呈青色霉状物。通常经采收或运输中果皮的伤口或开裂处侵入，也从果梗侵入，并可见青色霉状物，深入果实中引起腐烂。青霉菌在 0℃ 以下低温发展缓慢。运输或贮藏期用 SO_2 可杀死和抑制霉菌发展。精细采收与贮运，防止伤果也是防止青霉菌危害不可忽视的措施。

② 灰霉病 它是一种严重的贮藏病害。灰霉病侵染点有明显裂纹，用很小压力果应即脱离染病部位，腐烂仅限于表皮和亚表皮细胞层被离析，它是早期侵染灰霉病的特征。随后，真菌通过开裂处形成灰色分生孢子梗和孢子，在冷藏条件下菌丝体呈白色，在 0℃ 条件

下仍可生长。果实采后马上预冷及贮藏过程中,维持稳定而低的温度辅以葡萄保鲜剂可以防止此病的发生。

③ 黑根霉病　病原菌不能在 $-0.5 \sim 0℃$ 条件下生长。它是高温运输,存放或土窖贮藏时将出现的病害。它产生黑色的子实体,故称"黑霉"。子实体出现之前,症状类似青霉菌引起的青腐。降低贮藏温度,防止果实碰伤和 SO_2 防腐均有防治效果。

④ 霜霉病　它是葡萄园主要叶面病害,采收期中度或重度危害叶片时,果穗梗上潜伏大量病菌,在低温条件下贮藏也能发病。主要症状是小果梗发黑,初期为油浸状,逐步失水,使整个果梗干缩。采前果穗喷甲霜灵或波尔多液,可明显抑制贮藏期间的危害。贮藏期间用 SO_2 腐杀菌似乎效果不显著,于采前用甲霜灵 1000 倍细致喷果穗。

2. 猕猴桃

猕猴桃是原产我国的藤本果树,主要分布在河南、陕西、湖南、湖北、四川、广西等 16 个省区。其果实含有丰富的营养成分,特别是维生素 c 含量可达 $100 \sim 420mg/100g$,具有独特的风味,被誉为"果中珍品"、"长生果"。

(1) 贮藏特性　猕猴桃品种很多,耐贮性一般以早熟品种较差,晚熟品种较耐贮藏。猕猴桃属于呼吸跃变型果实,具有生理后熟期,适时采收,是保证其贮藏保鲜的关键环节,通常在果实硬熟期,淀粉含量从最高值开始下降,全糖增加的时期为采收适时。用肉眼观察时,看到果皮褐色加深,叶片有些枯萎时正是适时。从生长期上,贮藏的猕猴桃通常在 10 月上、中旬为采收适期,应注意最迟不能超过"霜降"。

用于贮藏的果实,要实行无伤采收,盛果容器要垫衬软物,以免挤碰伤果实,采收时要选择无风的晴天进行,雨天及雨后或露水未干的早晨都不宜采收。

(2) 贮藏条件　适宜的低温是猕猴桃贮藏保鲜的关键,通常适宜贮藏的温度在 0℃ 左右。低于 $-2℃$ 下贮藏,果实即受冻害。猕猴桃果实中水分蒸发损失多时,果皮萎蔫,软化加快,因此,应维持贮藏环境中较高的相对湿度,以 $90\% \sim 95\%$ 为宜,在低温库中贮藏时,要求空气相对湿度近似 100%。气调贮藏可有效的延长猕猴桃的贮藏寿命,一般以 0℃ 左右,$O_2 2\%$ 小 $CO_2 5\%$ 为宜。

(3) 贮藏技术

贮藏工艺(图 4-9)。

① 简易贮藏　利用地下室、通风库、土窑洞等进行贮藏。选用 $0.04 \sim 0.06mm$ 厚的薄膜大袋,每袋装果 15kg,袋内放入乙烯吸收剂(目前常 $KMnO_4$)使用时,选择质轻、多微孔的材料,如蛭石、泡沫砖、珍珠岩、砖块等,粉碎成 $1 \sim 2cm$ 直径的小块作为载体,放入饱和的 $KMnO_4$ 溶液中浸 10min,浸透后沥干制成载体装入密封的塑料袋中备用。使用时将装高锰酸钾载体的薄膜小袋上打许多小孔,并将小袋放在装果袋(或帐)的上部(因乙烯较空气轻),然后密封果袋(或帐)。一般每 40kg 果实乙烯吸收剂的用量为饱吸 $KMnO_4$ 溶液的蛭石 80g),扎

紧袋口，然后，将袋子放入木箱内，堆高5~6层，采用"品"字形堆放。贮藏期间，早晚和夜间进行通风，白天关闭门窗，使库内维持较稳定的低温。在温度为0℃，相对湿度在90%~95%的库内利用这种方法结合气调一般耐藏猕猴桃品种可贮存6~8个月。

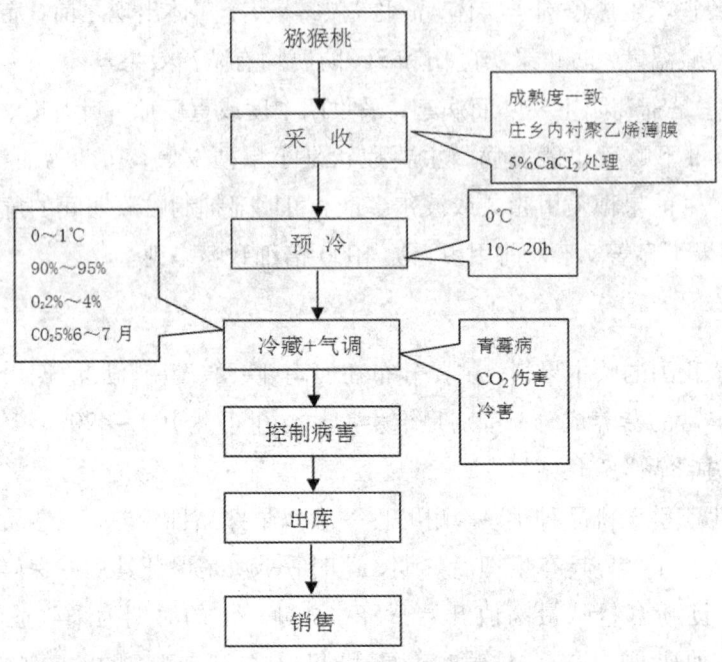

图4-9 猕猴桃贮藏工艺

② 低温贮藏猕猴桃冷藏，应在采收后2d内进入冷库，最好随采随放，入冷库越快对抑制后熟有利。将猕猴桃装塑料箱或木箱，呈"品"字形堆放，库温保持0~1℃，相对湿度90%~95%，库内不能同时混贮苹果、梨等易释放乙烯的水果，町贮藏4~6月。另外，对低温贮藏后出库的果实，要有计划的出库，做好逐步升温工作，待与外界温度相差5~6℃后出库，以免果实品质恶化。

③ 气调贮藏 气调贮藏的基本条件是：温度。-2℃，O_2 2%，CO_2 5%。在没有气调设备的冷库中，可以用0.05mm厚的聚乙烯薄膜大帐进行。将分级预冷后的果实装入果箱，每箱装10~15kg，然后在箱外套一个0.06~0.08mm厚的塑料袋。袋上面备有通气孔（上套橡皮管），然后扎紧袋口或用止水夹夹住通气孔，使其成为一个密闭系统。每个果箱分别放在冷库内的箱架上。冷库的温度控制在。0~2℃。所有操作必须在冷库中进行，如果有降氧机和氮气时用快速降氧法。先用抽气泵抽出袋内的空气，再充氮气，反复2~3次后，袋内的氧气减少到所需指标。在没有氮气的情况下，可用自然降氧法，即果实密封在袋里，密封时尽量排掉袋内的空气，不需要充氮，而是靠果实的呼吸作用消耗氧气而提高CO_2的含量，从而抑制乙烯的产生。不管是快速降氧还是自然降氧，每天都要进行测气，在O_2低于2% CO_2高于

5%时要补充氧气和除去CO_2,以免引起低氧和高CO_2的伤害。除去CO_2的方法,在气调库内一般用CO_2脱除机,普通塑料袋内,一般用消石灰。如果贮量大时用大帐气调。适宜猕猴桃贮藏的气体指标是O_2 2%~3%,CO_2 3%~5%。

(4)贮藏期病害控制

① 蒂腐病 是猕猴桃贮藏过程中引起果实腐烂的主要病害。受害果起初在果蒂处出现明显的水渍状,然后病斑均匀地向下扩展,手感柔软而有弹性,其他部分与健康果无多大区别。切开病果,果蒂处无腐烂,腐烂在果肉中向下扩展蔓延,但果顶一般保持完好。腐烂的果肉为水渍状,略有透明感,有酒味,稍有变色。随着病害的发展,病部长出一层白色霉菌,病果外部的霉菌常常向邻近果实扩展。

防治方法:主要是做好田间花腐病的防治工作,减少菌源,并于采果前20d左右,喷雾65%代森锌600倍液或扑海因1000倍液;采果24h内及时用"京—2B膜剂"20倍加工500mg/L多菌灵或托布津进行防腐保鲜处理;低温贮藏等。

② 灰霉病 猕猴桃灰霉病主要发生在猕猴桃花期、幼果期和贮藏期。在严重年份果园发病率和贮藏期发病率可达50%以上。猕猴桃灰霉病已成为影响猕猴桃产业健康发展的主要病害之一。

防治方法:采前一周喷1次杀菌剂。采果时应避免和减少果实受伤,避免阴雨天和露水未干时采果。去除病果,防止二次侵染。入库后,适当延长预冷时间。尽力降低果实湿度,再进行包装贮藏。

4.1.3 板栗

板栗是一种优良的木本粮食和用材树种,且抗逆性强,适应性广,在我国,北起辽宁、吉林、南至广东、海南等省都有分布,以河北省最多,占全国总产量的25%~30%。

1. 贮藏特性

板栗为坚果类果实,它有坚硬的外壳和含水分较少的种仁,属于呼吸跃变型果实,特别在采后第一个月内,由于自身呼吸作用十分旺盛,易发生霉烂、发芽及生虫等问题。从板栗品种的耐贮性来看,一般中晚熟品种较早熟耐贮藏,北方栗较南方栗耐贮藏,栗果表面带毛茸的比光栗耐贮藏,同品种内大果比小果耐贮藏。毛板红、马齿青、九家种、它栗、石丰、陈果1号、金丰、尖顶油栗、红栗等较耐贮藏。

2. 贮藏条件

板栗适宜冷藏,冷藏温度为0~2℃最适宜,低于-3℃,要发生冻害;相对湿度应保持在85%~90%为好,湿度过大,易发病腐烂,湿度过小,则易失水风干;气体成分为O_2 3%~5%,CO_2 10%。在温度为0℃左右,相对湿度为90%~95%的贮藏条件下,可贮藏4个月。

3. 贮藏技术

(1) 贮藏工艺(图4-10)

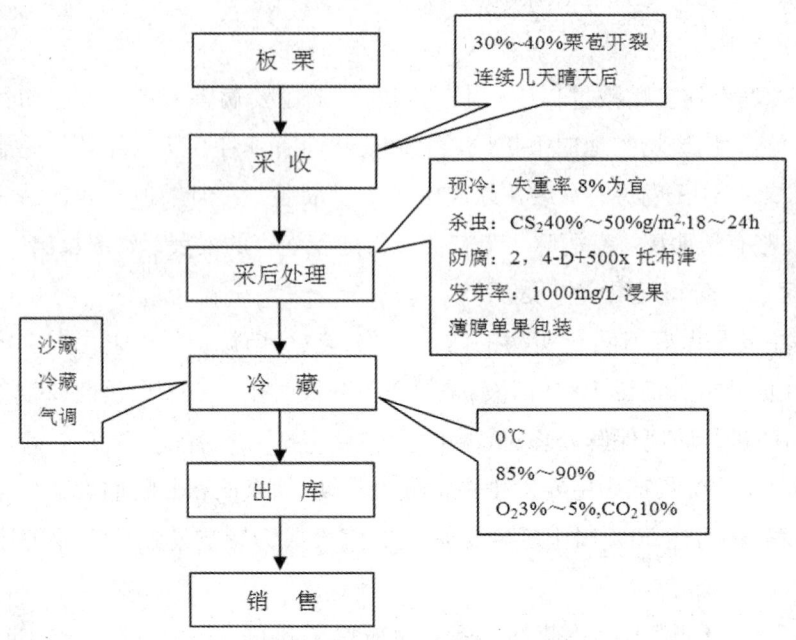

图4-10 板栗贮藏工艺

(2) 操作要点

① 采收

适期采收是保证其保鲜效果的关键措施。采收时间一般为栗苞由绿色变为黄褐色，并有30%~40%栗苞顶端呈十字形开裂，栗果呈棕褐色时为采收适期，最好进行分批采收，避免一次打落的采收方法，保证栗果相对一致的成熟度。若采收过早，坚果未成熟，组织鲜嫩，含水量高，且采收季节早，气温较高，不利贮藏。若采收过迟，则栗苞脱落，造成损失。采收时还应该注意天气情况，下雨及雨后初晴或晨露未干时不宜采收，否则腐果严重，最好在连续几个晴天后进行采收。

② 采后处理

选果 用10%的食盐水精选板栗，以剔除病虫栗以及未成熟的空、瘪栗，有利于板栗的贮藏保鲜。

预冷 刚采收的带苞栗果温度较高，水分含量大，呼吸强度大，应尽快将采收的栗子放在阴凉干燥的地方摊开晾放，以8%左右的失重率为宜，低于5%或高于12%的失重均影响贮藏效果。也可以直接放在冷库专门的预冷间进行。

杀虫处理 危害栗果的害虫主要是栗食象鼻虫、栗食蛾和桃蠹螟，其卵产在未成熟的栗苞内，贮藏期间卵孵化后幼虫在果内蛀食危害。栗果杀虫将栗果放入熏蒸室(箱)，坛或缸等密封容器内，用二硫化碳熏蒸杀虫，用量为 40～50g/m³，时间为 18～24h。因二硫化碳气体密度较空气大，且易燃烧，熏蒸时宜将盛药液的广口瓶放在栗堆上，使挥发气体下沉而达杀虫目的，同时注意防烟火。采用"二硫化碳"熏蒸杀虫的 500 倍的托布津或 1000 倍的特克多浸果 3min，防治病菌效果好，但要在采果后 1～2d 内进行。此外，在塑料薄膜帐内充氮降氧，氧浓度下降到 3%～5%，4d 后栗果内害虫全部死亡。

防腐处理 危害栗果的主要病害是由黑根霉和毛霉菌的侵染而起的，表现症状是在栗果上出现黑斑。防治方法是除了适期采收提高栗果抗病性和采后预冷减少霉菌发生外，常用 0.05% 的 2,4-D 与托布津 500 倍液，浸果 3min，对减少腐烂效果明显。此外，在沙藏和冷藏袋中加放一定数量的松针，对霉菌有一定的抑制作用。

防发芽处理 栗果具有强迫休眠的特性，栗果在贮期如遇 10℃ 以上温度就会发芽。防止发芽的措施有：采后用 1～10Gy 的丁 γ 射线处理；采用 1000mg/L 青鲜素 MH（顺丁烯二酸酰肼）、1000mg/L 萘乙酸（NAA）浸果，均有抑制栗果发芽的效果；在栗果将要发芽（采后 30～50d）时，用 2% 食盐加 2% 纯碱混合水溶液浸洗栗果 1min，然后装筐或麻袋，并加一些松针，也可抑制发芽。

③ 实用贮藏技术

沙藏 沙藏是板栗产区普遍采用的方法。在阴凉室内或者地窖中，铺 10cm 的湿沙后，1 层栗果 1 层湿沙堆藏，最上覆盖 10cm 以上的沙层，堆高不超过 1m 河沙湿度保持在 65% 左右（手握成团，手放散开）为宜，平时视沙的干燥度及时喷水保湿。河沙需洁净，先晒 2～3d，加入溶有 0.1% 托布津的清水 5%，堆积厚度约 20cm，每 5～7d 翻动检查一次，结合调湿拣出霉坏果，贮藏 30d 好果率可达 86.6%。该法多在北方运用，因为这些地区在板栗收获季节地温较低，地温回升也较晚。此法可贮 5～6 个月。与此类似，也有利用砻糠或锯末屑代替河沙作贮藏介质，或用河沙与锯末屑的混合物，效果也不错。

带蒲保鲜贮藏 将带蒲栗装于竹篓中，堆存于阴凉的房间里。在前期有利于栗果水分保持和养分积累，起到一定的保鲜作用。经 40d 贮藏检查，商品好果率高达 95%～98.3%，失水率 ≤2%，腐烂率为 1.5% 左右。贮藏效果好，经济效益高。但贮藏后期，栗蒲失水风干，致使栗果失水严重，效益不佳。因此，此法作为短期贮藏手段是可行的，它是一种简易的贮藏方法，能缓和采收期劳动力紧张的矛盾。若长期贮藏，则需转换其他方式贮藏。

塑料袋室内常温贮藏 将"发汗"后的板栗，再用 70% 甲基托布津 500 倍液浸 5min，取出晾干，装入 50cm～60cm、两侧有若干个直径 1.5cm 的小孔的塑料袋中，置于通风良好的室内，不紧靠贴压，初期换袋翻动 3 次，以后视室温打开或扎紧袋口，一般超过 10℃ 时打开袋口，低于 10℃ 时扎紧袋口。也有采用变换包装袋的方法，即贮藏初期的高温季节，用塑料网袋或麻袋，以利于袋内散热降温并排出有毒气体，如乙醇、乙醛、CO_2 等，从而抑制霉烂的大量发生，以利气温下降时（降至 10℃ 以下），霉菌活动受到抑制，即换为打孔塑料袋，以利最大限度地减少水分蒸发，保持栗果鲜度，即前期以防霉为主，后期以防失水为主。先将栗果露地沙藏一段时间(一般1个月作用)后,再改用塑料袋贮藏,效果也很理想。

冷藏 冷藏是目前保鲜栗果最好的方法。板栗在常温下贮藏,由于板栗栗果含水量较高,栗果及病原菌呼吸及代谢均十分活跃,很容易造成栗果的腐烂。而在低温下贮藏,则可降低栗果及病原菌的代谢活动,降低水分的损失,有利于贮藏。具体操作是将栗果用麻袋包装,贮藏于0~2℃,相对湿度85%~95%的冷库中,定期检查。若水分蒸发量大,可隔4~5d在麻袋上适量喷水一次。如在麻袋内增衬0.06mm厚的打孔聚乙烯薄膜,既可以减少栗果失重,又可以大大减少CO_2的积累,避免CO_2伤害。正常贮藏期可达1年。

气调 采用$CO_2 \leq 10\%$,$O_2 3\% \sim 5\%$,温度-1~0℃,相对湿度90%~95%的条件贮藏,可贮藏4个月。

薄膜袋保鲜 用厚度为0.05mm的聚乙烯薄膜为内包装材料,根据外包装容器的大小,薄膜袋的规格有大袋、小袋两种。在袋为37cm×26cm×58cm,装果20~25kg;小袋为的cm×l3cm×30cm,装果10kg。大袋的两侧各打孔两排,孔径1cm,孔距5cm,或不打孔,装入栗果后扎紧袋口即可,放置在阴凉通风和气温较低并相对稳定的常温仓库内贮藏。贮藏期间,每隔10d左翻动检查1次,发现霉果及时剔除,未打孔的袋要定期打开袋口,以避免CO_2伤害。此法贮藏栗果可保鲜到翌年元月,霉变果仅1%~2%,失重果为3%~4%,栗果基本保持原来的品质风味。

4.1.4 柿子

柿树原产于我国,在各地分布比较广泛,以河北、河南、北京、山东、山西、陕西等地栽培较多,柿果果实色泽鲜艳、甘甜多汁,含有多种维生素及矿物质,营养价值较高。但柿果采期集中,采后在较短的时间内即软化,不耐贮运,因此搞好其贮藏具有重要意义。

1. 贮藏特性

柿子的品种很多,据不完全统计,约有柿种800多个,一般可分为涩柿和甜柿两大类。涩柿在软熟前不能自然脱涩,采后必须经过人工脱涩和后熟作用,才能食用。甜柿在树上软熟前即能完全自然脱涩。通常晚熟品种比早熟品种耐贮藏,同一品种中迟采收的比早采收的耐贮藏,著名的如河北的磨盘柿、莲花柿,山东的牛心柿、镜面柿,陕西的火罐柿、鸡心黄柿、木注柿等都是质优且耐藏的品种。甜柿中的富有、次郎等品种贮藏性好。

2. 贮藏条件

柿子适宜贮藏的温度为-1~0℃,相对湿度90%~95%,在此条件下可贮藏3~4个月。冷藏用的柿子应脱涩,并保持一定硬度,有利于贮藏。

3. 贮藏技术

(1)贮藏工艺(图4-11)

（2）操作要点

① 采收及采后处理

采收 柿子的耐贮性与采收成熟度密切相关，用于贮藏的柿子应该在果实成熟而果肉仍然脆硬，表皮由青转入淡黄时采收。一般采收期在9月下旬至10月上旬采收，即在果实成熟而果肉仍然脆硬，采收过早，脱涩后味寡质粗；采收过晚，则果实极易进一步软化，不能长期贮藏。甜柿最佳采收期是皮色变红的初期。采收时将果梗自近蒂部剪下，要保留完好的果蒂，否则果实易在蒂部腐烂。

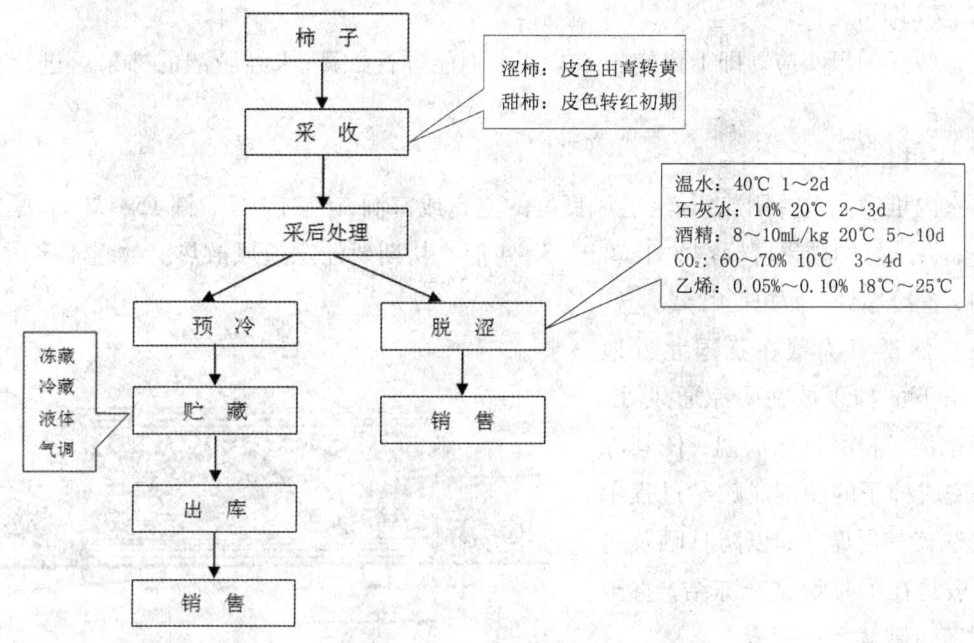

图4-11 柿子贮藏工艺

采后处理 采后食用脆柿或贮藏初期鲜销脆柿可以进行脱涩处理，具体方法如下：

a.温水脱涩法 将柿子放入缸、桶、坛等容器中，加入40℃左右的温水，水量以淹没柿果为度。尽量保持水温，1～2d即可脱涩。此法为农家的传统方法，适于小规模进行。

b.石灰水脱涩法 将柿果浸泡在10%左右澄清的石灰水溶液中，密封起来，在室温下，2～3d即可脱涩，且果肉质地保持脆硬。

c.酒精脱涩法 选用可密封的容器，将柿果排列成层，用量按柿子的8～10mL/kg的酒精逐层喷洒，装满后密封。室温下5～10d即可脱涩。

d.二氧化碳法 柿子用二氧化碳处理，脱涩后能保持硬度和品质，这种方法适宜用于大量处理柿果，其目的是利用高浓度的二氧化碳处理后，强制果实进行无氧呼吸而迅速脱涩，方法是将柿子装箱或装筐码垛，用塑料薄膜大帐密封，再向帐内充入60%～70%的二氧化碳，在10℃以上，3～4d即可脱涩。

e. 乙烯脱涩法 在密封容器内,用 0.05% ~0.100% 浓度的乙烯处理,温度为 18~25℃,相对湿度为 85%,处理 2d 后取出,再放置 2~3d,柿果即可完成脱涩。此法效果好,成本低,但果实容易软化,不耐存放。

f. 乙烯利脱涩法 是目前较为广泛使用的一种脱涩剂,它是一种酸性淡棕色液体,可溶于水,加水稀释后,逐渐分解,同时缓慢的放出乙烯气体,使用浓度一般为 0.025% ~0.100%,田间喷果或采后蘸果均可,经 3~5d 即可脱涩。

g. 叶、果混合脱涩法 将苹果、梨、山楂的果实或松针、柏叶与柿果相互层积,混放在一个容器内,7d 即可脱涩。

经过脱涩的果实应立即上市销售或食用,不能进行贮藏;未经脱涩的柿果可进行各种方法的贮藏。

② 实用贮藏技术

a. 室内堆藏 选择阴凉干燥、通风良好的空室或窑洞,清扫干净,铺 15~20cm 厚的谷草或稻草,将选好的柿果轻轻摆放于草上,3~4 层。初期要注意通风散热。数量不多时,可装在筐内,置冷凉处,做短期贮藏。

b. 自然低温冻藏 在我国北方地区,将采下的柿果放在阴凉通风处,搭架或挖沟,利用自然低温,任其冻结,并完成柿子的脱涩。贮藏过程中上面要覆盖一层席子,以防日晒及鸟害,一般是在 1 月份完全冻结,直至春暖时节可陆续上市销售。

c. 速冻贮藏 即将脱涩后的柿果预冷后先放在 -20℃ 以下的冷库里 1~2 昼夜,使果肉细胞充分冻结,停

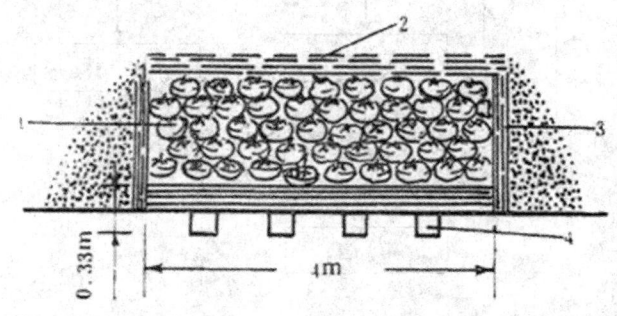

图 4-12 柿子冻藏断面图
1. 柿子;2. 苇席;3. 秸秆帘;4. 地沟

止生命活动。然后在 -10℃ 左右的条件下贮藏。这样可以较好地保持柿果的色泽和风味,并可以较长时期保持品质不坏,甚至可以做到周年供应。但解冻后果实已软化流汁,必须及时食用。(见图 4-12)。

d. 气调贮藏 选用 0.04mm 厚的聚乙烯薄膜袋装入柿果,喷 35% 酒精 2.6mL/kg,加去氧剂 0.8~1.6g。保持袋内氧 1%~2%,二氧化碳 4%~7%。袋内还需放入饱和高锰酸钾载体 17g/kg,以吸收乙烯,适宜温度 0~1℃。在此冷藏条件下贮藏 2 个月,可保持良好的品质和硬度,但超过 2 个月品质则开始变劣。

e. 液体保藏 将耐藏柿果浸没在明矾、食盐混合溶液中,溶液配比是:水 50kg、食盐 1kg、明矾 0.25kg,保持 5℃ 以下,此法可贮至春节前后,柿果仍保持脆硬质地,但风味变淡变咸。有研究认为,向盐液中添加 0.5% $CaCl_2$ 和 0.002g/L GA,可明显改善贮后品质。

4.2 常绿果树果品贮藏技术

4.2.1 柑橘

目前,我国柑橘产量占世界总产比重的 11.79%(约占世界总产的 1/9),世界排位从第十位上升到第三位,仅次于巴西和美国;柑橘种类、品种较多,有许多优良的品种在国内外市场上深受欢迎,但因南果北运数量较大以及解决柑橘果实的周年供应问题,做好柑橘的贮运工作是十分必要的。

1. 贮藏特性

柑橘种类、品种不同,其贮藏性差异很大。一般来说,柠檬类和柚类最耐贮藏,其次是甜橙、柑、橘。在适宜贮藏条件下,柠檬可贮藏 7~8 个月,甜橙可贮藏 6 个月左右,温州蜜柑可贮藏 3~4 个月,橘类仅 1~2 个月。一般组织紧密、果心维管束小、含酸量高者,则耐贮性较好,反之,组织疏松果心维管束大者,耐藏性较差。柑橘属于非高峰型果实,采收时的成熟度应尽量的高,才能使贮藏期较长,并保持较好的贮藏品质。

2. 贮藏条件

柑橘贮藏温度依种类、品种、栽培条件、成熟度、采收期不同而异,柑橘适宜贮温分别是甜橙且 1~3℃,宽皮橘类 3~5℃,柠檬、葡萄柚 10~15℃。但宽皮橘类中有不耐低温的。如蕉柑适宜贮温为 7~9℃,芦柑为 10~12℃。柑橘贮藏环境的相对湿度应结合温度来考虑。

3. 贮藏技术

柑橘的贮藏技术包括采收、来后处理和贮藏期管理等。柑橘因种类品种不同,对贮藏环境条件要求各异,加之贮期长短和各地启然条件的差异,贮藏方法也多种多样。

(1)贮藏工艺(图 4-13)

(2)操作要点

① 采收适时采收,保证采收质量,供贮柑橘应在八成熟、果皮有 2/3 转黄时,分期分批采收,切忌一次将果全部采下棍装,以提高果品质量。芦柑、温州蜜柑以九成熟为好,柚、甜橙、柠檬则以充分成熟为好。采收偏早影响产量和品质,在贮藏过程中还易失水萎蔫;采收过迟,增加落果率,宽皮橘类易形成浮皮果,甜橙则易发生青、绿霉病;不耐贮藏。注意应在晴天或阴天露水干后采果,如遇大雨,最好连晴 3~4d 后再采,采下的果实不要露天堆放过夜,以减少果实腐烂。

采收时用"两剪法"采果,一手托果,一手持剪。第一剪离果蒂 1cm 处剪下果实,第二剪齐果蒂剪平,采果人员要剪平指甲,最好带上手套。装果的用具内壁应衬垫麻布、棕片等柔软物。按照自下而上、由外到内的顺序采果,边采边将伤果、落地果、病虫果和次果剔除,做到轻摘、轻放、轻装、轻运、轻卸,尽量避免人为的机械损伤。

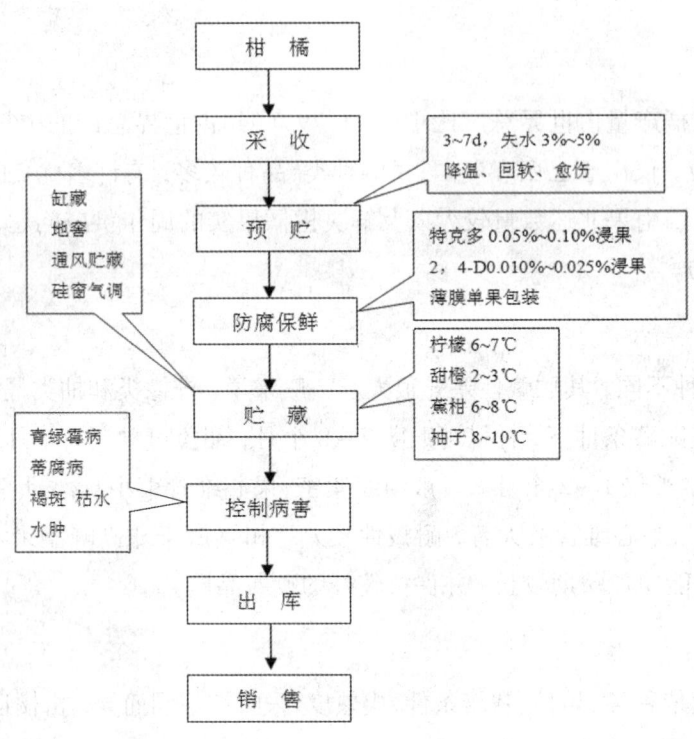

图4-13 柑橘贮藏工艺

② 采后处理

预贮 预贮有愈伤、预冷和催汗的作用。果实经过短期预贮后,轻伤得以愈合,不能愈合的经预贮后便于及时挑出,供长期贮藏的柑橘,预贮后挑选是关键环节。柑橘预贮能使果实水分适当蒸发,促使果皮软化,气孔收缩,减少贮运过程中机械损伤,并有利于防止枯水。经过预贮,可降低果温,有利于贮藏。预贮法是在果实采收后,置果实于通风良好、阴凉、干燥、消毒的场所1~3d。

挑选 采收后挑选中等大小的果实,并在3d内,尽早用植物生长调节剂和杀菌剂浸果1~2min,使整个果实沾湿药液,取出后放在阴凉通风处晾干,使之发汗3~5d,当手按某皮略有弹性时,剔除油胞下陷、油斑、病、虫、伤果及腐烂果,即可入库贮藏。

防腐保鲜 柑桶采收后用植物生长调苛剂和杀菌剂混合处理,有护蒂、防腐、保鲜的效果。目前常用的杀菌剂有特克多(TBZ)、多菌灵、托布津等,生长调节剂主要用2,4-D。采收后用150~200mg/kg;2,4-D与500~100mg/kg托布津混合液浸果1~2min,能收到很好的效果。采收当天浸果效果最好,最迟不能超过3d。近年来从国外引进的抑霉挫、万利得等新型杀菌剂 2000~2500 倍浸果 1min 效果特别好。

塑料薄膜单果包装 塑料薄膜单果包装可大幅度降低贮藏中的果实失重和腐烂损失，是提高柑橘果实耐藏性和商品性的有效措施。经预贮的果实，严格挑选出无蒂果、伤果、病虫危害严重果，好果用塑料薄膜单果包装。自20世纪80年代以来，一些柑橘主产国巴将这种方法改进为塑料包封。即将果实单个果实装入 20~40um 厚的聚乙烯塑料薄膜袋中，在 150~170℃ 高温下瞬间加热并冷却，塑料薄膜收缩而紧贴果皮上。除宽皮橘类（果皮疏松）外，采用薄膜单果包装有较好的贮藏效果。

环境消毒，杀虫灭鼠 贮藏柑橘可因地因人制宜，采用冷库、机械通风贮藏库或未曾装过农药、化肥、酒类等有异味物质的普通仓库（民房）、土窖以及较大的缸、坛、桶、箱等均可；贮果前 5~10d，对贮藏场所用盛果器具用硫磺密封熏蒸消毒 24h($10mg/m^3$ 或均匀喷洒 200 倍托布津加 200 倍氧化乐果，通风至无气味密闭待用，防止贮藏环境中的害虫及病菌侵害果实，同时还要采取堵鼠洞、食饵诱杀等措施防止鼠害。

③ 实用贮藏技术

a. 锯木屑贮藏 贮藏时可在洗净、晒干并经消毒的木箱（桶）底部垫一层含水量 7% 左右的新鲜锯末屑，再一层柑橘一层木屑竹分层存放，容器顶部覆盖 8~10cm 锯木屑后加上箱盖（可不盖严），贮于阴凉通风处即可。锯木屑过手干燥时，宜喷 0.2% 兆托布津溶液，提高湿度，杀灭病菌。

b. 湿沙贮藏 选择通风、隔热性能好的房间作贮藏室，经消毒后先在室内地面铺一层稻草，草上铺 8~10cm 厚湿润（手握不成团）、洁净（无泥）的河沙，再将经防腐、"发汗"与精选的果实分层摆放，一层果一层沙，湿沙厚度以看不见果皮为佳，果与果之间皆 3~5mm 的间隙，依次堆放 3~5 层，最后覆沙 5~10cm 以保温保湿，可贮藏 3 个月以上，贮藏期间最好不翻果，以防沙粒损伤果皮。

c. 室内砖池贮藏 在地势高燥的室内，挖地、深 60~80cm，宽 80~100cm，用砖砌壁，或在室内地面砌砖池，大小与地下池相仿。待消毒、干燥后。在池底垫上清洁河沙或晒干的稻麦秆，再整齐摆放柑橘 5~8 层，贮藏初期池口不盖严，让水分蒸发，气温较低时盖严池口，严寒时应加盖草包、棉被保温，以防果实冷害。

d. 土窖藏 贮藏前用小铁铲沿窖壁基部和底部，轻轻刮去 1cm 厚的表土，换上干净的新土。

入窖前 30d 给窖内灌水增加湿度，保持窖内相对湿度 90%~95%，一般灌水 100~150kg。

甜橙 11 月中旬采收，广系列采后处理后入窖。果实入窖前先给窖底铺一层薄稻草，果实沿窖壁摆放，果蒂向上，大果在下层，小果在上层，上一层果实放在下一层果实的两果之间，窖底中央留一个与窖口大小相同的圆形空地，以便下窖检查果实。

贮藏初期果实呼吸强度旺盛，窖内温、湿度大，最初几天窖口上的板盖需留孔隙以降温排湿,当果面无气水后,再将窖口盖住,注意经常检查,若发现温度过高,湿度过大,应揭开盖板,敞窖调节。冬至以后,窖温逐步稳定,一般每隔半月检查一次。每次大窖前先要扇风换气,并用灯光试探窖内二氧化碳含量,如灯不灭,表明二氧化碳浓度不高,即可入窖检查。检查时彻底清除病果,以防传播。地窖温度比较稳定,贮藏总平均温度为15℃左右;相对湿度高而稳定,一般在95%以上;地窖封口以后,二氧化碳在窖内积累,一般为2%~4%;第一次检查通风换气后,可排除过多二氧化碳,窖内处于低氧高二氧化碳的气体组分;有利于甜橙保鲜。

e.通风库贮　藏果实入库前2~3周,库房进行消毒处理。柑橘在贮藏期很易受真菌侵染而腐烂,因此入贮前对贮藏场所进行清扫及消毒是十分必要的。常用的方法是硫磺熏蒸,将硫磺磨细成粉,用量为10g/m³,因硫磺不易点燃,使用时可加少量氯酸钾作为助燃剂,按库房大小分成几堆,密闭熏蒸,也可用40%福尔马林1:40的浓度喷洒墙壁和地面,用量为30~50mL/m³。用药后密闭2~3d,然后打开通风2~3d,待药气散发后方可入库贮藏。

通常将预冷后的柑橘装箱,箱在库内排成"品"字形或"井"字形,箱与箱、垛与垛之间留有一定的空间,以便空气流通。或在库内设置木、竹架或铁架;架宽0.8~1.0cm,层间距离为30~40cm,每层放果4~5层,两架之间留有0.8~1.0m宽的走道,最高一层距天花板应有1m以上的距离,以利空气循环。

果实入库后前两周,为散除大量的田间热和呼吸热,除雨天、雾天外,应日夜打开通风窗和排气扇,加强通风,降温排湿。

12月至次年2月上中旬,气温较低,库内温、湿度比较稳定,果实贮藏效果最好,管理也比较简单,仅需对贮藏量大的库房适当进行通风换气即可。在气温低于0℃的地区应注意保暖,防止果实遭受冷害和冻害,当库内湿度过高时,要进行通风排湿或用消石灰吸潮,当外界气温低于0℃时,一般不能进行通风。

开春以后气温逐渐回升,库温随之升高,库房管理以降温为主。白天关闭门窗,夜间开窗通风,引进冷风,以保持库温稳定。若库内湿度不足,可洒水补湿。并且加强检查,及时取出干蒂果、浮皮果,以减少贮藏后期的蒂腐病、枯水病。

f.冷库贮藏　柑橘经过装箱、预冷后入库贮藏。柑橘因种类、品种不同,对温、湿度要求的条件也不相同,且相差悬殊较大,因此,不同种类、品种的柑橘不能在同一个冷库内贮藏,由于柑橘适宜温度都在0℃以上,冷库贮藏要特别注意冷害,柑橘出库前应在升温室进行升温。果温和环境温度相差不能超过5℃,相对湿度以55%为好,当果温升至与外界温度相差不到5℃即可出库。

4.贮藏期病害控制

（1）生理病害

① 褐斑病　褐斑病是橙类在贮藏过程中最普遍最严重的生理病害。一般在贮藏1个月左右出现,多数发生在果蒂周围,果身有时也出现。发病初期为浅褐色不规则斑点,以后病斑

扩大，颜色变深，病斑处细胞破裂，凹陷干缩。发病部位仅限于有色皮层，时间长了病斑下白皮层变干，果肉风味变淡。甜橙褐斑病病因与贮藏环境低温、低湿有关，贮藏过程中调控好温度，保持较高的相对湿度，采用塑料薄膜单果包装等方法有利于降低褐斑病发病率。

② 枯水病　宽皮橘发病后表现为果皮发泡，皮肉分离，囊瓣汁胞失水干果重减轻，果肉糖酸含量下降，逐步失去固有的风味，严重者食之如败絮。甜橙发病则表现为果皮油胞突出，失水严重时果实显著变轻，果皮变厚，白皮层疏松，皮易剥离，中心柱空隙增大，囊瓣壁变厚而硬，汁胞失水，随着枯水加重，果实失去原有风味。其防止措施是入贮前剔出果皮发浮的果实，将果实置于低温通风环境进行预贮，待果皮水分部分蒸发，表面微显萎蔫时再入贮；贮藏中降低贮藏的相对湿度，维持适宜而稳定的低温。

③ 水肿病　发病初期颜色变淡，果皮无光泽，口尝果肉，稍有异味，随着病情的发展，果皮颜色变为淡白，局部果皮出现不规则的半透明的水渍状，表面饱胀，易剥皮，食之有浓厚的苦味或酒精味，若继续贮藏，则被其他真菌侵染而腐烂。发病原因是贮藏温度偏低和贮藏环境通风不良积累过多 CO_2。其中任何一个因素都会引起水肿病的发生，若二者同时存在，则发病更加迅速、严重。保持贮藏环境适宜的温度；加强通风，库内 CO_2 不超过 1%，O_2 不低于 19% 均有预防效果。

（2）侵染性病害

① 青霉病和绿霉病　青霉病和绿霉病是柑橘贮藏期普遍发生的病理病害。发病初期，果实出现水渍状褐色圆形病斑，病部果皮变软腐烂，后扩展迅速，用手指按压果皮易破裂，病部先长出白色菌丝，很快就转变为青色或绿色霉层，在适宜的条件下，从开始发病到全果腐烂只需 1~2 周；青霉病和绿霉病菌孢子萌发后，必须通过果皮上的伤口才能侵入危害，因此，在果实采收、运输、贮藏中尽量避免机械损伤和冷伤害，可以减少青霉病和绿霉病的发生。药剂防治用 0.10% 特克多或甲基托布津与 200mg/kg 的 2,4—D 混合浸果 1~2min；也可用 0.05% 多菌灵或苯来特与 200mg/kg 的 2,4—D 混合浸果；还可用 500~1000mg/kg 抑霉挫与 200mg/kg 的 2,4—D 混合浸果。

② 黑腐病　黑腐病也是田间感染带菌引发的贮藏期病害，病果有两种症状，一种是果皮先发病，引起果肉腐烂，外表症状明显，初期果皮出现水渍状淡褐色病斑，长出灰白色菌丝，很快就转变为墨绿色霉层，果肉变苦，不能食用，这种症状在温州蜜柑上发生较多。另一种是果实外表不表现症状，而果心和果肉发生腐烂，这种症状在甜橙和红橘上较多。防治方法参考青霉病和绿霉病。

4.2.2　香蕉

香蕉属热带果品，质地软滑，色香味俱全，可周年生产，四季上市，香蕉在我国水果生产中也占有重要位置，我国广东、广西、福建、云南、台湾等省（区）均有栽培，整年都可开花结实，采收期较长，但主要以工10月份集中成熟，由于我国大部分省、市不产香蕉，因而贮运任务较大,做好香蕉运销中的保鲜是非常重要的。

1. 贮藏特性

香蕉为热带、亚热带水果,属于跃变型果实,果实采后,常温下迅速出现呼吸跃变;后熟过程中,香蕉乙烯释放高峰出现于呼吸高峰之前,从而加速了呼吸高峰的到来和乙烯的释放,促进了果实转黄,变甜、变软和涩味消失。病原菌和机械伤害会促进生理后熟,缩短果实贮藏寿命。因此延迟果实后熟就是要推迟呼吸高峰的出现,减少乙烯的刺激以及剔除病伤果。同时香蕉对低温十分敏感,非常容易发生冷冻害、香蕉在生长成熟期主要积累淀粉,单宁含量也较高,不仅不甜、不香还有涩味,经过后熟或催熟,淀粉水解为糖,颜色由绿转黄,果实变软、涩味消失,香气浓郁,方宜食用。香蕉品种众多,但大致可分为香牙蕉、大蕉、粉蕉和龙牙蕉四类,一般来说香蕉是指香牙蕉(华蕉),其产量和销量居各类之首,耐藏性最强。我国主要栽培的香蕉品种以香牙蕉为主。此外,广东还有大蕉和粉蕉,广西有西贡蕉,福建以天保蕉莉台湾蕉较多,台湾以仙人蕉和北蕉为主。

2. 贮藏条件

香蕉适宜贮藏温度为13℃,相对湿度85%～90%。香蕉对低、高温都非常敏感,温度低于11.8℃就会出现冷害,温度高于13℃就会加速成熟衰老,相对湿度低于80%时,会加速果实失水;湿度太高,香蕉梳柄上容易产生霉菌;另外,适当控制贮藏环境中的 CO_2 和 O_2 含量,有利于延长贮期,一般 O_2 为 2%～8%, CO_2 为 2%～5% 为宜。

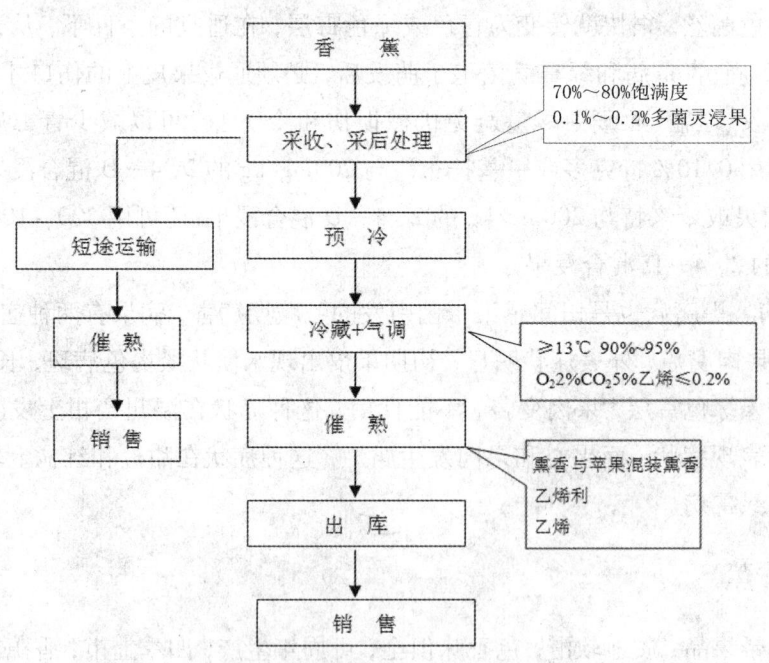

图4-14 香蕉贮藏工艺

3. 贮藏技术

(1) 贮藏工艺(图 4-14)

(2) 操作要点

① 采收及采后处理

a. 采收 香蕉采收期要根据其用途确定。贮藏期限长或运输路途远的，以采饱满度较低的果实为宜，贮藏期短的，以采 8 成以上的饱满度的为佳。果实成熟度的判定方法有多种，目前最常用的是根据果实棱角变化来判断，以果穗中部的小果棱角状态为基准，在棱角明显高出时，成熟度小于 7 成，果身与棱角近于平满时为 7 成成熟度，果身圆满但还能见棱角时为 9 成以上成熟度，此外也可根据挂蕾天数来确定，一般要达到 7~8 成熟，夏季 5~6 月断蕾的蕉果需要 65~80d；夏季 7~8 月断蕾的蕉果需要 90~100d，秋季 9~10 月断蕾的蕉果需要 110~140d 冬季断蕾的蕉果需要且 150~180d；12 月以后断蕾的蕉果，所需生长天数又逐渐缩短。香蕉采收时间应在上午 9 点钟以前，切忌太阳直晒蕉串，要轻采轻放，尽量减少机械伤。

b. 采后处理

落梳防腐 果穗运至加工场后，用利刀将果穗分成梳，这个过程称"落梳"或"分梳"落梳方法有带果轴和不带果轴两种。带果轴落梳，由于暴轴含水分多，容易腐烂，不利于久放，仅适于近销。目前我国北运或较高档的香蕉，常采用不带轴落梳，把果穗的基部果轴着地，用锋利的弧形落梳刀从上部尾梳开始落梳。最好两人配合，1 人切梳，1 人小心托住果梳，等切开后取走不落地。落梳后将果梳放手清水中洗去宿存的残花及乳汁等，再将果梳分级，淘汰不合格的果梳，然后将合格的果梳浸泡入防腐剂 1~3min，风干后即可。包装。

有时分级在浸泡防腐剂后进行。常见的防腐剂有 45% 的特克多 1000 倍液，25% 扑海因 250 倍液，溶液浸果 1min，沥干装箱。为加速风干速度，较大型加工场采用电动旋转轮盘；配备大马力风扇，浸药后的蕉果放在旋转轮盘的一边，另一边即可包装。

包装 香蕉按大小和成熟度进行分级包装，不宜统装，外包装用竹筐和纸箱两种。目前以瓦楞纸箱包装贮运保持果实的质量最好。选用的瓦楞纸箱强度必须较坚硬与耐压，其容积规格以包装果实质量 15~20kg 为好；内部一般衬垫聚乙烯薄膜。装箱时梳蕉果被朝上，紧密排齐，勿超出箱口，内包装罐盖面，并同时加入乙烯吸收剂与二氧化碳吸收剂，它们要用纱布或微孔薄膜袋小包装，然后置于包装蕉果的聚乙烯袋内，乙烯吸收剂与二氧化碳吸收剂投放量应依蕉果贮运时间长短、销售地点的远近与不同季节温度高低而灵活运用。

c. 运输

常温贮运 香蕉产量很大，其要求的贮藏温度并不太低，与产地秋末初冬的平均气温很相近，况且目前我国冷库远不能满足需求，因此常温贮藏仍占多数。高温季节常温贮运香蕉，采收成熟度不宜太高，贮运环境要随时通风换气，避免热气聚集，造成腐烂。低温季节贮运香蕉主要是防寒，不要使香蕉遭受冷害、冻害。

冷藏贮运 经过预冷,达到一定温度后的香蕉可进行冷藏。冷藏可降低香蕉呼吸强度,推迟呼吸跃变期,减少乙烯生成量,延缓后熟过程。但香蕉对低温十分敏感,冷藏贮运温度以14℃左右为宜,11.8℃以下易遭受冷害,并注意通风换气,以排除自身产生的乙烯,防止催熟,运达销售地点后,仍应于冷库内贮藏,然后根据市场需要,催熟后出售。

② 实用贮藏技术

a. 乙聚乙烯薄膜袋贮藏,香蕉经防腐剂处理晒干后,装入0.03~0.04mm的聚乙烯薄膜袋中,同时加入乙烯吸收剂并密封包装,乙烯吸收剂可采用高锰酸钾浸泡碎砖块、珍珠岩、沸石或活性炭等多空性物质制成,用量按每50kg香蕉用0.4kg吸透高锰酸钾溶液的多孔性物质,另外可同时按香蕉与熟石灰为1000:4~8的比例装入熟石灰来吸收CO_2,采用此方法,30℃下可贮存两个星期而不致黄熟;20℃下存放6周以上;如果将该方法结合低温(12℃~13℃)冷藏,保鲜效果更佳,贮藏期会更长。

b. 常温贮藏 在使用前一个星期进行库体药物消毒处理。蕉果包装好后随即入库。入库的蕉果要合理堆垛。纵向门窗垂直,横向以堆入3箩(箱)为1行,垛高5层左右为宜。层与层之间宜用条板隔垫,以防压坏底部的果蕉。装满库后要关库门和侧窗,严防老鼠。封库的管理,主要是夏季高温隔热防暑,通风散热,冬季低温防寒防冻,密闭保温。夏季气温高于30℃时,白天一般只开天窗,对流散热降低库温;冬季严寒气温低于10℃时,要全闭封库,以防冷害。在气温11~13℃时,可打开窗通风换气。总之,尽可能保持相对适宜的库温。同时注意10~15d检查一次;剔除早熟或腐烂的装包。

c. 机械冷藏 这种办法是在有良好隔热效能的库房中装置制冷机械设备、随意控制库内温度、湿度和通风换气。进入冷藏库的蕉果,一般用竹箩、塑料袋包装。植入库堆叠前,进行预冷,让蕉果温度下降到13~14℃,以接近最适库温11~13℃,经3~5h预冷后,迅速转入冷库内恰当的位置堆叠好,注意大包之间,不要堆得过密,留出一些空隙,以便通风散热。便堆中心能迅速均匀降至最适的库温。贮后要定期检查。

d. 气调贮藏 气调贮藏分为控制气体贮藏氏(CA贮藏)和自发气调贮藏(MA贮藏)两种,拉丁美洲国家在商业上运输香蕉时常用气调集装箱进行控制气体贮藏。我国通常采用聚乙烯塑料薄膜袋包装来进行自发气调贮藏,香蕉经整理或防腐后,在箱(筐)内垫0.05mm厚的塑料薄膜袋,将香蕉装入袋内同时装入吸附饱和高锰酸钾溶液的碎砖块、泡沫砖、珍珠岩、蛭石或硅藻土等载体物和少量消石灰,以吸收乙烯相过多的二氧化碳,可延长香蕉的绿熟期。

4. 贮藏期病害控制

(1) 生理病害

① 冷害 冷害是香蕉贮运中常见的一种生理病害。香蕉对低温敏感,11.8℃是冷害的临界温度。轻度冷害的果实果皮发暗,不能正常成熟。严重冷害的果实,果皮变黑,果肉生

硬无味,极易感染病菌,完全丧失商品价值。冷害是香蕉低温贮运不容忽视的问题。

② 二氧化碳伤害　二氧化碳伤害也是香蕉贮运中常见的一种生理病害。常温运输时造成损失的常常是二氧化碳伤害,受害果皮不转黄,轻则果肉产生异味,重则果肉呈黄褐色,完全失去商品价值。在包装袋中放入熟石灰,可以降低袋中二氧化碳浓度,减少伤害,但石灰不能与香蕉直接接触。

(2)侵染性病害　香蕉由病菌引起的病害主要有炭疽病、冠腐病(又称轴腐病、梗腐病、白霉病等)和黑星病等。病菌常通过采收处理过程中造成的伤口入侵,有些病原菌则在香蕉采收前已侵入果实,然后潜伏下来,在贮藏过程中发病。夏秋高温多湿,病害较重;冬季低温干燥,病害相对较轻。

① 炭疽病　炭疽病是香蕉采后最主要的病害之一,属真菌性病害,主要在果园侵入,运销期发病。成熟和未成熟的香蕉均可被感染,在被害的青果果皮上首先出现褐色或黑褐色的小圆斑,随果实成熟衰老病斑迅速扩大,形成大斑块,后期还会下陷。非潜伏型炭疽病通常发生在收获期或收获后果实的损伤处,在贮运中病斑迅速扩大,危害整个果实,采收、包装、运输过程中尽量减少机械损伤是防治的关键。潜伏型炭疽病通常发生在田间未受损伤的绿色果实上,病菌多以菌丝体潜伏在表皮下,很少见到危害症状,在采后果实变黄时才表现症状,感病果果皮上出现黑褐色状病斑,并迅速蔓延,使果皮褐腐,俗称梅花点或芝麻蕉。采后用1000mg/kg 的特克多(TBZ)或多菌灵或苯来特浸果,防治炭疽病效果明显。

② 冠腐病　香蕉冠腐病危害仅次于炭疽病,病原菌危害果梗、果轴,病害初期呈现黑褐色软化腐烂,表面出现白灰色棉絮状菌丝,后呈现黑褐色水渍状。高温高湿会加速该病发生,最终导致果指脱落。采后用1000mg/kg 特克多处理果实,能有效地防止发病。

5. 香蕉催熟

(1)熏香催熟　民间常用的催熟方法。将香蕉放于竹筐内,移于封闭蕉房,选用普通的棒香,点燃后移于封闭蕉房或直接插在蕉头上,密封20~24h 后,将门开启,经2~3h,取出香蕉,置于空气流通的地方。从蕉房取出的香蕉仍为绿色,但涩味已退,待在室温下放2~3d,变得色黄、味甜。1000kg 香蕉用棒香10 支,室内保温21℃左右。

(2)乙烯利催熟　乙烯利能促使香蕉中叶绿素和淀粉快速水解,糖分和酒精含量增多,香蕉又香又甜。利用乙烯利催熟香蕉,是在催熟室进行,在温度20~25℃、湿度80%~85% 条件下,用500~1000mg/kg 浓度的乙烯利水溶液,将香蕉蘸一下,放入室内,待香蕉出现黄色即可取出。

4.2.3 龙眼

龙眼属于亚热带水果,原产于我国南部、缅甸及印度等地区,我国栽培历史悠久,栽培面积大,广东、广西、福建及四川均广泛栽培,我国的龙眼产量位居世界第一。在泰国、印度、越南、菲律宾等国有一定的栽培面积。在国际市场上,越南的龙眼品种品质差,竞争力小;泰国的品种优,果大,品质佳,产期长,竞争力强。龙眼果实的营养丰富,尤其是制成干的龙眼肉,自古以来就被视为珍贵补品。

1. 贮藏特性

龙眼果实属于非呼吸跃变型水果。含糖量高(可溶性固形物大多在20%以上,有的可达24%~25%),含酸量低(约0.1%),还含有丰富的维生素C。在常温(25℃)下龙眼的呼吸强度容易接近直线上升,没有出现明显的呼吸高峰,贮藏6d就开始腐烂。龙眼有300多个品种,不同品种的耐藏性差异很大。泉洲本最耐藏,在3~4℃下可贮藏35d;福眼、石陕、车壁、柴螺等品种耐藏性好;水涨最不耐藏。一般高糖、厚壳的品种耐藏,低糖、薄壳的品种不耐藏。它在高温季节成熟,在室温(30℃左右)下很容易褐变和腐烂,货架寿命短。

2. 贮藏条件

龙眼最适贮藏温度是3~5℃,湿度90%~95%,贮藏35d后,好果率仍达90%以上。品种不同其最适温度略有不同,但贮温不能高于8℃或低于0℃,温度过低易使果实产生冷害或冻伤,温度过高则无法控制果实的代谢,会加速果实的衰老变质;贮藏过程中应避免温度变动。

除了低温贮藏外,也可结合气调或自发气调贮藏,其效果比单纯的低温贮藏更好。龙眼果实贮藏环境适宜的气体配比为CO_2 4%、O_2 6%~8%。CO_2浓度偏高(13%)或偏低(3%)均不利于龙眼贮藏,且有副作用。

3. 贮藏技术

(1)贮藏工艺(图4-15)

(2)操作要点

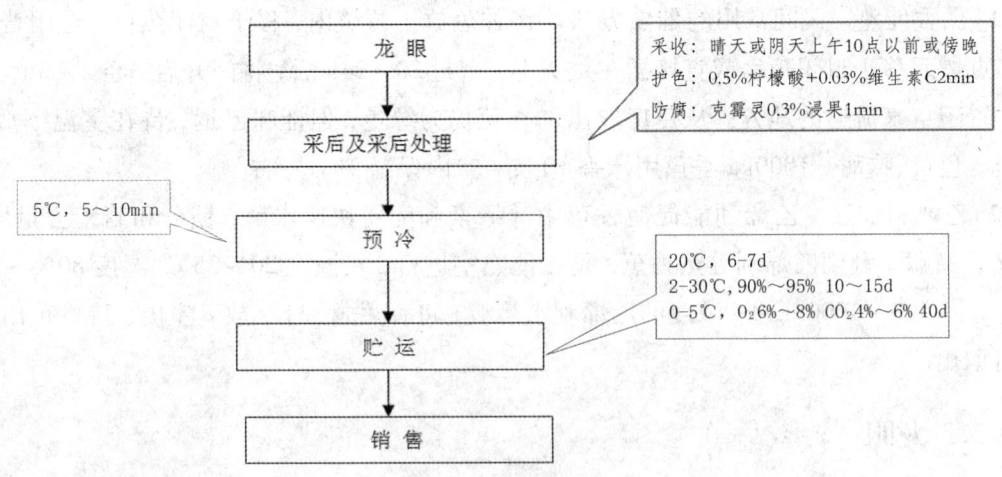

图4-15 龙眼贮藏工艺

① 采收

采前处理：可用扑海因500～750倍液或0.02%，2.4—D溶液，或两者混合对龙眼树进行喷雾，能起到延长龙眼采后贮藏时间的作用。一般于采前2周左右喷施。采收时间：晴天或阴天的上午10点前或傍晚进行，以提高果实糖分、氨基酸和维生素的含量。不宜在雨天、雾天、露水未干时采收，切忌雨后采果和人为"水浸龙眼"，否则难以保鲜。采收方法：采摘时宜在果穗基部3～6cm处带2片复叶剪断，剪口整齐，轻采轻放，避免机械损伤。

② 采后处理

护色处理 护色可与洗果相结合，处理前进行分选，剔除烂果、裂果、伤果和病虫果。方法有：a.2%亚硫酸钠、1%柠檬酸、2%食盐水溶液浸果2min；b.0.5%柠檬酸加0.03%维生素C溶液，或者1%柠檬酸溶液浸果2min。

防腐处理 克霉灵（含50%仲丁胺的熏蒸剂）、保果灵、仲丁胺加赤霉素、多菌灵、甲基托布津、苯申酸、特克多、FISB-1、FISB-2龙眼保鲜剂等。药物防腐结合塑料袋包装、低温贮藏，可以收到满意的贮藏效果。

预冷 预冷方式可多样化。可利用浸药时以冰水配药，合防腐与预冷干体，既速又省力。也可在药物处理后进入预冷间进行剔选及包装，充分利用工作时间进行预冷。预冷间应通风良好。

③ 贮运

a.常温贮运 龙眼在常温下只能短期保鲜，一般6～7d，最多10d。可用SO_2熏蒸后常温贮运，但要掌握好使用剂量和处理时间，以免引起SO_2伤害或SO_2残留过高。也可用沸水热烫15s左右，取出充分风干，然后包装常温贮运，热烫的时间因品种而异，以不烫伤果肉为度。

b.低温贮运 在我国目前缺乏预冷设备的情况下，最好利用浸果（防腐处理）时在药水中加冰或冷却水配药，将防腐与预冷合为一体，既可防腐保鲜又可预冷。方法是用5℃左右的冰药水浸5～10min，处理中还要加碎冰和药，以保持低温和药浓度，处理完后要防止温度回升。也可在预冷间进行选果包装降低温度，果温降至4℃时，用0.04mm的聚乙烯塑料袋小包装，每袋500g然后装箱。也可用内衬0.04mm的聚乙烯塑料袋后大箱包装。

从采收、预冷、防腐保鲜、包装到冷藏，最好在5～6h内完成。贮运中尽量维持稳定的低温，贮运温度2～4℃，贮运时间因品种而异。

(3) 实用贮藏技术

① 常温贮藏 在常温（25℃）条件下，龙眼鲜果呼吸强度接近直线上升，没有出现明显的呼吸高，贮藏6d就开始腐烂。而在2～3℃，相对湿度90%～95%条件下，呼吸强度大大降低，而且有随着贮藏时间的延长呈逐步下降的趋势，明显地抑制了呼吸强度，有效地减缓了衰老，可保鲜10～15d。

② 气调贮藏 气调贮藏是近年来发展较快的一种先进贮藏技术。龙眼果实采收以后，

先行预冷2d，然后对果实进行整理，剪除劣果、破果后，用0.1%甲基托布津淋洗果穗以杀菌消毒，直接装在0.04mm厚的聚乙烯薄膜袋中，或先装在塑料周转箱中，再套上塑料袋（厚度0.04mm），在湿度85%~95%、温度0~5℃（不超过10℃）的库房中贮存。袋内的气体指标以O_2 0.6%~0.8%、CO_2 4%~6%较为适宜。CO_2浓度高于13%或低于3%时，果实的酒精味很浓，果肉口感差，对龙眼贮藏不利，也可对塑料袋进行抽气或者抽气充氮，加快氧的减少，有利于抑制龙眼果实的呼吸作用和长期贮藏。研究表明，福眼龙眼经0.1%甲基托布津防腐处理后，用塑料袋包装。然后进行抽气充氮处理，在0~5℃或6~10℃的条件下贮藏，保鲜效果很好，贮藏40d，好果率尚达93%左右。

③ 速冻贮藏　选无病、无虫、无伤的果实在20℃以下的空调房中进行速冻前处理，然后用含柠檬酸、亚硫酸氢钠的京2B二号30倍稀释液洗果，或用包聚型复方卵磷脂100倍液洗果，在风冷库中先预冷至0℃，用0.04mm厚的聚乙烯薄膜袋盛装，每袋500g，封口，在-25℃下速冻，在-18℃下贮藏，保存期可达1年。食用时需要解冻，方法是在0.5%的柠檬酸加0.03%的维生素C溶液中解冻，可延缓果皮褐变和果肉变质。速冻会引起裂果，一些果皮较薄、果肉较厚、含糖量较低、含水量较高的品种，裂果率较高，不适于速冻。速冻龙眼贮藏1年之后，基本上仍能保持新鲜龙眼的风味。

4. 贮藏期病害控制

（1）生理病害

① 果皮褐变　主要原因是果皮失水、低温伤害和机械损伤，应在采收、运输中减少伤害并利用塑料袋包装减少水分蒸发可防止褐变。

② 气体伤害　CO_2达到10%时，果肉乙醇含量增多，食用时有明显的酒味。

③ 低温伤害　龙眼在5~7℃以下就可能出现冷害，其主要表现为果皮褐变和果实移到常温后抗病力下降。

（2）侵染性病害　龙眼的腐败变质多从果实内部开始，即由龙眼本身酶的作用产生自溶现象，破坏了果肉表面保护膜，使高糖果汁外溢，引起各种微生物滋生，从而加速整个果肉腐败，其腐烂进程是：果肉流汁→蒂周腐烂→果肉全部腐烂→整果腐烂长霉。

4.2.4 荔枝

荔枝原产于我国南部热带、亚热带地区，已有2000多年栽培历史，我国海南、广东、广西、福建、台湾等地栽培最多，美国、以色列、南非、澳大利亚、印度等国也均引进栽培。荔枝果实在炎夏条件极不耐贮藏，素有"一日色变、二日香减、三日色香味全尽也"之说，荔枝的营养价值和独特风味又非常受广大消费者的青睐，因此，做好荔枝的贮藏保鲜工作是非常重要的。

1. 贮藏特性

荔枝属无呼吸高峰型果实，成熟期间完好果实无明显的呼吸跃变期，但其呼吸强度比苹果、香蕉、柑橘大1~4倍。在30℃下荔枝果实中的蔗糖酶和多酚氧化酶非常活跃。由于果皮薄、有龟裂片，果皮与果肉之间连接疏松，致使其果肉中的水分易于散失；加之其果皮富含单宁物质（约7%），因此，果皮极易发生褐变，导致果实抗病力迅速下降，色、香、味衰败，进而被病菌侵染而腐烂。抑制失水和褐变便可有效地保鲜荔枝，抑制衰败腐烂。荔枝栽培品种较多，广东有桂绿、三月红、白蜡、白糖婴、黑叶、淮枝、桂味、糯米糍等，广西的淮枝，福建的兰竹，台湾的黑叶都是主栽品种。不同品种，耐贮性与抗病性不同。如1~3℃的温度下，槐枝、黑叶、桂绿及白蜡、尚书槐等一般贮藏30d左右仍可保持其色香味基本不变，而三月红和糯米糍则仅能保存15~25d。一般果皮较厚、果肉较硬、呼吸强度较低的品种耐藏性高，反之耐藏性低。

2. 贮藏条件

低温是降低荔枝呼吸率，延长其贮藏期的重要条件。在1~5℃下，荔枝可贮1个月，色、香、味基本不变。荔枝的贮藏条件因品种不同有一定差异，但一般低温贮藏适温为2~4℃，相对湿度90%~95%。温度过低易发生冷害，过高则腐烂加重。湿度过低易导致失水褐变。气调贮藏可保持湿度，抑制多酚氧化酶活性，因而对保持色、香、味具有显著效果。在气调贮藏下，其适温比普通低温贮藏略高1~2℃。荔枝对气体条件的适应范围较广，只要CO_2浓度不超过10%，即不致发生生理伤害。适宜的气调条件为：温度4℃，CO_2 3%~5%，O_2 3%~5%。在此条件下可贮藏40d左右。

3. 技术

（1）贮藏工艺（图4-16）

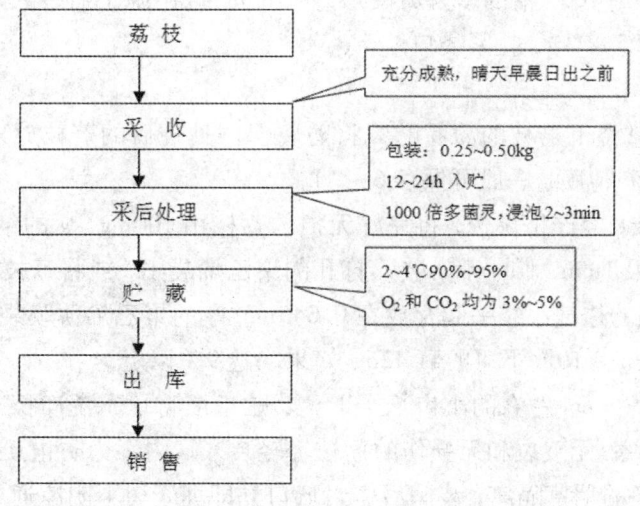

图4-16 荔枝贮藏工艺

（2）操作要点

① 采收　虽然荔枝果实耐贮性较差，但品种间仍有一定差异，宜选择中、晚熟品种中耐贮性较好时淮枝、桂绿、白蜡、尚书槐、乌叶荔枝等进行贮藏。掌握适宜的采收成熟度是荔枝贮藏的关键技术。不同的贮藏方法所要求的最适采收成熟度不同。一般低温贮藏，应在荔枝充分成熟时采收，果皮越红越鲜艳其保鲜效果越好。但若采用低温下的自发气调贮藏（如用薄膜包装、成膜物质处理等），则以果面2/3着色、带少许青色（约8成熟左右）采收为好。采收时间应选在晴天早晨日出之前，不带叶整穗摘下。注意避免日晒雨淋，以免产生裂果或田间带菌。

② 采后处理　荔枝来后应迅速移至阴凉处，进行预冷散热，并及时剔出破烂果、病伤果及褐变果。整个过程要仔细操作，轻拿轻放。避免一切机械损伤，并注意防止病菌传播。气调贮藏的荔枝果实要尽快进入气调环境。远运和低温贮藏的荔枝，经预冷及来后杀菌处理，待果温降低，果面药液干后再包装贮运。实践证明，贮运荔枝采用小包装（0.25～0.5kg）比大包装（15～25kg）效果好。包装、入贮越及时，保鲜效果越好，从采收到入贮一般在12～24h内完成为佳。

③ 控制贮运条件　保持贮运环境稳定而适宜的温湿度及气体成分，是决定荔枝贮运保鲜成败的关键。应注意防冷防热，保湿保气，防止温湿度和气体成分变化过大，以免发生伤热沤腐、冷害、失水、干褐等。即使在销售过程中也不宜打开小包装，以利延长荔枝的货架寿命。

④ 防腐保鲜　由于荔枝果实采后极易褐变发霉，感染霜疫霉、酸腐病、青绿霉和炭疽病等，所以无论采用哪种保鲜法，都需要采用高效低毒药剂进行杀菌处理。用1000mg/kg苯莱特或噻苯咪唑浸果3min；也可用0.05% 52℃苯莱特或0.05%炳乙磷铝等处理，能够防腐保鲜。如短期贮藏，可用1000倍的多菌灵浸果2～3min，取出晾干后装入0.25～0.50mm的塑料薄膜袋中，每袋0.5～1kg，扎紧袋口。

（3）贮藏实用技术

① 常温贮藏　常温下荔枝的简易贮藏将防腐保鲜处理后的荔枝放入塑料盒中，盖上0.01mm厚的聚乙烯塑料薄膜，一般可保存6～7d。

适时采收的荔枝，经严格挑选，将完好无损的荔枝用100mg/kg的细胞分裂素与100mg/kg的赤霉素溶液浸果1min，晾干后，装入打孔的聚乙烯袋中，或将荔枝与盛有1%的吸氧剂和0.9%的吸乙烯剂的透气小袋一起存放在0.045mm厚的聚乙烯薄膜袋中。在常温下（30～33℃）可贮藏7～8d，5～10℃下可贮藏42d，好果率达9%以上。

少量荔枝可用高60cm左右的小口坛子贮藏，贮果前将坛子洗净擦干，并在烈日下曝晒1d，冷却后将无病虫害、无破裂和无损伤的荔枝轻轻装入坛内。为防止互相挤压，可在其间加垫一层干松针或干净的稻草隔离，装满后密封坛口立即埋于树下阴凉通风处的沙土中。应用此法可贮藏荔枝30d。

② 低温贮藏　荔枝成熟时采收，当天用52℃、500倍苯莱特热溶液浸果2min，沥干药水，放入硬塑料盒中，每盒10～15粒，再盖上0.01mm厚的聚乙烯薄膜，可在自然低温下贮7d，

基本保持色香味不变。也可将成熟的鲜荔枝用0.5%硫酸铜溶液浸3min,然后用有孔聚乙烯袋包装,可在室温下贮藏6d,保持外观鲜红。用2%次氯酸钠浸果3min,沥干药水后,将荔枝贮藏于7℃环境中,可保持40d左右,色香味仍好。

③气调

a. 小袋包装法　荔枝于8成熟时采收,当天用52℃的500倍苯莱特,1000倍多菌灵或托布津,或500~1000倍苯莱特加乙磷铝浸20s。沥去药液,晾干后装入聚乙烯塑料小袋或盒中,袋厚0.02~0.04mm,每袋0.2~0.5kg,并加入一定量的乙烯吸收剂(高锰酸钾或活性炭)后封口。置于装载容器中贮运。在2~4℃下可保鲜45d,在25℃下可保鲜7d。

b. 大袋包装法　按上述小袋包装法进行采收及浸果,沥干稍晾干即选好果装入衬有塑料薄膜袋的果箱或箩筐等容器中,每箱装果15~25kg,并加入一定的高锰酸钾或活性炭,将薄膜袋基本密封,在3~5℃下可保鲜30d左右。若袋内气体成分氧为5%,二氧化碳为3%~5%,则可以保鲜30~40d,色香味较好。

④速冻　速冻一般是经-23℃速冻,用塑料薄膜袋包装后于-18℃下冷藏,贮期可达1年以上。而且冻结温度越低,解冻后果皮颜色保持时间越长,果实品质保存越好,但会增加裂果率,为了降低裂果率,可在冻结前将果实预冷到近0℃和用塑料袋包装后再冻结。此外,冻结荔枝解冻后还常出现褐变,可采用杀酶喷酸保色法,荔枝果实用100℃水蒸气处理20s,再喷30%的柠檬酸2次,在-23℃下速冻后用聚乙烯薄膜包装,在-18℃下保存。

4. 贮藏期病害控制

(1) 生理病害

①褐变　褐变是荔枝贮藏中的一种生理病害,主要是果皮失水、机械伤和低温伤害造成的。采用低温可抑制果皮酶的活性,减少褐变;增加贮藏环境的湿度(95%左右)或塑料薄膜包装可防止果皮失水,抑制褐变;此外,气调、化学药剂处理及辐射都可减少褐变。荔枝贮藏前的杀菌防腐处理应用新型高效低毒防腐剂和保鲜剂是贮藏保鲜的重要措施,可根据具体情况选用。

② CO_2 伤害　CO_2 浓度过高也会引起荔枝果实生理伤害 CO_2 浓度为8%时,果皮微有异味,果肉乙醇含量增加。CO_2 浓度超过10%时,不但烂果增加,而且好果也有浓烈酒味。

(2) 侵染性病害　荔枝果实带有大量微生物,且果肉多汁,果皮薄软,很易产生机械伤,常常被微生物侵染,造成腐烂,通过低温度抑菌、化学药剂杀菌可防止微生物病害;如:苯来特或噻苯咪唑(涕必灵)1000mg/kg,能有效防止荔枝果实腐烂稍兼有防止果实变褐的功效;用0.5%~1.5%脱氢醋酸钠浸果,可抑制荔枝霉菌的发展,用52℃的0.1%托布津溶液浸果2min,装入0.04mm厚的聚乙烯薄膜袋,每袋装500g荔枝果实,可抑制根霉属和曲霉属霉菌生长;二氯胺加苯来特[(0.375g+0.625g)/L]溶液在52℃下浸果10min,能有效地控制刺盘孢属和盘多毛孢属霉菌。

4.2.5 芒果

芒果是漆树科芒果属常绿乔木。又名檬果、芒果、羨子。著名热带水果。全属约60余种,其中约有15种的果实可供食用。

芒果原产印度、缅甸、马来西亚一带，现印度为主产国，其次为巴基斯坦、巴西、墨西哥等。品种达千个，主要生产国大量出口的良种也达80种。中国于唐代从印度引入，台湾栽培最多，广东、广西、福建、云南等地也有栽培。芒果果实有特殊树脂香味，肉质多汁，富含维生素A、B、C，含糖量达11～12%。除供鲜食外，可做蜜饯、罐藏、果酱、果脯等。果皮入药，叶和树皮可作黄色染料。

1. 贮藏特性

长期以来，新鲜芒果的贮藏和运输都是生产上的一个重大问题，因其盛产于热带地区，7～8月成熟，又正值高温多雨季节，且为呼吸跃变型果实，青色时采摘，在常温下迅速后熟。另外，芒果冷敏性强，不耐低温，在低温环境中易出现冻害；而高温环境则加速了果实的腐烂，密封又易加速变质。因此芒果贮藏寿命极短。

芒果具有如下的贮藏特性：呼吸高峰型、乙烯敏感型，促进呼吸强度的乙烯生成量为1.0～10ul/kg.h。乙烯作用值为0.04～0.4ppm，最低安全湿度（冷害临界温度）约为10℃；冻结温度：0～0.94℃，含水量81.4%；冷藏条件一般为温度10℃～12℃，相对湿度（rh）为85%～90%，时间约2～3周。

芒果的适宜后熟温度为21℃～24℃，高于或低于这个范围均难得到良好结果。温度超过这个范围会使后熟的果实风味不正常，如温度低于15.6℃～18.3℃，虽亦可使果实有良好的着色，但果肉有酸味，需再放到温度为21℃～24℃下成熟2～3天，使其甜味增加，改善品质。

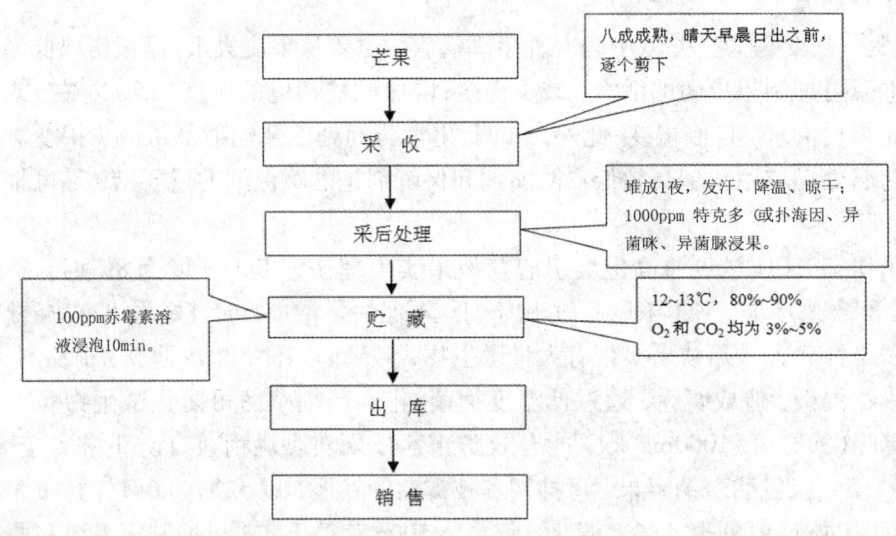

图4-17 芒果贮藏工艺

2. 贮藏条件

不同芒果品种耐藏性差异较大，其中海南吕宋、云南象牙、象牙22号、黄象牙、秋芒、桂香等品种较耐贮藏，泰国芒果不耐贮藏。耐藏果实经防腐处理在冷藏条件下贮期约2～4周。

一般温度 20~30℃，相对湿度 65%~80%；温度 12~13℃，相对湿度 80%~90%。

3. 贮藏技术

（1）贮藏工艺（图 4-17）

（2）操作要点

① 采收及处理

宜选用耐贮藏抗病害品种适时采收。判断果实成熟与否可从以下几个方面来确定：当果实已不再长大，两肩浑圆，果皮颜色变暗；切开果实，种壳变硬，果肉浅黄色；果实放在水中出现半下沉或下沉现象；一棵树已有自然成熟果落果时，用作贮藏的果实宜在晴朗的早晨采摘八成熟果。采收时应用果剪逐个剪下，用清水洗涤以除去果梗切口中流出的黏液，此种黏液如果不及时除去，则流到果皮上而引起腐烂，又能刺激工作人员的皮肤。采收时要轻拿轻放轻搬，防止有过大的震动和碰撞。

芒果在温度 28℃~32℃下，所有栽培种的果实后熟速度均比较快，平均 3~8d 即达到三级成熟，三级后熟的果实不能贮藏。所以芒果采收后应及时进行贮藏。

贮藏前处理

芒果采回后先在室内堆放一昼夜，使其发汗、降温，然后用清水漂洗晾干后再用 52℃~54℃热水浸泡 8~10min 和用 1000ppm 特克多（或扑海因、异菌咪、异菌脲）浸果，以防止炭疽病的发生。若再用 100ppm 赤霉素溶液浸泡 10min，则既可防腐又可延迟后熟。

果实消毒处理后，擦干或晾干果面，除去损伤、腐烂果实，分级包装。

② 实用贮藏技术

A 常规贮藏技术

a. 低温贮藏

芒果果实对低温的敏感程度因品种不同而异，最低安全温度为 9~13℃。低于这个温度时，一般品种易受冷害，表现为果皮变色，如变为灰色或褐色，甚至出现水烫状。在进行低温贮藏前，一定要先了解它的冷害温度。华南地区主栽品种紫花芒果的贮藏适温为 8~10℃，贮期约 3~4w。美国农业部推荐的芒果贮藏适温为 13℃，相对湿度为 85%~90%，贮藏寿命为 2~3w，取出后置于常温下可正常成熟。

为了解决芒果低温贮藏时易受害的问题，可采用逐步降温和间歇升温的贮藏方法。芒果采收后，先在 20℃、15℃、10℃条件下贮藏 1~2d，然后再在低温下贮藏，可大大提高果实对低温的适应性，果实不会有冷害。芒果在低温下贮藏时，每隔 1w，间歇性升温至 20℃条件下 1d，可明显降低果实的冷害程度。

b. 常温贮藏

目前，我国芒果贮藏多采用常温贮藏方法。其优点是成本低，设备简单；其缺点是贮藏效果比较差。在保鲜处理的条件下，常温贮藏的寿命为 15~20d。为提高常温的效果，应注意下列几个方面的问题：

一是贮藏环境　宜选择通风荫凉处建贮藏库。在贮藏期间，如因果实散热而使室温增加，应安置抽风机或鼓风设备。

二是果箱环境　贮藏用的箱必须清洁无菌；箱缘打孔，以便散热和气体交流；箱内必须保持干燥，避免湿物进入果箱；热处理后，需待果实冷却，果皮已无附着水分时方能包果装箱。

三是经常检察　贮藏 7~8d 后，即应开箱检查，拣除病果、烂果和过熟果。避免病果和烂果浸染健康无病果。

芒果的适宜后熟温度为 21℃~24℃，高于或低于这个范围均难得到良好结果。温度超过这个范围会使后熟的果实风味不正常，如温度低于 15.6℃~18.3℃，虽亦可使果实有良好的着色，但果肉有酸味，需再放到温度为 21℃~24℃下成熟 2~3 天，使其甜味增加，改善品质。现介绍几种较新的芒果贮藏方法。

B、现代贮藏技术

a.乳他涂层（EC）贮藏法

芒果是呼吸高峰型水果，在适宜条件下（25℃±2℃，85℃±5%RH），6~8d 就会完成它的采后成熟。另外芒果还很易受真菌、细菌和炭疽菌及果蝇（Fruit Flies）的损害。

水果后熟依赖于 3 个因素：水分蒸腾作用；成熟和衰老速率；微生物和昆虫感染。在水果表面徐层处理形成一层半透膜可选择性地控制 O_2、CO_2 和水蒸汽的渗透，延缓其采后生理活动；另外也限制了昆虫和微生物的入侵，且涂层法比其他贮藏法成本低，操作简单。

使用聚乙烯蔗糖酯，羧甲基纤维素的盐类和单、二酰甘油混合制备乳化液，涂层处理可延缓芒果的后熟。最近一种商品名叫 Prima Fiesh 的蜡膜处理可延长芒果 6d 的贷架期。下列方法配制的乳化涂层液可延长芒果后熟至少 20d。

（a）涂层液制备

原料 50% Bx 的麦芽糖糊精（DE=10），3% 的 CMC—Na（低粘度），10% 的酯酰脂肪酸（司班，HLB=6），丙二醇，等。

将上述原料混合后在室温下电磁搅拌 15min，加 0.1% 的苯甲酸钠（防腐）后冷藏备用。

（b）涂层处理

加热使涂层液温至 40℃ 喷洒到待保藏的芒果上，然后贮藏在 15℃ 和 25℃，相对湿度为 80%~85% 的条件下。

在适宜条件（25±2℃，80±5%RH）下经 20min 晾干后，涂层液在芒果表面形成一层薄而光滑的膜，膜的厚度为 120±l0mm，很易清洗而不残留。25℃ 贮藏 24d 重量损失为 8%~9%，15℃ 贮藏有轻微的果皮起皱。25℃ 贮藏 CO_2 产生率从第 7d 的 54mgCO_2/Kg、h 轻微上升至第 24d 的 62mgCO_2/Kg、h。15℃ 贮藏则从 54mgCO_2/Kg、h 下降至 49mg CO_2/Kg、h。表明涂层可抑制采后呼吸强度。

在贮藏过程中，pH 值变化不大，水溶性固形物和醇不溶性固形物均比不徐层的变化小，颜色保护较好，可能是这些表面活性剂徐层能够阻碍果皮 CO_2 的释放，从而使含有叶绿素的组织中 CO_2 的积蓄量达到抑制叶绿素合成的水平。

故此种疏水性涂层能阻碍芒果与周围环境的气体交换，它能降低芒果的基础代谢、抑制果蔬成熟的生化反应（因为生化反应所需能量的产生降低了）。此种薄层还能防止有害微生物的侵入而不影响水果的卫生安全和化学成分的改变，且能延长芒果成熟期至少 20d。

b. 射线照射贮藏法

食品射线照射鲜藏是第二次世界大战后，和平利用原子能的标志，是继传统保藏方法之后，又一种发展较快的新技术和方法。用于食品鲜藏的，主要是穿透力很强的射线，常用的有 rad 射线和 β—射线。γ 射线可用钴 60 或铯 137 进行发射，但钴 60 的能量比铯 137 的大，半衰期长，且在辐照期间射线强度几乎恒定，比较安全可靠，对大型包装容器的食品也能从外部进行照射，故生产实际中常用钴 60。

芒果用 2.5 万 rad 射线照射，可抑制后熟时多酚氧化酶的活化和果胶分解酶的活性。使成熟期延迟 16d。菲律宾和印度的芒果出口都采用辐射杀虫。芒果用 60Krad 照射，对 Vc 和胡萝卜素没明显的破坏，如在低温、低氧下进行辐射处理，可以更多地保留营养成分。

芒果经过辐射处理在 13℃贮藏比对照组延迟 40d 成熟，在 20℃贮藏延迟 10d 成熟。

rad 射线辐射设备须配有辐射源（如钴 60），辐射源贮存设备（贮源水井），辐射源驱动设备，物品的自动运送设备及具有防护屏蔽的照射室等。

c、气调贮藏法（CA）

很多水果都能在实验室进行气调贮藏，但只有少数水果（例如：苹果、梨）得到了商业应用。芒果的 CA 贮藏因品种而异，例如泰国的 Rad 芒果在 4% CO_2 和 6% O_2，13℃和 94% RH 条件下贮藏 25d。对其失重、硬度、颜色、p(H)、可滴定酸、总固形物和感官评价的全面分析，得出了此条件为 Rad 芒果的最佳 CA 贮藏条件。它有利于延长货架期和保证品质指标变化较小。

d. 气调包装贮藏法（MAP）

此种方法需考虑贮藏温度、包装材料、脱氧剂和乙烯吸附剂等。以色列学者 S·Fishman 等通过研究建立了适用于有孔薄膜包装的芒果 MAP 贮藏法的数学模型。该模型旨在优化芒果的 MAP 条件，它通过芒果 MAP 贮藏中 O_2 浓度和 RH 的计算而建立。该数学模型包括描述芒果呼吸作用、蒸腾作用、渗透作用的方程式、它们的有效性已经实验证实。实验和预测表明包装膜孔面积对 O_2 浓度的影响大大超过对 RH 的影响，这样就有可能调节包装袋内的 RH 以减少水果重量损失而维持芒果的最低生理活动所需的气体含量。该模型指出了包装袋内 O_2 浓度，RH 及包装膜参数对贮藏所起的作用，它将为 MAP 贮藏提供最佳 O_2 浓度和 RH 值。

另有研究报导用 0.06mm 厚的聚乙烯袋包装密封，同时在袋内加入适量的脱氧剂和乙烯吸附剂，使氧浓度为 3%~5%，CO_2 为 2.5%~5%。在 10℃~12℃可保鲜 30d 左右。

e. 减压贮藏法

美国将芒果贮藏在减压为19.6KPa(约147mmHg)RH:98%~100%,13℃环境中,贮藏三周后果色鲜绿。果实硬度和好果串都较高。由于该法技术难度较大,保鲜成本较高,目前尚未商业应用。

f. 电子保鲜贮藏技术

电子保鲜贮藏器,就是运用高压放电,在贮存果品、蔬菜等食品的空间生成一定浓度的臭氧和空气负离子,从而达到果蔬防腐保鲜的一种设备。从分子生物学角度看,果品蔬菜可看作是一种生物蓄电池,当受到带电离子的空气作用时,果品、蔬菜中的电荷就会起到中和作用。使生理活动似假死现象,呼吸强度因此而减慢,有机物消耗也相对减少,从而达到贮藏保鲜目的。

当两个电极间外加高压直流电时,在两平行电极之间产生均匀的电场,电场强度可通过调节电源电压和极间距离来实现。据目前的分析和掌握的资料,水是生物化学反应的介质,并且水本身是具有一定分子团(Cluster)结构的液体,水分子与水分子间总是处于一种不停地缔合为大分子团和解缔为小分子团的动态平衡之中。外加静电场极有可能打破原有的平衡状态,使水分子结构发生改变。这样,势必影响到利用水分子活化过程催化反应的酶分子在底物反应中的速度,从而达到保鲜目的。

4. 运输

运输是芒果产销的重要环节。目前,我国芒果运输仍多用一般汽车运输。温度和包装状况对果实质量影响很大。因此,运输时,避免在阳光强的高温条件下行驶,可利用晚间低温度的条件运输,即昼宿夜行。运输车必须加盖厚的篷布,且车箱有通风、对流的条件。果箱要用木箱和厚硬的纸箱;不能在车箱内用散堆方式进行运输。

5. 贮藏期病害控制

芒果采后,炭疽病和蒂腐病是最严重的病害。病原菌后成熟过程中发病,果皮和果蒂上出现黑色斑块,引起果烂。为此必须采取洗果、防腐措施。先用清水或者再加入洗洁净洗果,然后用清水漂洗,待干后,用52~54℃热水5~10min后,在1000ppm咪唑霉(扑海因、异菌咪、异菌脲),以控制炭疽病的发生。有试验表明,芒果经100ppm赤霉素处理,可延迟成熟12d左右。

经热水浸泡后的果实,冷却降温后,在12℃下预冷:时,用纸箱包装。采用CW/95型分子筛,使氧在3%~5%、二复碳2.5%~10%,在10~12℃条件下贮藏,可长达1个月左右。

芒果果实在52℃的1000ppm特克多药液中浸1min,再2000ppm扑海因和100ppm赤霉素溶液浸泡10min,晾干后20~26℃条件下贮藏,效果很好,贮20d,发病率10%,商率高达100%。

芒果辐射灭菌保鲜。在对芒果辐照处理之前,用50℃左右的温水浸泡6min,5~6万拉德

（rad）的剂量照射，可有效地杀灭炭疽病菌，减少芒果损耗。

4.3 常见蔬菜贮藏技术

4.3.1 根菜类

1. 贮藏特性

萝卜和胡萝卜没有生理休眠期，在贮藏中遇到适宜的条件便会萌芽抽蔓，造成薄壁组织中的水分和养分向生长点转移，引起糠心，这是根菜类（萝卜和胡萝卜）品质下降的主要原因。贮藏过程中的高温低湿环境及造成的机械伤会加剧糠心的发生，这是由于此时根菜类（萝卜和胡萝卜）的蒸腾作用和呼吸作用均有所加强，所以根菜类（萝卜和胡萝卜）要在低温高湿条件下贮藏。但如果贮藏温度低于0℃会造成冻害，同样不利于贮藏。根菜类（萝卜和胡萝卜）的品种很多，耐贮性各异。从栽培季节和成熟期来看，秋播、皮厚、质脆、干物质含量高的晚熟品种较耐贮藏。大萝卜从皮色泽上看，一般青皮种比白皮种、红皮种耐贮藏。如北京心里美、青皮脆等品种。胡萝卜中皮色鲜艳的、根细小的、根茎小、心柱细的品种耐贮藏。如鞭杆红、小顶金红等品种。

2. 贮藏条件

萝卜和胡萝卜在贮藏时，由于空气干燥温度过高，机械伤害，都能引起萌芽糠心，导致萝卜失重、失鲜，破坏正常的呼吸代谢，降低食用品质，影响耐贮性和抗病性。所以根菜类贮藏必须保持低温高湿的环境条件。为防止受冻必须保持在0℃以上的低温条件，适宜的温度为0~3℃，相对温度为95%。

由于萝卜和胡萝卜系统生长发育是长期在土壤中形成的肉质根，对CO_2的忍耐能力较强，细胞与细胞间隙很大，具有高度的透气性，可忍受高达8%浓度的CO_2，因而这类蔬菜适于密闭贮藏，如埋藏、层积贮藏、气调贮藏等。

3. 贮藏技术

（1）贮藏工艺（图4-18）

（2）操作要点

① 采收 根菜类（萝卜、胡萝卜）收获时可与翻地结合，采用锄挖犁翻方法采收。采收时就地码成小堆，并用菜叶覆盖，目的是及时散发田间热量，注意防止风吹日晒和夜间受冻。根菜类（萝卜、胡萝卜）在田间一般只放1~2d。根据外界气温确定下步工作，如气温较低，最好立即入窖贮藏。如气温较高，可暂时堆积于浅坑中用湿土覆盖并设通风道散热预贮。

② 采后处理 收获后要及时进行预处理。根菜类（萝卜、胡萝卜）的预处理包括拧叶、

削顶或刮芽。有的地区在根菜类（萝卜、胡萝卜）贮藏前进行削顶或刮芽处理。削顶是指削去根菜类（萝卜、胡萝卜）直根的茎盘，削后沾些新鲜草木灰，这样可防止根菜类（萝卜，胡萝卜）的发芽。但削顶后造成的伤口容易感染病害和散失水分，所以有时削顶并没有降低糠心发生的程度。针对这一问题，有人将削顶改为刮芽，即只刮掉生长点而不切削成大伤口。还有的人改入窖前削顶为贮藏后期天气回暖时削顶。这几种方法都有一定的效果，但要根据当地气候及自身条件，灵活掌握。在削顶或刮芽过程中，要同时对根菜类（萝卜、胡萝卜）进行认真地挑选。去除带有病斑、虫眼、机械伤或发育不正常的产品。采收后的根菜类（萝卜、胡萝卜）在运输、贮藏之前，在产地将其温度急速冷却到规定温度的过程称为预冷，预冷可以除去夏季高温下收获根菜类（萝卜、胡萝卜）的田间热量。防止因呼吸热而造成的温度上升。其目的在于降低呼吸强度，防止品质急速下降。常见有自然预冷、冷库预冷、压差预冷等。

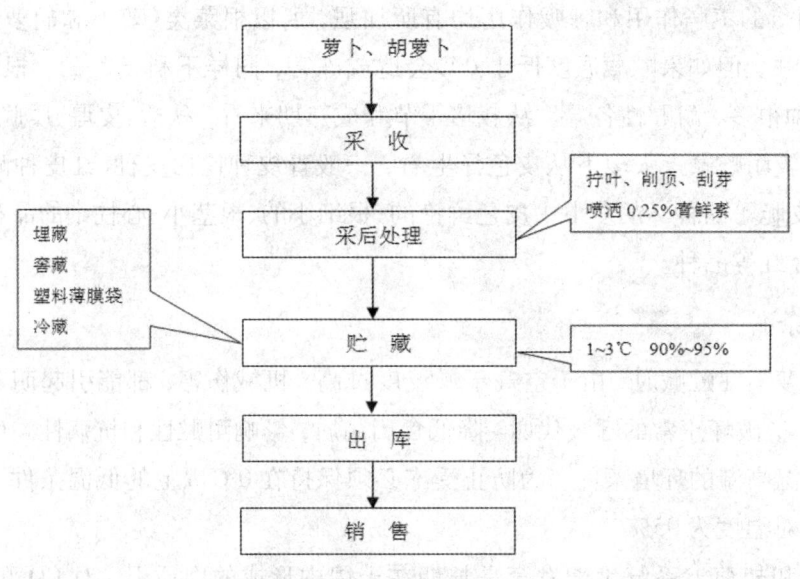

图 4-18　根菜类贮藏工艺

(3) 实用贮藏技术　萝卜和胡萝卜主要采用埋藏和窖藏的方法。藏量较大时可采用通风库贮藏。有条件的地方可采用冷库和气调贮藏的方法。为防止糠心，胡萝卜必须在低温高湿的条件下贮藏，但要注意防冻。因此，温度不能低于0℃；通常0~5℃，相对湿度为95%。

① 埋藏　贮藏沟一般宽1m左右，沟深比当地冻土层稍深一些。所以越是寒冷的地区贮藏沟越深。北京地区一般沟深1~1.2m。选择沟深的目的是在寒冬季节，沟内温度是根菜类（萝卜、胡萝卜）的适宜贮温，不发生冻害。沟东西走向，长度根据贮藏量而定。挖沟取出的土堆在沟的南侧。将挑选好的根菜类（萝卜、胡萝卜）散堆或分层码放在沟内，散堆的高度不超过50cm，上面用湿润的细土覆盖，以后随气温下降分次添加。分层堆码时将根部朝上，挨个排列，排满一层后用湿润的细土覆盖一薄层，上面再摆萝卜或胡萝卜，这样一层萝卜或胡

萝卜一层土,最后用细土覆盖、压实。如土壤湿度不够,可在入贮时浇水,但不能使沟底积水。浇水量应根据土壤性质、土壤湿度及所贮萝卜或胡萝卜的品种而定。在萝卜或胡萝卜贮藏期间,要注意控制沟中的温度和湿度,才能保证良好的贮藏效果。现在有一种测温探头,可用于监测温度。将探头埋在萝卜或胡萝卜堆中,贮量较大时,可在不同部位埋多个探头,探头通过导线引出,接在显示器上,可随时了解萝卜或胡萝卜的温度变化。通过覆盖土的多少调节湿度的高低,湿度过低通过浇水调节,在地下水位高的地方要注意排水。

② 窖藏和通风库贮藏　是北方地区常采用的贮藏方式。通过开关通风口等常规方法控制窖内温度,通过包装或地面撒水等方法控制湿度。萝卜和胡萝卜在窖内或通风贮藏库内多数采用散堆贮藏萝卜,堆高为 1.2~1.5m;胡萝卜堆高为 0.8~1.0m,堆过高,容易伤热腐烂。为了提高通风散热的效果,可在萝卜堆内每隔 1.5~2.0m 设一通风塔,胡萝卜也可不设通风塔。贮藏期大至分为初期、中期和后期等三个时期管理:在入窖初期,外界温度高窖内(库内)菜体的温度也高,要加强通风和换气,为防止萝卜出汗引起腐烂要设防御层;防止失水,快速降温可利用夜间通风;在入窖中期,主要是防冻,必须堵严门窗、通风孔、设防寒层、减少放风次数、选择白天放风、减少通风塔;在入窖后期,主要是保持窖内(库内)稳定的低温条件,应减少出入库的次数,防止热空气进入。窖藏时,还要防止化冻水落入菜体上,引起腐烂,影响贮藏效果。

③ 自发气调

小包装　用塑料薄膜制成长 1m,宽 0.5m 的袋子。萝卜收后去缨,用刀切草帘等遮盖,待结冻前移入窖内(或不结冻的室内)。入窖后,1个月内,每 7~10d 打开袋口通风 1 次(4~6h),以后每 20~30d 1 次。贮藏期间,温度宜控制在 1~3℃,相对湿度要求 90%~95% 为宜。

大帐气调贮藏　在简易冷库内采用大帐气调贮藏胡萝卜,贮藏 216d,总耗损在 1% 左右。贮藏期间,窖温宜控制在 1~3℃,相对湿度为 90%~95%。沈阳等地近年来在库内用薄膜半封闭的方法贮藏胡萝卜,以抑制脱水和萌芽,效果较好。具体方法是,先在库内将胡萝卜堆成宽 1~1.2m,高 1.0~1.2m,长 4~5m 的长方形堆,至初春萌芽前用薄膜帐扣上,堆底不铺薄膜。这种方法能适当降低氧浓度,累积二氧化碳,保持高湿,从而延长贮期达 6~7 月,使胡萝卜皮色鲜艳,质地清脆。通常在贮藏中定期进行揭帐通风换气,必要时还进行检查挑选,除去染病的,余下的继续贮藏。

4. 贮藏期病害控制

(1) 萝卜黑腐病　萝卜黑腐病是一种侵染维管束的细菌性病害,由黄单胞杆菌致病。该病菌的发育适温为 25~30℃,低于 5℃ 发育迟缓。主要从气孔、水孔及伤害处侵入,因为田间带菌贮期发病,潜育期限为 11~21d。贮藏遇有高温高湿条件有利于该病的侵染与蔓延,尤其当根茎处愈伤组织形成不完全的菜体更容易感病。萝卜感病后表面无异常表现,但肉质根的维管束坏死变黑，严重时内部组织干腐空心，是萝卜贮藏中常见的采后病害。

（2）胡萝卜的各种腐烂病　胡萝卜的黑腐、黑霉、灰霉及酸霉等腐烂病在田间侵染贮藏发病，便胡萝卜脱色，被侵染的组织变软或呈粉状。酸腐是由白地霉菌侵染致病，有发酵味产生；黑腐是由铺梗霉属病菌致病；黑霉是由根串珠霉属病菌致病；灰霉由灰霉菌致病。这些病菌在高温高湿下易发病，病菌多从伤口侵入使肉质根软腐。另外，在冷藏时根霉属可使胡萝卜腐烂，软腐菌核病核盘霉素也能在胡萝卜贮藏后期引起腐烂，多从伤害处侵染。故胡萝卜在收获及贮运中要避免机械伤害，并贮在0℃的低温是预防腐烂的重要措施。

4.3.2 茎菜类

地下茎菜类的贮藏器官是变态的茎。其中马铃薯为块茎，洋葱、大蒜、大葱为鳞茎，也是重要的调味品，虽然形态各异，贮藏条件不同，但收获以后都有一段休眠期，有利于长期贮藏。

1. 马铃薯

（1）贮藏特性　马铃薯块茎成熟收获后，有一个较长的休眠期，一般可以划分为三个阶段。第一阶段，为休眠初期，为15~35d。这一时期，由于呼吸旺盛，水分蒸发多，所以质量显著减少，加之环境湿度较高，容易积聚水气，引起腐烂。第二阶段，称为深休眠期，一般2个月左右，有些品种可达100多天，这个时期块茎呼吸变弱，养分消耗到最低程度。环境在此期对块茎生理影响不大，即使在有利于萌芽的条件下，一般也不发芽。第三阶段，称为休眠后期，这时生理休眠终止，呼吸作用又趋旺盛，同时，由于热量的积累而使温度升高，促使块茎迅速发芽，这时如能保持一定的低温，并加强通风，可使块茎处于被迫休眠状态，延后萌芽。马铃薯品种很多，依皮色可分白、红、黄、紫等类型。应选择休眠期长的马铃薯作为长期贮藏品种，早熟品种或在寒冷地区栽培的秋作的马铃薯品种耐贮藏。

（2）贮藏条件　贮藏期间，马铃薯所含淀粉与糖能相互转化，这些转化受温度制约，当温度降到0℃时，水解酶的活性增高，单糖积累，食用时变甜；当温度提高，单糖又合成淀粉；温度大于5℃时，淀粉水解成糖的量也会增多，所以贮藏马铃薯适宜温度为3~5℃，0℃反而不利。适宜的相对湿度为80%~5%。湿度过高过低都不利于贮藏，失水严重增加自然损耗。马铃薯块茎含有茄碱苷，正常时含量不超过0.02%对人畜无害，当薯块萌芽时，茄碱苷含量急剧增加，对人体能引起不同程度的中毒，光照高温能促使萌芽，所以贮藏马铃薯要避光。

（3）贮藏技术

① 贮藏工艺（图4-19）

② 操作要点

a. 采收　根据用途不同决定适宜采收期，适时收获非常重要，特别应注意的是作为秋收、冬收、冬贮的马铃薯，秋雨多的地区或年份，应收获在雨前；秋霜早易出现寒流的地区和年份，应在霜前收获以防涝防冻；在生长后期不能灌水过多，收获时应选择晴天进行，先割植株耕翻出土后，在田间稍行晾晒排出代谢水，使其适应生理代谢的需要，也便于贮藏和运输。

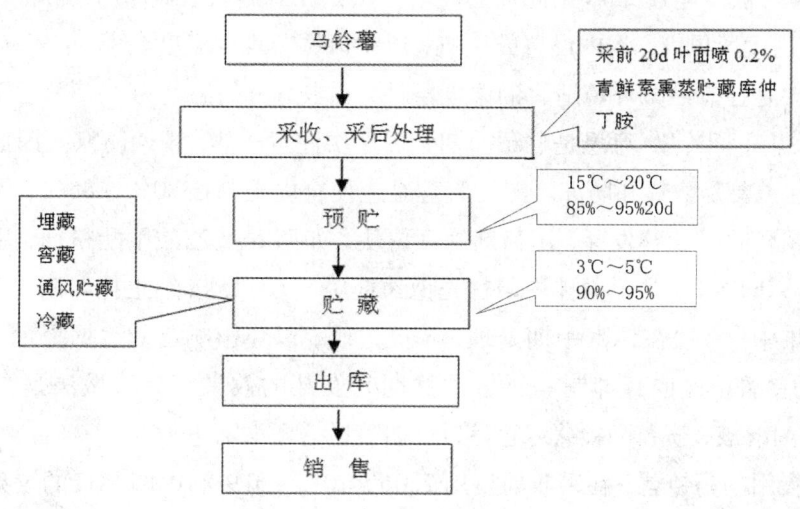

图 4-19　马铃薯贮藏工艺

b. 采后处理　收获后的马铃薯正值高温季节，应放在阴凉通风的窖内或荫棚下堆放预贮。预贮可以加速伤口愈合，防止病从伤口侵入，提早进入休眠期。马铃薯采收时很容易造成机械损伤，伤口愈合只能在较高的温度下才能形成木栓组织，如在2.5℃时需要2d才能形成木栓组织，在1.5℃时仅需2d时间周皮细胞的形成也受温度的影响，在7℃以下不能形成真正的愈伤周皮，在7℃时第7d就能形成周皮细胞，在15℃时只需3d。一般环境中有足够的氧气，有漫射光或昏暗弱光照射，温度在15~20℃，湿度为85%~95%，需要5~7d就可形成致密的木栓质保护层。因此马铃薯块茎收获后，放在12~15℃下，不但有利于迅速进入生理休眠期，而且还能加速伤口愈合。同时还能散去田间热量和过多水分，所以收获后，最好晒晾0.5d。

马铃薯在成熟的过程中，内部形成大量的淀粉、蛋白质等高分子化合物，使马铃薯原生质胶体从溶胶态转变成凝胶态，在这种转变过程中，必须排除过多的游离水。因此马铃薯收获后，催汗是适应生理代谢的需要，也是适宜其代谢规律，是帮助排汗。因此对马铃薯不但要催汗，而且必须催汗，有利于长期贮藏。

③ 实用贮藏技术　按栽培季节和茬次可大致分为：两季作区和单季作区，两季作区分为春秋两季，分别用作夏贮和冬贮。夏贮场所为通风阴凉的房屋，冬贮除用暖房间堆积外，主要是在室外采用沟藏，大城市菜站还可用通风贮藏库贮藏。单季作区因气候差异，贮藏方法也很多，如沟藏、堆藏等。

a. 窖藏和通风库贮藏　窖藏有棚窖，在黑龙江省为3m深，陕北地区为2~2.5m深，窖坑宽多为2~3m，顶架木料或秸秆等，其上再覆土，厚度视各地气候条件而异，一般为45~50cm，窖口多为70cm×70cm。窑窖是山区贮藏马铃薯普遍采用的形式。在通风贮藏库内有堆藏也有筐藏，堆一般不超过2m，中间设通风塔。黑龙江省通风贮藏库内，常将马铃薯堆成2m高的方堆，其内设通风筒，沟内设置鼓风机，以吹风调节堆内温度。

在管理上主要是控制贮藏环境适宜的温度条件，要求适宜的温度为3~5℃。关于控制窖温的经验是"两头热中间冷"，意思是贮藏前期和后期要注意防热，中期防寒。因此在贮藏过程中，温度的管理主要是防热和防冻。湿度管理是应使窖内控制在80%~85%，湿度大易发生腐烂。同时还要防止马铃薯发芽，用药剂处理薯块，如用α萘乙酸甲酯粉剂，用药量是薯块质量的0.04%~0.06%，为了撒拌均匀首先把药剂用7.5~15kg细土拌匀制粉剂，然后再均匀地撒在薯块堆中，一般在休眠中期处理，不能过晚，以免影响药效。据报道，用MH制剂，在收前处理马铃薯植株也有抑制马铃薯贮藏期间发芽的效果。具体做法是在采收前用0.25%的MH制剂溶液，喷布马铃薯绿色茎叶，如喷后遇雨淋需重喷。

在国外对于食用的马铃薯，在采收前后用2.06×10^{-3}~3.9×10^3 KJ/KG的γ射线辐照马铃薯块茎有明显抑制发芽的作用，对人体无影响。

B. 埋藏　留种用的马铃薯采用此方法，要求从头一年的秋季收获后开始一直贮藏到第二年七月上旬为止。如采用一般窖藏的方法，到了第二年五月以后种薯大量发芽而影响种性。最近几年，各地采用马铃薯简易小型闷窖贮藏措施，获得了较好的贮藏效果，马铃薯夏播留种是防止马铃薯退化的方法之一，具体做法是：埋藏窖内的地址宜选在土壤高燥处，埋藏窖的深浅可根据各地气候条件不同而异。黑龙江省南部地区窖深为2m，宽为1m，窖长以贮藏量而定，窖内种薯堆的高度为1.6m，窖顶铺放横木，再铺放秋秸捆，其上覆土80cm以上。在"三九"天之前，为防止马铃薯受冻，在窖上再覆1m以上的柴草。这种简易贮藏方法可贮藏到次年六月底，很少有发芽和腐烂的薯块，保证了夏播马铃薯种薯的安全贮藏。

2. 洋葱

（1）贮藏特性　洋葱和马铃薯一样，采后具有明显的生理休眠期，在休眠期内不发芽，品质可以保持得较好。洋葱的品种对耐贮性影响很大。按皮色分为黄皮、红皮（紫皮）及白皮三类。按形状可分扁圆和凸圆两类。在我国，以黄皮品种比较耐贮。从形状上看，球形扁圆、含水少、辣味重的品种比较耐贮。洋葱贮温过低时会发生冻害。但如冻害程度不严重，不冻透中心部分，仍可复原。

洋葱食用部分是膨大的肉质鳞茎，其结构包括茎管、膜质鳞片、生长点、茎盘、须根等几部分。收获后的洋葱外面形成2~3层膜质鳞片，具有不透气、不透水的特性，是洋葱的良好保护组织。洋葱在贮藏过程中进行呼吸作用和萌动时所需要的气体都是通过茎管供应的，茎管的粗细对贮藏效果影响很大。所以，贮藏的品种一定要选用具有多层的膜质鳞茎，茎管较细而能自己干缩自封的品种。

(2) 贮藏条件　洋葱含糖量较丰富，抵抗低温的能力较强，结冰点为 -1.8 ~ -1.59℃，即使鳞茎出现轻冰冻，只要不冻实心，经缓慢的解冻后，仍可恢复原状；所以洋葱贮藏适于低温干燥环境，适宜贮温为 0 ~ 3℃时，但温度低于 -3℃也会受到冻害。种用洋葱的贮藏一定不能低于 0℃，结冻的洋葱不宜作种，否则会因为抽薹不良而影响种子产量。洋葱贮藏过程中最忌受潮，如湿度过大易发芽和长出须根（生白须），有利于霉菌的繁殖，发生腐烂，一般相对湿度超过 80%，就容易生芽、发须根，以致腐烂损失。相对湿度 70% 以下（64% 左右）最适宜。低 O_2 和高 CO_2 对抑制发芽有明显的效果，贮藏环境中适宜的气体成分为 O_2 的浓度在 2% ~ 4%，CO_2 的浓度为 10% ~ 15%。

(3) 贮藏技术

① 贮藏工艺（图 4-20）

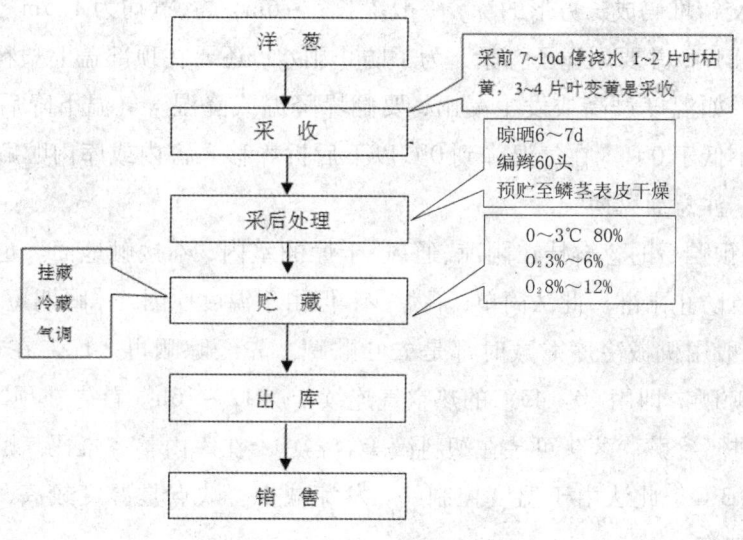

图 4-20　洋葱贮藏工艺

② 操作要点

a. 采收　适时收获对洋葱贮藏很重要，采收前 7 ~ 10d 应停水，造成干燥环境，促使洋葱鳞茎加速成熟，进入休眠。要选择充分成熟的、组织紧密的品种，于第 1 ~ 2 叶片枯黄，3 ~ 4 叶片变黄，地上部开始倒伏，外部鳞片变干时收获。收获过早，鳞茎尚未长成，未成熟或未进入休眠的洋葱，其鳞茎中可利用的养分含量高，容易发芽和引起病菌繁殖，造成腐烂。收获过晚，易裂球。迟收遇雨，不易晾晒，鳞茎难于干燥，容易腐烂。收获时应选晴天进行，带秧连根拔起。在田间晾晒 3 ~ 4d，晒时不要曝晒，用叶子遮住葱头，只晒叶不晒头，可以促进鳞茎后熟，外皮干燥，以利贮藏。

b. 采收后处理　采收后，剔除抽芽、腐烂、受机械伤或大小不宜的鳞茎，然后进行晾晒和预贮。晾晒的目的是降低洋葱的含水量。有摊放和编辫两种方式。摊放晾晒是在干燥向阳的地方,将洋葱整齐地排放,将后一排的茎叶盖在前一排的鳞茎上,不让葱头裸露暴晒。2~3d后翻动一次,一般晾晒6~7d后叶片发软变黄,外层鳞片干缩即可贮藏。编辫晾晒是先将洋葱摊放晾晒2~3d,叶片变软后,将茎叶编成长辫子,将2条辫子结合在一起成为一挂,每挂约有葱头60个左右。然后摊放在地上或挂在架上晾晒5~6d,直至鳞茎表皮充分干燥时为止。

③ 实用贮藏技术　洋葱贮藏可在菜窖、通风库、机械冷库中进行。放置方式有普通垛藏、编辫挂藏、大帐气调等方法。

a. 编辫垛藏　堆垛贮藏可在库、窖等处进行,也可在室外进行。在室外垛藏时,选择地势较高、通风良好、便于排水的场所进行。底部先垫枕木,再铺秫秸,然后把编辫的经晾晒和预贮的葱头分层交错堆码成长方形的垛,一般垛长5~6m,高、宽均为1.5m。码好后在垛的四周及顶部覆盖苇席,并要用绳子绑紧。为了防止雨水,还要在顶部盖上塑料薄膜。贮藏期要注意温度变化,如温度过高或发生漏雨,要翻垛降温或降湿。气温下降后要注意增加覆盖,使洋葱温度不低于0℃。在气温降到0℃以下后拆垛移入窖内或库内贮藏。注意保持环境的温湿度条件,注意通风换气。

b. 挂藏　将预贮后的葱辫挂在阴凉、通风、干燥的室内,不接触地面。也可挂在荫棚或屋槽下,但要注意防止雨淋。此法简单,腐烂少,但由于温度原因,休眠期短,发芽早。

c. 冷藏　一般用机械冷库贮藏时都是去叶贮藏。先经晾晒再入库。在有条件的地方,用热风干燥代替晾晒。即用40~45℃的热空气连续干燥12~16h。首先在预冷间预冷,葱头温度接近5℃时进行冷藏。葱头可装在塑料筐等容器中,在库内整齐堆码。贮期控制温度在0℃以上,不超过3℃。此法由于温度控制好,发芽减少。缺点是湿度较高,容易生根和腐烂,要采取降湿措施。

d. 气调贮藏一般结合冷藏进行。在葱头即将萌芽前半个月才进行大帐全封闭措施。塑料筐等容器一般离地15cm堆码后高约2.5m,宽1.2m。密封后可采取自然降氧法。气体条件为氧3%~6%,二氧化碳8%~12%,温度0~3℃,相对湿度低于80%。为防止黑曲霉菌引起腐烂,可每周冲氯气一次,每次剂量约是帐内空气体积的0.2%。冲氯后要进行帐内气体循环,避免局部药物中毒。

3. 贮藏期病害控制

(1) 马铃薯病害

① 环腐病　是薯块在田间受到环腐细菌侵染后在贮藏期发病,在贮藏期间发展蔓延。感病初期维管束呈淡黄色,逐渐加深,维管束变色部分中呈一环状,并使维管束周围的薄壁细胞组织遭到破坏,严重时呈环状腐烂使皮层与髓部分离。该病菌发育适温20~23℃,多由伤口侵入,不能从自然孔道侵染。故马铃薯在贮藏中要避免出现伤口,并保持较低温度,可

减少侵染或发病的机会。

② 晚疫病 是由疫霉属病菌感染引起。也是田间带病贮期发病。感病的薯块表面最初呈现褐色凹陷小斑,逐渐蔓延扩大并向薯块内部延伸乃至整苗腐烂。该病发育适温为20℃左右,湿度高时侵染加速,马铃薯贮藏如果薯堆出现湿层会加速该病的蔓延,该病菌可通过伤口、皮孔、芽眼等侵入薯块,潜伏期为1个月。

③ 坏疽病 也是侵染性真菌病害,贮藏温度稍高即会引起腐烂,对此可用仲丁胺熏蒸的方法进行抑制。保持贮藏库通风良好,对马铃薯贮期多种病害的发生均有抑制作用。

(2) 洋葱病害 洋葱的病害分为侵染性病害和生理性病害。侵染性病害一般由病毒,细菌引起,多在生长时期进行化学药物防治。其中容易被侵染的病害有洋葱霜霉病,洋葱黄萎病、洋葱软腐病、洋葱灰霉病和洋葱炭疽病等。贮期保持通风干燥,避免机械伤害是预防侵染性病害的有效措施。生理性病害对洋葱的贮藏有一定的影响,这其中包括缺氮会使洋葱在膨大时受阻,而氮过剩会使洋葱心腐病和茎腐病。缺磷则会减产,磷过剩也会引起腐烂病,应加强灌水,稀释土壤溶液。缺钾缺硼都会使洋葱生长质量降低,从而影响贮藏性。洋葱的虫害主要以葱地中蝇、潜叶蝇、葱蓟马为主。防治时多采用减少害虫栖息和繁殖场所,如中耕除草,小水勤浇,败叶枯草烧毁或深埋。

4.3.3 叶菜类

叶菜类是以叶片、叶球或叶柄为食用器官的蔬菜,为北方居民秋冬季节的主要蔬菜,其中菠菜、芹菜、莴苣、油菜、韭菜及芫荽等以鲜嫩的叶子和叶柄供食用,为绿叶菜类,其食用部分是处于生长发育中的幼嫩组织,薄而扁平的结构和众多的气孔适于气体交换和水分的蒸散,生理活性很强。这类蔬菜的特点是呼吸作用旺盛,容易失水,收获后如不及时处理就会萎蔫、黄化,乃至腐烂变质。在高温条件下这类蔬菜不能久藏。但这类蔬菜比较耐寒,能适应较低的温度。一般都在营养生长结束时收获,营养物质贮存充足,新陈代谢强度已有明显下降,而且控制低温可使之处于强迫休眠状态,所以比较耐贮藏。

1. 大白菜

大白菜属于十字花科,芸苔属的两年生植物。原产于我国山东、河北一带,是我国特产蔬菜之一,在北方各地栽培面积很大。大白菜的菜质鲜嫩,营养丰富,特别是维生素C和纤维素含量较高,深受消费者喜爱。

(1) 贮藏特性 大白菜品种类型很多,不同品种的生长习性和耐藏性也不同。生产上主要用于贮藏的大白菜的品种有青麻叶(包括大日期青麻叶、中日期青麻叶、小日期青麻叶),郑杂1号、青白帮、白帮河头、大青帮、看帮河头、青口、通园1号、福山包头、北京包头白、小杂7570、小杂6560、胶县白菜等。一般情况下,中熟、晚熟种比早熟品种耐藏,青帮品种比白帮品种耐藏,青白帮介于两者之间。直筒型的比圆球型的耐藏,在成熟度方面"八成心"的比满心的耐贮,但由于各地自然条件和栽培管理上的差别,既使同一品种因产地不同耐藏性也不同。大白菜性喜冷凉湿润,故贮藏大白菜要求低温条件。

大白菜在贮藏中,既要考虑到大白菜含水量高,叶片面积大,易失水萎蔫的特点,相对湿度不宜太低;又要考虑到减少腐烂、脱帮问题,故相对湿度也不宜过高,另外还需多通风换气,减少乙烯量。这需要在实践中灵活掌握。

(2) 贮藏条件

温度为0℃,相对湿度为85%~90%,气体O_2 1%~2%;O_2 10%;乙烯伤害阈值为1mg/m^3;贮藏期位3-5个月。

(3) 贮藏技术

① 贮藏工艺(图4-21)

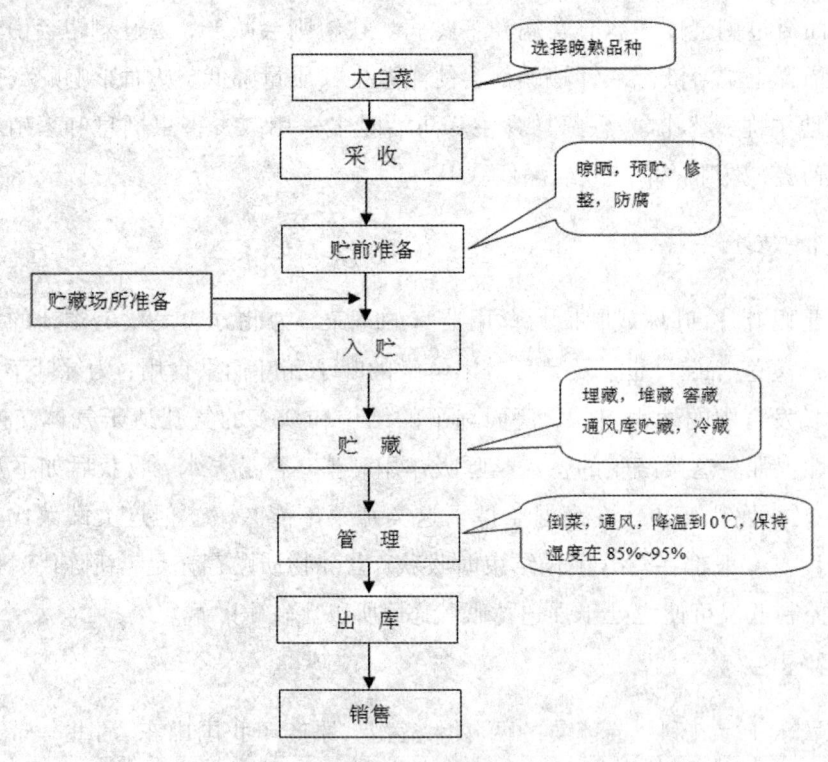

图4-21 大白菜贮藏工艺

② 操作要点

a. 采收及采收处理 在大白菜收获前4~5d应停止浇水,以免植体内含水过多而影响贮藏。

b. 预贮 大多数地区贮藏的大白菜都进行预贮,也叫预处理,指大白菜在贮藏时所进行晒、整理及药剂处理等工作。晾晒是使大白菜的外叶失去一部分水分,组织变软,但不能失水过度。修整时要去除外表的黄帮、烂叶,尽量多留外叶。预贮时需防热防冻,待到散发完田间热量后及时入贮。

药剂处理 在采收前2~7d，用25~50mg/L的2,4-D水溶液进行田间喷洒，或采收后以窖外或窖内喷洒或浸根，有明显抑制脱帮作用。用200~500mg/L萘乙酸处理也有类似作用。

入贮、码垛 入贮时码垛离墙15~20cm，垛高10~15层菜，垛要牢固防止倒塌，垛与垛之间要留出通风道。

③ 实用贮藏技术 前期以通风降温、倒菜为主，中期以防冻、保温为主，适当通风，后期既要防冻又要防热，细摘。根据需要出库，为防止失水，用带孔塑料袋包装。运到市场及时销售。

a. 地沟贮藏 选好地点挖宽1.3m，深0.4~1m的贮沟。挖沟时把土放在沟的两旁做成防风土埂，挖完后，对贮沟进行适当晾晒。对收获的大白菜经整理后于立冬前后入沟。当天气变冷时在菜上加覆盖物，必要时逐层加碎土封严。在沟南面应留取菜口，口上盖软草，塞紧。这种方法可贮藏到翌年3月初。不同地区地沟深度不同，如辽宁0.5~0.7m，北京0.4m，河南0.4~0.5m，内蒙古东部1m，内蒙古中、西部0.6~0.8m。

b. 棚窖贮藏 该方法主要适于白菜的集中大规模贮藏。菜窖为专用的防冻窖，一般采用地下式和半地下式。大白菜在窖内的摆放有多种形式，如垛贮法、列贮法、筐贮法和架贮法。垛贮法是在窖底应铺6cm厚的干净的河沙，铺上一层秫秸，根对根码垛，中间有20cm的通风道，可码7~8层，越向上码两列菜越靠近，形成锥形垛；列贮法是把白菜在窖中码成长列，列与列之间留有通道。码列时上下层菜交错压缝时形成死列，上下层菜不压缝时形成活列，活列便于通气；筐贮法是把菜放到筐中，每筐菜20kg左右；架贮法是把菜分层摆放到菜架上。入贮初期贮藏管理，夜间把窖门打开通风，勤倒菜，3d1次，去除烂叶，以后根据情况减少倒菜次数。注意在贮藏中后期减少通风次数，要防冻。

c. 通风库贮藏 通风库贮藏是比较现代化的贮藏方式，也适于白菜的集中大规模贮藏。一般是选择耐贮白菜品种，适期采收后做好预藏并及时入窖。在贮藏管理中大体分为三个阶段：一是入库前期，开放全部通风口，以防热为主，勤倒菜，倒菜方式为上下倒和里外倒，使所有的菜尽量处于均匀的环境中；二是从小寒到大寒这一段天气最为寒冷的时期，关键是注意防冻、保温，适当通风，通风时要采用"细长风"和"急短风"，每15d倒1次菜；三是在立春之后，要加大通风，防热防冻，勤检查，摘除烂叶，去除白头和破肚菜。

d. 假植贮藏 该方法是先挖假植沟，深度为50cm，宽为1m左右，长随贮量而定，把挖出的土放在沟的四周。贮藏前将沟浇水，待水下渗后；连根采收半心菜，假植于沟内，菜棵与菜棵之间留有空隙，使菜保持一定活力。天冷时沟上盖一层草帘。此法不适于寒冷地区和大规模采用。

e. 气调贮藏 此法为国外发达国家常用，白菜入库后，调气使O_2浓度降为1%以下，温度调到0℃，相对湿度保持在85%~90%，贮期可达5~6个月。

（4）贮藏期病害控制

① 软腐病　植株外围叶片基部或短缩茎发生水浸状软腐。随病情加重，外叶萎蔫，往往溢出白色菌脓，有恶臭气味，失水后干缩。病菌易从伤口侵入。防治方法是出现病株，及时拔除。还应及时喷0.015%农用链霉素；每周1次，连喷2~3次。适期晚播。采收和搬运要轻拿轻放减少机械伤。

② 黑腐病　多发生于老叶、叶柄和根基部。自叶脉先端形成"V"字形黄褐色病斑，叶脉坏死变黑。潮湿时，病部组织腐烂。病原物易从伤口侵入。防治方法是采用抗病品种及杂种一代。播种前用"农抗75—1"拌种。发病期间，用农抗"75—1"的500倍液或0.2%波尔多液喷施，杀死病菌。设法减少一切机械伤。

③ 干烧心病　主要发生在叶球内部，使内部叶片局部黄化，叶肉呈干纸状，叶组织呈水浸状。

防止方法是选用抗病良种，适当多浇水。连续数次喷撒0.5%氯化钙，有一定的防止效果。

④ 菌核病　在大白菜进入结球后期易发生，菜帮基部产生淡褐色水浸状凹陷病斑，后来变为褐色，引起烂帮、烂心，潮湿时，病部出现白色菌丝和黑褐色鼠粪状的菌核。

防止方法是选用无病种子。发病初期可喷40%菌核净可湿性粉剂1000~1500倍液，或50%多菌灵可湿性粉剂600~800倍液。

2. 甘蓝

甘蓝类蔬菜原产于地中海沿岸地区，但适应性强，在我国栽培也很普遍。这是一类经济价值很高的蔬菜，在市场供应中占重要地位。主要品种有结球甘蓝(卷心菜)、孢子甘蓝、球茎甘蓝、茎椰菜(绿菜花)、花椰菜芥蓝等。这类菜的成熟期可分为早、中、晚三期，春、秋、夏三季都有栽培，也比较耐贮藏。

（1）贮藏特性　甘蓝在生物周期内有一个休眠期，耐藏性好；抗寒抗病力强，具有抵抗不良环境条件的能力。晚熟品种，结球紧实，外叶粗糙附有蜡粉，较耐贮藏。北方常用品种有内配1号、内配2号、黑种水平头、大虎头、二虎头、晚丰、秋丰、黄苴等。同大白菜类似，甘蓝的贮藏要防止脱帮和失绿，所以在贮藏中应注意保持低温和通风换气。甘蓝贮藏病害以细菌性软腐病，产菌核病菌、灰腐病菌引起的真菌性软腐病为主，这类病较耐低温，常用贮藏药剂处理进行防治。在采收、贮运中谨防机械损伤。采收后要进行摘叶处理，留3~6个紧密包着的外叶。

（2）贮藏条件

贮藏温度-0.5~0.5℃；气体O_2 2%~5%，CO_2 2%~5%；湿度90%~97%；冰点-0.88℃；乙烯伤害阈值10mg/L。

（3）贮藏技术

① 贮藏工艺(图 4-22)

② 操作要点

a. 采收及采后处理　应选扁圆形、中心柱较短、结球紧实、品质佳、耐贮藏的品种;采收方法时期同大白菜。

b. 采后处理　适当晾晒,整理,短期预贮,采用药剂防腐保绿(同大白菜)。

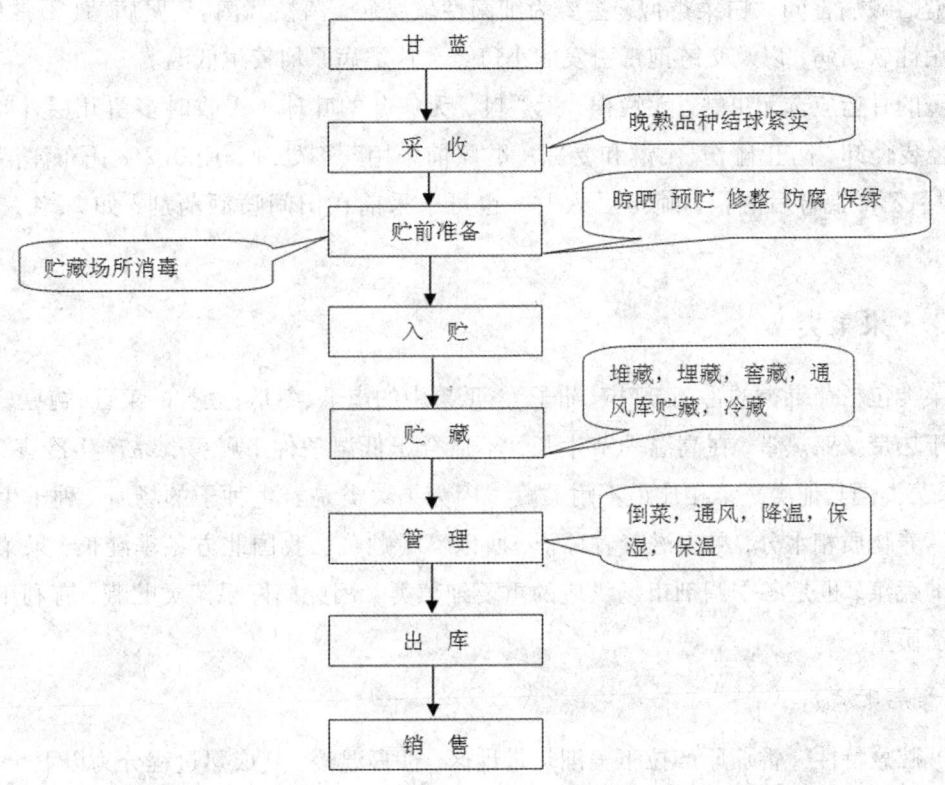

图 4-22　甘蓝贮藏工艺

③ 实用贮藏技术

a. 堆藏法　此法是在室内比较阴凉通风处,把采收后的甘蓝轻微晾晒,将菜着地堆成高 0.7~0.8m,宽 0.5~0.6m 的长方形垛,垛长度依场地而定。每堆的数量不宜过大,一般以 1000~1500kg 为宜。

b. 冷风库贮藏　冷风库贮藏适于甘蓝的集中大规模贮藏保存。当甘蓝叶球包心坚实时进行采收,多留些外叶,适时入库,保持库温在 0~1℃。采用这种方法贮藏的甘蓝、能保持新鲜,质量损耗少。

c. 气调贮藏　此法要有专门的贮藏库。对控制甘蓝的后热,防止失水,失绿、脱帮、抽薹效果好。温度要控制在 3~8℃,O_2 和 CO_2 浓度分别控制在 2%~5% 和 0%~6%。

d. 假植贮藏　甘蓝属于较耐寒型蔬菜，能短期忍耐 -7 ~ -5℃的低温。假植的方法是将甘蓝连根采收，带泥集中在阳畦或秧栅内。能进行较长时间贮藏。此法也可用于结球尚未充分的甘蓝，连根拔起后，保留外叶，使外叶营养继续转移到叶球，让叶球充实。为防叶片脱落，来前1周可喷2,4-D。另外，同贮藏大白菜一样，对甘蓝亦可进行沟贮。

(4) 贮藏期病害控制

甘蓝贮藏病害同大白菜类似，主要为细菌性软腐病，菌核病菌、灰腐病菌（不常见）等引起的真菌性软腐病，以及交链孢霉引发的小斑点。这类病原均较耐低温。

贮藏的甘蓝应选无虫蛀，无烂根，无烂叶，无病叶的叶球。采收时多留几层外叶，搬运时，要轻装轻卸，防止碰伤、雨淋和受冻。贮藏前采用药剂处理，用0.2%托布津溶液或与0.3%过氧乙酸混合后蘸根，晾干后入贮。也可于采前在田间喷洒药剂，如2,4-D、苯来特等。

4.3.4 果菜类

果菜类包括茄果类的番茄、辣椒、茄子等；瓜果中的南瓜、冬瓜；豆类的菜豆、豌豆。此类蔬菜原产于热带及亚热带，在高温季节生长，不适合于低温条件下贮藏，易产生冷害（生理病害）。果菜类同其他类蔬菜相比最不耐贮藏。因为果菜类是着生种子的场所，种子生长发育要吸收营养物质相水分，果肉滋养着种子，所以不耐贮藏。我国北方冬季漫长，果菜类是人们喜爱的蔬菜，也是冬季调剂市场供应的重要细菜类。因此搞好果菜类贮藏，有利于提高人们的生活质量。

1. 番茄贮藏

(1) 贮藏特性　番茄原产拉丁美洲热带地区，性喜温暖，其成熟过程分为以下5个时期：绿熟期（果皮由绿色转为绿白）、微熟期（果顶变红）、半熟期（果实半红）、坚熟期（果实红而硬）和完熟期（果实红而软）。番茄的贮藏器官为果实，具有明显的呼吸跃变期。作为长期贮藏的番茄应选择皮厚，肉质致密，干物质含量高的，子室少，种子腔小的番茄。如满丝、日本大粉、特洛皮克、强力米寿、橘黄加辰等品种均较耐贮。作为长期贮藏的番茄最好绿熟至转色期采收。经过一段时间贮藏可转为红色，达到食用成熟度，当果实处在绿熟期以前，养分积累的少，即使经人工处理也得不到本品种应有的色、香、味，显然此期采收进行贮藏没有食用价值。绿熟期以后，当果实顶部变为白绿色至着色时，内部养分积累已基本完成，如经人工处理，可基本达到本品种应有的色、香、味，此时果实已进入或开始进入呼吸跃变期，呼吸跃变后期的果实已经衰老，不利于贮藏。另外，植株下层的果和植株顶部的果不耐贮藏，前者接近地面易带病菌，后者果实的固形物少，果腔不饱满。

(2) 贮藏条件　番茄的贮藏温度与成熟度有关，红熟果实可在0~2℃下贮藏10~15d，绿熟果在10~13℃下贮藏期为30~50d。绿熟果在10~13℃，氧气2%~4%和二氧化碳3%

~6%的气调条件下,可贮藏45~60d。番茄贮藏适宜的相对温度为85%~90%。番茄成熟过程中会产生乙烯,及时脱除贮藏环境中的乙烯可以延缓番茄的转红和衰老。温度低于10℃极易产生冷害,遇冷害的番茄果实呈现局部或全部水浸状,表面呈现褐色斑块,易感染病害而引起腐烂,同时绿熟期的番茄在低温条件贮藏不能正常成熟。但在10~13℃的温度条件下贮藏,约半个月左右的时间即可达到完全成熟,贮藏期可达40d左右。

(3)贮藏技术

① 贮藏工艺(图4-23)

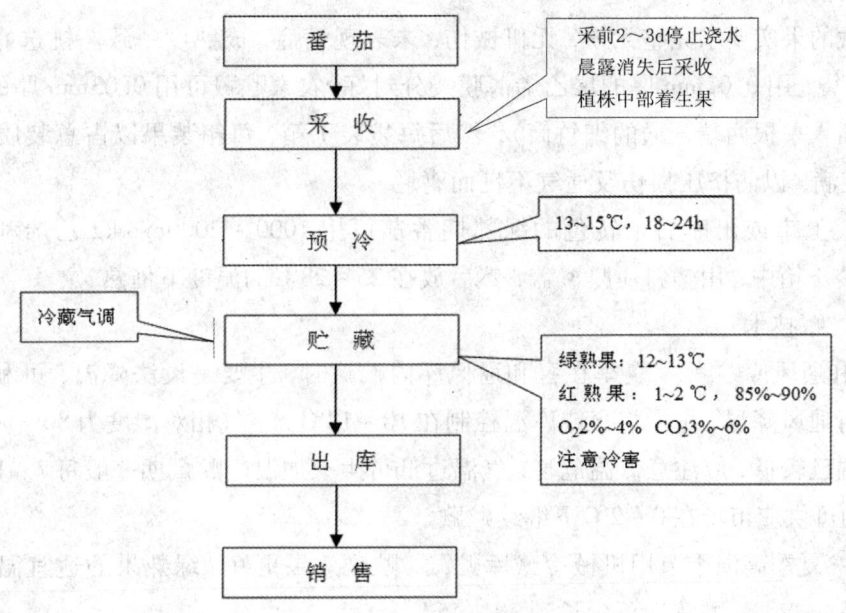

图4-23 番茄贮藏工艺

② 操作要点

a. 采收 采收番茄时,应根据采后不同的用途选择不同的成熟度。用于长期贮藏或远距离运输的番茄应选择在果实已充分长大,内部果肉已经变黄,外部果皮泛白,果实坚硬的绿熟期采收。因为这种成熟度的果实抗病和抗机械伤的能力较强,而且需要较长一段时间才能完成后熟达到上市标准,而这段时间正好是贮藏或运输的时间;当贮藏或运输结束时,果实达到红熟的程度,也是食用的最佳时期。用于短期贮藏或近距离运输的番茄可选用果实表面开始转色、顶部微红期的果实。立即上市出售的番茄则以果实表面转红时采收为好,因为这时果实的营养和风味较好,易鲜食,但不耐贮藏。

作为贮藏用的番茄,在采收前2~3d不应浇水,以增加果实的干重而减少水分含量。采摘番茄应在露水干后进行,不要在雨天采收。采收应选择植株中部着生的果实,因最下层的果实接连地面容易带病菌,植株顶部的果实内物质不充实而不耐贮藏。采收时果实不应带果柄，且要轻拿轻放，避免机械伤。

b. 采后处理　果实经严格挑选，除去病果、裂果及伤果后，装入筐内或箱内，每筐装2～3层果实。果实下面最好用柔软材料衬垫，以防损伤果实。所用包装材料最好在用前进行消毒处理。果实采收后，应先放在冷凉处短时间预贮，散发部分田间热量后，再入贮。

番茄贮藏中易发生多种病害，如软腐病、炭疽病、早疫病、灰霉病等，采后入贮前果实要用杀菌剂洗果消毒，如0.1%次氯酸钙或0.2%苯甲酸钠或250～500mg/kg特克多等。另外用于装番茄的筐或箱等用具也要用0.5%漂白粉预先消毒，贮藏室要用高锰酸钾（$0.5g/m^3$）加福尔马林提前2d消毒。

用于贮藏的果实要求完整无损，无机械伤，未表现病症，成熟度一致。挑选好后的番茄按10～20kg/袋，用0.02mm厚的聚乙烯薄膜袋分封好（农家贮藏可用0.03mm厚的袋子，在袋口扎紧处插入一根两端开通的细竹筒），然后每袋装Ⅰ箱，每箱装果以占总装质量的60%为度，不宜装满，以防挤压损伤及通气不良而腐烂。

采后马上上市或出库后未转色的绿熟期番茄可用1000～2000mg/kg乙烯利水溶液浸5min晾干，装于箱中，用塑料薄膜覆盖，然后放在25～28℃的温度下催熟。

③ 实用贮藏技术

a. 窖藏和通风库贮藏　夏季在窖和通风库内贮藏时，主要是设法降温，可利用夜间较低气温时进行通风降温，尽量将窖或库温控制在10～12℃，空气相对湿度为80%～85%。秋季贮藏因气温已较低，应注意低温危害，气温过低可生火加温。贮藏期一般每7～10d倒菜一次，已成熟的可供应市场在0～2℃下继续贮藏。

b. 冷藏　夏季高温季节用机械冷藏库贮藏，贮藏效果更好，绿熟果的适宜温度为12～13℃，红熟果1～2℃，贮藏期可延长到30～45d。

c. 简易气调贮藏　用此法贮藏番茄，效果好，保鲜时间长。

具体做法是：贮藏前先将贮藏场所消毒（包括所用容器及包装）并降到适宜温度，一般为10℃左右。然后在贮藏场所内，先铺厚度为0.12～0.2mm的聚乙烯塑料薄膜垫底，其面积略大于帐顶，上放枕木。为了防止二氧化碳浓度过高，可在枕木间均匀撒放消石灰，用量为番茄质量的1%～2%，然后将箱装或筐装的番茄码放其上，码成花垛。码好的垛用塑料大帐罩住，大帐的四壁和垫底薄膜的四边分别重叠卷合在一起并埋入垛四周的沟中或用土、砖等压紧，这样就构成了一个密闭的环境，可以采用自然降氧法或人工降氧法来调节氧气和二氧化碳的浓度。为了防止帐顶和四壁的凝结水落到果实上，应使密闭帐悬空，不要紧贴菜垛，也可在菜垛顶部和帐顶之间加衬一层吸水物。

为了防止微生物的生长和繁殖，可用仲丁胺$0.05/m^3$注射到某一多孔性的载体上，如棉球、卫生纸等，然后将有药的载体悬挂于帐内进行消毒，注意不要将药滴落到果实上，否则将会引起药害；也可用氯气，每3～4d进行一次消毒，用量为帐容的0.2%；或者用漂白粉，用量为番茄的0.05%，有效期为10d。此外，还可在帐内加入一定量的乙烯吸收剂，来防止番茄在贮藏过程中变色和后熟。

在贮藏过程中,应定期测定帐内的氧气和二氧化碳含量,当氧气低于2%时,应通风补氧;而当二氧化碳高于6%时,则要更换下一部分消石灰,以避免因缺氧和高二氧化碳造成的伤害。

d. 保鲜膜贮藏法 用以下方法制备的涂料涂抹或浸涂在番茄整个表面,干燥后便形成一层薄的无色防腐膜,能起良好的保鲜作用。涂料的制备方法:在100倍重量的水中溶解0.75倍蔗糖脂肪酸或油酸钠,加热到60℃后再加入2倍酪朊,并加入15倍在60℃下溶化的椰子油,同时以6000r/min的转速搅拌混合而成,用此涂料抹在番茄表面,干后贮藏,保鲜效果极佳。

2. 甜椒

(1) 贮藏特性 甜椒在夏秋季均能收获,也都能用于贮藏,但贮藏特性有所不同。具体表现在贮藏适温有所不同,造成冷害的临界温度不同。甜椒含水量高,贮藏前期容易失水萎蔫。在果实转红时期,有明显的呼吸高峰,并伴有微量乙烯产生,产生的乙烯还能促进其他未熟果实的转红。甜椒的品种相当多,品种间贮藏性的差异也很大。贮藏时应选择色深肉厚、表皮光亮、干物质含量高的品种,如辽椒1号、茄门椒、牟农1号。H猪嘴和冀椒1号等耐贮性较好。

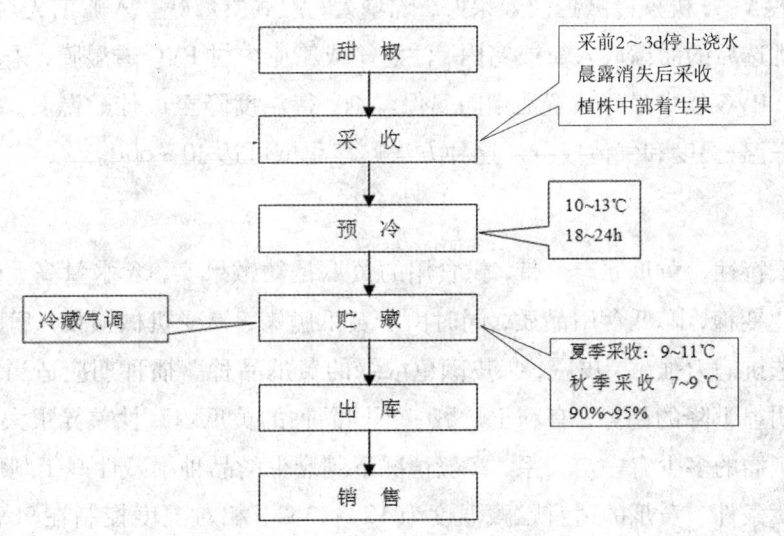

图4-24 甜椒贮藏工艺

(2) 贮藏条件 夏季采收的适温为9~11℃;秋季采收的最适温度为90%~95%。气体成分要求氧气为2%~5%,二氧化碳为2%~3%。

(3) 贮藏技术

① 贮藏工艺(图4-24)

② 操作要点

适时采收对延长其贮藏性很重要,早采果实本身发育不充实,且外界气温较高,不耐贮,霜后收获的果实容易腐烂,也不耐贮。成熟度以绿熟果为宜。果实转色时,生理上已处于衰老阶段,耐贮性差。采收选择晴天上午,晨露干后。采前一周应控制浇水,如遇下雨应推迟3~5d采收,采前10d左右可在植株上喷施杀菌剂。采摘甜椒可用平头剪刀或刀片从离层处剪折果柄,离层以上带一截甜椒秧效果更好、采收过程中防止碰伤果面。采收后剔除过老、受冻、有病虫害或机械伤的果实,将果实进行分级、包装,准备入贮。

③ 实用贮藏技术

a. 沟藏　贮前在露地挖东西长的贮藏沟,一般为宽1m,深1~2m,长根据贮量确定,沟底垫15~20cm厚的沙。采后的甜椒可不经预贮直接入沟,散堆或装筐或同沙、稻壳等层积。面上加覆盖物,覆盖物厚度随气温变化而加厚。贮藏中注意防冻防雨水,每隔15~20d翻检一次。

b. 草木灰贮藏　贮藏甜椒的室内应保持干燥、通风,在地上垫一层稻草或塑料薄膜,其上铺一层10~15cm厚的草木灰,灰上摆一层甜椒,甜椒上再覆一层草木灰,如此一直堆到50cm为止。少量甜椒亦可用箱、盆、桶等容器加灰贮藏。贮藏期间每15~20d检查翻动一次。

c. 机械冷藏　机械冷藏控温效果好,贮量大,贮藏质量好。入贮前先对库房进行清扫、消毒。采收挑选后的甜椒放入筐或箱内,注意筐或箱应内衬PVC透湿膜,采后尽快地放入库内进行预冷。PVC袋中最好放置甜椒防腐保鲜剂,待温度降至最佳贮温时,扎紧袋口,码放整齐。控制好温、湿度和气体成分。这种方法贮存甜椒可达40~60d。

3. 黄瓜

(1) 贮藏特性　黄瓜原产热带,供食用的黄瓜是幼嫩果实,含水量高,在贮藏过程中易发生后熟老化变糠,降低食用品质,同时由于黄瓜脆嫩,易受机械损伤,病菌容易侵入而引起腐烂。应选抗病力强,果皮厚,果皮颜色浓绿的黄瓜品种。播种期应适当延迟,黄瓜收获时气温已有明显下降的趋势,有利于贮藏。不同品种的黄瓜耐藏性差异很大,黄瓜的耐藏性与黄瓜皮上刺瘤的多少有一定关系,一般情况下刺瘤少的品种耐藏性好于刺瘤多的品种。

(2) 贮藏条件　黄瓜的适宜贮藏温度为12~13℃,相对湿度控制在90%~95%。贮藏时应保持库温的稳定,低于10℃极易产生冷害,高于15℃又易老化腐烂、变黄。黄瓜气调贮藏的适宜指标为5%的氧和5%的二氧化碳。

(3) 贮藏技术

① 贮藏工艺(图4-25)

② 操作要点

a. 采收

黄瓜属于嫩果采收,成熟度对品质影响很大。一般从播种到采收为50~60d,不可过早,也不可过晚。过早采收果实保水力弱,营养与风味淡薄,易萎蔫;过晚采收则果实老化,口感和风味差,用于贮藏黄瓜应比立即上市的黄瓜稍嫩一些采收。采收黄瓜时要注意轻拿轻放,避免机械损伤,特别是刺瓜类品种;若瓜刺被碰脱则易造成伤口,而病菌则易由伤口侵染内部,造成黄瓜腐烂。要贮藏的黄瓜最好采收植株中部的瓜,俗称"腰瓜"。因为连地面的瓜与泥土接触,瓜身带菌,易腐烂;而顶部的"头瓜"是植株老化的后期瓜,内含物不足,寿命短。所以采摘时要选择瓜身碧绿、顶花带刺、种子未膨大,条直、瓜体充实的适度成熟的瓜,用剪刀将瓜蒂柄剪下,整齐的码入筐中。

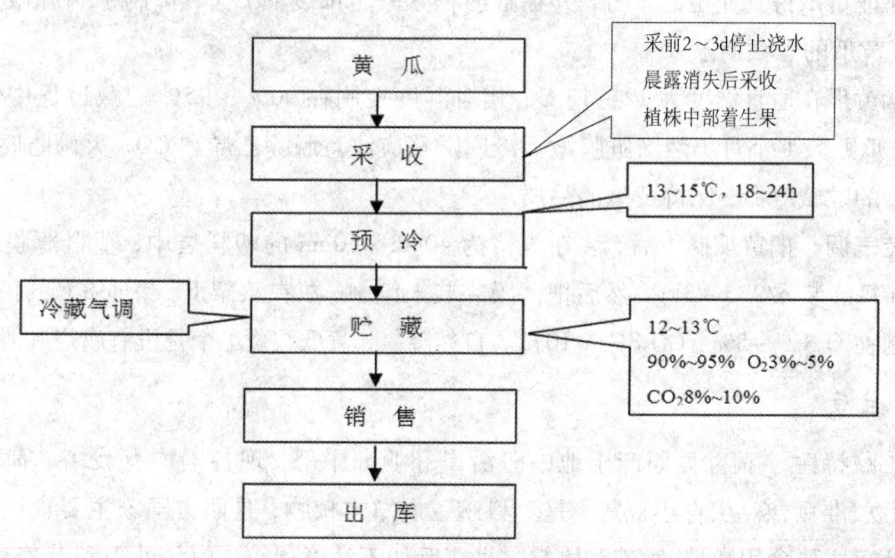

图4-25 黄瓜的贮藏工艺

b. 采后处理

热处理 热处理是一种物理处理法,其无毒无害,没有化学污染,而且便于操作。由于黄瓜是冷敏型蔬菜,易发生冷害,热处理后可减轻黄瓜的冷害。具体做法:冷藏前,在生物箱中对黄瓜进行37℃的热处理24h,相对湿度90%。然后取出进行冷藏。实验表明热处理在黄瓜低温冷藏过程中可明显抑制冷害的发生和发展,减少贮藏期间瓜体水分的散失和保持较高的硬度。

化学防腐 为防止黄瓜腐烂,可进行化学防腐处理;传统的方法一般是进行药品熏蒸处理,如用克霉灵进行熏在黄瓜装袋前用克霉灵熏蒸24h。为防止脱水,可用聚乙烯薄膜袋作为内包装,在袋内放入占瓜重35的乙烯吸收剂,或在包装箱内放置蛭石或碎砖块吸收乙烯。近年来较多化学处理法是使用涂膜和保鲜剂。在各种涂膜中,中草药涂膜的保鲜效果最好,但配制试剂的过程也最烦琐。

分级包装 黄瓜分级一般采用重量分级。按瓜条的匀整度将黄瓜整齐的排放在消毒过的干燥筐或箱中,装箱容量不要超过总容量的 3/4。若瓜身刺多要用软纸包好,再放入筐中。选择的筐或箱应坚固,容量应小于 30kg。为了防止失水,目前常使用透明塑料袋包装黄瓜。在塑料袋的选择上,薄袋的保鲜效果比厚袋好。

c. 实用贮藏技术

缸藏法 把予先刷洗干净的缸盛入 10~20kg 清水,上加入木制的箅子,隔水面 7~10cm。然后码放黄瓜,达一定高度后,再加隔板,然再码黄瓜,如此一直到缸口 10~13cm 为止,用牛皮纸封住缸口,把缸放在冷凉处,在 10~16℃ 的温度条件下贮藏 30d 效果较好。缸藏法能够保证黄瓜得到充足的水分,并在缸内积累一定浓度的 CO_2,抑制了病源微生物的繁殖,延长了黄瓜的贮藏期限。

冷藏 黄瓜在适宜温度为 12~13℃,相对湿度控制在 90%~95% 贮藏过程中保持稳定的库温,黄瓜贮藏 1 个月仍然新鲜脆嫩。冷库贮藏应注意脱除乙烯和 CO_2、灭菌防腐,将有利于延长黄瓜的贮藏寿命,保持黄瓜的品质。

小包装气调 把黄瓜摘下后,装在规格为 40cm×50cm 的塑料袋中,塑料薄膜袋的厚度为 0.08mm 每袋装入 2.5~3kg,然后把薄膜袋装入筐中,放在菜架上,置于 3℃ 的恒温中,气体指标控制在 O_2 3%~5%,CO_2 8%~10%。自然降氧,黄瓜贮藏 1 个月没有腐烂和脱水现象。

4. 荷兰豆

(1) 贮藏特性 荷兰豆原产于地中海沿岸和亚洲中部,现各国均有栽培。荷兰豆又叫豌豆、小寒豆、淮豆、麻豆、青小豆等,是豆科豌豆属草本植物,是西方国家主要食用蔬菜品种之一。荷兰豆主要食用嫩梢、嫩荚和嫩籽,收获后如不注意保鲜,商品外观和营养衰老极快,其采后保鲜技术显得尤为重要。荷兰豆贮期不易过长,以 15d 为宜,否则嫩荚组织老化褪绿。

(2) 贮藏条件 荷兰豆采收以后,若环境条件适宜可延长贮藏寿命,降低损失,不良的环境则缩短其寿命,增大损失。一般贮藏适宜温度为 0℃,相对湿度 95% 的条件下贮藏最适宜,效果较好。采收后应避免日射和干风,尽量放在冷凉处,以防呼吸量增高而使豆粒失去甜味及嫩度,豆荚老化品质退化现象。据报道,在贮温高于 6℃ 的情况下,虽仅经 24h,豆粒内的糖分就迅速合成淀粉,氨基酸的含量也显著降低,致使籽粒硬化、品质变劣。所以,荷兰豆采收后必须立即在 0℃ 左右的温度下冷藏,荷兰豆还极易失水萎蔫,贮藏时需要高湿条件。研究表明,在温度为 0℃,O_2 和 CO_2 均为 5%~7% 的自发气调中贮藏 20d,青荷兰豆的可食品质比在空气中贮藏要好。

(3) 贮藏技术

① 贮藏工艺(图 4-26)

a. 采收 荷兰豆生长发育到有商品价值时进行收获,采收标准主要依据荷兰豆的成熟度。当荷兰豆的器官生长到适于食用的程度,具有该品种的形状、色泽、大小和品质时采收:

即具有该品种的特有色泽;具有一定的坚实度,组织幼嫩,硬度不能过高也不能过熟过软,以便贮运;应在糖多淀粉少时采收。总之,作鲜菜用的嫩豆荚宜早采,软荚种以食用豆仁及嫩荚为主,在开花后12~14d采收,硬荚种以食籽为主,宜在开花后15~18d采收。还要特别注意应在使用农药后的一定的间隔期后采收,防止产品污染。

b. 采后处理　　采收的鲜豆荚或嫩豆粒含水量都很高,在贮放和运输过程中很容易造成品质劣变。因此,采后及时挑出带病虫和折断的豆荚,装筐并用湿毛巾或湿麻袋等盖上,尽快组织车辆运往加工厂进行预冷,并分级包装,提高商品价值,提高市场竞争力。

c. 运输　　不管是由产地运往加工厂,还是由加工厂运往销售地点,也不管是公路、海运还是空运,都应保证在低温下进行,使用冷藏车或冷藏集装箱运输时,要在装车前将温度降到0℃,装卸时间越快越好。运输是荷兰豆产销过程中的重要环节。在发达国家,荷兰豆的流通早已实现了"冷链"流通系统,新鲜荷兰豆一直保持在低温状态下运输。我国的荷兰豆采用低温运输量还相当小,大部分荷兰豆仍处于普通卡车和货车运输。荷兰豆的运输温度要求7~10℃、相对湿度85%~90%,运输中要避免温度波动过大。荷兰豆低于6℃贮运易发生冷害,高于14℃豆荚则很快纤维化。在运输时最好用冷藏车或在货车顶上及箱外四周放碎冰降温,尽可能使温度维持在10℃左右。采用气调贮藏时,CO_2的浓度为1%~2%,O_2浓度为6%~10%。

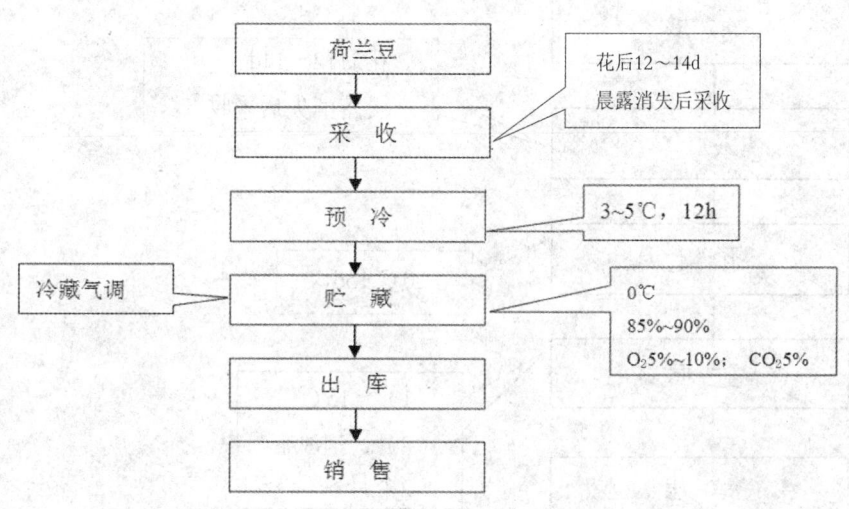

图4-26　荷兰豆贮藏工艺

d. 实用贮藏技术

冷藏加简易气调　　荷兰豆经过预冷后进入冷库贮藏,将筐装或箱装的荷兰豆码垛或直接放大货架上,然后用塑料薄膜罩上,利用荷兰豆呼吸消耗氧气,释放出二氧化碳,使罩内氧气浓度降低,二氧化碳浓度提高,进行简易气调贮藏。贮藏期间温度保持在0℃,湿度为85%~90%。初入库时每隔2d检查一次温度、湿度及气体成分,使气体含量为0.5%~10%、CO_2 5%,并及时掀揭、抖动塑料薄膜,通风换气。以后每隔5d检查一次,贮藏时间为15~20d,如发现豆荚开始发黄,应及时出售。

5. 冬瓜

冬瓜属于葫芦科,瞩一年生植物,各地均有栽培,对调节秋淡季蔬菜供应有一定作用。

(1) 贮藏特性　冬瓜虽以老熟果实贮藏,但贮藏过程中呼吸作用较强,衰老进程较快,长期贮藏仍有一定困难。冬瓜喜温干,怕湿冻,贮藏适宜温度为10~15℃,相对湿度70%~75%,并要求较好的通风条件。高温、高湿条件下易染病腐烂,低温受冻后难以恢复。冬瓜品种较多,一般晚熟青皮无蜡粉品种瓤小肉多,丰产抗病,较耐贮藏。但在有的地区此品种不被消费者接受。北方有的地区种植白皮大个的冬瓜,只要贮藏措施适宜,也能做3个多月的贮藏。

(2) 贮藏条件　冬瓜最适宜的贮藏温度也与品种关系密切。像有些青皮无蜡粉的瓜可在10℃左右贮藏,而一些白皮大瓜则必须在13~15℃下贮藏。相对湿度为85%左右。

(3) 贮藏技术

① 贮藏工艺(图4-27)。

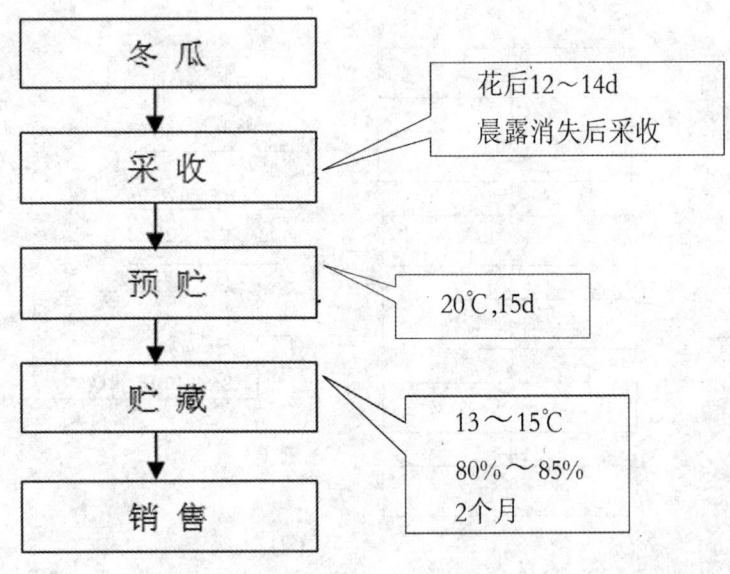

图4-27　冬瓜贮藏工艺

② 操作要点　北京地区冬瓜多在十月下旬收获,为白皮大个,贮藏应选立秋前开花的冬瓜,立秋后开花坐果的冬瓜不能作贮藏用。其他地区控制播种期,使冬瓜在霜前能达到九

成熟，此时收瓜用于贮藏，因为冬瓜霜打后易腐烂，不易贮藏。

贮藏冬瓜应在晴天早晨收获，使瓜温相对较低。收获后的瓜可先在20℃左右通风库或荫棚下预贮半个月，使瓜皮硬化，以利贮藏。预贮后的冬瓜经严格挑选后入库贮藏。冬瓜采收和入库过程中，容易产生机械伤从而造成腐烂。一种是因摩擦或挤压造成的外伤，还有一种是因振动使瓜瓤部分遭到破坏，代谢受到影响的内伤，后一种现象是冬瓜等特有的，应当引起重视。故此，冬瓜应当在产地贮藏，采收时要保留一段约30cm长的果柄，不能抛掷，滚地和碰撞。

③ 实用贮藏技术

窖藏和通风贮藏　冬瓜贮藏多在通风库或通风良好、湿度较低的窖内进行，在窖内或通风库内可码垛或架藏。码垛前在地面垫一层细沙，冬瓜可码成长条垛或圆塔形空心垛，以利通风。瓜垛不宜过高，以免压伤。在码垛或上架摆放的过程中也可能产生内伤。故摆放过程中一定不能倒瓤，即生长时朝下的一面，码垛时仍然朝下。这样堆放时瓜瓤组织所受的重力和地里长期生长时所受重力一致，不容易产生内伤。冬瓜上架贮藏时，可在冬瓜下垫一层草席。架藏方法有利于冬瓜的通风和贮藏中的检查。

贮藏前期冬瓜含水量大，产生呼吸热多，要加强通风散热和排湿；后期要加强保温，防止受冻。整个贮藏期要经常检查，挑出不宜继续贮藏的冬瓜。贮藏后期温度降低容易受冻是多数冬瓜不能继续贮藏的主要原因之一。在北京地区，温度控制在13～15℃，相对湿度控制在80%～85%，贮藏2个月，品质尚佳。

6. 贮藏期病害控制

（1）番茄病害　番茄在贮期除炭疽病外，还能由多种病菌侵染致腐，如黑腐病、交链孢菌、粉红镰刀菌、白地霉、黑星霉、水腐病和灰霉等。这些病菌多在田间附着在果面，当番茄运输或贮藏时发病，会向健康果实传播，尤其在高温高湿下腐烂率加重。

为防治番茄贮期病害，在田间要及时喷药，在采收分级包装中要防止出现机械伤害；对包装窗口要事先消毒灭菌，常用1%的漂白粉或4%的硼砂溶液浸泡。对果实可应用一些化学防腐剂。

（2）甜椒病害　主要有细菌性软腐、真菌性炭疽及菌核病等。细菌性软腐是由欧式氏杆菌属及相近几属病菌侵染致病，病果仅存表皮革质，果肉全部软烂并带有恶臭。

甜椒的炭疽病有三种：黑色炭疽病、肉色炭疽病和黑色多毛炭疽病，果实上的症状略同。黑色炭疽病果初于果面出现水浸状水斑点，逐渐扩大，呈褐色圆形或不规则形凹陷，同时出现同心轮纹，稍隆起，沿此轮纹密生无数小黑点，严重时出现二次感菌，多着生绿霉，该病菌寄生力强，分生孢子萌发后其芽管多由伤口侵入。肉色炭疽病菌的分生孢子可产生附着器，并以侵染丝直接穿透甜椒的表皮侵染为害，该病在低温多雨年份蔓延较重，这样年份贮存的甜椒此病发生也重。菌核病使甜椒果实出现水浸状褐变，果肉软化逐渐腐烂，该病田间带菌贮期发病，发育适温为20℃，空气相对湿度100%时侵染加快。该菌的子囊孢子发芽要求较高的湿度，而菌丝直接侵入机体的能力薄弱，故应以干燥、空气流通、避免机械伤害作为防治此病的主要措施。

（3）黄瓜病害　黄瓜在贮藏期间易感染炭疽病，该病多在田间侵染贮运时发病，由刺盘孢属感染致病，黄瓜感病后出现淡绿色水浸状斑点，后变黑褐色并逐渐扩大。凹陷。在湿度较高的条件下病斑上常出现许多黑色小粒，即分生孢子盘，病果弯曲变形，病斑可深入果肉使风味品质明显下降，甚至变苦不堪食用。该病菌发育适温为24℃，4℃以下分孢子不发芽，10℃以下病菌停止生长。但在较低温度下贮藏黄瓜易出现冷害，故对此病的防治应以选择无病果为主，或采收后进行表面药剂处理再进行贮藏。此外，黄瓜贮藏中易感染灰霉病和绵霉病，灰霉菌多从黄瓜的花端侵入，组织先变黄后生霉，以后变成土灰色，并有大量孢子；绵霉菌在贮藏中感染并表现为较大的水浸状斑，有时瓜皮破裂，表面生较纤细而茂密的白霜，贮藏中应注意温度、湿度的控制，及时出库，避免灰霉病和绵霉病发生。

4.3.5 菜花与蒜薹类

1. 菜花（花椰菜）

（1）贮藏特性　目前栽培的菜花品种有紫菜花、绿菜花、橘黄菜花、白菜花和普通菜花，市场上销售量比较大的是普通菜花和绿菜花。绿菜花（青花菜、西兰花）是十字花科植物，属甘蓝类蔬菜，原产西欧沿海意大利一带，是野生甘蓝的一个变种。主花球采收后侧枝还可以再结成花球，继续采收。其食用部分是脆嫩的花茎、花梗和绿色的花蕾，保鲜期短，采收后在20~25℃下24h花茎即变黄，失去商品价值。

（2）贮藏条件　菜花在分类上与甘蓝同属一个种，因此生活习性及贮藏条件的要求两者也相似，贮藏最适宜的温度为-1~0℃，相对湿度为90%左右。

（3）贮藏技术

①贮藏工艺（图4-28）

②操作要点

a. 采收　应选择结球紧实、七八成熟、品质好的中晚熟品种进行贮藏，在采前1周要停止浇水，防止贮藏中花球腐烂。菜花的采收一般在11月进行，它的组织脆嫩，为了防止采收和运输过程中在花球表面造成机械损伤，故采收时宜保留2~3轮叶片，以保护花球。

采收应在晴天上午6点~7点进行，严禁在中午或下午采收，采收工具应使用不锈钢刀具，采收时从花蕾顶部往下约16cm处切断，除去叶柄及小叶，装入塑料周转箱中，码放时应注意保护花球，装筐不可过满，以免挤压损伤花球，筐面要覆盖一层叶片，以防水分蒸发，严禁使用柳条筐或竹筐装运。采收后的花球由于机械伤口的出现，呼吸强度会急剧升高，造成体内物质消耗速度加快，应立即运往加工场所进行预冷，有条件的应使用冷藏车或保温车运输,应做到随收随运,尽量减少在田间停留的时间。

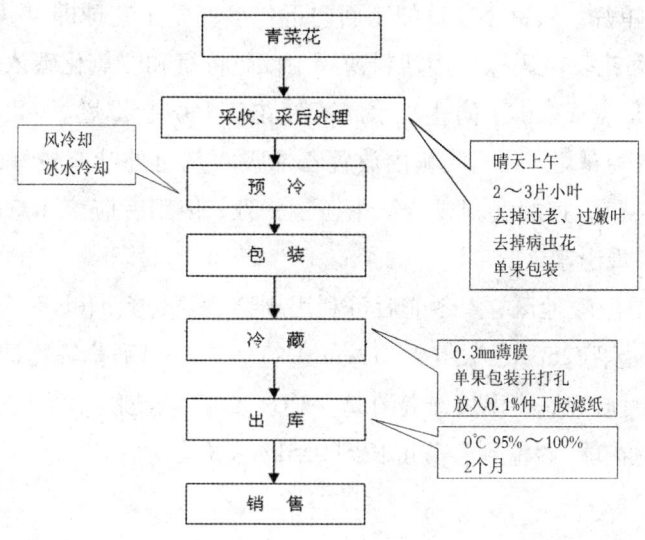

图4-28 菜花贮藏工艺

b. 采后处理　冷水预冷是最适合绿菜花的预冷方法。无论是淋水还是浸水,都应保持水温在1℃左右。当茎中心温度达到2~2.5℃时取出。分级修整使用不锈钢刀具,按外销标准剔除过大、过小以及畸形花球。花球分为3级,即S级、M级和L级。S级花球直径10~11cm,花茎长13cm。M级花球直径11~12cm,花茎长14cm。L级花球直径13~15cm,花茎长16cm。注意茎上的叶柄应切平。包装将分级加工后的绿菜花装入50cm×50cm×29cm的塑料箱中。L级每箱装24个花球,M级每箱装30个,S级每箱装36个。装箱后加入3~4kg碎冰,放入0℃冷藏库中贮藏,尽快组织外运。运输使用冷藏车或冷藏集装箱运输。首先对其制冷系统进行全面检查,在装车前将箱体温度降到0℃。装卸时间要快,在整个运输过程中部应严格掌握箱体内的温度在0℃左右。

c. 实用贮藏技术

冷藏　将已经成熟的花球带2~3片叶子,均留根长3~4cm,贮藏在恒温冷库或通风贮藏库内,可贮至新年或春节。贮藏方法是将菜花经加工整理后装筐码垛或放在菜架上,控制温度为0℃;相对湿度为90%~95%,有时可利用塑料薄膜覆盖但不封闭,每天轮流揭开一侧薄膜进行放风,有较好的保鲜作用。冷藏时,将挑选好的菜花花球朝上码在筐中,最上层菜花要低于筐沿,将筐堆码于库中,要维持稳定的温度和湿度,每隔20~30d倒筐一次,摘除脱落及腐败的叶片,并将不宜久存的花球挑出上市。也可在库内搭菜架,每层铺上塑料薄膜,码上菜花。为了保温,可在菜架四周置上薄膜帐,帐边不封闭。还可进行单花套袋或包膜,即用0.015~0.040mm厚聚乙烯塑料薄膜制成袋子,将预冷后的花球单个装入袋内,折叠袋口,装筐(箱)码垛或直接放菜架上均可。此法既可防止菜花失水,又可避免花球之间的相互摩擦和病菌交差感染，还能保持花球的洁白，贮藏期可达2~3个月。如为简单起见，可将地膜裁剪成50cm的单片，从每个花球的正面向下包裹住整个花球即可。

大帐气调贮藏　菜花装筐码垛后用塑料薄膜封闭，将氧和二氧化碳浓度分别维持在2%~5%和0%~5%，帐顶需成弧状，防止凝水滴落到花球上引起霉烂。入贮时喷洒3000ml/L的苯来特或托布津可减轻腐烂，在封闭帐内放置乙烯吸收剂对外叶有较好的保绿作用，花球也比较洁白。目前对菜花适宜的气调成分结论还不一致，使用者应该注意，高二氧化碳伤害只有在菜花煮熟后才表现出来。

假植贮藏　在冬季温暖地区，入冬前后可利用棚窖、贮藏沟、旧畦等场所，将尚未成熟的幼小花球带根拔起，按行距26cm、株距9~13cm进行假植。用稻草等物捆绑叶片包住花球，适当加以覆盖防寒，适时放风，将温度维持在2~3℃，最好菜花能稍稍接受阳光，根据需要适当灌水。鸡蛋大小的花球，假植到春节可长到0.5kg左右。

2. 蒜薹

（1）贮藏特性　蒜薹是抽薹率高的大蒜品种抽出的幼嫩花茎，也是大蒜生产的重要副产品。蒜薹由薹梗和薹苞两部分组成，采后损耗主要由两个原因造成，一是由于蒜薹采收均在高温季节，新陈代谢旺盛，容易脱水、老化和腐烂；二是由于蒜薹采后有明显的后熟现象，随贮藏期延长，薹苞膨大裂开，生出气生鳞茎（小蒜），此现象会加速薹梗的老化，使其变黄变空，纤维增多，失去食用价值。

（2）贮藏条件　蒜薹适宜的贮藏温度为(0 ± 0.5)℃，相对湿度95%左右。气调指标，氧气为2%~4%，二氧化碳为6%~8%。上述诸条件中温度最为关键。温度过高，蒜薹呼吸强度增大，增强了物质消耗和水分蒸散，促进了营养成分由薹梗向薹苞的转移，使薹苞膨大，薹梗老化，纤维增多。在常温下蒜薹只能贮藏10d左右。相反，温度过低，如-2℃以下会引起冻害。

（3）贮藏技术

① 贮藏工艺（图4-29）

② 操作要点

a. 采收及采后处理　用于贮藏的蒜薹应选成熟度适宜，条长、粗壮、色泽鲜绿、薹苞发育良好、梢长、薹苞"挂霜"、无病虫害的蒜薹，当蒜薹露出叶梢出口、叶长7~10cm，苞色发白，蒜薹甩尾后生长弯第二道弯时采收为宜。采收过早、过晚均不利于贮藏。

蒜薹收获后要及时在0℃条件下预冷，若不具备此条件，至少应在10℃以下冷凉的地方预冷。边预冷边整理，剔除有病、腐烂和折断的个体，剥去残留叶鞘，剪掉基部老化的部分和枯黄的薹梢，1kg一捆装入薄蒲包内，每包定量15kg，外用绳子捆好，进行贮藏。

b. 实用贮藏技术

塑料袋小包装贮藏　将加工整理过的蒜薹按0.5~1cm捆成一把，然后装入60cm×

100cm 的聚乙烯包装袋内。薄膜厚度 0.06~0.08mm，每袋 15kg。要注意：当库温降到 0~1℃时方可装袋；蒜薹薹梢一律朝向袋口，严禁头尾混装。装袋完毕，继续降低库温，当温度达到 (0±0.5)℃时扎口。贮藏期间要严格控制库存温(0±0.5)℃，相对湿度 80%~90%；贮藏期间要进行定期放风，一般贮藏前期（入贮至 9 月），每 10~15d 放风一次，时间 4h；中期（10~12 月）每 8~12d 放风一次，时间 8h；后期（12 月以后）每 8d 放风一次，时间 24h。在包装袋放风前后，库房要进行彻底通风；为防止蒜薹受冻，库内贮藏的蒜薹距冷风机的距离要在 1m 以外；蒜薹贮藏期间，有时出现薹梢霉腐现象，可在蒜薹入库后用 250 倍的多菌灵喷梢，也可在 8 月上旬进行喷梢，效果很好，一般可贮至春节。

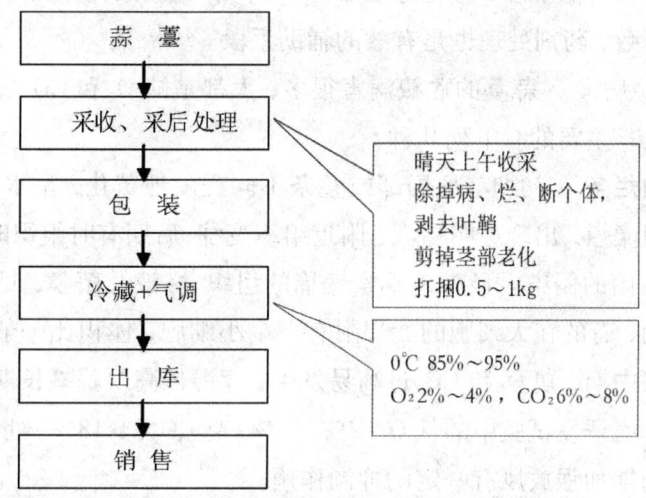

图 4-29 蒜薹贮藏工艺

硅窗袋气调 用厚 0.06~0.08mm 的聚乙烯薄膜制成 60cm×100cm 或 70cm×100cm 的包装袋。其上分别镶嵌 FC-8 布基硅橡胶膜 70~80cm^2 和 96~110cm^2，装量分别为 15kg 和 20kg。将捆把后的蒜薹入库，进行第一次预冷。当库存温降至 0~1℃时装袋，方法及注意事项同塑料袋小包装法，装袋不扎口，进行第二次预冷。当库存温降至(0±0.5)℃时扎口，可贮至春节，好菜率在 95%~98% 以上。为防止薹梢发霉，可在扎口前在袋内放入克霉灵杀菌剂，用量 0.02%。

气调贮藏 蒜薹的气调贮藏的适宜温度为 0~1℃，适宜的气体组成 O_2 为 2%~5%，CO_2 为 0~8%，O_2 的浓度过高会促进蒜薹的老化和毒菌活动，O_2 的浓度过低，长期缺 O_2，会造成蒜薹生理失调。当 CO_2 浓度过高也会引起伤害。比较起来，CO_2 的伤害比缺 O_2 所引起的伤害更严重。

现在全国各地用冷库气调贮藏蒜薹，采用的是聚乙烯塑料薄膜袋，大小为 70cm×80cm，薄膜厚度为 0.06~0.08cm，袋内装蒜薹 15~20kg，袋内空隙度约占 50%，扎紧袋口，放在菜架上，设一定数量的代表袋，要定期测定代表袋的 O_2 及 CO_2，以决定开袋的通气时间，当袋

内 O_2 浓度降低到 1%~2%，CO_2 约在 12% 时，应打开袋口进行放风，待 O_2 升到 18% 以上时，CO_2 降到 2% 左右时，重新扎紧袋口，当库温稳定在 0℃ 时，放风周期为 10~15d 一次，当蒜薹贮藏到后期，O_2 的低降要适当提高，放风时间缩短到 7~10d 一次。

在贮藏过程中，要经常检查质量，通过观察闻味等办法，来判断蒜薹的质量变化，采用相应的技术管理，对不宜继续贮藏蒜薹应及时上市进行销售。

(4) 贮藏期病害控制

① 花椰菜黑斑病　黑斑病由交链孢属致病，最初花芽脱色随后变褐，花球上出现许多褐斑而使商品价值下降，将花球浸于 100mg/kg 次氯酸钙中可减轻腐烂，同时应贮在较低温度下控制腐败，药剂处理也是有效的辅助手段。

② 蒜薹病害　蒜薹的贮藏病害很多，大都是缺 O_2 和 CO_2 过高引起生理病变，继而遭受微生物感染。主要的有下列几种：

黄化油烂条　初期薹梗局部或整条不同程度地黄化，呈水烫状，变软，表皮易剥脱；中期部分组织糜烂，出现透明黏液，附近组织变绵；后期有时组织略干缩出现白色菌膜，同时进一步受到霉菌的侵染。显微镜观察变绵的组织、黏液及菌膜，见到相同的椭圆形至长圆形单细胞微生物，有的在大细胞的一端附有一个小细胞，体积比一般细菌大，无菌丝。该病主要出现在贮藏中期，缺 O_2 和 CO_2 过高易发生，库温偏高及蒜薹长期为气流水浸状会提早发病加重病情。病害诱发试验中的低 O_2(2%~5%) 高 CO_2(>18%) 处理，症状典型，发病迅速而严重。发病初期加强放风有一定的抑制作用。

不规则塌陷斑块　薹梗上局部出现开头不规则（多数成条状）、大小不一、略塌陷的斑块，有纵向皱纹，色略带灰。镜检初期的病斑不见病菌，表皮及皮下数层细胞坏尽，以后病斑块扩展连接成片，导致干缩断条或霉烂。发病初期斑大部集中薹梗的一侧，整把蒜薹的外侧面发病的较多，袋边与塑料接触的蒜薹发病特多而且严重，致病原因可能与缺 O_2、CO_2 过高以及气流水浸润组织有关。

4.3.6 食用菌

从分类学角度看，食用菌不是蔬菜、是一类可供食用的大型真菌，但食用菌在许多方面与蔬菜有相似之处。食用菌，食用部分是真菌的子实体。其味道鲜美，脆嫩可口，营养价值很高，其蛋白质含量比一般蔬菜高几倍至几十倍，并含有大量的游离氨基酸，多糖类物质和多种维生素。深受消费者的欢迎。

1. 贮藏特性

食用菌组织柔嫩、含水量高，缺少明显的表面保护组织，采后很容易因为失水而使品质下降；其次是采后呼吸作用特别强，子实体会继续发育后熟，加上微生物的活动，采后很易发生菌伞开裂、菌柄伸长、质地变软直至褐变和腐烂，是较难贮藏的蔬菜。近些年来，食用菌发展的很快,主要的品种有平菇、香菇、双孢菇、杏孢菇等。

平菇在食用菌品种中,是不耐贮藏的。采收后在室温条件下,很快会在菌柄处生出白毛,伞盖开裂,卷边,直至最后褐变腐烂。此外,平菇采后氧化酶活性高,容易褐变。

香菇是食用菌中比较耐贮的种类,这是因为它在贮藏过程中能耐受低氧和高二氧化碳的环境,而不造成明显的伤害,故此人们普遍对香菇采用气调贮藏。双孢菇的含水量很高,易失水导致耐贮性降低。同时它们代谢旺盛,要在5℃低温下存放。温度过低时又容易发生冷害。不同生长期采收的双孢菇的呼吸强度不同,而且双孢菇开伞后很容易衰老,不耐贮,要在开伞前采收,并要及时冷却。气调对贮藏效果的影响很明显,多采用小包装方法。双孢菇的另一个贮藏特性是容易发生褐变,减少机械伤和气调贮藏对减少褐变的作用明显。

杏孢菇组织致密,能忍受低温、低氧和高二氧化碳的环境的胁迫,因此,在食用菌中与其他品种比较是很耐贮藏的。

2. 贮藏条件

平菇适宜的贮藏温度为0℃。相对湿度为85%~90%。

香菇适宜的贮藏温度是0~4℃,相对湿度是85%~90%,气体条件是O_2浓度为2%~5%,CO_2浓度为10%~15%。

双孢菇的适宜贮温为5℃左右,相对湿度为85%~90%。

杏孢菇的适宜贮温为0℃,相对湿度为85%~90%。

3. 贮藏技术

(1)贮藏工艺(图4-30)

(2)操作要点

① 采收及采后处理 食用菌采收质量直接影响其贮藏与保鲜。用于贮藏保鲜的食用菌应是菌体完整,色泽鲜亮,无病虫害,无杂质异物,无畸形破损,菌盖光滑,菌体无斑点锈渍,菌表无机械损伤,菌柄无空心,具有食用菌的特殊香味。采收过程应遵循先采小后采大(指菌脚);先采密后采疏;凡不符合上述标准的菌都应及时剔除或修整等原则。

平菇采收的标准是:菌盖基本展平,尚未大量放射孢子。采收时可用刀割,注意保持菇体的完整性,减少机械伤,同时还要注意不要影响到下茬菇的生长。

香菇要分批采收,适宜采收的标准是:当菇盖色泽从深开始变浅,菌盖未完全张开,菌盖边缘稍内卷,菌褶已完全伸直。采摘时用大拇指和食指掐住菇柄基部,轻轻地将基旋转拧下。香菇的采收大都在晴天的早上进行,此时气温较低。采收后放在箩筐等容器中,容器的下部垫一层塑料薄膜,采摘过程要注意保持香菇的完整性,避免产生机械伤。采收后要及时进行挑选,去除不适宜贮藏的菇体。

双孢菇一般掌握的标准是:菇体长到4cm左右、倘未开伞时采收。采前要将采收工具预先消毒。采收时最好用小刀将菇体割下,不要损伤菌盖、菌褶,发现有残断的菇柄及死菇,要随时用小刀将其挖干净，以防腐烂而招引霉菌。

杏孢菇采收标准是：菇体长到4~10Cm时分批采收。采前要将采收工具预先消毒。采收时最好用小刀将菇体割下，直接放在塑料筐或竹筐中，每个筐不要放太满，筐底要衬垫塑料薄膜。从采收到出库上市的整个过程中，都要做到轻拿轻放，减少机械伤。对蘑菇可采用边采摘边挑选的方法，减少在不同容器间的移动。去除残留的培养基，选用无病虫害、无霉变、生长正常的菇体用作贮藏。

无论是哪一个品种，采收后都应及时降温，一般可先在预冷库中预冷。可将筐平放在库的地面上，不要堆码，上面可不加覆盖。如收获量较大，在有条件的地方，可用真空预冷的方法，效果更好。菇体在短时间内进行降温处理，对菇体的失水影响不大。但要求库的制冷量大，使菇体能在短时间内降到6℃。

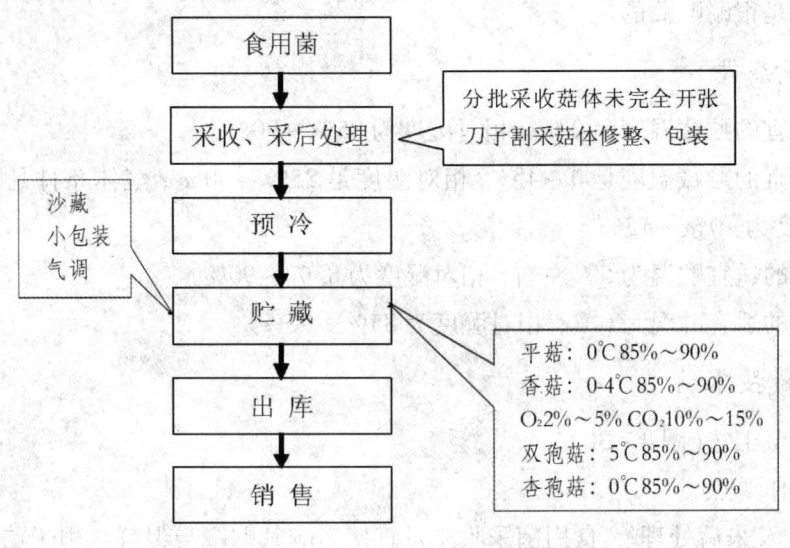

图4-30 食用菌贮藏工艺

② 实用贮藏技术 平菇的贮藏多采用冷藏法，将平菇装在0.03mm的聚乙烯塑料袋中，每袋装0.5kg左右，袋口密封。如果存放时间不超过1周，可不作小包装。但要注意保湿。

香菇多采用小包装贮藏方法，薄膜厚度为0.03mm，每袋装1kg，袋口密封，放在0~44℃的冷库中进行自发气调，不做充氮气等处理。据报道，选6~7成熟的香菇，每袋装200~300g，然后扎紧袋口或热合封闭，再进行冷藏。在20℃下可保鲜5d，6℃下可保鲜17d，1℃可保鲜22d。此外，如果增加薄膜厚度到0.06mm对香菇都没有明显伤害。此方法一般能将香菇保存2~3周时间，品质较好。

双孢菇进行预冷后，放在温度为5℃左右，相对湿度为85%~90%冷库中，可保鲜7~10d。

将杏孢菇放在0.03mm厚的聚乙烯袋中，每袋放500g左右，将袋口密封。掌握的气体成

分范围是 O_2 浓度为 2%～5%，CO_2 浓度为 10%～15%，必要时要开袋放风换气。用本方法可将杏孢菇保鲜 30d 以上。

4. 贮藏期病害控制

双孢菇常见的病害有：褐腐病、褐斑病及锈斑病等。而平菇则常受到青霉菌、木霉菌的侵染。此外，食用菌生产中，常有虫害的发生。控制食用菌病虫害的发生主要从两个方面着手。一是在采、运、贮等过程中，通过适宜的操作，提高菇体的抗腐能力。二是通过化学方法进行防腐处理。

总之，食用菌贮藏保鲜应及时合理采收提高保鲜性能；加强防腐工作，食用菌腐烂的主要原因是微生物侵染、生理性病害及采收后运输中的机械损伤。所以在采收前后均应加强对微生物的防治，否则在采收前侵入食用菌的微生物，在采收后由于环境改变，食用菌抵抗力减弱，致使微生物活动泛滥，导致保鲜失败；在食用菌运贮过程中，有效地抑制其呼吸作用和酶活动，减少营养物质损耗，保持食用菌固有的品质和风味；提高食用菌耐贮性，必须从菌种入手，选择耐贮质优的品种，采用先进的栽培技术，以充分利用食用菌固有特性，做好保鲜工作。

实验实训一　常见果蔬贮藏病害识别

1. 目标原理

通过实训，识别当地主要果蔬贮运中常见生理病害的典型症状和致病原因；主要侵染性病害症状及病原物，为加强在贮运中的防治管理奠定基础。

2. 材料、用具

（1）生理性病害材料　苹果苦痘病、虎皮病、CO_2 中毒、梨黑心病、鸭梨黑皮病、柑橘水肿病、枯水病、香蕉冷害；马铃薯黑心病、蒜薹褐斑病、黄瓜、甜椒、扁豆、番茄等果菜类的冷害等症状标本和挂图。

（2）侵染性病害材料　苹果、梨炭疽病、轮纹病、柑橘青绿霉病、蒂腐病、葡萄灰霉病、核果类褐腐病、香蕉炭疽病、菠萝黑腐病、马铃薯、洋葱等细菌性软腐病，叶菜类菌核病、洋葱黑霉病等的标本、挂图及病原菌玻片标本。

（3）用具放大镜、挑针、刀片、滴瓶、载玻片、盖玻片、培养皿和显微镜等。

3. 操作步骤

观察→记录→填表→分析→预防措施

（1）选择当地果蔬中的主要生理病害进行观察，记录主要生理病害的症状特点，了解其致病原因。

（2）选择当地果蔬中的主要侵染性病害进行观察，记录苹果、藻炭疽病和轮纹病的症状特点，镜下观察病原菌形态。对比炭疽病和轮纹病的症状特点及区别；记录果蔬灰霉病的症状特点，镜下观察病原菌形态特征；记录柑橘的青、绿霉病的症状特点及区别，镜下观察青、绿霉病的病原菌形态；记录蔬菜细菌性软腐病的症状特征和病原菌的形态特征。

（3）填表：

编号	果蔬名称	病害名称	病状描述	病因分析	预防措施

4. 作业

（1）将实训过程和结果进行总结。

（2）根据上述当地主要贮运病害，提出具体防治措施。

实验实训二　果蔬贮藏保鲜品质鉴定

1. 目标原理

通过实训，使学生掌握果蔬贮藏品质鉴定的内容和方法，了解果蔬贮藏果。

果蔬贮藏品质的鉴定，主要是借助仪器和感官对其外观、质地、病害、腐烂、损耗等进行评定。通过评定可概括了解果蔬贮藏前后的变化，这对及时采取管理措施、提高贮藏效果有积极意义。

2. 材料用具

选择以当地主要贮藏方式贮藏的主要果蔬产品，台称、天平、果实硬度计、折光仪等。

3. 操作步骤

选择试材→确定贮藏天数→外观品质→好果率→仪器测定（自然耗、硬度、可溶性固形物）→结果记录→分析小结

（1）随机称取经过贮藏保鲜的果蔬样品30kg，分成6份，每份5kg，每组1份。

（2）品质鉴定主要包括颜色、饱满度、好果率的感官鉴定；自然耗、硬度和可溶性固形物的仪器鉴定，各种不同的果蔬鉴定项目不同，可根据具体情况而定，下面是苹果、葡萄和柑橘的贮藏品质鉴定表。

表 4-1　　　　　　　　　　　　　　苹果品质鉴定表

贮藏时间		烂耗			硬度/(kg/cm²)		固形物/%		色泽			风味	备注
入贮时间	贮藏天数/d	好果/个	烂果/个	好果率/%	贮前	贮后	贮前	贮后	果皮	果肉	果心		

表 4-2　　　　　　　　　　　　　　葡萄品质鉴定表

品种	采后药剂处理		贮藏时间		掉粒率/%		干柄率/%		漂白率		烂耗率%			备注
	种类	浓度	入贮时间	贮藏天数/d	脱粒数/个	掉粒率/%	干柄穗数/个	干柄率/%	漂白穗数/个	漂白率/%	好果/个	烂果/个	好果率/%	

表 4-3　　　　　　　　　　　　　　柑橘品质鉴定表

品种	采后药剂处理		贮藏时间		色泽		含汁量/%		风味	烂耗				备注
	种类	浓度	入贮时间	贮藏天数/d	果皮	橘瓣	果汁	滤渣		青蒂/个	好果/个	烂果/个	好果率/%	

制定分级标准，即将样品按食用或商品价值标准分3~5级。最佳品质的级别为最高级值，损耗的级值为0，品质居中的个体按标准分别划入中间级值。级的大小反映出个体间品质差异，因此，拟定分级标准时，要求级间差距应当相等并指标明确。然后进行鉴定分级，并按下列公式计算保鲜指数，保鲜指数越高，说明保鲜效果越好

$$\text{指数} = \frac{\sum(\text{各级级值}) \times \text{数量}}{\text{最大级值} \times \text{总数量}} \times 100$$

4. 作业

根据鉴定的数据和记录综合分析，写出贮藏分析报告，提出贮藏改进措施。

※复习思考

1. 列表说明主要水果的贮藏温度、湿度、气体成分；常用贮藏方法、贮藏期限；贮藏中出现的主要问题及预防措施。

2. 例表说明主要蔬菜的贮藏温度、湿度、气体成分、常用贮藏方法、贮藏期限；贮藏中出现的主要问题及预防措施。

3. 选择一种典型果品或典型蔬菜，描述其冷害症状和防治措施。

4. 通过本章的学习你获得了哪些主要的收获和体会？

第 5 章　果蔬加工生产技术

> 【教学目标】
> 　　了解和掌握果蔬各种产品加工的基本原理,掌握 2~3 种果蔬加工技术,掌握果蔬的主要工艺流程,学会果蔬罐制品、干制品、糖制品、腌制品、汁制品、酒制品、速冻品等加工技术的基本操作技能。利用几种果蔬原料,学生能在理解果蔬加工目的基础上自己设计加工方案,在教师的指导下,在规定的时间内制作出 2~3 种果蔬加工制品,并能对加工制品出现的质量问题进行分析,找出原因,提出解决问题的办法。

5.1　果蔬加工厂的筹建

果蔬加工厂的筹建是一项包括政治、经济和技术的综合性工作。这项工作做得是否得当,将影响到投产后的生产条件和经济效果。因此,应会同设计部门一起深入调查研究,掌握第一手资料,使设计项目能达到预期的效果。

5.1.1　厂址选择的原则

选择厂址,必须严格遵守国家基本建设的总方针,服从统一布局。在此前提下,需要考虑以下几方面问题:

1. 原料

有足够数量的原料供应是建厂的首要条件。另外,由于大多数果蔬鲜嫩,含水量较高,不易保藏和长途运输,因此,厂址要考虑接近原料基地,以保证供应新鲜原料,减少损耗。

2. 水源和动力

水对于果蔬加工厂来说极为重要。厂址所在地必须有充足的水源和良好的水质供应。厂址应接近高压电网，燃料供应要方便。

3. 交通运输

厂址附近最好有铁路、公路或水路的运输条件，使果蔬原料和加工产品得以及时调运。

4. 地势、地质

地势应基本平坦，厂区标高应高出通常最高洪水位，排水便利。厂址应有一定的地耐力，不应在矿山或下沉地区或流沙地区建厂。

5. 卫生条件

厂址周围应有良好的卫生环境。厂区附近不得有有害气体、放射性物质、粉尘和其他扩散性的污染源。厂址不得设在受污染河流的下游和传染病医院近旁。

6. 占地面积

厂址应尽量少占农田或不占农田，少拆或不拆民房，不破坏农业灌溉网，不与农业争水源，避免工厂废水危害农副业生产。厂址的占地面积以能满足生产要求为原则，并有适当空余场地和发展的余地。此外，厂址的选择应征得城建部门、卫生防疫站及其他有关部门的同意。

5.1.2 厂房设计

厂房设计以生产车间为主，辅以化验室，原料库、成品库、办公与生活用房等设施。其任务是根据设计任务书所规定的生产规模、产品要求和原料情况，并结合建厂的条件进行设计，力求技术先进，经济合理。

1. 生产车间

(1) 生产车间的结构　生产车间是工厂的主体工程，一经施工，就不易更改，在设计过程中必须全面考虑。同时，还应与土建，给排水、供电、通风、水暖、供气、制冷以及安全卫生等方面取得统一和协调。

① 生产车间的外形　通常为长方形，长方形车间的长度取决于流水作业线的形式和生产规模。一般长60m左右，宽度有12～18m不等，高5～6m为宜。如采用平房，则还需酌量提高。

② 车间的地坪、墙面和顶部　可采用石板地面或高标号混凝土地面。

车间的内墙面，必须具有防腐、防霉、防油性能，并易于进行清洁消毒工作。墙裙一般采用白瓷砖，高度1.5m。墙面可采用白水泥砂浆粉刷。

车间的顶部，最好用铝合金板做顶板。如用混凝土作平顶，其底面可采用耐化学腐蚀的过氯乙烯漆。因为预制楼板表面有脱膜润滑油，粉刷后易脱落，所以不易粉刷。但在高温部位不宜用油漆。

③ 车间内外排水　车间内外排水包括生产废水、生活废水和雨水。车间外排水一般采

用混凝土管,最小管径不小于15cm,检查井的距离不应大于15m。其管顶的埋没深度应在0.7m以上。车间内废水的排泄多采用明沟,在由明沟排入管道之前应设置格栅。沟要有适宜的坡度,便于排水畅通。

(2) 生产车间的设备　其选择的原则:① 能满足工艺要求,保证产品质量与产量。② 技术上先进,经济上合理,能充分利用原料,能量消耗少,效率高,修理方便,能一机多用。③ 符合食品卫生条件,易清洗、装拆,与食品接触的材料不易腐蚀,不致造成对食品的污染。

在具体选择设备时,应根据生产加工品种类和生产规模大小来决定。

以生产果蔬罐头为主的加工厂,主要的设备是清洗设备,原料处理设备、可倾式夹层锅、排气箱、封罐机、杀菌设备等。

以生产果汁为主的加工厂,主要的设备是清洗设备、破碎机、打浆机、离心机,胶体磨或均质机、可倾式夹层锅或真空浓缩锅、过滤设备、灌装设备、杀菌设备等。

以生产蜜饯为主的加工厂,主要设备是盐腌的水泥池或缸等设备、原料处理设备,漂洗设备、烧煮设备、烘干晒置设备、成品筛分设备等。

以生产干制品为主的加工厂,主要设备是原料处理设备、烘干晒置设备等。

以生产果酒为主的加工厂,主要设备是破碎机、榨汁机、离心机、发酵罐(桶)、过滤设备、陈酿设备、杀菌设备等。

以生产蔬菜腌制品为主的加工厂,主要设备是原料处理设备、腌制容器等。

以生产速冻果蔬为主的加工厂,主要的设备是原料处理设备,速冻机械及冷藏库、冷藏车等。

2. 辅助部门

辅助部门包括化验,机修,仓库及运输等。

(1) 化验室　化验室一般由化验操作间、仪器设备间、细菌培养间和贮藏间组成。
化验室常用仪器及设备见表5-1,各厂可根据实际情况选用。

表5-1　　　　　　　　　　化验室常用仪器及设备

名称	型号	主要规格	参考价格(百元)
普通天平	TG601	最大称量1000g,感量5mg	0.45
分析天平	TG602	最大称量200g,感量1mg	1.8
精密天平	TG328A	最大称量200g,感量0.1mg	5.0
水分快速测定仪	SC69-02	外形尺寸38×30×58cm,最大载量10g,分度值5mg	4.0
电热恒温干燥箱	202-1	工作室:350×450×450mm,温度:室温-300℃	5.0
电热恒温培养箱	DG-70D	工作室:450×450×450mm,	5.5

续表

		温度:10~70℃	
霉菌试验箱	MJ-50	温度 29±1℃,相对湿度 97±2%	
离子交换纯水器	70	树脂容量 4.3kg,流量 60~70l/h	2.0
		测量范围 0~14pH	
酸度计	HSD-2	总放大 30~1500 倍	3.3
生物显微镜	L-301	波长范围 4200-7000A	5.0
光电分光光度计	72	测量范围 ND:1.3~1.7	9.6
阿贝折射仪	37W	测量范围 0~50%,50~80%	3.8
手持折光仪	TZ-62	转速 2500~5000r/min	1.76
小型电动离心机	F-430	转速测量范围 30~12000r/min	2.5
手持离心转速表	LZ-30	转速测量范围 30~12000r/min	0.57
高速自控组织捣碎器	ZK	转速 8000~10000r/min	3.0
箱式电炉		功率 4kW,工作温度 950℃	
电冰箱	SRJX-4	温度 -10~30℃	3.0
高压蒸气消毒器	LD-30-120	内径 600~900,自动压力控制 32℃	
电热恒温水浴锅	HH.S11-6	温度范围 37~00℃	1.0

(2) 机修间　一般设厂部机修。机修设备主要有车床、刨床、钻床、铣床以及电焊机、砂轮机等。

(3) 仓库　果蔬加工厂的仓库在全厂建筑面积中占有相当大的比重,其中主要有原料仓库、辅助材料仓库、成品库、包装材料库(或堆积场所)等。

原料仓库的大小,取决于各种原料的日需要量和生产贮备天数,成品库的大小,取决于成品日产量及周转期长短。

(4) 常用运输设备　运输设备有汽车、拖拉机、手拉车、手推车、电动葫芦、起重机等。

(5) 供水、电、气、热系统

① 配水系统　一般采用枝状管网,管网上的水压必须保证每个车间及生活用水需要。为调节用水量和稳定水压,配水系统中宜设置水池和水塔。

② 供电系统　果蔬加工厂一个电源可以满足生产要求,动力与照明共用。供电电压低压为 380/220V 三相四线制,高压为 10kV。供电系统要符合国家规程、安全可靠、经济节约、运行方便。

③ 供气　根据生产和生活每小时最大用气量及管网热损失,配制相应规格的锅炉型号。亦有从热电厂直接供气,较为方便。

(6) 全厂性生活设施　见表 5-2。

表 5-2　　　　　　　　　　全厂性生活设施参考指标

项目	参考指数	计算方法	备注
更衣室面积	0.4~0.5m/人	人数按固定工人总数计	饭厅面积与厨房面积之比为 3:2
食堂面积	1.1~5m/座	座位数按同时进餐人数计	
浴室面积	5~6m/每个淋浴器	淋浴器数按大班人数 4~8% 计	
厕所蹲位数	男每 40~50 人一个 女每 30~35 人一个	按最大班人数计	
车间内盆洗器个数	每 30~40 人一个	按该车间最大班人数计	

5.1.3 工厂卫生

为了加强果蔬加工厂的生产卫生工作，保证产品质量，确保消费者身体健康，各加工厂应参照有关部门规定，制订本厂卫生制度。同时，还应设专人负责，贯彻执行。

1. 生产车间卫生

(1) 车间内应光线充足，通风良好，应经常保持清洁卫生。车间入口处用布帘或水帘挡住，窗户处钉上尼龙纱窗，防止苍蝇和小虫等进入。

(2) 车间内不允许放置非生产性用具。每天下班应清扫，每周要大扫除一次，并定期用漂白粉消毒。

(3) 车间内必须有畅通的下水道，并经常用清水或碱水冲洗油垢，保持地面无积水。

(4) 禁用铅、铜、锌等有害金属材料制成的操作台及工器具。要求操作台和工器具采用易消毒、洗涤的材料做成，工器具应在工作前用沸水或蒸气消毒，使用完毕，须进行刷洗。

(5) 同一车间内不得同时生产两种类别的产品或副产品。在更换品种时应将操作台、工器具、地沟、地面、墙壁进行彻底清洗、消毒。

(6) 加工下来的废料，必须随即放在指定的容器内及时清除，不得任意乱丢。

2. 操作人员卫生

(1) 全厂工作人员，每年至少进行一次健康检查，必要时进行临时检查。如发现有下列病症之一者，应调换工作。

① 开放性或活动性肺结核；

② 传染性肝炎或流行性感冒；

③ 肠道传染病；

④ 化脓性或渗出性皮肤病、疥疮或其他传染性疾病。

(2) 应注意个人卫生，做到勤洗、勤换、勤剪、勤理。

(3) 工人进入车间前，更换工作服，戴好工作帽。手、胶鞋要经清洗、消毒后，方能入车间。不得穿着工作服进厕所等公共场所。

(4) 食品、烟、火柴、药品、针线等一切非生产用品，一律不准带入生产车间或原料库中。

3. 环境卫生

(1) 各种下脚料、废料(品)应及时处理。

(2) 厂内通道或空地应积极做好绿化工作。路面做成水泥地面，以免尘土飞扬。

(3) 厂内的垃圾箱、厕所等必须远离生产车间，垃圾箱要当天处理，厕所必须有冲水设备，尽可能采用瓷砖墙裙和瓷砖地面，经常保持清洁。

(4) 厂内的废污水、雨水，应安装排水管，进行适当处理，并及时排出，注意不要污染环境和危害农作物。

4. 原辅材料的卫生

一切原辅材料应符合有关规定要求，并经检验合格，方能投产，原辅材料挑选和处理场所，应与加工场所隔开，生产用水，必须符合生产规定的饮用水标准。

5.2 果蔬加工品的种类

5.2.1 果蔬加工品的种类

果蔬原料经过各种加工工艺处理后，在最大限度地保持果蔬本身色、香、味及营养成分的基础上，使果蔬长期保存、食用方便。根据加工原料、加工工艺、制品风味的不同特点，可将果蔬加工品分为以下几类：

```
                ┌ 罐制品
                │ 干制品
                │ 汁制品
                │           ┌ 果酱(草莓酱、山楂冻)
                │           │ 果脯(苹果脯、桃脯)
                │ 糖制品 ┤         ┌ 糖衣蜜饯(冬瓜条)
果蔬加工品 ┤           └ 蜜饯 ┤
                │                 └ 湿态蜜饯(蜜金梅)
                │ 腌制品(酸萝卜、糖醋蒜、酱黄瓜)
                │ 酒制品(葡萄酒、柿子酒、苹果酒)
                └ 速冻制品(速冻豆角、速冻荔枝、速冻草莓)
```

1. 罐制品

罐制品是利用无菌原理，创造罐内相对无菌的环境，从而达到长期贮藏的一类加工品。也是目前我国果蔬加工品中的一大类制品。罐制品经久耐藏，在常温下可保存 1~2 年不坏，且开盖即食，食用方便，无需另外加工处理。经过排气、密封、杀菌等基本工艺后无致病菌和腐败菌，食用安全卫生。

2. 干制品

干制品指原料经过洗涤、去皮、去核、切分、热烫、硫处理、升温烘烤、倒换烘盘、回软均湿、分级、包装等工艺处理，含水量在 10%~20% 的果蔬加工品。干制品体积小，质量轻，携带方便，容易运输和保存。随着干制技术的不断提高，干制品的营养更加接近鲜果和蔬菜。

3. 汁制品

果蔬汁制品一般是指从果蔬中直接压榨或提取而得的汁液，人工加入其他种成分后叫果汁、菜汁饮料或软饮料。果蔬汁制品与人工配制的果蔬汁饮料在成分和营养功效上截然不同。前者为营养丰富的保健食品，而后者纯属嗜好性饮料。果蔬汁制品在我国虽然历史较短，但由于其营养丰富，食用方便，种类较多而发展迅速，根据其加工工艺的不同可分为澄清汁、混浊汁、浓缩汁。

4. 糖制品

糖制品指利用食糖的高渗透压作用，经过加热糖制，使其含糖浓度达 65% 以上的加工品。糖制品及其形态可分为两类：一类是果酱制品，包括果酱、果冻、果泥、果丹皮、果糕等；一类是蜜饯制品，包括果脯、蜜饯。糖制品具有高糖（蜜饯类）或高糖高酸（果酱类）的特点，有良好的保藏性和贮运性。糖制品中的果酱类对原料的要求不严，除果蔬正品外，各种等外品、各成熟度的自然落果。酶、涩、苦味和野生果等均可制得，合理利用，综合加工。

5. 腌制品

腌制品是利用食盐的保藏原理，经过腌渍工艺处理而制成的加工品。由于食盐的防腐作用、微生物的发酵作用和蛋白质的分解作用以及果蔬原料本身的一系列生物化学作用与制品的色泽、香气、风味滋味形成了密切关系，所以腌制品具有较好的安全性，在保藏期内一般不会出现质量问题。腌制品制法简单，成本低，易保存，风味各异，咸酸甜辣。低盐、增酸、适甜是腌制品的发展方向。现代科学研究证实，腌制品具有增进食欲，帮助消化，调整肠胃功能等作用，为健康食品。

6. 酒制品

酒制品指以果蔬为原料，经过发酵工艺（酒精发酵、乳酸发酵、醋酸发酵等）而制成的一类加工品。由于它是利用有益微生物抑制有害微生物的活动，所以酿造品的关键是控制发酵条件，创造有益微生物生长的有利环境，使有益微生物形成群体优势，从而防止制品的腐败变质。例如果酒是以果实为主要原料制得的含醇饮料，营养丰富，含有多种糖类、有机酸、芳香酯、维生素、氨基酸和矿物质等，在色、香、味、格上别具风韵，适量饮用既享受又有益身体健康。

7．速冻制品

速冻技术是我国近代食品工业中兴起的一种加工新技术。它是在低温条件下(-25℃)，使果蔬内的水分迅速形成细小的冰晶体，然后在低温下(-18℃)贮存的一类加工品。速冻品关键工艺是速冻温度和时间，温度越低，形成的冰晶体越小，数量越多，速冻品质量越好。速冻制品尤其是果蔬制品的营养和质量能够最大限度的保存，可与新鲜果蔬相媲美，深受人们的推崇。

果蔬加工品除以上七大类外，还有对果蔬进行综合利用而生产的果胶、芳香物质、活性炭、有机酸等副产物。这些副产物的提取，大大提高了果蔬原料的利用率，提高了经济效益，目前已受到果蔬加工企业的重视。

5.2.2 果蔬加工的作用

果蔬加工品是利用各种加工工艺处理新鲜原料而制成的产品。果蔬加工是果蔬的又一种保藏方法，果蔬加工具有以下重要作用：

1．增加花色品种，更好地满足市场的需要

根据市场要求，通过不同的加工方法，生产出不同的加工品。如苹果可以生产苹果罐头、苹果酱、苹果汁、苹果脯、苹果干等多种产品，较好地满足消费者的需要。

2．通过加工，可以改善果蔬的风味，提高果蔬产品的质量

对于一些果蔬产品，生食时风味不佳，甚至有些不能生食，经过加工处理后，其品质、风味大为改善。如菠萝、青梅、橄榄等果品，经加工后都能提高其食用价值。

3．果蔬通过加工，可以变一用为多用，变废为宝，搞好综合利用，提高经济价值

如柑橘除了用于制作罐头、果汁的原料外，残次落果可以制作橘饼，橘皮可以提取香精油、果胶，提取这些物质剩下的皮渣，还可以制橘红片、橘皮粉等产品。

4．通过加工，可以更好地开发我国现有的野生资源，振兴农村经济

我国地域广阔，各地野生资源丰富，如刺梨、沙棘、酸枣等，都有利于进一步开发利用。

5．通过加工，出口创汇，增加国家外汇储备

我国许多加工品都在国际上享有盛誉，如新疆的葡萄干、广东广西的凉果、河北沙城的葡

萄酒、北京的果脯、四川涪陵榨菜、江苏扬州酱菜、云南大头菜等，在国际市场上都具有一定的影响，为国家换取了外汇。

6. 通过加工，安排了剩余劳动力，促进了社会的稳定和繁荣

兴办果蔬加工企业，安排当地剩余劳动力，使劳动力合理分流，减少社会上闲散人员和待业人员数量，对于稳定社会秩序，减少劳动力大量流动具有一定的促进作用。

5.3 果蔬加工用水

水是果蔬加工很重要的原料之一。其用量很大，如原料的预处理用水，设备的清洗，杀菌、冷却用水，锅炉用水，生活用水等。通常加工1t果蔬罐头要用55~85t水。同时，其水源充足与否和水质的好坏，将直接影响制品质量，对加工用水一定要进行严格的选择与处理。果蔬加工用水，必须符合国家饮用水标准。一般来源于地下深井或自来水厂的，可直接作加工用水，源于江河、湖泊、水库的水，必须经过澄清、消毒、软化等处理后，才能用作加工用水。

5.3.1 水质与加工品质量的关系

普通水中往往含有氯化物、硫酸盐、硝酸盐及碳酸盐类，又可能有动、植物体的腐烂残余，会有细菌等微生物，对加工带来不利影响。

1. 硬度过大的水对加工品质量的影响

所谓水的硬度，是指1升水中含钙、镁离子（Ca^{2+}，Mg^{2+}）多少来衡量的。国内常用的硬度单位是用每升水中所含$CaCO_3$的毫克数（或ppm）来表示，也可用毫摩尔/升（mmol/L表示）。此外，在国外资料或早先的书刊上也常有用德国度（°C）表示的。它们之间的换算关系为：

2.8°C = 50mg/L（或ppm）$CaCO_3$

极软水的硬度在50mg/l以下，软水在50~150mg/L中软水在150~300mg/L，硬水在300~450mg/L，极硬水在450mg/L以上。

硬水又可分为永久硬水和暂时硬水。所谓永久硬水，是指水中含钙、镁的硫酸盐、氯化物的水，所谓暂时硬水，是指水中含钙、镁的碳酸盐的水。

在生产上用来制作饮料的水，硬度为265~285mg/L，制作罐头的水，硬度为320mg/L。锅炉应用软水。只有制蜜饯、果脯、蔬菜腌制时才可使用硬度较大的水，它会使腌制品保持鲜脆，使糖制品制作时不易软烂。

那么，如果水的硬度过大，会给加工品带来何种影响呢？由于硬度过大的水中含有较多的钙、镁离子，它会与饮料中的有机酸结合，产生沉淀物，影响感官品质，如果水中镁离子超过40mg/L，就会尝出苦味来，影响风味，如果硬度过大的水用作罐头填充液，则会使果肉变

粗糙,如用来处理橘瓣的囊衣时,会造成囊衣脱除困难;如果锅炉中使用硬水,由于硬水中的酸式碳酸盐经加热煮沸后会变成溶解度很小的碳酸盐沉淀,影响锅炉升温,严重时还会引起锅炉爆炸。

2. 水中含其他离子时对加工品质量的影响

如果水中含有较多的铜(Cu^{2+})离子,会加速果蔬原料中维生素C损失,如果水中含有较多的铁(Fe^{3+})离子,会给加工品带来不愉快的铁锈味,铁还能与原料中单宁物质反应产生蓝绿色,如再有蛋白质同时存在,则会使产品变黑,如水中含氮量过高,表示这种水正在或曾经被微生物感染,如将这种水用作葡萄酒发酵,则会抑制酵母菌生长,作饮料用水,会使产品产生异味。如水中含硫过多,会与产品中蛋白质结合,产生硫化氢,发出臭鸡蛋的臭味,而且还会腐蚀罐壁,生成黑色的硫化铁。如将含铝(Al^{3+})离子过多的水用作制白葡萄酒的原料,则会使产品失去应有的色泽。如果水中含有放射性元素,食用后会使人致癌、致畸。

3. 水中的pH值与果蔬加工品杀菌的关系

如果水中的pH呈酸性反应,说明这种水含氢离子过多,水的污染严重,特别当水中含有很多嗜热性细菌时,不仅使食品受到污染,不合卫生要求,同时会给杀菌工序带来麻烦。因此,果蔬加工用水必须符合要求。凡是与果蔬原料直接接触的用水,应澄清、透明、无异味、无致病细菌、耐热性微生物及寄生病虫卵,不含或极少含重金属,不含有毒物质。

根据上述水质要求,供水来源于地下深井或自来水厂的,一般可直接作加工用水,但不适宜作锅炉用水。若来源于江河、湖泊、水库的水,必须经过澄清、消毒、软化等项净化处理后才能使用。

5.3.2 果蔬加工用水标准

果蔬加工用水,必须符合国家饮用水标准。一般来源于地下深井或自来水厂的,可直接作加工用水,来源于江河、湖泊、水库的水,必须经过澄清、消毒、软化等处理后,才能用作加工用水。处理的具体标准,应参照国家卫生部颁布的《生活饮用水卫生标准》(GB5749-1986)(表5-3)。

表5-3　　　　　　　　　　　　生活饮用水标准

编号	项目	标准
	感观性指标	
1	色	色度不超过15度,并不得呈现其他异物
2	混浊度	不超过5度
3	臭和味	不得有易臭、异味
4	肉眼可见物	不得含有

续表

	化学指标	
5	pH	6.5~8.5
6	总硬度(以 CaO 计)	不超过 250mg/L
7	铁	不超过 0.3mg/L
8	锰	不超过 0.1mg/L
9	铜	不超过 1.0mg/L
10	锌	不超过 1.0mg/L
11	挥发酚类	不超过 0.002mg/L
12	阴离子合成洗涤剂	不超过 0.3mg/L
	毒理学指标	
13	氟化物	不超过 1.0mg/L,宜浓度 0.5~1 mg/L
14	氰化物	不超过 0.05mg/L
15	砷	不超过 0.04mg/L
16	硒	不超过 0.01mg/L
17	汞	不超过 0.001mg/L
18	镉	不超过 0.01mg/L
19	铬(六价)	不超过 0.05mg/L
20	铅	不超过 0.01mg/L
	细菌学指标	
21	细菌总数	1mL 水中不超过 100 个
22	大肠杆菌数	1L 水中不超过 3 个
23	游离性余氯	在接触 30min 后应不低于 0.3mg/L。集中给水除出厂水应符合上述要求外,管网末梢水不低于 0.05mg/L

5.3.3 水的净化

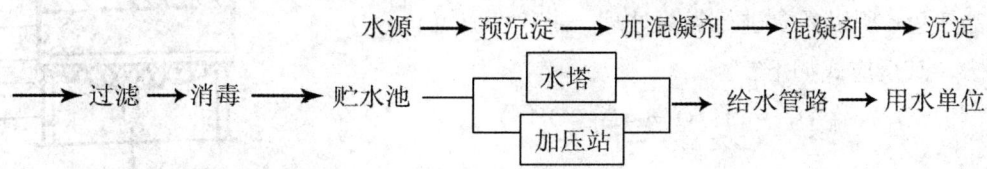

1. 自来水的净化过程

(1)澄清　水中混杂着不溶性的固体物质,必须经过沉淀使水得以澄清。通常采用静止沉淀法,即让其静置于水池中自然澄清。亦可加入混凝剂促使水质澄清。如明矾[$Al_2(SO_4)_3 \cdot K_2SO_4 \cdot 24H_2O$],在混浊水中用 200~400mg/l,较清水中用 80~100mg/l。处理数量大时,可加硫酸铁[$Fe_2(SO_4)_3$],使用量为 5~10mg/l,其价格比较便宜。

(2) 过滤水的过滤设备有多种类型。目前许多工厂都采用水过滤器处理水中的杂质,效果较好。此外,还有薄膜过滤器。

(3) 消毒 目前最常用的廉价而有效的消毒方法是氯化消毒法。大厂可直接用氯处理(把液态氯放钢瓶中),中小型工厂一般用漂白粉[$CaCl_2 \cdot Ca(OH)_2 \cdot Ca(ClO)_2$ 混合物]。漂白粉的有效氯为30%~35%,或用漂白粉精,每100kg水放一片漂白粉精即可达到消毒的目的。

其反应式如下:

$Cl_2 + H_2O = HClO + HCl$

$Ca(ClO)_2 + 2H_2O = Ca(OH)_2 \downarrow + 2HClO$

$HClO = HCl + [O]$

$Ca(OH)_2 + 2HCl = CaCl_2 + 2H_2O$

氯通入水中,直接产生次氯酸($HClO$),漂白粉(或漂白精)投入水中亦产生次氯酸。次氯酸一方面可以直接进入细菌体内,破坏菌体新陈代谢而致菌体死亡,另一方面,由于其性质不稳定,极易分解而释放出游离态氧[O],游离态氧有直接杀灭细菌的作用。

用氯或漂白粉(精)来消毒水时,应注意余氯量的测定。以输水管末端放出水的余氯量在0.1~0.3mg/l以下为宜。如余氯量过大,可用活性炭作滤层将氯吸附。

除上述消毒法外,尚有紫外线和超声波消毒法。近几年,我国试制成功一种新的饮水净化消毒剂一遇水清片剂,兼有净化和消毒两种作用。

2. 地下水的氧化处理

地下水有机质少,而矿物质较多,含有许多还原性物质,主要为低价的铁(Fe^{2+})和锰(Mn^{2+})的重碳酸盐类和硫酸盐类。这些物质在加工过程中,会引起加工品变色,所以需要进行氧化处理,使其生成沉淀而除去。其反应式为:

$4Fe(HCO_3)_2 + O_2 + 2H_2O = 4Fe(OH)_3 \downarrow + 8CO_2 \uparrow$

$4FeSO_4 + O_2 + 10H_2O = 4Fe(OH)_3 \downarrow + 4H_2SO_4$

方法是将水自2m左右高处呈水雾状喷下,使其充分吸收空气中氧,然后过滤,除去沉淀即可。

3 水的软化

前面已经讲到,硬度过大的水不宜用于加工用

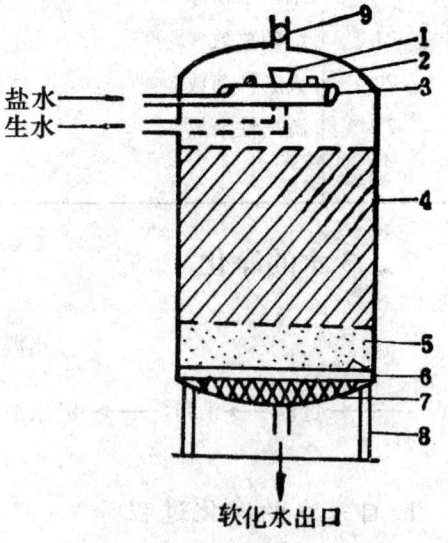

图 5-1 离子交换器示意图

1. 分配漏斗;2. 喷嘴;3. 环形管;
4. 交换剂层;5. 沙层;6. 泄水装置;
7. 混凝土层;8. 机座;9. 排水管

水，所以必须用化学的方法把水中钙、镁离子的含量减低到一定程度。这样的过程称为水的软化过程。

现在，工业生产中广泛使用离子交换器来软化水，如图5-1。常用的离子交换剂层是磺化煤或离子交换树脂。用来软化硬水的阳离子交换剂，有钠离子交换剂和氢离子交换剂。离子交换器在软化之前，须经预处理，使离子交换剂层附上钠离子(Na^+)。离子交换剂之所以能把硬水软化，是因为交换剂中钠离子能与硬水中钙、镁离子进行交换，把水中的钙、镁离子交换出来，使水中钙、镁离子数大为减少，因此硬水也就软化。钠离子交换反应如下。

$$CaSO_4 + 2R—Na = Na_2SO_4 + R_2Ca$$
$$Ca(HCO_3)_2 + 2R—Na = 2NaHCO_3 + R_2Ca$$
$$MgSO_4 + 2R—Na = Na_2SO_4 + R_2Mg$$
$$Mg(HCO_3)_2 + 2R—Na = 2NaHCO_3 + R_2Mg$$

式中 R—Na 是钠离子交换剂分子式的简写，R 代表它的残基。硬水中 Ca^{2+}、Mg^{2+} 被 Na^+ 置换出来，就残留在交换剂层中，使交换剂变成 R_2—Ca 或 R_2—Mg 大约当离子交换剂处理其体积 150 倍硬水后，钠离子交换剂中的 Na^+ 几乎全部被 Ca^{2+}、Mg^{2+} 置换，交换剂层就失去了继续软化水的能力。这时，就要用 5%~8% 食盐溶液进行再生，即再用 Na^+ 把交换剂层中的 Ca^{2+}、Mg^{2+} 置换出来。再生前，先用软水正、反冲洗交换剂层，再生时，食盐溶液流速 3~5L/h，当盐水量为交换剂体积的 5~6 倍时即可。

$$R_2Ca + NaCl = 2R—Na + CaCl_2$$
$$R_2Mg + NaCl = 2R—Na + MgCl_2$$

经再生以后，离子交换剂层又恢复了置换 Ca^{2+}、Mg^{2+}、的能力，可以继续软化水。

5.4 果蔬加工对食品添加剂的要求

食品添加剂指为改善食品的色、香、味和食品品质，以及防腐和加工工艺的需要而加入食品中的化学物质或天然物质。食品添加剂的使用，必须是在国家规定的范围内，不能破坏加工品的营养和化学结构，也不能掩盖加工品本身的变质。

5.4.1 食品添加剂的种类

食品添加剂的种类很多，按照其来源的不同可分为天然食品添加剂和化学合成食品添加剂两大类，目前使用的多属化学合成食品添加剂，化学合成食品添加剂是通过化学手段使元素或化合物发生包括氧化、还原、缩合、聚合、成盐等合成反应所得到的物质。天然食品添加剂是利用动植物或微生物的代谢产物等为原料，经提取所得的天然物质。要尽量提倡使用天然食品添加剂。

按照食品添加剂的作用不同可分为以下几种：

1. 调味剂

调味剂包括咸味剂、甜味剂、酸味剂、鲜味剂及辛香剂，其中鲜味剂、甜味剂、酸味剂与果蔬加工关系密切。鲜味剂主要是指能增强食品风味的物质，如谷氨酸钠（味精）、5-肌苷酸、5-鸟苷酸；酸味剂以赋予食品酸味为目的，酸味给味觉以爽快的刺激，具有增进食欲的作用，还有一定的防腐和促进消化吸收的功能，如柠檬酸、乳酸、酒石酸、苹果酸、醋酸、磷酸等；甜味剂有蛋白糖、果葡糖浆、甜蜜素等。

2. 防腐剂

防腐剂是具有杀死微生物或抑制其生长繁殖作用的物质。具有显著的杀菌或抑菌作用，在食品中可能会偶然存在病原性微生物，防腐剂可破坏其作用，但不破坏胃肠道酶类的作用，也不影响有益的肠道正常菌群的活动。如苯甲酸、苯甲酸钠、山梨酸、山梨酸钾、对羟基苯甲酸乙酯、亚硫酸及其盐类、二氧化硫等。

3. 膨松剂

膨松剂有碱性膨松剂和复合膨松剂之分。碱性膨松剂如碳酸氢钠、碳酸氢铵；复合膨松剂是由碱性碳酸盐类和酸性物质及淀粉、脂肪等组成，如发酵粉、钾明矾、烧明矾等。

4. 乳化剂

乳化剂是一种具有亲水基和亲油基的物质。可以使水和油的一方均匀地分散在另一方形成稳定的乳浊液。生产中常用的乳化剂有卵磷脂、单硬脂酸甘油酯、脂肪酸蔗糖酯、山梨醇脂肪酸酯、木糖醇硬脂酸酯、硬脂酰乳酸钠等，此外乳品、蛋品、山梨醇、甘油单酸酯、双乙酰酒石酸酯等也都是很好的乳化剂，保持制品新鲜有弹性，从增大制品的体积来说，双乙酰酒石酸酯效果最好。

5. 酶制剂

酶是一种特殊的蛋白质，即生物催化剂。任何生物都可以产生多种酶类，在各种酶的作用下生物体进行新陈代谢。酶制剂是从生物中提取出来的具有酶的特性的物质。在食品中应用的酶制剂有多种如淀粉酶、蛋白酶、果胶酶、葡萄糖异构酶、脂肪酶、纤维素酶等。

6. 强化剂

强化剂是指为增强和补充营养成分而加入食品中的物质。食品强化需要以营养素供给量标准为依据。常见的强化剂有三类即维生素类（维生素A、B族维生素、维生素C、维生素D等）、氨基酸类（色氨酸、苯丙氨酸、赖氨酸、苏氨酸、亮氨酸等和它们的盐类）、无机盐类（碘盐、钙盐、铁盐等）。

7. 增稠剂

增稠剂是改善食品物理性质，增加食品黏度，赋予食品以黏滑适口感。它可以辅助食品乳化剂起稳定作用，在冷饮业中常用。如淀粉、琼脂、明胶、CMC、羟甲基纤维素、海藻酸钠、果胶和酪朊酸钠等。

8. 增香剂

增香剂是在食品加工过程中改善或增强食品的香气和香味的香精或香料，需要的量一般很少，但对于人的感官是很重要的。通常用几种香料经配制成香精使用。有水溶性和油溶性两种，如橘子香精、柠檬香精、香草香精、杨梅香精、香蕉香精、乳化香精和奶油香精等。

在使用香精时要注意：

（1）选择香精时要考虑和其他原辅料风味配合的问题，突出主体风味，否则反而会使风味变化。

（2）每次使用后要及时密封，防止挥发。

（3）添加量应控制在规定的范围内。

9. 抗氧化剂

抗氧化剂是能阻止或延迟食品氧化，以提高食品的稳定性和延长贮藏期的物质。抗氧化剂分油溶性抗氧化剂和水溶性抗氧化剂两类，其中油溶性抗氧化剂可以均匀地分布在油脂中，对油脂或含脂肪的食品具有很好的抗氧化作用。如愈疮树脂、生育酚混合物、没食子酸内酯（PG）、特丁基-4-羟基茴香醚（BHA）、2,6-特丁基对甲酚（BHT）等；水溶性抗氧化剂是能溶解在水中的物质，可防止食品的氧化变色，防止因氧化而降低食品风味和质量，如L-抗坏血酸钠、乙二胺四乙酸二钠等。在使用过程中应严格按照商品说明书中的要求和比例添加，保证使用的效果。

10. 色素

色素的作用主要是提高制品的色泽，改善制品外观。常用的色素有天然色素与化学合成色素。

（1）天然色素　天然色素主要有动、植物组织中提取的色素。如红曲色素、姜黄素、胡萝卜素、叶绿素、可可粉、虫胶素、核黄素等。天然色素，色泽自然，而且不少品种兼有营养价值，有的还有一定的药物疗效，有较高的安全性，但着色效果和稳定性不如合成色素。

（2）合成色素　合成色素是利用某些物质通过一定手段人工合成的色素。常用的有苋菜红、胭脂红、柠檬黄、靛和蓝5种。合成色素色泽鲜艳，性质稳定，着染性好，使用方便，价格便宜，但无任何营养价值，绝大多数有一定的毒性，对人体有害，使用量必须限制在一定的范围内，保证安全。

除以上食品添加剂外，还有食品发色助剂、发色剂、漂白剂、食品加工助剂等，它们在食品加工过程中都能改善食品的某些性状,提高食品的质量。

5.3.2 食品添加剂的使用要求

正确使用食品添加剂直接关系到人民群众的身体健康,使用的安全性是最重要的条件,其次才是其工艺效果。食品添加剂种类不同,使用方法不同。其一般要求如下:

1. 食品添加剂本身应该经过充分的毒理学鉴定程序,证明在使用限量范围内对人体无害。

2. 食品添加剂进入人体后,最好能参加人体正常的新陈代谢;或能被正常解毒过程解毒后全部排出体外;或因不被消化道吸收而全部排出体外;不能在人体内分解或与食品作用形成对人体有害的物质。

3. 食品添加剂在达到一定的工艺效果后,若能在以后的加工、烹调过程中消失或破坏,避免摄入人体,则更为安全。

4. 食品添加剂应有严格的质量标准,有害杂质不得检出或不能超过允许限量。

5. 食品添加剂对食品营养成分不应有破坏作用,也不应影响食品的质量和风味。

6. 食品添加剂要有助于食品的生产、加工、制造和贮藏等过程,具有保持食品营养、防止腐败变质、增强感官性状、提高产品质量等作用,并应在较低的使用量条件下有显著效果。

7. 食品添加剂应价格低廉,来源充足。

8. 食品添加剂应使用方便安全,易于贮存、运输及处理。

5.5 果蔬加工的原料处理

5.5.1 果蔬加工前的贮存

果蔬产品的成熟,季节性很强,受气候条件的限制,大批原料不能及时加工处理并且加工品对原料的成熟度和新鲜度都有严格的要求,因此对于不能及时加工的原料必须进行适当的保存,满足加工的要求。

1. 新鲜原料的贮存

有短期贮存和较长期贮存两类。短期贮存是装在箱、筐内整齐的码放在清洁、干燥阴凉、通风良好、不受日晒雨淋的地方。较长期贮存一般在冷藏库中进行,但不能超过期限。

2. 半成品贮存

半成品是指果蔬经过挑选、分级、清洗、去皮、切分等处理后,或新鲜原料经过碎、打浆、榨汁后采取一定的措施保存的产品。

（1）盐腌贮存 盐腌适于干果、蜜饯类原料的半成品，如橘饼、杨梅干、青梅蜜饯和凉果贮存时，都采用高浓度食盐贮存半成品原料，在加工成品时再经过脱盐处理。盐腌制法有干腌和湿腌两种。干腌法是将10%～15%的食盐直接撒在原料的表面，与原料分层撒盐腌制；湿腌法是将食盐配制成浓度为15%～20%的溶液，对原料进行浸泡腌制。

（2）化学防腐剂贮存 一是亚硫酸及其盐类，可用熏硫法和浸硫法；二是山梨酸及其盐类，常用0.1%的山梨酸钾；三是苯甲酸钠，常用量不大于0.1%。

（3）低温贮存 有制冷条件的可采用低温贮存，如果蔬榨汁后在－4～－2℃的条件下贮存，但费用较高。

（4）干制法贮存 可以人工干制，也可风干、晾干、晒干等。在加工时再用清水浸泡，使其恢复新鲜品质。此法贮存半成品安全、无毒、贮存期长，且体积减小，方便贮存。

（5）速冻制品对原料的要求 新鲜幼嫩，成熟适度，色、香、味好，无病虫害。

5.4.2 果蔬加工前的原料处理

1. 原料的分级

分级是按照加工要求的不同，将原料分成不同的等级，以保持原料的大小、形状、颜色、重量、成熟度等的一致性。若干等级可以按质论价，方便操作，提高劳动效率。大多数果蔬需要分级，特别是需要保持果蔬原来形态的罐制品原料。分级的方法有人工分级和机械分级两种。机械分级效果好，效率高。

（1）震动筛分级机 有一个长方形网状筛或有孔眼的金属板，每一段范围内的网孔或孔眼大小一致，但各段不同，由进到出依次增大。分级时筛子震动，原料从不同直径的筛孔中震落，每一级筛孔下有一袋子，从出口送出。

（2）条带分级机 有两条长的橡皮带，带面相对构成"V"字形，原料进口橡皮带之间的距离较窄，出口处逐渐加宽，从进口端到出口端分为几段，每段为一个等级。原料进入以后，落在并行速度相同的橡皮带上，如果直径小于两带之间的距离就落下来由输送带送出。这种分级机分级速度快，原料不受碰撞和摩擦，损伤小，效率高，如图5－2。

（3）转筒分级机 有一个长形具有孔眼的金属转筒，转筒上各段孔眼的直径不同，进口端孔眼最小，每段转筒下设有一漏斗装置，原料由进口落入转筒内，随着筒身的转动而前进，沿着每段分别落到各级漏斗中，从漏斗口卸出，从入口到出口果个依次增大。如图5－3、图5－4。

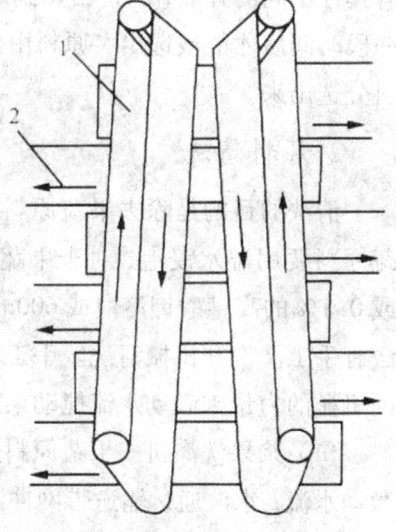

图5－2 条带分级机

1. 橡皮带；2. 输送带

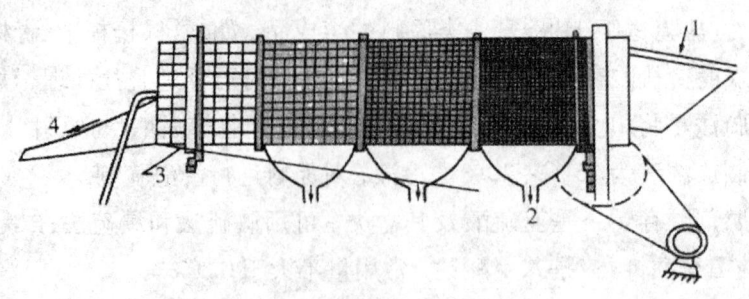

图5-3 转筒分级机
1.进口;2.收集料斗;3.转筒;4.出口

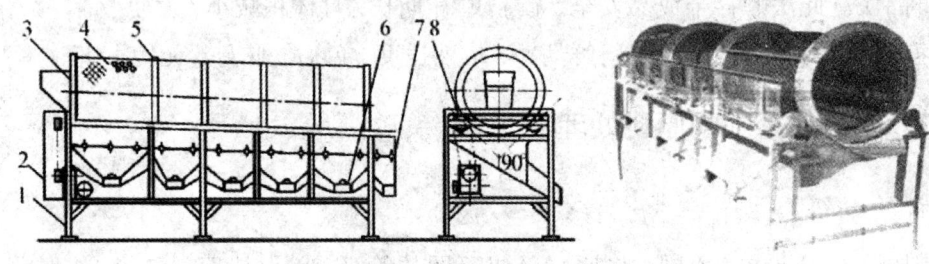

图5-4 滚筒式分级机
1.机架;2.传动系统;3.进料斗;4.滚筒;5.滚圈;6.收集料斗;7.铰链;8.摩擦轮

(4)重量分级机 对于一些形状不规则的果蔬原料可按重量进行分级。在分选杯的下面有弹性不同的弹簧,弹性由始到终逐渐变弱,较重的原料首先被选出,较轻的原料还需运行一段时间后才能被选出。原料由自动检索送料器分送到各个杯中,分选被通过分级装置将原料分选出来。

2.原料清洗

清洗的目的是除去果蔬原料表面的泥土、灰尘、农药及微生物。对于表面污染严重的果蔬原料要用温水浸泡,对于果蔬表皮上的残留农药和微生物可用0.5%~1%的盐酸溶液或0.1%的高锰酸钾溶液或600mg/L的漂白粉水溶液等浸泡消毒,然后用清水冲洗干净。方法有手工清洗和机械清洗。手工清洗方法简单,但劳动强度大,清洗效率低。机械清洗即借助机械的力量来激动水流搅动果蔬进行洗涤。

(1)浆果洗涤机 果蔬原料进入入口后落到下面金属网输送带上,机身内的转动桨轮可激动水流,水波通过输送带网冲洗网上果实,在出口端的输送带上滤去附着的水分后送出。

(2)转筒洗涤机 筒身是布满圆孔的金属板制成,转筒的下面设有水柜,借转筒的滚动原料不断翻转,高压水喷射冲洗使原料表面的污水和泥沙由转筒洞孔漏入下面的水中而排出。如图5-5。

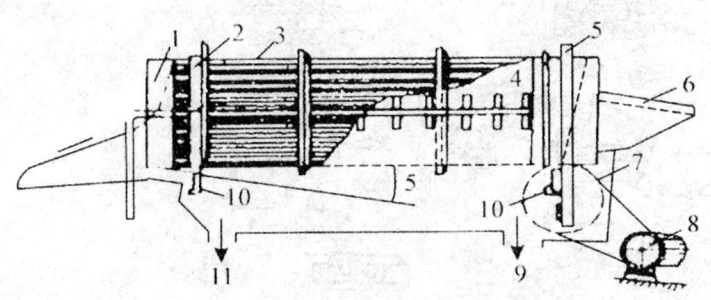

图 5-5 滚筒式清洗机结构图

1.物料出口;2.滚筒支架;3.滚筒;4.喷头;5.滚筒拖轮;6.进料口;
7.传动装置;8.电动机;9.11.洗液出口;10.滚筒支撑

（3）震动喷洗机　借助高压水源将水喷射在震动的金属筛上来冲洗原料。原料由筛上端进入，由于震动而散开平铺在网上，继续跳跃前进至低的一端排出。筛盘的孔眼、形式、大小及震动程度都可以调节和更换，适合于多种原料的洗涤。如图 5-6。

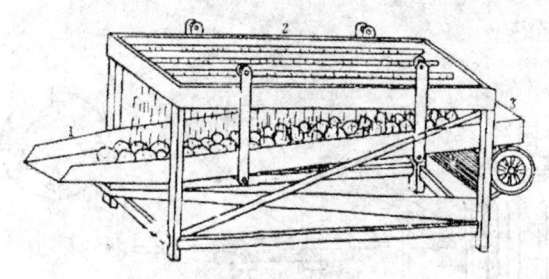

图 5-6 震动喷洗机示意图

1.筛盘;2.喷淋管;3.震动器

（4）刷洗机　主要用于柑橘类果实。由机架、进出料斗、毛刷辊、横向刷辊、传动部件等组成。原料由进料口进入，经毛刷辊，一边前进一边刷洗一边翻转，刷洗干净后由出料口输出。

3. 去皮

去皮的目的主要是除去果蔬不可食部分，除去酸、涩等不良气味，提高加工品的质量。去皮原则上要去干净，不应去的过厚，也不应去的过薄，同时要去掉霉烂、机械伤的部位。去皮的方法很多，应针对不同的果蔬，不同的加工品，选用不同的方法。

（1）手工去皮　手工去皮一般采用去皮刀如图 5-7。手工去皮方法简便，去皮彻底，但劳动强度大，效率低。

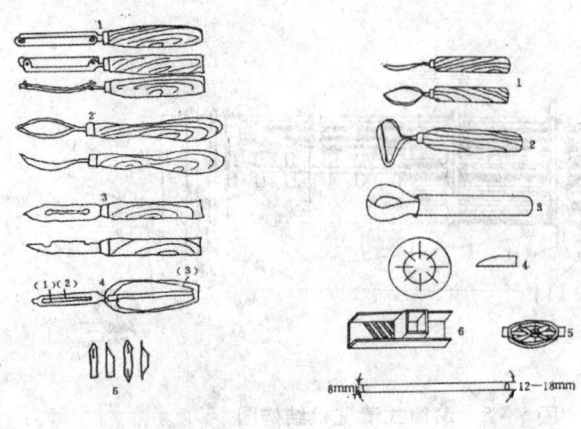

图 5-7　手工去皮刀具

（2）机械去皮　机械去皮法有两种，一是摩擦去皮机，二是旋皮机。摩擦去皮机通常适用的原料皮薄、质地硬，旋皮机由机架、转动轴杆、弯月形刀等部件组成，操作时将果蔬插在转动轴杆上，果蔬随轴转动，刀刃紧贴果蔬表皮，转动轴杆时即将果皮旋去。另外还有一些果蔬专用去皮机如菠萝去皮通心机。如图5-8。

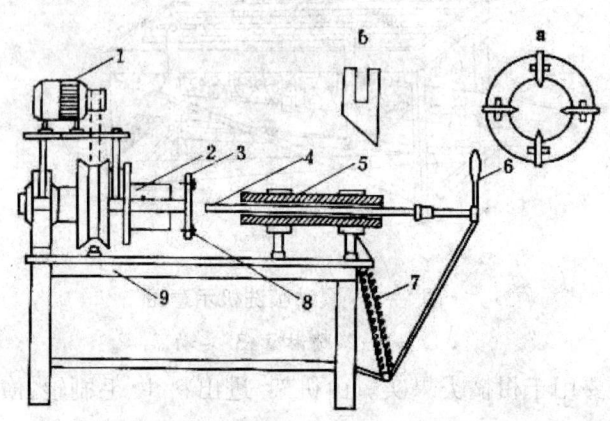

图 5-8　菠萝去皮通心机简图

1.电动机；2.套筒；3.圆环；4.心筒；5.圆筒；6.手柄；7.弹簧；8.刀片；9.机架　刀片：共有四把，成十字形分别装在固定的圆环上，如图a，刀片形状如图b所示。

（3）化学去皮　化学去皮是利用一定浓度的氢氧化钠或氢氧化钾碱性溶液处理果蔬，使果肉与果皮之间的果胶层失去凝胶作用，达到去皮的目的。去皮时碱液的浓度、温度、浸泡的时间，对于不同的果蔬是不同的。浓度、温度过高，处理时间过长，会使果皮软烂，增加损耗；浓度、温度低，处理时间短则达不到去皮的目的。将果蔬原料浸泡在一定浓度和温度的碱液中处理一定时间后，取出用清水冲洗掉皮屑和碱液，有时可用酸来中和残碱。在实际应用中每种原料所需的浓度、温度及处理时间都应事先实验确定（表5-4）。

表 5-4　　几种果蔬的碱液去皮条件参考表

种类	碱液浓度/%	碱液温度/℃	浸碱时间/s
黄桃	1~2	≥90	30~120
李	2~8	≥90	60~120
橘瓣	0.1~0.8	40~50	15~60
杏	3~6	≥90	60~120
猕猴桃	18~22	≥95	90~120
胡萝卜	8~12	≥95	60~120
马铃薯	10~11	≥90	240~300

（4）热力去皮　热力去皮是利用沸水、蒸汽或热空气使果蔬受热，在短时间温作用下，表皮迅速变热，膨胀破裂，表皮与果肉之间的果胶发生水解或变性，失去凝胶能力，表脱离，达到去皮的目的。将原料放入沸水中，加热的时根据果蔬的种类、品种、成熟度等确定，加热后即可用手剥去表皮或用高压水洗去皮。

（5）酶法去皮　酶法去皮是利用果胶酶的作用，将果胶水解使果皮和果肉分，达到去皮的目的。这种方法使用安全，效果好，但一定要掌握好酶的用量和处理时间。浓度大，时间长容易使果肉受到影响，产品质量降低；浓度小，时间达不到作用效果。

（6）冷冻去皮　冷冻去皮是将果蔬放置在 -28~-23℃ 的条件下处理，在专门的冷冻去皮装置中，果蔬与装置的冷面发生片刻接触，果皮因剧烈骤然受冻而冻结粘连，同时果胶层变性失去凝胶性，然后果蔬在移动时将果皮剥离。

4. 切分、去心、去核、破碎、修整

对于体积较大的果蔬，在干制、罐制、糖制、腌制等工艺操作中不适宜，需要对原料适当进行切分，可切分成块、条、丝、片、丁等形态。对于有果核、果仁的果蔬，加工中一般由于其坚硬和色泽较深，不利加工而去掉。加工果汁、果酒、果酱的果蔬原料则需破碎，主要采用打浆机。对于处理不够理想的果实如去皮、切分、去心、去核后需人工修整。

5. 烫漂

烫漂是在适当的温度和时间条件下热烫新鲜果蔬的处理。

（1）烫漂的目的　① 抑制或破坏氧化酶系统，防止原料变色；② 改变组织结构透性，软化组织便于操作；③ 排除原料组织内气体，稳定和改进产品色泽，更加鲜艳、透亮；④ 去除原料中的苦味、涩味、辛辣味等不良气味；⑤ 杀灭附着在原料和产品表面的微生物、虫卵。

（2）烫漂的方法　烫漂有热水烫漂和蒸汽烫漂两种。热水烫漂是将原料放入热水中，浸泡一定时间捞出，原料与热接触充分。蒸汽烫漂是原料由循环输送带送入蒸汽烫漂机内，在其间停留一定时间,达到烫漂的目的,原料与热接触不充分。

烫漂可损失一定的营养物质,要尽量缩短加热时间,同时配合迅速冷却。

6. 抽空

针对热敏性较强的果蔬原料,用抽空来替代烫漂,有两种方法:

(1) 干抽法　将原料直接放入真空预抽罐抽空,适用于果蔬质地较硬的原料。

(2) 湿抽法　将原料放入糖溶液或盐溶液中进行抽空处理,适用于果蔬质地较软的原料。

7. 原料的硬化处理

对一些质地较软的果蔬原料,一般采用硬化剂如0.05%氯化钙或石灰水浸泡,使果蔬中的果胶物质与钙离子形成不溶性的果胶酸钙,果肉组织变得坚硬耐煮。硬化剂的用量应适宜,过量会生成过多的果胶酸钙或部分纤维素钙化,使产品质地粗糙,质量下降。

8. 原料的护色

果蔬在加工过程中很容易产生褐变现象,使产品颜色变暗,失去应有的鲜艳色泽降低营养价值。

(1) 褐变类型　主要包括酶促褐变、非酶褐变、色素物质变色和金属变色等。

(2) 护色措施　主要是控制酶和氧气的含量。① 选择适宜的果蔬加工原料,原料中单宁含量越少,变色越慢;② 热烫可使原料中的酚酶失活,控制酶促褐变的发生,用 80~100℃ 的热水经过 3~5min 即可;③ 硫处理,熏硫或亚硫酸浸泡,可抑制酶的活性;④ 一定浓度的食盐水浸泡果蔬原料,可起到护色作用;⑤ 可用一定浓度的小苏打($NaHCO_3$)或饱和石灰水处理原料,可保持绿色。

5.6 罐　制　品

全国现有规模以上罐头生产企业约 1 655 家,主要分布在福建、浙江、河北、山东、广西、海南、安徽、四川、广东等省区。进入 20 世纪 80 年代,随着改革开放的深入,罐头行业取得了显著成绩。

在各种食品保藏技术中,100 多年前发明的罐藏技术,一直以其强劲的生命力迅速发展,至今不衰。越是高度发达的国家,罐头食品的消费越多,以人均年消费量计,美国为 90kg、西欧为 50kg、日本为 23kg、而我国则不到 1.5kg。

为适应国内外市场的需要,罐头食品在质量、品种、密封容量、包装装潢和经营机制等方面,仍需进行全方位提高。

21 世纪罐头工业的战略目标是:2005 年全国罐头食品总产量达到 450 万 t,出口量 120

万t,创汇14亿美元;2010年总产量达到800万t,出口量160万t,创汇22亿美元;以提高经济效益为重点,从根本上使全行业实现盈利。

5.6.1 罐头的包装容器

食品罐藏的目的是使食品能经久保存,并且保持一定的色、味,具有较高的营养价值。目前国内、外普遍采用的罐藏容器有马口铁、玻璃罐、铝合金及软包装等。

1. 罐藏容器具备的条件

(1) 对人体无毒害,安全卫生。
(2) 具有良好的密封性能,保证罐内食品与外界隔绝,防止微生物的污染,从而确保食品能长期贮存而不腐败变质。
(3) 具有良好的耐腐蚀性能、化学性质稳定。
(4) 适合工业化生产。
(5) 具有良好的耐热性及抗压性。
(6) 具有方便性,美观性。

此外,还要求容器在生产过程中能承受必要的机械加工,能适合工厂机械化、自动化生产要求。有一定的机械强度,能保持原来的形状和结构,在贮藏运输过程中不受损坏,同时要求容器体积小,质量轻,开启容易。

2. 罐头容器种类

(1) 马口铁罐　马口铁罐是指两面镀有纯锡的低碳薄钢板,由钢基层、锡合金层、锡层、氧化膜和油膜五部分组成(图5-9)。

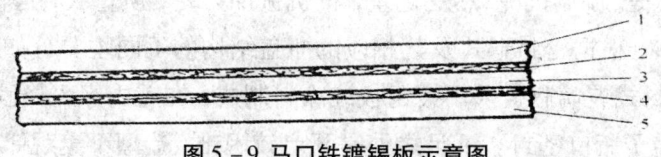

图5-9 马口铁镀锡板示意图

1.油膜;2.氧化膜;3.锡层;4.锡合金层;5.钢基层

镀锡板有光亮的外观,良好的耐腐蚀性能和制罐工艺性能,易于焊接,适于涂料和印铁商标。其外层的镀锡层呈银白色,在常温下有良好的延展性,在大气中不变色,能形成良好的氧化锡膜层,化学性质稳定,因此一直是罐藏容器的主要材料。

罐内壁涂料多是由高分子树脂(如环氧树脂、酚醛树脂)和溶剂(如香蕉水、二甲苯、环己酮等)及少量添加物按一定比例制成的有机化合物,品种很多,但目前还没有一种万能涂料能满足各种特殊要求。各种涂料具有其各自的组成、特殊性和适用性,因此须根据不同种类食品的不同要求来选择相应的涂料。水果蔬菜罐头常用抗硫抗酸两用涂料,肉类罐头常用抗硫涂料和防黏涂料。

马口铁罐的优点是安全无毒,具有良好的抗腐蚀性,耐高温高压,加工方便,适合工业化生产,一般作外销产品时使用。其缺点是封罐后看不到内容物,重复利用性差。常用马口铁罐的规格见表5-5。

表5-5　　　　　　　　常见马口铁罐的规格

罐型	外径/mm	外高/mm	内径/mm	内高/mm	计算体积/cm³
7110	77	110	74	104	447.70
7114	77	114	74	108	464.49
781	77	81	74	75	322.50
8113	86.5	113	83.5	107	585.93
9116	102	116	99	110	876.76

（2）玻璃罐　玻璃罐在罐头工业中应用也很广,它是由石英砂、纯碱以及石灰石等原料按一定比例配合后在1000℃以上的高温下熔融,再缓慢冷却成型铸成的。玻璃罐的制造过程大致如下：

原料磨细→过筛→配料→混合→加热熔融→成型冷却＋退火→检查→玻璃瓶成品。

在成型冷却时使用不同的模具就可制得不同形状、不同体积的玻璃瓶。

质量良好的玻璃瓶应是透明无色或略微带有青色；具有良好的化学稳定型；热稳定性；瓶身端正光滑；厚薄均匀；瓶口圆而平整；底部平坦；瓶身无严重的气泡、裂纹、石屑及条痕等缺陷,否则实罐生产时容易破碎。

玻璃罐的优点是：能重复使用,成本低、透明,便于消费者选择；化学性质稳定,不与食品起化学反应。其缺点是：玻璃抗冷、热变化差,抗机械冲力差,质量大,运输困难。

玻璃罐形式较多,根据密封形式及其相应的瓶盖结构的不同主要分如下几种：

① 卷封式　卷封式玻璃瓶盖采用镀锡板或涂料制成,在盖内嵌入橡胶圈,封口时通过封口机辊轮的推压将盖子瓶口密封。不足之处是开启较困难,造型不美观。

② 旋转式　旋转式玻璃瓶盖常采用镀锡板式铅封材制成。瓶盖底边内侧有盖爪,瓶颈上则有螺纹线,封口时,瓶盖上的盖爪和螺纹相吻合,旋紧后瓶盖内所垫的塑料垫圈与瓶口水平面压紧即行密封。常见有四旋瓶(瓶口有四条螺纹线)和六旋瓶(瓶口有六条螺纹线)两种。这类瓶造型美观,开启方便,造型各异,深受消费者欢迎,目前市场上多见。

③ 压入式　压入式玻璃瓶盖由镀锡板制造,瓶底边向内弯曲,并嵌有合成橡胶热圈。当它紧密贴合在瓶颈外侧面上时,即得密封。故又称侧盖式玻璃瓶。开启时,只要靠着瓶口突缘外撬即可打开瓶盖。这种瓶封口操作简便,开启方便。

（3）铝合金罐　铝合金罐质轻,携带方便,容易开启,也是目前罐藏制品遍采用的罐形之一。但铝合金本身质软,抗压力弱,不宜作大型罐,在真空度高或搬运过程中容易变形。

(4) 软包装 也称蒸煮袋，是指能耐高温的复合塑料薄膜袋。它的结构、机械适应性及物理性能等随种类而异。目前将蒸煮袋分为透明普通型、透明隔绝型、铝箔隔绝型和高温杀菌用袋四种类型。最有代表性的是铝箔隔绝型蒸煮袋，其由三层基材复合而成，即聚酯层、铝箔层和高密度聚烯烃层。三层基材分别由内层黏合剂（改性聚丙烯）和外层黏合剂（聚氨酯）黏合。

软包装具有质量轻，体积小，携带方便，取食容易，密封简便牢固，传热快，耐高温，化学稳定性好，耐贮存等特点，能印刷各种图案及文字说明，外形美观等优点，故发展很快。缺点是包装材料不易腐烂和消毁，容易造成环境污染。

5.6.2 罐头的加工技术

1. 罐头制作原理

罐头加热杀菌是指通过加热杀灭罐内食品中的微生物。但罐头的杀菌不同于微生物学上的杀菌。微生物学上的杀菌是指绝对无菌，而罐头的杀菌只是杀灭罐头食品中所污染的能引起疾病的致病菌和能在罐内环境生长引起食品腐败变质的腐败菌，并不要求达到绝对无菌。这种杀菌称为"商业杀菌"。罐头食品在密封容器内与外界隔绝，外界微生物不能进到罐头内，从而保证罐内食品长期保存。

罐头在进行热杀菌的同时也破坏了食品中的酶的活性，从而保证罐头内食品在规定的贮存期内不变质。此外，罐头的加热处理还具有一定的烹调作用，能够增进风味，软化组织。

（1）影响微生物生长的环境条件

① 温度 按微生物对温度的适应性不同，可将微生物分为三种，即嗜冷性微生物（适温为14.5~20℃）；嗜温性微生物（30~38℃）；嗜热性微生物（50~60℃）；对于形成芽孢的微生物，需采用121℃的高温杀菌，对罐头食品危害大，需注意杀菌。

② 氧气 微生物有需氧型、厌氧型、兼性厌氧型。罐藏制品经排气工艺，罐内有一定的真空度，对需氧微生物有抑制作用。杀菌时应首先考虑杀死厌氧型及兼性厌氧型微生物。

③ 水分 水分是微生物生长不可缺少的物质，离开水分微生物的生长繁殖就会受到抑制甚至死亡。水中还溶有糖、酸及营养物质，易被微生物利用，制定杀菌方式时要考虑这些因素。

④ pH 酸碱度对微生物的生长有很大影响，在酸性食品中，由于酸对微生物的抑制作用，有利于杀菌，低酸性食品要比酸性食品杀菌所要求的温度高、时间长。

（2）影响杀菌的因素

① 微生物的种类和数量 罐头制品中微生物的种类和数量取决于原料的污染程度、容器的卫生状况及生产过程中的卫生情况。污染严重，种类多，数量多，杀菌所需的条件就越高。

② 罐藏制品的种类 原料种类不同，所含营养成分不同，酸碱度不同，所要求的杀菌条

件也不同。对于含酸多的原料，微生物本身生长受到抑制，杀菌容易。

某些植物的液汁和它所分泌出的挥发性物质对微生物有抑制和杀菌作用，这种具有抑制和杀菌作用的物质称之为植物杀菌素。不同的植物含有不同的植物杀菌素，不同的植物杀菌素的杀菌作用也不同。

含有植物杀菌素的蔬菜和调料类有：番茄、辣椒、胡萝卜、芹菜、洋葱、大蒜、葱、姜、胡椒、丁香、茴香、芥末和花椒等。如果在罐头食品杀菌前加入适量具有杀菌素的蔬菜或调料，可以降低罐头食品中微生物的污染率，这样杀菌条件可适当降低。

罐头的杀菌温度　罐头的杀菌温度与微生物的致死时间有着密切的关系。因为对于某浓度的微生物来说，它们的热致死条件是由温度和时间决定的。

罐头食品的杀菌尽可能采用较高温度，缩短杀菌时间。经验告诉我们，高温短时间杀菌比低温长时间杀菌对食品质量的影响要小得多。

④ 填充液的种类和浓度　填充液的种类主要有糖水、盐水及清水等几种，在一般情况下低浓度的糖水较易被微生物污染，而盐水本身就对微生物起抑制作用。浓度不同传热速度不同，杀菌效果也不同，溶液浓度稀，传热速度快，杀菌时间短；反之，杀菌时间长。

⑤ 内容物的形状及含量　罐内容物的形状不同，传热效果也不同，片状比块状传热效果好；液态比固态传热效果好；固形物含量少比含量多传热快。

罐头要根据内部传热情况来确定杀菌条件。杀菌时所采用的温度和时间是指在保证达到杀菌要求和钝化酶活性要求的前提条件下的最低温度和最短时间，尽量使果蔬的营养成分不被破坏，让最迟加热点达到杀菌温度要求。

2. 罐藏加工技术

罐藏加工技术工艺流程（图5-10）

3. 操作要点

（1）原料选择　制罐头的果蔬原料应新鲜，大小均匀一致，7~8成熟，无病虫，无机械伤，具有一定色、香、味，组织致密，耐热加工。其他原料要求如下：

白糖：白色、松散、干燥、溶于水为清澈溶液，甜味纯正，无不良气味。

水：符合国家饮用水标准。

其他添加剂：为食品级。

原料选择好后及时进行分级处理。

（2）原料处理　原料洗涤、分级、去皮、去核、切分等处理。

（3）热烫　又称烫漂或预煮，为装罐前的重要一步，热烫的目的是破坏果蔬中的酶，防止变色，还有软化组织，便于装罐操作的作用。

热烫的方法有热水热烫和蒸汽热烫两种。热烫的标准以烫透而不过度为准。含酸量较低的水果可在热烫水中添加适量酸（0.15%的柠檬酸），热烫后急速冷却。

（4）抽空处理　果蔬组织内部含有一定量的空气，某些果实含气量较高，如苹果含气量为 12.2%～29.7%（以体积计）。这些空气的存在不利于罐头加工，影响制品的质量，如变色，组织松软，装罐困难，从而造成开罐后固形物不足，加速罐内壁腐蚀速度，降低罐头真空度等。因此含气量高的水果还需进行抽空处理。

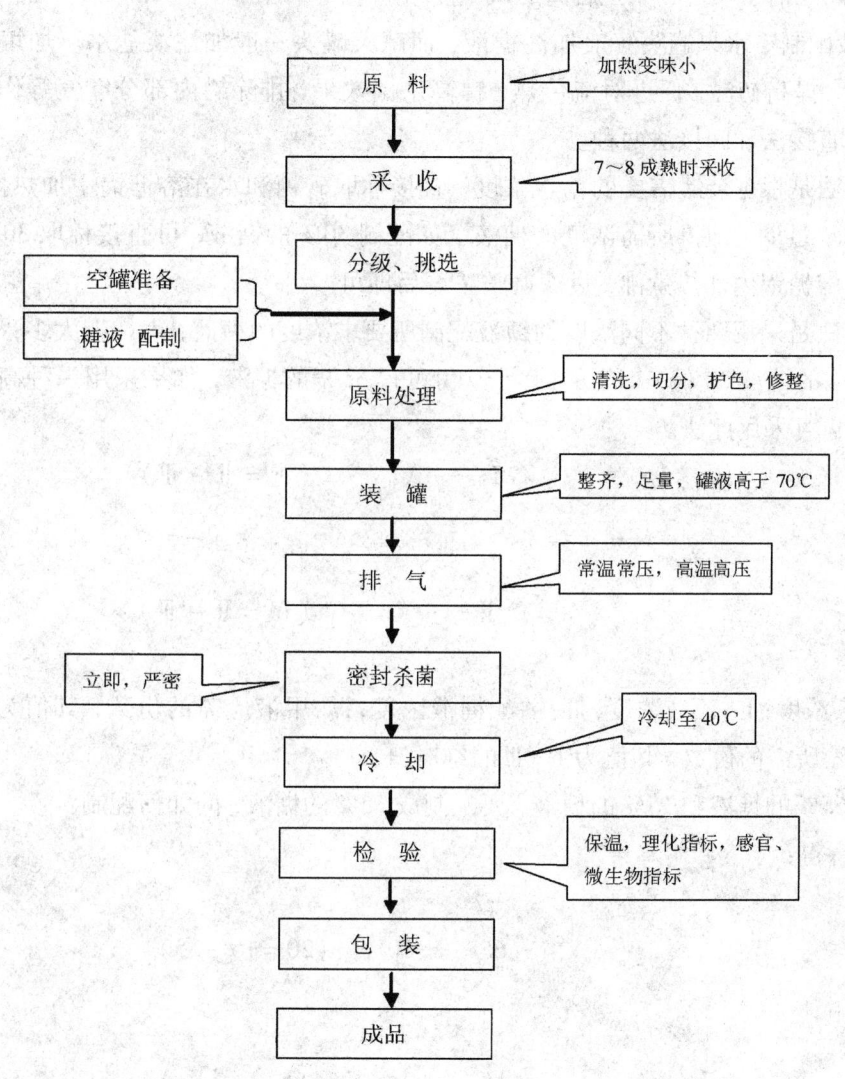

图 5-10　罐藏加工技术工艺流程

所谓抽空处理就是利用真空泵等机械造成真空状态，使水果的空气释放出来，而代之以抽空液。抽空液可以是糖水、盐水等。时间是 10～50min，抽空液与原料块之比一般为 1：12，以完全浸没果块为度。含气量高的原料经抽空处理后其制成品的感官质量有明显的提高。

(5) 装罐 装罐前先准备空罐和配制填充液。

① 空罐准备 不同的产品应按合适的罐型、涂料类型选择不同的空罐。装罐前空罐先清洗干净，再用蒸汽或热水消毒。清洗消毒后不宜放太久，以防杂质、微生物再次污染。

玻璃瓶要求罐形整齐，气泡少无裂纹，厚薄均匀。回收的旧瓶应经消毒去污垢方可使用，新瓶应经高压清水喷洗，除去瓶内的灰尘。

② 填充液配制 水果罐头一般加注糖液，而蔬菜罐头一般加注淡盐水。加填充液的作用是增进风味，提高初温，促进对流传热，提高杀菌效果，排除罐内部分空气等作用。糖液的配制方法有直接法和间接法两种。

直接配制法是根据装罐需要的糖水浓度，直接称取砂糖和水在溶糖锅中加热搅拌溶解、煮沸5~10min，过滤，即得所需浓度的糖液。如配制30%的糖液，可直接称取30kg的白砂糖，70kg水于溶糖锅内加热煮沸，过滤调整浓度后即可。

间接配制法是采用两种不同浓度的糖液配制所要求浓度的糖液，生产上大多采用交叉计算法：即取65%的糖液20份，15%的糖液30份可得35%的糖液，如果采用一种高浓度糖液和清水配制，也可采用此法。

$$\begin{array}{ccc} \text{I} & \longrightarrow & \text{IV} \\ & \text{III} & \\ \text{II} & \longrightarrow & \text{V} \end{array} \quad \begin{array}{c}(\text{IV} = \text{II} - \text{III}) \\ \\ (\text{IV} = \text{II} - \text{III})\end{array}$$

注：I：甲液浓度；II：乙液浓度；III：欲配糖液浓度；IV：甲液应需的份数，其值为II－III的绝对值；V：乙液所需的份数，其值为I－III的绝对值。

例：现有65%的糖液和15%的糖液，要配制成35%的糖液，问如何配制？

解：依题意得：

$$\begin{array}{ccc} 65 & \longrightarrow & 20 \\ & 35 & \\ 15 & \longrightarrow & 30 \end{array} \quad \begin{array}{c}(20 = 15 - 35) \\ \\ (30 = 65 - 35)\end{array}$$

我国目前生产的水果罐头要求外销产品的开罐浓度为14%~18%，内销产品糖液浓度为12%~16%。果蔬罐头所需糖液的浓度，根据原料的可溶性固形物含量，产品质量标准而定。糖水罐头要用柠檬酸调酸，pH3.0~4.0。每罐实际的糖液量，按下式计算。

$$Y = (m_3 Z - m_1 X)/m_2$$

式中：m_1——每罐装入果肉的质量，g；

m_2——每罐注入糖液的质量，g；

m_3——每罐净重，即 $m_1 + m_2$，g；

X——原料可溶性固形物的含量，%；

Y——每罐注入糖液的浓度，%；

Z——要求开罐的糖液浓度，%。

③ 装罐时应注意的问题

装罐应迅速及时，不应停留时间过长，以防污染；

装罐量符合要求，保证产品质量；

罐上部应留一定的顶隙，顶隙为 6.35~9.60mm；

原料要合理搭配，均匀一致，排列整齐；

装罐后应及时擦净瓶口，除去细小碎块及外溢糖液。

(6) 排气封罐　排气是食品装罐后，排除罐内、原料组织内、容器顶隙部位及溶解在罐液中的空气，目的是提高罐内真空度，抑制好气性微生物的活动，减少氧化作用，减轻营养成分损失和罐内壁腐蚀，防止或减轻罐头在高温杀菌时变形或损坏。真空度是通过排气这一工序形成的。一般要求真空度为 33.25~53.20kPa。

目前罐头工厂常用的排气方法有热力排气法和真空排气法两种。此外还有一种蒸汽喷射封罐排气法，目前应用较少。

热力排气现今仍然是广泛采用的方法，利用空气、水和食品受热膨胀的原理将空气排除。根据产品的具体情况，可采用热装罐排气和加热排气。对于流体或半流体食品如果汁、果酱等，可加热到预期温度后趁热装罐，接着立即封罐。一般在 70~75℃可达到一定的真空度。对于其他的块状固态食品，一般是装罐注液后，放在热水或蒸汽排气箱中进行排气，排气温度一般为 82~100℃。经过一定时间，使罐内中心温度达到 70~90℃立即进行封罐。

排气温度应以罐头中心温度为依据。罐头加热排气、杀菌或冷却时，加热或冷却最缓慢之点通常在罐中心处，此处常称为冷点，它为加热时罐头内温度最低点，冷却时的最高点。罐头中心温度就是指冷点的温度。

抽真空排气是在真空封罐机中进行，现在有普遍采用的趋势。封罐机利用真空泵先将其密封室内的空气抽出，建立一定的真空度，装罐后的食品被输送带送入密封室，抽气后立即封罐。由于排气时间短，真空度受到一定限制。

密封一般采用封罐机进行，封罐机类型有手动式，电动式及全自动式（排气封罐一体）等。

(7) 杀菌　杀菌是指杀死罐内有害微生物，保持罐内相对无菌状态。杀菌也是罐藏制品的基本步骤。水果罐头大部分属酸性食品，一般采用常温常压杀菌。

蔬菜罐头大部分属低酸性或接近中性的食品，由于原料在土壤中受污染，耐热性芽孢菌感染机会多，因而大多数采用高温高压杀菌。

杀菌的关键是制定合理的杀菌公式，杀菌公式的制定是依据罐藏制品的种类、规格、原料的污染情况、传热情况等因素而定。杀菌公式为：

① 常温常压杀菌式 = $\dfrac{t_1 - t_2}{t}$

式中：t——杀菌温度，℃（85～100℃）；

　　　t_1——罐头由常温升到杀菌温度所需时间，min；

　　　t_2——维持杀菌温度所需的时间，min。

② 高温高压杀菌式 = $\dfrac{t_1 - t_2 - t_3}{t}$

式中：t——杀菌温度，℃（110～121℃）；

　　　t_3——由杀菌高温降到常温常压所需的时间（反压时间）min。

（8）冷却贴标　罐头杀菌后必须迅速冷却，防止继续受热影响内容物色、形、味，并严防嗜热性芽孢菌的发育生长。马口铁罐可直接冷却，玻璃罐要分段冷却避免温差过大而导致容器的破裂。冷却至罐内中心温度37℃为宜。冷却可采用冷水，冷风等方法进行。冷却后及时擦干罐身，进行贴标。商标的内容应符合国家的有关规定，贴标后即为成品。

（9）包装运输和贮存

① 包装　罐头标签、包装标志按国家的规定执行。外包装纸箱，内加衬垫材料，封箱带按国家的规定执行。

包装要求：马口铁罐头表面需清洁，无锈，封口完整，卷边处无铁舌，不漏气，不胖听，无变形；罐头标签采用外贴商标纸（或用印铁商标），商标纸需清洁、完整、牢固而整齐地贴在罐外。商标纸与罐身内高相等，其公差不得超过3mm；箱内罐头排列整齐不松动。

② 运输　运输工具必须清洁干燥，不得与有毒物品混装、混运。长途运输的车船必须遮盖；运输温度在0～38℃，避免骤然升降温；搬运一般不得在雨天进行，如遇特殊情况，必须用不透水的防雨布严密遮盖；搬运中必须轻拿轻放，不得使用有损纸箱的工具，不得抛摔。

③ 贮存　贮存仓库应有防潮措施，远离火源，保持清洁；贮存仓库温度以20℃左右为宜，避免温度骤然升降。仓库内保持良好通风，相对湿度一般不超过75%，在雨季应做好罐头的防潮、防锈、防霉工作；罐头成品箱不得露天堆放或与潮湿地面直接接触。底层仓库内堆放罐头成品时要用垫板垫起，垫板与地面间距离在150mm以上，箱与墙壁之间距离500mm以上。罐头成品在贮存过程中，不得接触和依靠潮湿、有腐蚀性或易于发潮的货物，不得与有毒化学药品和有害物质放在一起。

（10）果蔬罐头质量标准　达到合格果蔬罐头各项指标的质量标准要求。

① 感官指标

外观　容器密封完好，无泄漏、胖听现象存在。

色泽　具有该品种罐头应有的色泽。

滋味及气味　有该品种应有的滋味和气味，无异味。

组织形态　具有该品种应有的组织形态

杂质　不允许外来杂质存在。

② 理化指标　净含量由各个品种不同而定,同批产品所抽的样品平均净含量不低于标签标示的净含量;单件产品的负偏差必须符合国家技术监督局第 43 号令《定量包装商品计量监督的规定》;可溶性固形物含量(%,以折合计)、固形物含量(%)、酸含量(%,以柠檬酸计)、氯化钠含量(%)等指标因各品种不同而异;锡(Sn)≤200mg/kg;铜(Cu)≤5.0mg/kg;铅(Pb)≤1.0mg/kg;砷(As)≤0.5mg/kg。

③ 微生物指标　符合罐头食品商业无菌的要求。

④ 保质期　由各具体品种而定,一般常温保质 1 年。

4. 常见问题及防止措施

(1) 净重不足　主要与装罐、加汁、排气和封罐有关。防止措施有:

装罐时要按标准要求,避免果块、菜段露出罐外。加汁时,半成品净重要比规定多 10g 以上。排气前后要轻拿轻放,排气时慢慢开启阀门,避免汤汁流失。封罐时要求做到正、稳、准,以防洒汁。

(2) 罐头食品的败坏　罐头食品败坏主要有气体性败坏和非气体性败坏。产生的主要原因是封口、杀菌、原料和容器处理不当及保藏条件不适宜。

① 气体性败坏　罐头由于微生物、化学、物理的作用发生鼓胀,这种坏罐头称为胖听。

② 微生物作用引起罐头败坏　罐头内有酵母菌、霉菌及其他产气细菌存在,使产生 CO_2、NH_3 等气体,造成膨胀。原因是封口不严密,杀菌不完全或原辅料被微生物污染。防止措施主要是注意封罐、杀菌、冷却等操作,并严格做好环境卫生。

③ 化学作用引起的罐头败坏　果蔬的有机酸与马口铁罐发生电解作用,使锡溶入罐液中,并产生了氢气。原因是内容物酸性强,有花青素存在,马口铁有锈点,罐内真空度不足等。防止措施主要为对含酸高及有花青素的果蔬采用抗酸涂料铁罐,加工前仔细检查空罐,加工中充分排气,并将成品置于温度较低的环境中保藏。

④ 物理作用引起的罐头败坏　主要由于罐内真空度太小。防止措施主要为装罐量不要过多,排气要充分,杀菌不过度。

⑤ 非气体性败坏　罐头外观正常,无胖听现象,但内容物已发酸或变色。

⑥ 酸败　酸败常发生于蔬菜罐头。主要是由于产酸的微生物乳酸菌及嗜热性细菌等存在所致。防止措施为注意原料处理及杀菌等。

⑦ 变色　造成果蔬罐头变色的原因很多,主要有金属离子作用的影响和果蔬色素的改变。防止措施主要有加强原料的处理工作,采用各种护色液护色,利用柠檬酸防止罐头食品变色,选用不锈钢器具,注意水质,用不含硫的蔗糖,选用良好的马口铁,适当地选用抗酸和抗硫的涂料铁罐。

⑧ 果蔬罐头的罐壁腐蚀和变色　采用马口铁罐生产的果蔬罐头,罐外壁易生锈,罐内壁

易腐蚀和变色。

⑨ 果蔬罐头的罐外壁生锈　马口铁罐外壁生锈主要由于生产操作不当、包不当和贮藏不当所造成。防止措施为高压加热杀菌时要迅速完全地将杀菌锅中的空气排净，杀菌升温时间不宜过长（一般 10~15min），排气温度必须在 96℃ 以上，杀菌水中添加有机、无机抑制剂、上光剂，杀菌冷却后将罐外壁表面水分擦干净；用合成树脂贴标；罐头入库时温度不宜过低（与仓库的温度差一般以 5~9℃ 为宜，如超过 11℃ 时就会"出汗"），仓库的温度尽量稳定，库内空气一般以 70%~75% 相对湿度为宜。

⑩ 果蔬罐头的内壁腐蚀和变色　果蔬罐头的内壁腐蚀和变色与食品原辅料中的腐蚀性成分、马口铁的质量、罐头加工工艺和贮藏条件等有关。

防止措施主要为：选用高质量的马口铁罐；加工中洗净原料上残留农药；含氧气多的果蔬装罐前用盐水或糖水抽空，排除果蔬组织内的空气；封罐前充分排气；杀菌程度力求适当，冷却力求迅速；控制好硝酸根、亚硝酸根、铜离子含量，以及适当降低贮藏湿度等。

(3) 罐头制品的腐败变质往往是由于多种因素造成，因此在实际生产中应采取综合措施。

① 原料要新鲜卫生　加工前原料要求充分洗涤干净，尽量缩短工艺流程，严防半成品积压和污染。对加工设备严格消毒。

② 严格注意罐头密封质量　采用合理的杀菌公式，及时抽取生产样品进行保温（一般 37℃，5d）及酸败菌培养检查，并经常对原料、半成品及车间工具、设备等进行耐热芽孢菌数的检验。

③ 严格执行卫生制度　对加工用具、机械设备及管道、泵以及冷却池等必须严格消毒，防止耐热性细菌的滋生。

④ 贮藏温度要适当　贮藏温度一定要在 20℃ 以下，仓库要通风。

⑤ 成品检验要认真　必须检验致病菌及有关毒素，对腐生菌检验也要作为重点。

5. 罐头生产实例

(1) 糖水桃罐头

① 糖水桃罐头的工艺流程（图 5-11）

② 操作要点

原料选择　选择成熟度为 8.5 成，新鲜饱满，无病虫害及机械伤，直径在 5cm 以上的优质黄桃品种或脆肉离核桃品种。

切块、挖核　将黄桃沿合缝纵切成两半，不得歪斜而造成大小块。切半后将黄桃片浸于 2% 食盐水中护色。

将切半黄桃块用挖核器挖去桃核，要挖得光滑而呈椭圆形，但果实不能挖得太多或挖碎，可稍留红色果肉。挖核后应及时浸碱，或浸于 2% 食盐水中护色。

去皮、漂洗　将桃片核窝向下均匀地单层平铺于烫碱机钢丝网上，使果皮充分受到碱液冲淋。碱液浓度为6%~12%，温度为85~90℃。处理时间30~70s，随后用清水冲净碱液。

预煮　将洗净碱液的桃块放入含0.1%柠檬酸热溶液中，在90~100℃下热烫2~5min，至桃块呈半透明状为度。热烫后立即用冷水冷却。

修整、装罐　用锋利刀割除桃块表面斑点、残留皮屑。修整好的桃块按不同色泽、大小分开装罐，注意排放整齐，装罐量不低于净重的55%。装罐后立即注入80℃以上热糖水，糖液浓度为25%~30%，并加入0.1%的柠檬酸，0.03%的异维生素C。

排气、封罐　在排气箱热力排气，至中心温度75℃立即封罐，或抽真空排气，真空度为30~40kPa。

杀菌、冷却　在沸水中杀菌10~20min，然后冷却至38℃左右。

③ 质量要求　果块大小、色泽一致，糖水透明，允许有少量果肉碎屑；具有桃的风味，无异味。

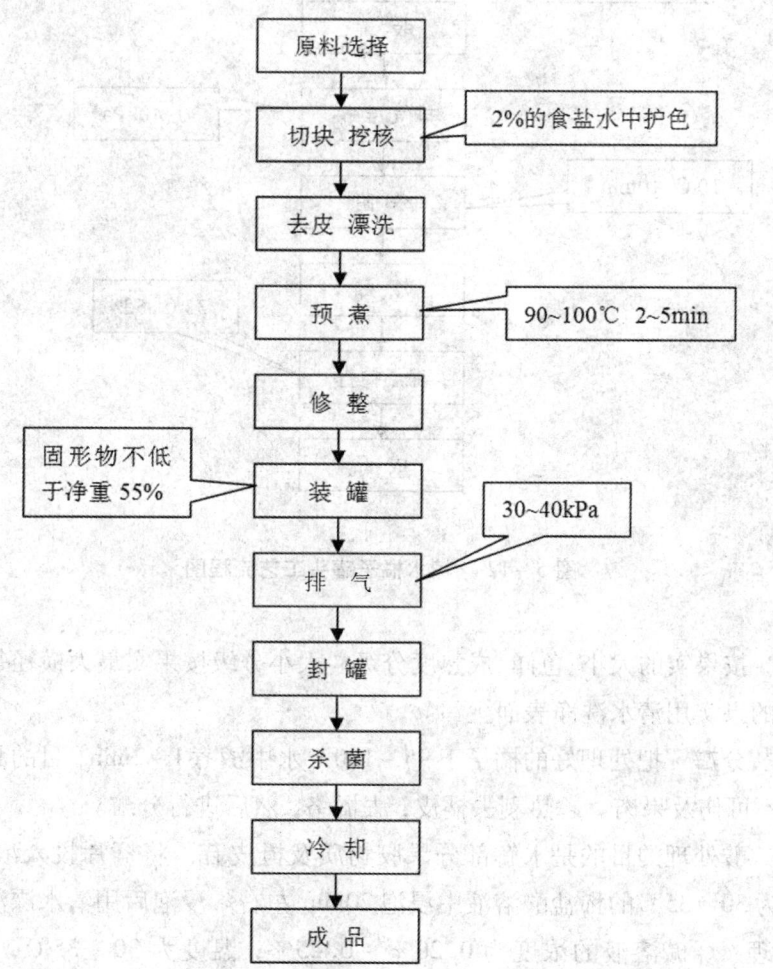

图5-11　糖水桃罐头的工艺流程图

(2) 糖水橘子罐头

① 糖水橘子罐头工艺流程（图5-12）

② 操作要点

原料选择 应选择肉质好，色泽鲜艳，风味适口，糖分含量高，糖酸比适度，汁液清晰，硬度较高，容易剥皮，果瓣大小比较一致的品种作原料。适宜的品种有温州蜜柑、黄岩本地早、龙岩本地早、四川红橘、广西的柳柑、南柑等。要求果实完全成熟，未受机械伤，无病虫害，无腐烂，果实横径在45mm以上。

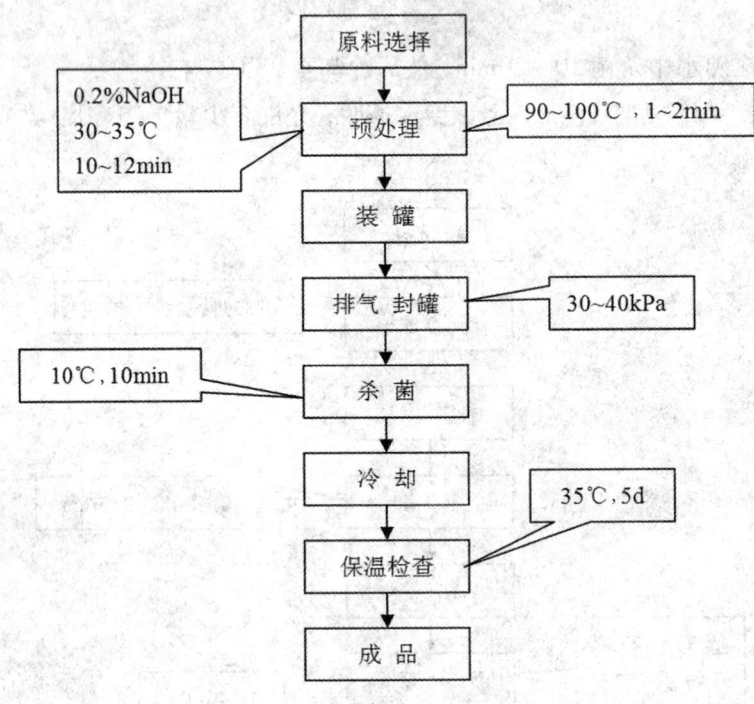

图5-12 糖水橘子罐头工艺流程图

原料处理 按果实的大小、色泽、成熟度分级。大小分级按果实最大横径每差10mm分为一级。分级后的果实用清水洗净表面尘污。

热烫、剥皮、分瓣 把处理好的橘子于95~100℃水中烫煮1~2min，目的是为了使果皮和果肉松离，但不可伤及果肉。趁热剥去橘皮，去橘络，然后进行分瓣。

酸碱处理 酸处理的目的是水解部分果胶物质及橙皮苷。将橘片投入浓度为0.16%~0.22%，温度为30~35℃的稀盐酸溶液中浸泡20min左右。浸泡后用清水漂洗一次。接着将橘片进行碱处理，烧碱溶液的浓度为0.20%~0.25%，温度为30~35℃，浸泡时间10~12min。碱处理的时间应根据原料成熟度灵活掌握，浸碱过度易造成橘片破碎，浸碱不足囊衣难以去尽。浸碱后应即用清水冲洗干净，并用1%柠檬酸液中和，以改进风味。橘瓣整理漂洗后的橘肉,放在清水盆中用镊子除去残余的囊衣、橘络、橘核等,并将橘瓣按大中小分放。

装罐 同一罐中橘瓣大小整齐,色泽基一致。橘肉装入量不得低于净重的55%,装好后,加入浓度为25%~35%的糖液,温度要求在80℃以上,保留顶隙6mm左右。

排气、密封 用排气箱热力排气,出排气箱时罐中心温度不低于65~70℃,并趁热封口。用真空封罐机抽气密封,封口时真空度为30~40kPa。

杀菌、冷却 封罐后,在100℃沸水中10min,然后分段冷却至35℃。

擦罐、入库 冷却后的罐头,擦干罐身,在20℃的库房中存放1周,经敲罐检验合格后,贴上商标即厂。

③ 质量要求 具有橘子特有的色、香、味,果肉大小、形态均匀一致,无杂质,无异味,破碎率不超过5%~10%,果肉不少于净重的55%。糖水开罐浓度要达到14%~18%。

(3) 芦笋罐头

① 芦笋罐头工艺流程(图5-13)

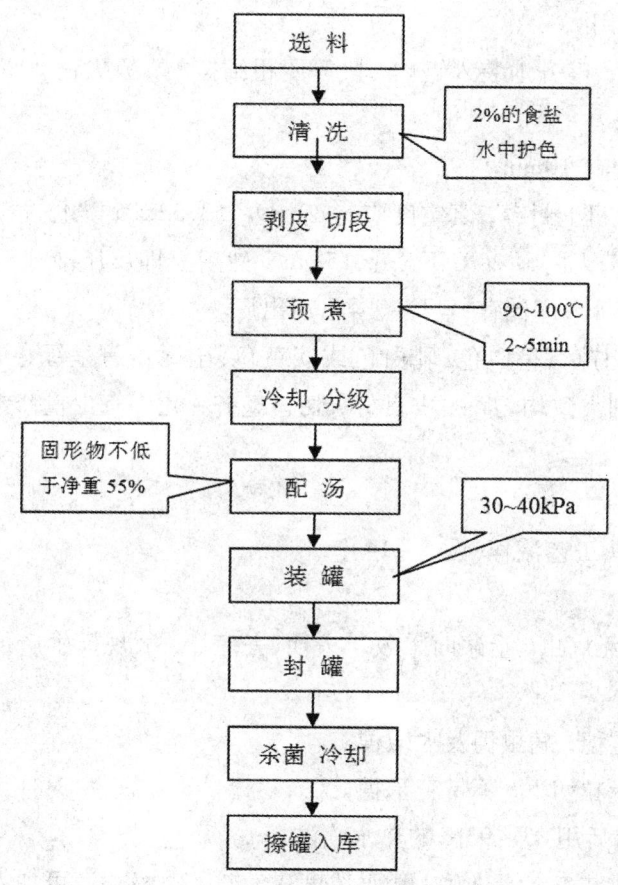

图5-13 芦笋罐头工艺流程图

② 操作要点

选料 选茎长 10~16cm，横径粗 1.0~3.8cm，新鲜，无锈斑、无病虫的鲜芦笋。

清洗 多采用喷淋冲洗或流水洗涤，不要将芦笋在水中浸泡时间太长，以免损失养分。

剥皮切段 剥去粗老表皮，粗纤维及棱角，去顶部鳞片；把芦笋上部切成 9.5~10.5cm 长带笋尖的笋条，以下部分切成 4~6cm 的段。

预煮 在 90~95℃热水中煮 2~3min，可在预煮水中添加 0.1%~0.3% 的柠檬酸，使 pH 在 5.5 左右。

冷却 预煮后立即用冷水快速冷却至 36℃以下。

分级 整条笋按直径标准分 5 级。即直径在 2.5cm 以上——巨大级；1.8~2.5cm——特大级；1.31~1.8cm——大级；0.96~1.3cm——中级；0.80~0.95cm——小级。

段笋和笋尖，一般以粗、中、细按色泽分级。

配汤汁 配方为预煮水 100kg，加食盐 2%，食糖 2%，柠檬酸 0.05%，将配汤汁在夹层锅内加热煮沸，过滤备用。

装罐 整笋头朝上，整齐地装入罐内，段笋要粗细搭配，笋尖占 20% 以上，加 85℃以上汤汁。

排气 在 80℃下排气 10min。

封罐 在真空封罐机上封罐，真空度应达 39.99~53.32kPa 以上。

杀菌、冷却 在杀菌锅内，120℃下杀菌 15min。然后立即反压冷却至常温。擦罐入库用干布擦干罐身和罐盖，入库储存；经检验合格后出厂。

③ 质量要求 全白芦笋呈白色、乳白色或淡黄色；全绿芦笋呈绿色、淡紫色、或黄绿色。同一罐内笋尖长短粗细大致均匀，去皮良好，切口整齐，允许有少量修整和缺陷笋，汤汁较清，无杂质。

(4) 整粒甜玉米罐头

① 整粒甜玉米罐头工艺流程（图 5-14）

② 操作要点

原料 选甜玉米、无病虫，上浆时采收。去须、去疤片，大规模生产可采用滚动式机械来完成。清洗除去丝。

检验 袪除不完整穗，病虫穗及太嫩穗。

切分 用刀将玉米粒切下，不带玉米穗。

清洗 先清洗，然后用 83~93℃的热水喷淋。

装罐加盐水 要求装玉米量准确，盐水浓度 0.7%~2.0%，还可加入 6%~9% 的糖。盐液必须加热至沸。

排气、密封 排气时罐头中心温度 75℃，排气 10min，大型罐头可采用真空密封。真空度达到 35.36~53.66kPa。

杀菌、冷却 杀菌式 15min – 45min – 25min/120℃，依罐型大小而定。杀菌后迅速冷却至 38℃左右。

③ 质量要求 玉米粒完整，色泽为黄色、金黄色和白色，具有正常的风味气味。

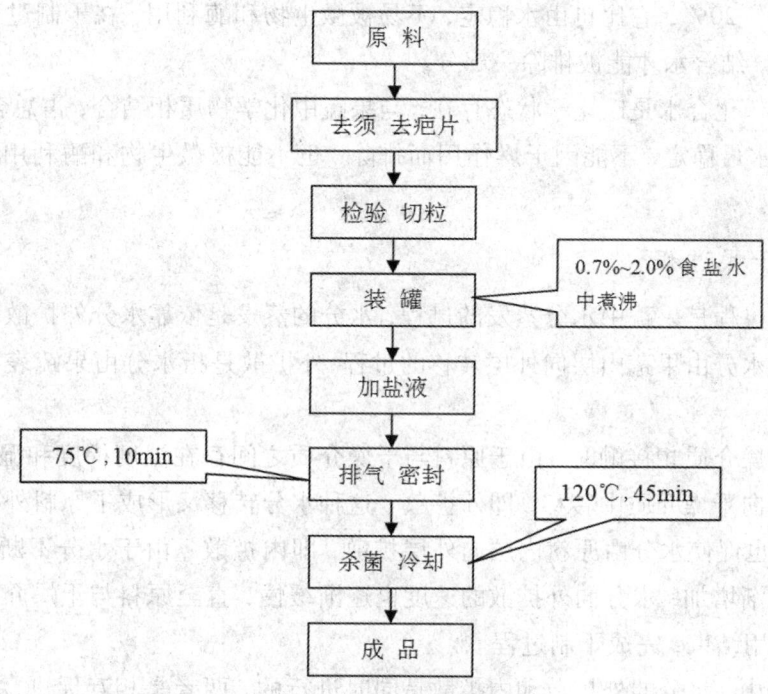

图 5 – 14 整粒甜玉米罐头工艺流程图

5.7 干制品

果蔬干制是指在一定条件下，果蔬脱去一定的水分，将可溶性固形物浓度提高到微生物难以利用的程度，同时抑制酶的活性，使制品得以长期保存的加工方法。果蔬干制在我国食品工业中占有重要位置，干制品加工，设备可简可繁，生产技术易于掌握，产品易于保存，重量轻，便于运输，同时又可调节果蔬生产的地区性和季节性差异，因此对于军需、勘探、航海等行业具有重要意义。

5.7.1 干制原理

1. 果蔬中水分含量及存在的状态

果蔬中含有大量水分，一般含水在 70%～85%，高的可达 95% 左右。果蔬中水分以自由水、结合水和化合水三种形式存在。

（1）自由水 自由水是以游离状态存在于果蔬的毛细管中，占总含水量的 70%～80%，其中溶有糖、酸等可溶性物质，流动性大，又能借助毛细管作用向内部或外部移动，易于蒸发，易于被微生物和酶利用，是果蔬干制必须排除的水分。

（2）结合水　结合水在果蔬细胞中，与蛋白质、淀粉、果胶等亲水性胶体物质相结合，占总含水量的15%~20%，它比自由水稳定，不易被微生物和酶利用，在干制过程中只有在自由水蒸发完以后，结合水才能被排除一部分。

（3）化合水　化合水是以化学状态存在，与果蔬中化学物质相结合，占总含水量的10%~15%，这部分水最稳定，不能因干燥作用而排除，也不能被微生物和酶利用，也是果蔬中允许保留的水分。

2. 果蔬的干燥过程

果蔬的干燥过程是果蔬中水分蒸发的过程，水分的蒸发是依靠水分外扩散和内扩散完成的。内扩散是指水分由果蔬内层向外层转移的过程；外扩散是指水分由果蔬表面向周围介质中蒸发的过程。

当原料与干燥介质相接触时，由于原料与干燥介质之间存在温度梯度和湿度梯度，促使水分由果蔬表面向干燥介质中转移，即外扩散。这种水分转移又形成了原料外层与内层之间存在湿度梯度，也促使水分由原料内层向外层扩散，即内扩散。由于水分不断蒸发，而使原料内容物浓度逐渐增加，水分向外扩散的速度也逐渐缓慢，直至原料与干燥介质之间达到扩散平衡，干燥作用结束，完成干制过程。

在干制过程中，水分的外扩散和内扩散是同时进行的，两者是相互促进，不断打破旧的平衡，建立新的平衡，完成干制过程。如果外扩散速度过快，内扩散速度慢，则会造成果蔬表面因过度干燥而形成硬壳即"结壳"现象。结壳后因外层过分干燥而形成不透水的隔离层，既降低了干制品的品质，也阻碍了水分的继续蒸发。反之，如内扩散速度过快，外扩散速度慢，则会因过多水分集结于果蔬表面产生较大膨压，使果蔬表面出现胀裂现象，也影响干制品质量。因此，在干燥过程中，要合理控制干燥介质的条件，使内外扩散相对平衡，促使水分均匀快速蒸发，避免一些不良现象的发生，达到干燥的目的。

3. 平衡水分和水分活性

（1）平衡水分　在干燥的过程中，果蔬中的水分有平衡水分和自由水分。在一定的干燥介质的条件下，果蔬中排出的水分与吸收的水分速度相等时，只要干燥介质的条件不发生变化，果蔬中所含的水分也将维持不变，不会因与干燥介质的接触时间长短而发生变化。这时果蔬中所含的水分称为在该种干燥介质条件下的平衡水分。在任何情况下，如果干燥介质条件不发生变化，那么相对于这个条件下果品、蔬菜的平衡水分，就是这种果品、蔬菜可以干燥的极限。在干燥过程中能除去的水分，是果品、蔬菜所含有水分中大于平衡水分的部分，这一部分主要是果蔬中的游离水和少部分的胶体结合水。

（2）水分活性　又称水分活度（Aw），是指物料水分蒸汽压同纯水蒸气压作比较的相对值。即：

$$Aw = \frac{P_v}{P_s} = ERH$$

式中： Aw——水分活度；

p_v——物料水分的蒸汽压；

p_s——同温纯水的饱和蒸汽压；

ERH——平衡相对湿度。

平衡相对湿度是在一定温度下空气的平衡水蒸气分压与同温纯水的饱和蒸汽压之比。水分活度与平衡相对湿度是不同的概念，它说明果蔬与空气接触达到平衡之后，双方各自的状态。水分活度是对介质内能参加化学反应的水分的估量，并随它在食品内部各微小范围内的环境而不同，因而两种食品的绝对水分虽相同，水分与食品结合的程度或它的游离程度并不相同，水分活度也不相同，在这意义上说，水分活度并不是食品的绝对水分，常用于衡量微生物忍受干燥程度的能力，各种微生物都有它自己生长最旺盛的适宜水分活度。也有它下降至微生物停止生长的水分活度。同时水分活度下降，酶的活性也下降。因此果蔬食品干燥时对水分活度最低值的选定，需依据具体条件进行调整。

4. 影响干制的因素

（1）干燥介质的温度 干燥介质温度是影响干燥速度的关键因素，温度越高，空气达到饱和所需的水分越多（表 5–6），因此在相对湿度不变的条件下，温度越高，干燥速度也就越快。

表 5–6　　　　　　　　　　　不同温度下空气所含水气量

温度℃	0	15	30	45	60	75	90
最大持水量/(g/m^3)	4.85	12.83	80.35	65.60	130.5	242.10	424.10

（2）湿度 干燥介质相对湿度的大小是直接影响干制速度的因素，相对湿度越小，达到饱和所需的水分越多，干燥速度越快；反之，干燥速度慢。

（3）空气流动速度 干燥介质空气的流动速度越大，越容易带走原料附近的湿空气，促进原料水分的蒸发，干燥速度越快。

（4）原料的性质和状况 果蔬的种类和品种不同，其结构和化学性质也不同，在同一干燥条件下，可溶性固形物含量低，组织结构疏松和表皮蜡粉层薄的果蔬，干燥速度快；反之，干燥速度慢。另外，原料的切分、烫漂、硫处理、浸碱脱蜡等都会加速水分的蒸发，提高干燥速度。

（5）原料装载量 原料装载量是指单位烘盘面积上的装载量，即原料的厚度。装载量越多、厚度大，不利于空气的流动和水分的蒸发，干燥速度慢；反之，干燥速度快。装载量的多少，以不妨碍空气流通为原则。此外，通过倒盘、换盘等措施，加快干燥速度。

5.7.2 干制工艺

1. 工艺流程(图 5-15)

2. 操作要点

(1) 原料选择 用于干制的原料应选择干物质含量高,风味好、核小、皮薄、纤维素含量低、褐变不严重的果蔬。

(2) 原料处理 果蔬干制前需进行处理,以利于提高干制效果和干制品的质量。

① 硫处理 用硫磺对果蔬熏蒸或用亚硫酸浸泡,可以有效地破坏酶的氧化系统,防止酶促褐变;抑制微生物的活性;减少维生素 C 的损失;增强细胞透性,促进水分蒸发;同时还能改善制品外观质量。

熏硫处理时每 1000kg 原料用硫磺 2~4kg,时间约 0.5h;浸硫处理时 SO_2 浓度应在 0.52%。

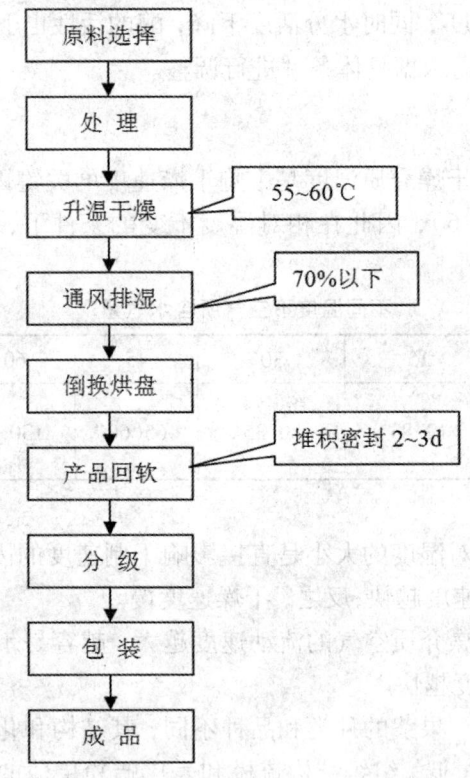

图 5-15 果蔬干制工艺流程图

② 热烫 热烫处理是果蔬干制前进行的重要处理,热处理可以杀灭酶活性;增加细胞透性;使制品呈半透明状态,改善制品外观。

热处理可采用热水或蒸汽处理,处理时间根据果蔬的种类、品种、成熟度等不同而不同,一般为 2~5min,以烫透而不软烂为原则。

③ 浸碱脱蜡 对于果皮上含有蜡质的果蔬,应进行浸碱处理,以除去附着在表面的蜡质,以利于水分蒸发。浸碱可用 NaOH、Na_2Cl_3 或 $NaHCO_3$。一般葡萄 1.5% ~ 4.0% 的 NaOH 处理 1 ~ 5g,利用 1% 的 NaOH 处理 1min 即可。

(3) 升温干燥 果蔬干制温度一般不宜过高,防止因加热而引起颜色的变黄。干制温度在 55 ~ 60℃,时间根据原料情况而定。

(4) 通风排湿 为了提高干制速度,降低干制环境中的湿度,当烘房内相对湿度在 70% 以上时,应及时进行通风排湿,排湿操作可打开通气孔或开启排风扇,促进空气流动。排湿时间根据环境的湿度和风力大小而定。

(5) 倒换烘盘 当干制一段时间后,由于烘房内温度、湿度不完全一致,应将烘盘上下、内外倒换,保证干制品受热均匀,干制程度一致。

(6) 分级 分级的目的是使干制品符合有关规定标准,便于包装运输,分级要做到及时,以免引起变质。按照干制品质量一般将干制品分为标准品、未干品和废品。

(7) 回软 回软也称均湿,是通过干制品内部与外部水分的转移,使各部分含水量均衡,达到干制质量和一致,便于包装运输。回软的方法是将干制品堆积于密封容器中 3 ~ 5d,少则 1d 即可。

(8) 防虫 干制品在贮存过程中,常有虫卵混杂,在一般情况下,这些虫卵很难生长,但如果包装不严或包装破损时,虫卵就会生长,危害制品防虫的方法目前在生产上有低温处理、热力处理、二氧化碳处理、氮气处理、硫熏蒸处理等。

(9) 压块 压块处理主要用于脱水蔬菜。蔬菜经脱水后呈蓬松状,体积大,利于包装运输。经压块处理后,一方面体积减少,便于贮存运输;另一方面也减少了果蔬与空气的接触,提高保存性。压块的工艺条件及效果(表 5 - 7)压块后干制品含水量 7%。

表 5 - 7　　　　　　　　几种果蔬压块的工艺条件及效果

果蔬	形状	水分/%	温度/℃	最高压力/kPa	加压时间/s	密度(kg/m^2) 压块前	密度(kg/m^2) 压块后	体积缩减率/%
甜菜	丁状	4.5	65.6	8207.3	0	400	1041	62
包心菜	片	3.4	65.6	15502.7	3	163	961	83
胡萝卜	片	4.5	65.6	27560.4	3	300	1041	77
洋葱	片	4.0	54.4	4762.3	0	191	801	76
马铃薯	丁状	14.0	65.6	5471.6	3	368	801	54
甘薯	丁状	6.1	65.6	24115.4	10	433	1041	58
苹果	片	1.8	54.4	8027.3	0	320	1041	61
杏	半块	13.2	24.0	2026.5	15	561	1201	53
桃	半块	10.7	24.0	2026.5	30	577	1169	51

(10) 包装　包装是保证干制品贮存运输的必要条件，对包装材料要求防虫、防潮、不透光、无毒、无异味、不污染制品。常用的包装材料有木箱、纸箱、纸盒、无毒塑料袋、复合薄膜袋、马口铁罐等。

包装方法有：

① 普通包装　多采用木箱、纸箱、纸盒等，先在容器内衬防潮纸或涂防潮涂料，后将制品按要求装入，上盖防潮纸，扎封。

② 充气包装　采用塑料薄膜袋或复合薄膜袋包装，将干制品按要求装入容器后，充入二氧化碳、氮等气体，抑制微生物和酶的活性。

③ 真空包装　将制品装入容器后，用真空泵抽出容器内的空气，使袋内形成真空环境，提高制品的保存性。

④ 脱氧包装　主要采用脱氧剂，方法是将脱氧剂包装成小包与干制品同时密封于不透气的袋内，脱氧剂吸收容器内的氧而达到降氧防腐的目的。

3. 干制品环境要求

(1) 贮存环境要求

① 温度　低温能较好地保持干制品的质量。干制品适宜贮存的温度为 0～2℃，最好不要超过 10～12℃。

② 湿度　干制品应在低湿干燥的条件下贮存，否则制品易返潮、霉烂。一般湿度不超过 65%。

③ 光照　光照能促使色素分解，加速干制品的变色、变质，因此要求干制品在通风避光条件下贮存。

(2) 贮存期间的管理　干制品在贮存期间，要求经常保持库房干燥、通风、低温，且做好防鼠工作。在干制品堆码时，要留空隙和人行道，以利通风和操作。管理人员要定期检查干制品的质量，发现问题及时处理，贮藏期间尽量做到先进先出，优劣分开存放，并按时做好库房管理的记录。

5.7.3 果蔬干制方式

果蔬干制的方式根据热能来源不同，可分为自然干制和人工干制。

1. 自然干制

热源来源于日光，主要依靠太阳的辐射热使果蔬中的水分蒸发。果蔬在阳光下直接曝晒干；在通风良好的设施内（凉棚、房间等）进行干燥的称为阴干或晾干。这些方法操作简单，使用面广，处理量大，生产成本低。只要管理得当，气候条件好，可以获得良好的干制品。我国的一些传统干制品，很多采用自然干制法。

自然干制能够充分利用自然光能，节约能源，生产成本低，但受地区和气候影响较大，潮湿地区和多雨季节不能采用；否则，由于干制的时间过长，容易造成果蔬的腐烂变质；同时，自然干制采用开放式粗放操作，也容易受鸟类、鼠类及一些禽兽的侵害，卫生条件差，这些都会影响干制效果和干制品的质量。

2. 人工干制

人工干制是指在具有良好的加热装置和通风装置的干制设备中，人工控制干燥条件，以快速排除原料中的水分，进行干制的方法。人工干制不受气候的影响，在密闭的设施内完成，方便、卫生、干燥速度快、制品质量高。人工干制的设施很多，结构可简可繁，规模有大有小。目前常见的有以下几种：

（1）烘灶　烘灶是我国农村、山区所应用的一种最简单的干制设施，其构造是在地面砌灶或地下挖坑，上架木檩、铺席箔，原料摊在席箔上，在灶坑生火，通过火力大小控制干制所需的温度，达到干制目的。

（2）烘房　烘房多采用砖木结构，设备费用低，操作管理简单，干燥速度快，适合大量生产，是我国农村乡镇企业采用较多的一种干燥设施，常用于果脯、菜干、果干的生产。烘房的形式很多，但结构基本相同，主要有烘房升温设施、通风设施和装载设施组成。

一炉一囱式烘房（图5－16）应选择在土质坚实，空旷通风，交通方便，清洁卫生处建造，一般采用土木结构。长度6～10m，宽3～3.4m，高2～2.2m，为了便于通风排湿，宜将烘房长度与当地生产期的风向垂直。墙壁及天花板应采用隔热处理，以提高热源利用率。加热升温设施，由炉灶、火道及烟囱三部分组成。炉灶大小就烘房大小而定，炉灶与火道连接处呈30°坡上倾斜；火道用土墙砌成，也可采用铸铁管，火道在烘房内应铺设均匀，保证加热效果；烟囱在火道末端和炉灶在烘房同一侧，烟囱下大上小，高出烘房5～6m，保证火道内热空气循环均匀。

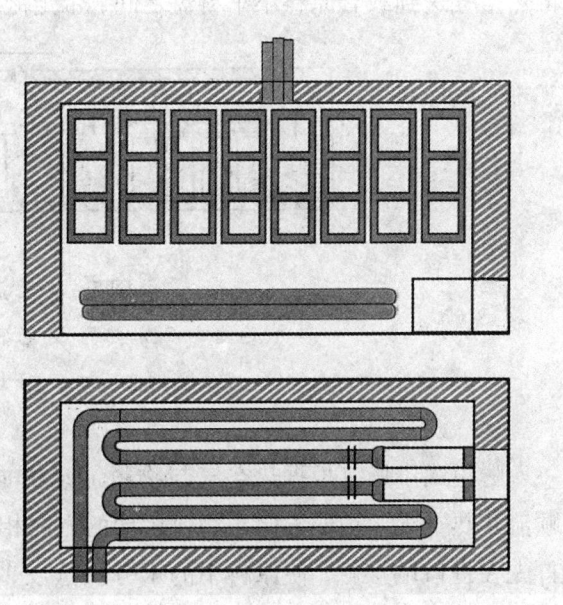

图5－16　一路一囱式烘房

通风排湿设施，通风排湿是提高能量和烘房利用率的重要措施之一。一般烘房要求每立方米容积具有0.015～0.102cm²的通风面积，排湿主要由在墙基部的进气窗和位于房顶中间的排气孔完成，每个进气窗的面积以20cm～15cm为宜，并设门窗，以便关闭和开启，排气筒高出房顶0.8～1m。为了排气效果好，可在侧墙上安装排气扇，一般长10m的烘房，设排气扇2～4个。

装载设备，装载设备主要有烘盘和烘架，要求既坚固耐用，又轻便灵活。烘架有固定烘架和活动烘架，固定烘架用木、竹或金属制成，根据烘房高度设7～9层，层间距19～25cm，两架之间留0.8～1m的走道；活动烘架在基部要有轮子，可在烘房内活动。

烘盘用竹或木制成，大小与烘架相适应，底部留有一定的孔，孔大小以不漏原料为原则。（3）带式干燥机 带式干燥机是在用金属、帆布或橡胶网带制作的传送上放置原料，用装在每层传送带中间的暖管提供热源的一种干制机械。

当物料自上层进料口进入，向下层落下时，就自然翻动一次，因而在干燥过程中不用人工翻动物料，而且物料干燥程度也极其均匀，最后成品由末端卸出（图5-17）。

（4）隧道式干燥设备 隧道式干燥机由干燥间和加热间两部分组成，隧道长度一般为12～18m，宽1.8m，高1.8～2m，大型多采用水泥结构，小型可采用金属结构，经鼓风机鼓风，将热空气送到载有原料小车料盘之间，带走湿空气。如图5-18。

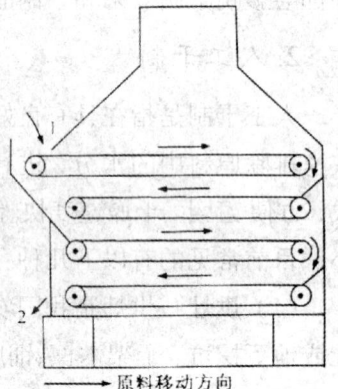

图5-17 带式干燥机

1.原料进口；2.原料出口

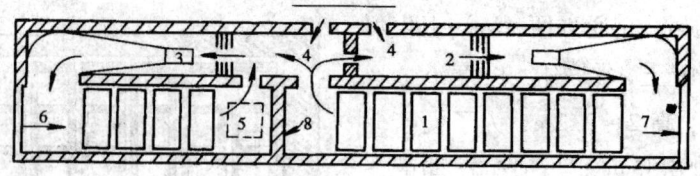

图5-18 混合式干燥机

1.运输车；2.加热器；3.电扇；4.空气入口；5.空气出口；
6.新鲜品入口；7.干燥品出口；8.活动隔门

隧道式干燥机根据热空气与物料流动方向的出口不同，分为顺流式、逆流式和混流式。顺流式热空气运动的方向与物料运动的方向相一致。即低温高湿的物料与高温低湿的热空气首先在进口端接触，使原料中的水分快蒸发，随着料车的前进，热空气温度下降，湿度上升而原料温度上升，湿度下降导致水分蒸发缓慢，有利防止因干燥后期温度过高而出现的焦化变质，适合于干制含水量较高、可溶性固形物含量低的果蔬。逆流式指加热空气前进方向与物料运动方向相反。即物料由隧道的低温高湿的一端进入，由高温低湿一端出来。在出口处，由于加热介质的温度较高，湿度较小，水分蒸发较快，干燥比较均匀，物料能干燥到较低的含水量，适宜于可溶性固形物含量较高含水量较低的果蔬。但在逆流式干燥过程中，出口温度应控制在果蔬的"临界温度"以下，否则，出现焦化，影响品质。混流式是将顺流式和逆流式综合而成，从而较灵活地控制干燥条件。一般第一段为顺流，第二段为逆流。在顺流阶段使水分快速蒸发，然后进入逆流干燥过程，完成物料的逆流干燥。在整个过程中，顺流占1/3，逆流占2/3，在逆流阶段应控制热空气温度，始终控制在"临界温度"以下。果蔬干制大多采用混流式。

5.7.4 干制技术的发展动态

随着现代科学技术的发展，现代化的干制技术和设备也得到发展和应用，近几年来，冷冻干燥、微波干燥、远红外干燥、太阳能干燥等技术都在生产中开始推广应用。

1. 冻结干燥

冻结干燥又称为冷冻升华干燥或升华干燥。冻结干燥是在一种高真空的条件下，使被干燥原料中的水分冻结成细小冰晶，然后不经液态而直接升华为气态的干燥方法。加工出的成品基本上保持果蔬原有的色泽及营养，还可压缩包装，便于密封携带。目前，此项干燥技术已在生产上开始应用，是一种发展前景广阔的干燥新技术。如图5-19。

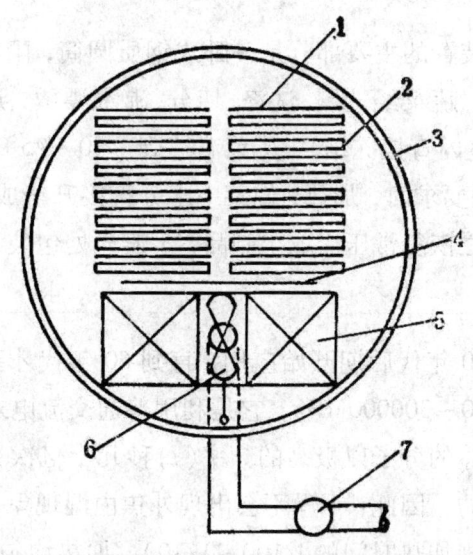

图5-19 冻结和干燥两用的干燥器示意图
1.辐射板；2.物料层；3.夹层器壁；4.障板；
5.冷却—冷凝器；6.风机；7.真空泵

冻结干燥的主要原理是利用水的沸点和压力的关系。在常压下，水的沸点为100℃，而当压力减低时，水的沸点也随之降低（表5-8）。当空气压力为610.5kPa时，水的沸点仅为0℃，此时的水处于液相、汽相、固相的三相平衡点。如果将压力降到610.5kPa以下，水则完全结成冰，只有固、汽两相，它们都有相对应的饱和蒸气压和温度。冰、汽处于动态平衡状态就被打破，冰就出现了升华。冻结干燥就是先将果蔬原料中的水冻结成细小冰晶，送入干燥室减压，然后供热，冰就不断地升华成水蒸气，直至果蔬原料中的水分升华至达到干制要求，从而达到干燥的目的。

表 5-8　　　　　　　　　-50~0℃冰上饱和蒸汽压力

温度/℃	饱和蒸汽压力/kPa									
	-0	-1	-2	-3	-4	-5	-6	-7	-8	-9
0	610.481	562.086	517.156	475.426	436.763	401.033	368.102	337.571	297.441	283.309
-10	259.445	237.313	216.915	198.116	180.918	165.053	150.387	136.922	124.656	113.324
-20	102.925	93.459	84.793	76.793	69.461	62.795	59.395	51.062	45.116	41.463
-30	37.330	33.997	30.264	27.331	24.665	22.265	19.998	19.065	15.865	13.999
-40	12.399	11.066	9.886	8.799	7.733	6.933	6.266	5.600	4.933	4.400
-50	3.866									

目前，国内冻结干燥装置的主要部分是一卧式钢质圆筒，配有冰冻、抽气、加热和控制测量系统。以干燥蔬菜为例，蔬菜经选料、洗涤、切分、沸水漂烫，迅速入冷水中冷却。沥干铺盘之后速冻（也有在干燥室内直接冻结），待菜温达到 -30~25℃ 时，送入冷冻干燥机（卧式钢质圆筒），当真空度达到要求时，加热，使菜中水分直接升华成汽，干燥结束，应给干燥室充分干燥空气或氮气，使之恢复常压后取出制品，于避光处包装，同时抽空或充氮保藏。

2. 微波干燥

微波加热是 20 世纪 40 年代后期开始应用，直到 60 年代才真正发展起来的一项干燥新技术。微波是指频率为 300~300000MHz。它是利用普通交流电通过磁控管转换成高频电能，穿透到物体的内部，使物体的分子以极高的频率（每秒几十亿次），反复极化，相互碰撞摩擦而增温发热，达到干燥目的。因此，干燥不会出现外焦内湿现象，且具有干燥速度快（完成干燥过程所需时间，不到常规加热时间的1/100~1/10），加热均匀，热效率高和反应灵敏等优点。如将含水量为 80% 的果蔬原料烘干到 20%，用热空气干燥需 20h，而微波干燥只用 2h 即可。同时微波还具有选择性加热效应，即果蔬原料中的水分比干物质吸热量大，温度高，很易蒸发，而干物质吸热量少，不过热，这对保持原料的色、香、味和减少营养物质的损失，提高于制品质量，是一种较理想的干燥方法。

3. 远红外干燥

远红外干燥具有干燥速度快，生产效率高，设备规模小，耗能少，干燥质量高等优点。它是利用远红辐射元件发出的远红外线被加热物质吸收，直接转变成能而达到加热干燥的。如图 5-20。

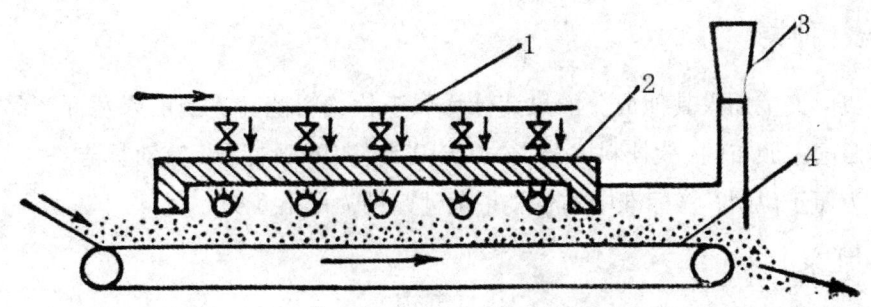

图 5-20 辐射体式红外线干燥器示意图
1.煤气管;2.辐射体;3.吸风装置;4.输送带

红外线是介于可见光和微波之间,波长在 0.75~1000ttm 的电磁波。工业上把波长在 2.5~1000ttm 范围的光线称为远红外线。加热干燥时,当辐射源的波长与被辐射物的吸收波长相一致时,该物质易大量吸收远红外线,从而改变或加剧其分子运动,使物料发热升温,它和常规加热干燥不同之处,在于这种自发热效应产生于物料内部,且内部温度高于外部温度。水和大多数的有机物都能有效地吸收远红外线而产生自发的热效应。

远红外辐射装置的主体是远红外辐射元件,它是由金属或陶瓷作基体,表面涂有能发射远红外线的涂层。涂层可以是金属氧化物(Cao_2O_3、ZnO_2、Fe_2O_3、TiO_2)、硼化物、硫化物和炭化物等。远红外辐射元件的热源可有电热器或煤气加热器。

4. 太阳能干燥

太阳能是取之不尽,用之不竭而又无污染的能源。利用温室效应的原理建造的太阳能干燥器,是将太阳辐射能转变成热能而加以利用的太阳能干燥设备。它由一个空气加热器和干燥室组成。空气加热器设有冷空气的进口和热空气的出口,外界冷空气进入空气加热器,吸收太阳辐射能,可产生 50~80℃热空气。热空气通过与干燥室的连接装置而进入干燥室,加热干燥果蔬原料。干燥室内设有排湿装置。将干燥后的热湿空气排出,太阳能的利用为干制品的发展提供了充足的能源,是目前科学工作者正在努力探索的一种新方法。

5.8 汁 制 品

果蔬汁制品是把果蔬清洗后,通过压榨或浸提所得的汁液,再行排气、密封、杀菌或浓缩脱水等工艺而制成的加工品。

果蔬汁的发展具有由澄清汁向混浊果蔬汁发展,单一果蔬汁向复合型果蔬汁发展的趋势。

5.8.1 果蔬汁种类

天然果蔬汁或由人工加入其他成分的果蔬汁均属于软饮料范畴。当前果蔬汁产品繁多，其分类方法应遵照国家颁布的《软饮料的分类》(GB10789-1996)标准，这对标志各类果蔬汁名称至关重要。为便于说明，将标准中的各类果蔬汁归纳为以下5类：

1. 果蔬原汁（浆）

果蔬原汁由新鲜果蔬直接榨出的汁（浆）液，含原果蔬汁（浆）100%，亦称天然果蔬汁（浆）。这类果蔬汁又分为透明态、混浊态和果浆态三种。

（1）混浊果蔬汁 果蔬原汁中存在果肉微粒，且均匀分散在汁液中，含果胶物质，呈混浊状态。如柑橘汁、番茄汁常制成混浊态果汁，这类果蔬汁制品能较好地保持原果蔬的风味、色泽和营养，只是稳定性稍差。

（2）透明果蔬汁 果蔬原汁澄清、过滤，除去果肉微粒、蛋白质、果胶物质等而呈澄清透明状态。如葡萄汁、苹果汁常制成透明态。这类果蔬汁制品的稳定性较高，但其营养成分有所降低，风味和色泽不及混浊果蔬汁。

（3）果蔬浆 果蔬经打浆，除去皮渣、种子等后的果蔬浆液。如猕猴桃浆、桃浆等。这类浆状制品包含了全部果肉微粒及果胶、蛋白质等营养物质且具有一定黏稠度，常作为果蔬汁半成品保存。

2. 浓缩果蔬（浆）汁

浓缩果蔬（浆）汁由果蔬原汁（浆）直接浓缩而成，要求可溶性固形物达到40%~60%，含有较高的糖分和酸分。一般浓缩3~6倍。如浓缩橙汁（浆）、浓缩苹果汁（浆）等。这类制品的营养价值高且体积缩小，便于运输和保存。

3. 果蔬汁糖浆（水果饮料糖浆）

果蔬汁糖浆是在果汁或浓缩果汁中加入白糖、柠檬酸等调制而成。其成品果汁含量应等于或大于5%乘以该产品标签上标明的稀释倍数。如柑橘糖浆产品，在标签上标明稀释6倍，则该制品原果汁含量应为5%×6=30%。

4. 带肉果蔬汁饮料

带肉果蔬汁饮料带肉果蔬汁饮料含有果浆和果肉粒而能均匀分散在汁液中的一类果蔬汁饮料。根据内含果肉的状态又可分为果肉饮料和果粒果汁饮料两种。

（1）果肉饮料 是由原果浆加入水、白糖、柠檬酸等调制而成。要求成品中原果浆含量≥30%。如桃肉饮料、番茄肉饮料等。

（2）果粒、果汁饮料 是果汁或浓缩果汁中加入水、果粒、白糖、柠檬酸等调制而成。要求成品中原汁含量≥10%、果粒含量≥5%。如粒粒橙汁饮料、粒粒菠萝汁饮料等。

5. 果汁清凉饮料

果汁清凉饮料产品含糖量不高，不需要稀释而可以直接饮用。根据成品中含量果汁多少，可分为果汁饮料（含原汁≥10%）、水果饮料（含原汁≥5%）、果味饮料（含原汁<5%）。

另外，两种或两种以上果蔬（浆）汁混合制成的果蔬（浆）汁产品，则应根据两种或两种以上混合的原果（浆）汁的总量多少，分别归入上述相关类别中。

5.8.2 果蔬汁制作工艺

1. 工艺流程（图5-21）

另外为促使原料中果胶物质分解，在经破碎的果肉中加入适量的果胶酶制剂，使果汁黏度降低，从而使榨汁和过滤顺利。酶制剂的添加量依酶的活性而定，酶制剂应与果肉充分混合均匀，酶与原料作用的时间和温度要严格掌握，一般在37℃恒温下作用2~4h。

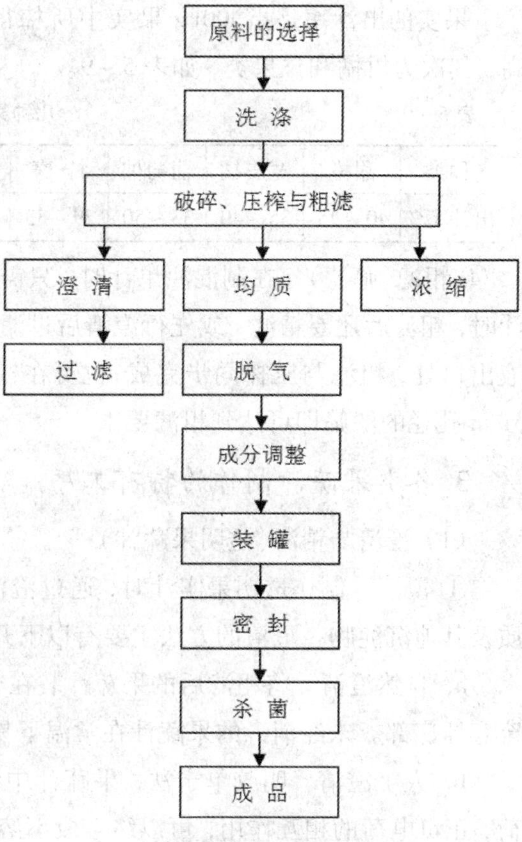

2. 操作要点

（1）原料的选择和洗涤　生产果蔬汁的原料应选汁液丰富、取汁率高、新鲜成熟的原料，还应具有良好的风味和香气、无异味、甜酸适度、色泽稳定的特点。剔除已霉变、病虫危害的原料，目前国内外用作果蔬汁的原料有30多种。主要有柑橘、杨梅、葡萄、猕猴桃、苹果、菠萝、荔枝、龙眼、西番莲、草莓、山楂、刺梨、沙棘、番茄、胡萝等。

对一些风味和色泽方面不够突出的原料，可用两个以上品种混合制汁，使果蔬汁饮料的品质进一步提高。如宽皮橘与甜橙类搭配，葡萄的紫色品种与黄绿色搭配，制得的成品质量均比单一品种好。

原料洗涤是减少化学农药、泥土杂质、微生物污染的重要措施。通常用于榨汁的原料，更应重视清洗操作。对于果皮残留农药的应选用0.5%盐酸浸泡或用0.1%的高锰酸钾液及洗涤剂浸泡，浸泡后及时用清水充分漂净。

原料的洗涤方法，可根据原料的性质、形状和大小加以选择。一般用流动水冲洗或喷水冲洗两种基本方式。

（2）原料的破碎、压榨与粗滤

图5-21　果蔬汁工艺流程图

① 破碎　原料榨汁前的破碎是为了提高出汁率，尤其是对于皮、肉致密的果实，更有必要先行破碎。但果实破碎程度要适当，破碎后的果块应大小均匀。果块太大出汁率低，破碎过度则又会造成外层的果汁很快地被压榨出，形成了一层厚皮，使内层果汁榨出困难，反而影响了出汁率。如苹果、梨用破碎机进行破碎时，破碎后果块以 3~4mm 大小为宜，草莓、葡萄以 2~3mm 为宜，樱桃为 5mm，橘子和番茄可以使用打浆机来破碎取汁，但橘子宜先去皮后打浆。

② 预处理　为提高果实的出汁率，降低果胶物质的黏性，加快榨汁速度，通常原料在榨汁前进行加热或加酶制剂处理。加热处理能使原料中蛋白酶的活性。如葡萄、李、山楂、猕猴桃等水果，在破碎后置于 60~70℃ 温度下，加热 15~30min；带皮橙类榨汁时，为减少汁液种果皮精油的含量，可预煮 1~2min。

③ 榨汁　压榨取汁是制汁工艺的主要操作工序之一。榨汁方法依原料种以及生产规模而异。常用的压榨机有水压机、辊压机、螺旋式榨汁机和离心式榨汁机、打浆机等。

果实的出汁率是指 100kg 果实中所榨得汁液质量的得率。果实出汁率一般以浆果类最高，其次为柑橘和仁果类，如表 5-9。

表 5-9　　　　　　　　　几种果品的出汁率

种类	甜橙	宽皮橘	葡萄柚	柠檬	菠萝	苹果	西洋梨	草莓	杨梅	葡萄
出汁率%	40~45	35~40	33~50	29~33	50~55	55~70	55~70	60~75	60~5	6S~82

④ 粗滤（筛滤）　在制混浊果汁时，只需粗滤除去分散在果汁中的粗大颗粒。在制透明果汁时，粗滤后还要精滤，或先行澄清后过滤，务必除尽全部悬浮粒。筛滤通常装在压榨机汁液出口处，粗滤与压榨同步完成；也可在榨汁后用筛滤机完成粗滤工序。果汁一般通过 0.5mm 孔径的滤筛即可达到粗滤要求。

3. 各类果蔬汁制作的特有工序

（1）澄清与精滤（透明果蔬汁）

① 澄清　制作透明果实汁时，通过澄清可以除去果汁中全部悬浮物、果肉微粒、胶体物质及其他沉淀物。澄清的方法主要有以下几种：

a. 自然澄清　将粗滤后的果蔬汁装在容器内，经一定时间的静置，将果汁中悬浮物沉淀至容器底部。未经消毒的果蔬汁在常温下易发酵，应添加适量防腐剂。

b. 人工澄清　明胶单宁法，果蔬汁中纤维素、单宁等带负电荷，而明胶、酸介质带正电荷，正负电荷的相互作用，可以络合成不溶性的鞣酸盐。随着络合物的沉淀，果蔬汁中的悬浮粒就被缠绕而随之沉淀。

明胶单宁的用量因不同果蔬汁而异，因此事先应进行澄清试验。一般 100kg 果汁约需要明胶 20g、单宁 10g。明胶和单宁分别配成 1% 和 0.5% 溶液，在不断搅拌下，先将单宁溶液加入果蔬汁中，然后徐徐加入明胶深液，使混合均匀。于 8~12℃ 下静置 6~10h，令其沉淀。

此法对苹果汁、葡萄汁、梨汁等的澄清效果较好。

c. 加酶制剂法　此法是利用果胶酶制剂来水解果汁中的果胶物质，使果汁中其他胶体失去果胶的保护作用而共同沉淀。目前我国用于澄清果汁果胶酶制剂是由黑曲霉或米曲霉两种霉菌产生的。酶制剂的用量一般是 1t 果汁加商品果胶干酶制剂 2~4kg，充分搅拌后，保持 50~55℃ 温度，静置数天即可。

果胶酶制剂还可以和明胶结合使用。如苹果汁的澄清，先加入酶制剂，待 20~30min 后再加入明胶，保持 26℃ 温度，澄清效果好。

d. 加热凝聚法　此法是利用果汁中的胶体物质因加热而凝聚沉淀，方法简便，应用较广。

具体做法是：在 80~90s 时间内，将果汁加热到 80~82℃。然后又在 80~90s 时间内将果汁冷却至常温。由于加热与温度剧变，使果汁中的蛋白质和其他胶体物质变性，凝固析出，从而使果汁得以澄清。

② 精滤　果蔬汁澄清后还需经过精滤操作。常用的精滤设备有纤维过滤器、板框压滤机、真空过滤器、离心分离机等。滤材有帆布、不锈钢丝布、石棉、脱脂棉等。对不易过滤的果汁可添加助滤剂。如硅藻土，是一种具有高度多孔性、低重力的助滤剂，用于果蔬汁过滤时宜选用淡粉色的硅藻土（含氧化铁），并配有一台离心泵，以提供较高的滤压，保证理想的出汁率。每 1000kg 苹果汁需用硅藻土 1~2kg，葡萄汁中 3kg，其他果汁中 4~6kg。

(2) 均质与脱气（混浊果蔬汁）

① 均质　所谓均质，就是将果蔬汁通过均质机中孔径为 0.002~0.003mm 的微孔，在高压下把果蔬汁中所含的悬浮粒子破碎成更微小的粒子，使其能均匀而稳定地分散于果蔬汁中，保持了果蔬汁中均匀的混浊度。均质多用于玻璃瓶装的产品，对于马口铁罐包装的产品较少采用。

果蔬汁均质常采用高压式均质机，压力达到 9.8~18.6MPa。操作时，主要是通过均质阀的作用，使加高压的果汁从极端狭小的间隙中通过，然后由于急速降压而膨胀和冲击作用，使粒子微细化并能均匀地分散在果汁中。

此外，还可采用胶体磨对果蔬汁进行均质。当果汁流经胶体磨的狭腔时（为 0.05~0.07mm），受到强大的离心作用，颗粒相互冲击、摩擦混合，使微粒的细度达到 0.02mm，从而达到均质的目的。

② 脱气　脱气也称脱氧，即在果蔬汁加工时，除去果蔬汁中氧气的一项操作。脱氧可防止和减轻果汁中色素、维生素 C、香气和其他物质的氧化，从而能较好地保持品质；同时，去除附着于悬浮上气体，可减少或避免微粒上浮，以保持产品良好的外观；还有可防止或减少装罐和杀菌时产生泡沫，减少马口铁罐内壁的腐蚀。

果蔬汁脱气的方法有真空法、氮交换法和加抗氧化剂法。

a. 真空法　果蔬汁通过真空脱气机中气压为 91.3~94.7kPa 真空罐时，由于压力下降，使果蔬汁喷射成薄层或雾滴,从而把溶解在果汁中的氧气排出。如在25℃时,果蔬汁导入压力为98.9~99.3kPa的真空脱气罐中,可除去90%以上氧气。

b. 氮交换法　果蔬汁中压入氮气,使其在氮气的泡沫流的强烈冲击下失去所附着的氧。氮气还可防止加工过程中的氧化变色等。

c. 加抗氧化剂　果蔬汁装罐时加入抗氧化剂,如抗坏血酸等。每1g抗坏血酸可去除空气中1mL的氧。

此外,在科研上还有酶脱氧法。就是用葡萄糖氧化酶和过氧化氢酶去除果蔬汁罐头顶隙中的氧。

(3) 浓缩脱水(浓缩果蔬汁)

① 真空浓缩　浓缩果蔬汁具有容量减少、便于贮运、增进保藏性等优点。因此在果蔬汁生产上,浓缩汁增长较快。

多数果蔬汁在常压高温下长时间浓缩,易发生不良变化,影响质量。因此,多采用真空浓缩法,即在减压下使果汁中的水分迅速蒸发,这样既可缩短浓缩时间,又能较好地保存果蔬汁质量。浓缩温度一般为35℃左右,真空度约为94.7kPa。这种较适合微生物的繁殖和酶的作用,为此在果蔬汁浓缩前应进行适当的瞬间杀菌和冷却。各类果蔬汁中以苹果汁、橘汁较耐热可采用较高的温度进行浓缩,但亦不宜超过55℃。

② 冷冻浓缩　将果汁降温,当达到冰点时,水分首先结晶,用离心方法除去冰晶。余下果汁浓度进一步提高。如此反复进行几次后,使果汁达到浓缩的目的。此法制得的浓缩果汁质量好,但冰晶上易附着果汁(通常冰晶中残留1%的果汁),造成一定损失。

③ 反渗透浓缩和超滤浓缩　这是中国从20世纪60年代开始研究的一种较新的膜分离技术。通常情况下,溶液通过半透膜(只允许溶剂分子通过而不允许溶质分子通过的膜)从浓度较小(或水)的一方向着溶液浓度较大的一方渗透扩散。若在膜的一侧(溶液)给予大于渗透压的压力,那么,溶液中的水就会透过半透膜进入另一侧(水),这种反方向透过半透膜的扩散现象称为反渗透作用。果蔬汁中的水分通过加压,透过半透膜而被除去,果蔬汁就得到浓缩。

反渗透与超滤法浓缩果蔬汁的基本原理相同。不同的是反渗透法一般用于小的溶分子处理,如果蔬汁或其他液态食品的浓缩,其渗透压力较大,为$30\sim50kg/cm^2$,使用的半透膜材料是由醋酸纤维素或其衍生物制成;而超滤法还可以使果汁中分离出肽、果胶等高分子物质而得到澄清,其渗透压力较小,为$0.5\sim6kg/cm^2$,使用的半透膜材料由聚丙烯腈和聚烯烃系制成。

采用此法浓缩果蔬汁,由于是在常温下,密闭的系统中进行操作的,制品具有耗能少、风味好的优点。

4. 调整、杀菌与保存

(1) 调整　为使果蔬汁符合一定的规格要求,需要做适当调整,但调整范围不宜过大,以免丧失果蔬汁原有的风味。果蔬汁调整主要是糖、酸比例的调整,通常果汁成品的糖酸比例在(13~15):1 的范围内为适宜。如菠萝汁的糖度13%~15%、酸度0.7%~0.8%;柑橘汁糖度12%~14%,酸度0.9%~1.2%。

① 糖度调整的方法　首先测定果汁含糖量,通常采用折光仪或白利糖度计测定。按下列公式计算补加糖量

$$X = \frac{m(B - C)}{(D - B)}$$

式中:X——需补加的浓糖液质量,kg;
　　　D——浓糖液的浓度,%;
　　　m——调整前原果汁质量,kg;
　　　C——调整前原果汁含糖量,%;
　　　B——要求果汁调整后的糖度,%。

如果色、香、味不够,可适当添加食用香精、色素,但应严格按照国家标准控制使用量。

　　　X——调整前原果汁含酸量,%;
　　　Y——柠檬酸液浓度,%。

② 经调整糖度后的果汁再测定含酸量,按下列公式计算补加食用酸量(以无水柠檬酸计)。

$$m_2 = \frac{m_1(Z - X)}{(Y - Z)}$$

式中:m_2——需补加的柠檬酸液重,kg;
　　　m_1——果汁质量,kg;
　　　Z——需要调整的酸度,%;

蔬菜汁调配亦可按消费者需要加食盐和适量的其他辅料。此外,也可用不同种类的果汁相互混合,取长补短,以改善果汁的风味。

(2) 杀菌与保存　果蔬汁杀菌的目的:一是消灭微生物防止腐败;二是破坏酶的活性,防止酶促褐变。另一方面,还应保持新鲜果汁原有的风味。为此,目前对果汁的杀菌,一般采用巴氏杀菌法。巴氏杀菌又分两种方法:是对于pH<4.5 的果汁,杀菌温度为80℃,杀菌时间为15~30min;二是高温瞬时法,即在95℃温度下,杀菌 30~45s。对于蔬菜汁的杀菌应

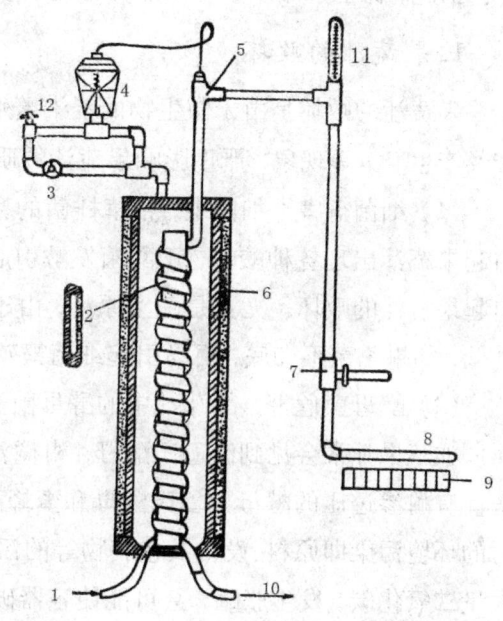

图 5-22　巴氏瞬时杀菌器
1.果汁入口;2.果汁管断面;3.支管闸;4.调节器;
5.球心阀;6.绝缘物;7.果汁调节阀;8.果汁出口管;
9.瓶或罐;10.蒸气出口;11.温度计;12.蒸气入口

采取高温杀菌,通常在120℃下经数秒钟时间杀菌。见图5-22。

②果蔬汁的杀菌工序放在装罐前后均可。如在装罐前杀菌的果蔬汁,应在较高温度下迅速装罐密封,然后将罐倒置,使罐盖达到杀菌目的;另外,还应将果蔬汁罐尽快冷却,以免产生煮熟味。

果蔬汁成品宜保存在4~5℃的低温环境中,以利其色香味的保持。另外,为使果蔬汁得到较长期保藏,可加入适量的防腐剂、抗氧化剂等,以防止败坏和褐变现象的发生。

5.7.3 果蔬汁常见的质量问题及防止措施

果蔬汁富含糖分、有机酸、蛋白质、氨基酸、果胶质、纤维素、多种芳香物质、维生素、矿物质及酶类,故以营养丰富和色、香、味俱全而胜于其他果蔬制品。但果蔬汁在生产和贮存过程中,如果工艺措施不当,常会出现酸败、变色、变味等不良现象,不仅影响产品质量,甚至可能全部废弃,造成严重损失。因此,必须了解和掌握果蔬汁常见的质量问题,以采取合理的工艺措施,保证产品质量。果蔬汁常见的质量问题及防范措施如下:

1. 果蔬汁的败坏

果蔬汁的败坏是由于微生物的侵染繁殖而引起的。败坏的果蔬汁常出现变酸,发酵,长霉及产生CO_2等现象,严重影响果蔬汁的质量。

(1) 细菌危害 细菌中,枯草杆菌的繁殖常引起果蔬汁出现馊味,乳酸菌、醋酸菌发酵引起果蔬汁出现各种酸味,丁酸菌发酵引起臭味。另外,耐热芽孢杆菌和梭状芽孢杆菌也会引起果蔬汁的败坏。尤其是蔬菜原料,由于原料来自于土地,更易带菌,加之多数蔬菜汁酸度低,如果杀菌不彻底,更易引起细菌繁殖而造成败坏。

(2) 酵母菌危害 果蔬汁中的酵母菌主要有假丝酵母属、圆酵母属、隐球酵母属和红酵母属。如苹果汁常会见到汉逊氏酵母,柑橘汁中越南酵母、葡萄酒酵母和圆酵母属等,浓缩果蔬汁有耐渗透压的酵母如鲁氏酵母和蜜蜂酵母。这些酵母属,在初夏和高温季节,由于加工时的环境污染即原料、设备及包装物等的污染,再加之杀菌不彻底,易造成产品的发酵,产生大量二氧化碳,发生胀罐,甚可能使容器破裂。

(3) 霉菌危害 果蔬汁中引起败坏的霉菌主要是一些耐热性的霉菌。如青霉属中的扩张青霉和皮壳青霉,曲霉属中的构巢曲霉和烟曲霉等。这些霉菌也常常由于加工时的环境污染,杀菌又不彻底,从而大量繁殖,引起果蔬汁长霉,同时还可破坏果胶,改变果蔬汁原有酸味,产生新的酸,导致变味,使风味恶化。

防止微生物引起果蔬汁败坏,主要应注意各工艺环节的清洁卫生和杀菌的彻底性。着重抓好以下方面:① 注意原料的选择和处理,要采用新鲜健壮及无霉烂,病虫害的原料,注意原料榨汁前的清洗消毒,尽量减少原料外表微生物数量;② 重视卫生管理。对车间和设备、管道、工用具等严格进行消毒,加强对工人的卫生知识教育,使其养成良好的卫生习惯,以减少环境及工人对果蔬汁的污染;③ 严格杀菌工艺,选用合理的杀菌方式和条件,使杀菌彻底;④ 防止已调配汁的积压,缩短工艺过程时间,同时注意合理安排产、销环节,以减少产品的积压。

2. 风味的变化

一种果蔬汁能否符合消费者的要求,除了采取合理的配方、工艺外,产品在贮存期能否保持其固有的风味也是一个关键。果蔬汁风味的变化与果蔬汁生产贮藏的温度及生产贮藏过程中的化学反应有关,同时与果蔬汁本身的浓度也有关。一般来说,果蔬汁生产贮藏的温度越高,浓度越大,风味变化越快。如柑橘汁,在4℃以下贮存时,其风味变化缓慢,几乎没有明显变化,而在室温21~6.7℃中贮存,只要几个月就变的不堪食用,尤其是浓缩汁,变化更加剧烈。风味的变化还与非酶褐变物质有关。因此,果蔬汁应在较低温度下贮存,并采取有效措施,防止发生非酶褐变。

值得一提的是,柑橘汁在加工过程中,由于本身的一些物质易发生化学反应,若工艺措施不当,会使柑橘汁的风味发生不良变化。主要产生以下不良风味:

(1) 煮熟味　由于柑橘汁为热敏性很强的果汁,杀菌过度或采用100℃以上的温度杀菌,易生成甲基糖醛而形成煮熟味。

(2) 苦味　柑橘果实中的白皮层、种子、中心柱含有糖苷主要是柠碱类物质,可形成苦味物质搀和在柑橘汁中。

(3) 萜烯味　柑橘汁加工过程中,外果皮的芳香油过多的带入,其中的d-萜烯在柠檬酸存在的情况下极易氧化为萜品醇,或转化为萜品油烯和萜品等多种物质,从而使柑橘汁现萜烯味(松节油味)。

此外,柠檬醛也会变化为对伞花烃,对风味和香味也有损害。

克服柑橘汁中这种化学变化引起的风味变化可以采用以下方法:① 加工时应选择成熟度高的柑橘果实和含苦味物质少的品种;② 采用适宜的杀菌方法,以瞬时杀菌为佳;③ 改进压榨操作。用锥形榨汁机榨汁,分别取汁和取油或先人工去皮后再打浆取汁,也可先行磨油再行榨汁;④ 进行去油操作,于87.78kPa或以上的真空下进行去油,除去柑橘汁中过量的芳香油,通过此处理可使橙汁含油量下降到0.01%~0.02%,葡萄柚汁含油量降至0.003%,在去油操作中取得的油水液,分除油后再回加于果汁中,而芳香油则为副产品,对于已进行真空去氧的柑橘汁,可以不必另行去油;⑤ 加用无萜油,果汁去油后虽可防止变味,但香味亦因之减损,因此最好的办法是去油后加用适量无萜油,无萜油是通过真空分馏除去萜类物质的果皮香精油,主要成分是柠檬醛和酯类,所以香味极好;⑥ 其他方法。在科研上对柠檬汁有加用油溶性化合酚抗氧化剂以抑制其变味的报道。此外,西南农业大学食品学系经多年研究,采用代谢脱苦和包埋脱苦方法,使柑橘汁苦味下降70%~75%。其中在榨汁前鲜果先用乙烯利进行脱苦处理(1000~2000mg/kg,浸果1min,在20~30℃室温贮存5d),榨汁后到杀菌时加入0.3%~0.5%的p-环状糊精对苦味物进行包埋脱苦。

3. 色泽的变化

果蔬汁在生产和存放过程中,其色泽常会发生一些变化,主要有以下变化:

（1）果蔬汁的酶褐变 在一些果蔬组织内,含有多种酚类物质和多酚氧化物酶,果蔬汁加工贮存过程中,由于组织破坏与空气接触,使酚类物质被多酚氧化酶氧化,生成褐色的醌类物质,果蔬汁因而变色。如苹果汁、食用菌汁、石刁柏（芦笋汁）,生产和存放中,其色泽由浅变深,甚至为黑褐色,多由此引起,防止果蔬汁酶褐变可用以下几下方法:

① 加热杀酶 采用70~80℃,3min~5min或95~98℃,30~60s,加热钝化多酚氧化酶活性。

② 添加食用酸抑制酶活性 各种酸类物质能有效抑制多酚氧化酶的活性,原因是其酶活性最适合pH环境发生改变而受到抑制。如苹果的多酚氧化酶的活性,用苹果酸调至pH2.5~2.7时,即能全部失活,其后即使再升高pH到3.1~3.3,酶活性亦不能复苏,不会再产生酶褐变。此法是在苹果破碎时加入适量苹果酸,使pH下降到2.5,而后按照常法进行压榨过滤,再令苹果汁通过阴离子交换器,使pH回升到产品所要求的水平。由阴离子交换器中回收的苹果酸,可反复使用。对于蔬菜类的原料,适当地加入0.05%~0.10%柠檬酸可大大延缓酶的褐变作用。

③ 添加抗坏血酸抑制酶褐变 抗坏血酸是一种良好的还原剂,多酚氧化酶氧化了多酚类物质而生成的醌类,能立即被抗坏血酸所还原,从而达到抑制酶褐变的作用。一般添加量为0.03%~0.04%。如苹果汁生产中,在果实破碎时喷抗坏血酸溶液,可以抑制其发生酶褐变。使用时若加一定量（约0.05%）的食盐,能延长抑制没酶褐变的时间数倍。此法抗坏血需用量大,费用高,尚不能普遍使用。

④ 用具 在加工中不接触铁和铜等工具或盛器,减少受热时间,也可减轻酶褐变的发生。

⑤ 工艺中注意脱氧,并在密封条件下进行保存,也能减少酶褐变。

（2）果蔬汁的非酶褐变 果蔬汁在室温或高于室温下长期贮存,常有水溶性黑色物质产生,使其色泽变褐变暗,同时风味也随之坏,这种现象尤以萝卜汁、葡萄汁和柠檬汁为甚,使它们由乳白或淡黄色,变成深黄甚至褐色;含类胡萝卜素较多的甜橙汁或番茄汁变成棕褐色;有的含花青素较高的葡萄汁、草莓汁,因被色素掩盖,虽变色但不明显。

上述变色变味现象,除部分是由前已述及的酶褐变引起外,更多的是由另一种类褐变——非酶褐变引起。果蔬中的这类褐变是由于果蔬汁中的糖（主要是果糖或葡萄糖）与氨基酸在较高温度下产生一系列变化,形成具有络合性质的黑色物质（即黑蛋白或类黑精）,使果蔬汁褐变,并有二氧化碳生成,此反应中,反应物浓度越大,褐变越快。因此,浓缩果蔬汁常常比不浓缩果蔬汁容易褐变。同时,果蔬汁所处温度越高,介质pH越大,褐变速度越快。目前,控制非酶褐变主要有以下方法:① 控制较低的pH,使其在3.3以下;② 防止过度的热力杀菌;③ 采取较低的贮藏温度,使其在4.4℃或更低温度下贮存;④ 避光存放。

5.9 糖制品

糖制品是将果蔬原料或半成品经预处理后，利用食糖的保藏作用，通过加糖浓缩，将固形物浓度提高到65%左右，而得到的加工品。

糖制品采用的原料十分广泛，绝大部分果蔬都可以用作糖制原料，一些残次落果和加工过程中的下脚料，也可以加工成各种糖制品。

5.9.1 糖制品分类及特点

1. 蜜饯类

蜜饯类制品的特点是保持了果实或果块一定的形状，一般为高糖食品。将成品含水量在20%以上的称蜜饯，成品含水量在20%以下的称果脯。

（1）干态蜜饯（果脯）　即果脯在糖制后，再进行晾干或烘干的制品。如苹果脯、桃脯等。

（2）糖衣蜜饯（返砂蜜饯）　即在制作干态蜜饯时，为改进产品外观，在它的表面蘸敷上一层透明胶膜或干燥结晶的糖衣制品如橘饼、冬瓜糖等。

（3）糖渍蜜饯　即糖制后不再烘干或晾干，成品表面附一层浓糖汁，成半干性制品。或将糖制品直接保存在浓糖液中，如糖青梅、糖柠檬等。

（4）加料蜜饯（凉果）　即制品不经过蒸煮等加热过程，直接以干鲜果品或果坯拌以辅料后晾晒而成。如话梅、加应子等。

2. 果酱类

果酱类制品的特点是不保持果蔬原来的形态，一般为高糖且高酸食品。

（1）果酱　是果肉加糖煮制成稠度的酱状产品，但酱体中仍能见到不完整的肉质片、块。

（2）果泥　是经筛滤后的果浆加糖制成稠度较大且质地细腻均匀的半固态制品。如制成具有一定稠度、且质地均匀一致的酱体时，则通常称之为"沙司"。

（3）果丹皮　是由果泥进一步干燥脱水而制成呈柔软薄片的制品。

（4）果冻　是果汁加糖浓缩，冷却后呈半透明的凝胶状制品。如果在制果冻的原料中再加入少量的橙皮条（或橘皮片）浓缩，冷却后这些条片较均匀地分散在果浆中制品通常称之为"马茉兰"。

（5）果糕　是将果实煮烂后，除去粗硬部分，将果肉与糖、酸、蛋白质等混合，调成糊状，倒入容器中冷却成形或经烘干制成松软而多孔的制品。

5.9.2 糖制原理

1. 食糖的保藏作用

糖制用糖的种类有砂糖、饴糖、淀粉糖浆、蜂蜜等。而应用最广泛的是由甘蔗、甜菜制得的白砂糖,其主要成分是蔗糖。蔗糖甜度高,风味好,色泽浅,取用方便,保藏性好。

(1) 利用高浓度糖液强大的渗透压 低浓度糖液是微生物的良好培养基,但在高浓度下能产生强大的渗透压。1%蔗糖约产生70.9kPa的渗透压。通常糖制品的糖浓度在50%以上,能使微生物细胞原生质脱水收缩,发生生理干燥而失去活力,从而能使制品得以较长时间的保藏。但是某些霉菌和酵母菌较耐高渗透压。为了有效地抑制所有微生物,糖制品的糖分含量要求达到60%~65%,或可溶性固形物含量达到68%~75%,并含有一定量的有机酸,才能获得较好的密封等措施。

(2) 食糖的抗氧化作用 氧在糖液中的溶解度小于在水中的溶解度,如60%蔗糖溶液在20℃时含氧量仅为纯水中的1/6。食糖的这一作用有利于糖制品色泽、风味和维生素C等的保存。

(3) 食糖有降低水分活性的作用 食糖能降低糖制品中的水分活性(Aw值)。制品中含糖量越高,则其水分活性越小,微生物就越难以生存。通常糖制品的水分活性在0.75以下,而一般微生物生长所需的最低水分活性是在0.8以上,因而使糖制品有较强的贮藏作用。

2. 食糖的性质

(1) 溶解度和晶析 糖在溶液中有一定溶解度,糖制时,当糖液浓度达到过饱和时即出现晶析。其结果降低含糖量,削弱保藏作用,影响制品品质。为了避免糖制品中蔗糖的晶析,可加入一定量的转化糖、饴糖、淀粉糖浆等,它能降低其结晶速度,增加糖液的饱和度。糖液溶解度随着温度升高而增大,如表5–10。

表5–10　　　　　　　　　　不同温度下食物糖的溶解度

温度%	蔗糖%	葡萄糖%	果糖%	转化糖%
0	64.2	35.6	—	—
10	65.1	41.6	—	56.6
20	67.1	47.7	78.9	62.6
30	68.7	54.6	81.5	69.7
40	70.4	61.8	84.3	74.8
50	72.2	70.9	86.9	81.9
60	74.2	74.7	—	—
70	76.2	78.0	—	—
80	78.4	81.3	—	—
90	80.6	84.7	—	—

(2) 吸湿性　食糖吸湿后发生潮解和结块现象，造成糖制品中渗透压下降，水分活性增加，削弱其保藏作用。糖的种类不同其吸湿性有差异。如表 5-11。

表 5-11　　　　　　　　　食糖在 25℃ 下 7d 内的吸湿力

糖的种类	空气湿度/%		
	62.7	81.6	98.9
蔗　糖	00.0	0.05	13.53
麦芽糖	9.77	9.80	11.11
葡萄糖	0.04	5.19	15.02
果　糖	2.61	18.5	30.74

(3) 转化性　蔗糖是非还原性双糖，若与稀酸共热或在酶的作用下，能水解成等量的葡萄糖和果糖，将生成的等量葡萄糖和果糖混合物称为转化糖。蔗糖转化适宜的 pH 为 2.5，当转化糖含量达到 30%～40% 时，就能有效地防止蔗糖晶析，其制品质量最佳。蔗糖在中性或微碱性溶液中加热不易分解，当 pH 在 9 以上，温度超过 140℃ 时，会产生棕色的焦糖。转化糖还能与氨基酸作用生成黑蛋白质，使加工色泽变深。因此，在加工淡色糖制品时，应避免蔗糖过度转化。

(4) 甜度　甜度是以蔗糖为基准的相对甜度，若以蔗糖为 100，则果糖为 173，葡萄糖为 74，转化糖为 127。蔗糖的甜度与转化糖比较：当糖液浓度为 10% 时，两者等甜；低于 10% 时，则蔗糖甜度大于转化糖；高于 10% 时，则转化糖甜度大于蔗糖。另外，温度对糖的甜度有一定影响：当 10% 浓度的糖液处在 50℃ 时，果糖与蔗糖等甜；低于 50℃ 时，则蔗糖甜于果糖。

(5) 沸点　糖液沸点随着糖液浓度增大而升高。糖煮时常利用糖的沸点温度来测定糖液的浓度和控制糖煮的终点。常压下不同糖液浓度的沸点详见下表。根据经验：糖液沸点在 112℃ 时，其浓度约为 80%，将糖液滴入冷水中，不散开，成扁粒状，此糖液冷却，可以返砂；沸点达 136℃ 时，糖液滴入冷水中即成硬粒，在沸腾的糖液中搅拌亦能返砂。

表 5-12　　　　　　　　　不同浓度糖液溶液的沸点

浓度/%	沸点/%	浓度/%	沸点/%	浓度/%	沸点/%	浓度/%	沸点/%
50	102.22	58	103.3	68	105.1	74	108.2
52	102.5	60	103.7	66	105.6	76	109.4
54	102.78	62	104.1	70	106.5	80	112.0
56	103.00	64	104.6	72	107.2	90	130.8

3. 果胶的作用

果品在糖制时，常利用果胶的胶凝作用和保脆作用来保证糖制品的质量。

（1）胶凝作用 果胶分子是由 D-吡喃半乳糖醛酸以 2-1',4 葡萄糖苷键结合的长链组成，其中部分羧基为甲醇所酯化，形成甲氧基。当果胶分子中含甲氧基量高于 7% 时，称这种果胶为高甲氧基果胶；当果胶分子中含甲氧基量低于 7% 时，称这种果胶为低甲氧基果胶。这两种果胶形成凝胶的条件及机理各不相同。

① 高甲氧基果胶形成凝胶的条件 有一定比例的糖、有机酸、果胶存在，在适宜的温度下，才能形成凝胶。因为果胶是一种亲水胶体，糖作为脱水剂；而有机酸则起到消除果胶分子负电荷作用。使果酸分子接近电中性，其溶解度降至最小。经试验得到：在糖度 65%~70%，pH2.8~3.3 果酸、果胶 1% 以上、温度 30℃ 以下时能形成很好的凝胶。此外，在制作次类果冻时，还应注意加温时间不宜过长，否则可使果胶水解，降低其胶凝能力。

果胶的胶凝能力是衡量粉状果胶质量的重要指标。所谓果胶的胶凝能力，系指一份果胶与若干份糖制成具有一定强度和质量的果冻的能力。例如，1g 果胶具有能与 150g 糖制成果冻的能力，则这果胶的胶凝能力为 150 度，亦称 150 度果胶。所以，其胶凝能力实际上就是果胶的加糖率。

② 低甲基胶果胶形成凝胶的条件 低甲氧基果胶为离子结合型果胶，在用糖量较少的情况下，加入二价或三价金属离子，如 Ca^{2+} 和 Al^{3+}，亦能形成凝胶。

低甲氧基果胶凝胶条件是：低甲氧基胶 1%、pH2.5~6.5 时，每克低甲氧基果胶加入钙离子 25mg（钙量占整个凝胶的 0.01%~0.10%），在 0~30℃ 下即可形成正常的凝胶。食糖用量多少对凝胶的形成影响不大，利用这一特性，制作低糖制品。

通常从海藻类中提取的果胶属较低甲氧基果胶，从苹果、枇杷、柑橘等果品的皮中提取的果胶为高甲氧基果胶。

（2）保脆作用 果胶能与钙、铝等金属离子结合，生成不溶性的果胶酸盐，使果蔬细胞相互黏结、增硬，可防止糖煮过程中组织软烂，制品保持一定形状和脆度，并有利糖制品的"返砂"，提高糖制品的质量。

果蔬糖制品中常用的保脆剂有石灰、氯化钙、明矾等，使用时应注意用量及作用的时间。

5.9.3 糖制品加工工艺

1. 蜜饯类加工

（1）蜜饯类加工工艺流程（图 5-23）

（2）操作要点

① 原料选择 制作果脯蜜饯类产品需保持一定块形。所以在原料选择时，通常应选用正品果。原料的成熟度，一般以七至八成熟的硬熟果为宜。

② 原料预处理

选别分级 根据制品对原料的要求，及时剔除病果、烂果、成熟度过低或过高的不合格果。同时，对原料进行分级，以便在同一工艺条件下加工，使产品质量一致。

皮层处理 根据果蔬种类及制品质量要求，皮层处理有针刺、擦皮、去皮等方法。针刺是为了在糖制时有利于盐分或糖分的渗入，对皮层组织紧密或有蜡质的小果，如李、金柑、枣、橄榄等原料，所采用的一种划缝方法，针刺常用手式制作的排针和针刺机。

擦皮有两种方法：一是只要把外皮擦伤，盐或粗砂相混摩擦；二是把皮层擦去一薄层，例如擦去柑橘表皮的油胞层，或擦去马铃薯表皮等，可采用抛滚式擦皮机。对于形状规则的圆形果，如梨、苹果等，常用手摇旋皮机或电动水削皮机去皮；对于皮层易剥离的水果，如柑橘、香蕉、荔枝等，常用手式剥皮；对于桃、杏、猕猴桃及橄榄、萝卜等原料，常用一定浓度氢氧化钠溶液处理除去果皮。去皮时，要求去净果皮，但不损及果肉为度。如过度去皮，则只会增加原料的损耗，并不能提高产品质量。

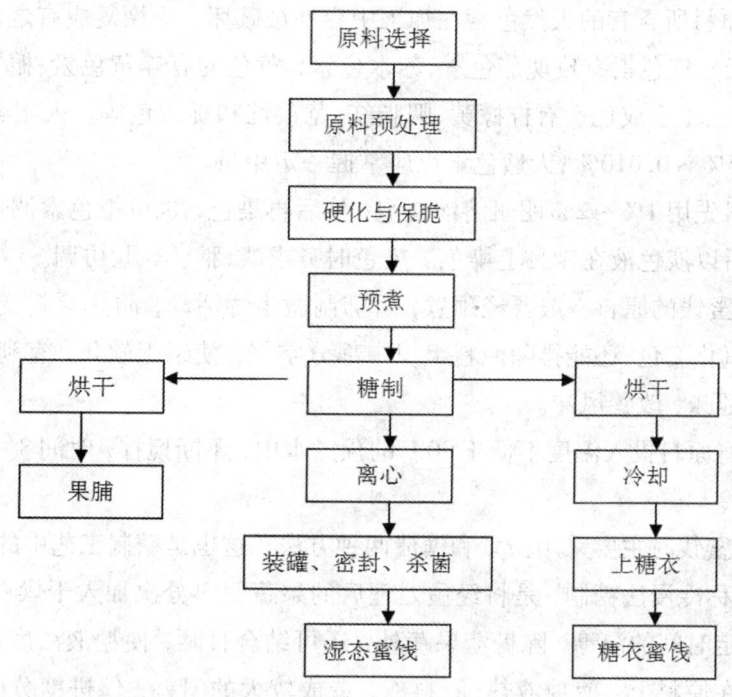

图 5-23 蜜饯类工艺流程图

切分、去心、去核 对于体积较大果蔬原料，在糖制时需要适当切分。根据产品质量要求，常切成片状、块状、条状、丝状或划缝等形态。切分要大小均匀，充分利用原料。少量原料的切分常用手工切分，大批量生产则需用机械完成。如劈桃机、划纹机等。原料的去心核也是糖制前必不可少的一道工序（除小果外）。去心去核多用简单的工具进行手工操作。

③ **硬化与保脆** 为使原料在糖煮过程保持一定块形，对质地较疏松、含水量较高的果蔬原料如冬瓜、柑橘等，在糖煮前将原料浸入溶有硬化剂的溶液中。常用的硬化剂有石灰、明矾、亚硫酸氢钙、氯化钙等。一般含果酸物质较多的原料用 0.1%~0.5% 石灰溶液浸渍；含纤

维素较多的原料用 0.5% 左右亚硫酸氢钙溶液浸渍为宜。浸泡时间应视原料种类、切分程度而定。通常为 10～16h，以原料的中心部位浸透为止，浸泡后立即用清水漂净。

④ 盐腌　即用食盐处理新鲜原料，把原料中部分水分脱除，使果肉组织更致密；改变果肉组织的渗透性，以利糖分渗入。用盐量为 10%～24%，腌渍时间 7～20d，腌好后，再行晒干保存，以延长加工期。

⑤ 护色

硫处理　制作果脯的原料，通常要进行硫处理。方法有两种：熏硫和浸硫处理。熏硫处理是在熏硫室或熏硫箱中进行。按 1t 原料需硫磺 2.0～2.5kg 的用量熏蒸 8～24h。浸硫处理应先配制好 0.1%～0.2% 的亚硫酸或亚硫酸氢钠溶液，然后将原料置于该溶液中浸泡 10～30min。硫处理后的果实，在糖煮前应充分漂洗，去除残硫，使 SO_2 含量降到 20mg/kg 以下。

染色　果蔬原料所含有的天然色素在加工中容易被破坏。为恢复应有之色泽，可用人工染色法。目前，天然红色素有玫瑰茄色素、苏木色素，黄色的有姜黄色素、栀子色素，绿色的有叶绿素铜钠盐；人工合成色素有柠檬黄、胭脂红、苋菜红和靛蓝色等。人工合成色素的使用量不能超过 0.005%～0.010%；天然色素也应掌握一定用量。

染色时，原料先用 1%～2% 明矾溶液浸泡，然后再染色，也可把色素调进糖渍液中直接染色，或在制品后以淡色液在制品上染色。染色时务求淡、雅、鲜明、协调。

⑥ 预煮　制蜜饯的原料一般要经预煮，可抑制微生物活动，防止原料变质；同时能钝化酶的活性，防止氧化变色；还能排除原料组织中部分空气，使组织软化，有利于糖分渗透；能除去原料中的苦涩味，改善风味。

预煮方法是将原料投入温度不低于 90℃ 的预煮水中，不断搅拌，时间 8～15min。捞起后立即放在冷水中冷却。

⑦ 糖制　制蜜饯时主要采用糖煮和糖渍两种方法。这也是糖制工艺中的关键性操作。

a. 糖渍　也称冷浸法糖制，是将经预处理后的果蔬原料分次加入干燥白糖，不用加热，在室温下进行一定时间的浸糖，除糖渍果蔬外，还可结合日晒，使糖液浓度逐步上升。也可采用浓糖趁热加在原料上，使糖液热、原料冷，造成较大的温差，促进糖分的渗透。由于渗糖，使原料失水，当原料体积缩减至原来一半左右时，渗糖速度降低。这时沥干表面糖液，即为成品。糖渍时间约为 1 周左右。

冷浸法由于不进行糖煮，制品能较好地保持原有的色、香、味、形态和质地，维生素 C 的损失也较少。适用于果肉组织比较疏松而不耐煮的原料，如青梅、杨梅、樱桃、挂花等均采用此法。

b. 糖煮　也称加热煮制法，糖煮法加工迅速，但其色、香、味及营养物质有所损失。此法适用于果肉组织较致密，比较耐煮的原料。糖煮可分一次煮成法、多次煮成法和减压渗糖法等。

一次煮成法　适合于含水量较低、细胞间隙较大，组织结构疏松易渗糖的原料，如柚皮和经过划缝、榨汁等处理后的橘饼坯、枣等。方法是先将糖和水在锅中加热煮沸，使糖度达到40%左右。然后将预处理过的原料放入糖液中不断搅动，并注意随时将黏在锅壁的糖浆加入糖液中，以避免焦化。分次加入白糖，一直煮到糖度为75%。此法由于加热时间较长，容易煮烂，又易引起失水，使产品干缩。为缩短加热时间，可先将原料浸渍在糖溶液中，然后在锅中煮到应有的糖度为止。

多次煮成法　此法适用于含水量较高、细胞壁较厚、组织结构较致密、不易渗糖的原料。糖煮可分3~5次进行。先将处理后的原料置于40%浓度的糖液中，煮沸2~3min，使果肉转软，然后连同糖液一起倒入缸内浸泡8~24h；以后每次煮制时均增加10%糖度，煮沸2~3min，再连同糖浸渍8~12h，如此反复4~5次，最后一次是把糖液浓度提高到70%，待含糖量达到成品要求时，便可沥干糖液，整形后即为成品。

减压渗透法　此法为糖制新工艺，它改变了传统的糖煮方法。其操作方法是将原料置于加热煮沸的糖液中浸渍，利用果实内外压力之差，促进糖液渗入果肉。如此反复进行数次，最后烘干，即可制得质量较高的产品。因为它避免了长时间的加热煮制，基本上保持了新鲜颗粒原有的色、香、味，维生素C的保存率也很高。

⑧ 各类蜜饯制作上的特有工序

a. 干燥（干态蜜饯）　经糖煮制后，沥去多余糖液，然后铺于竹屉上送入烘房。烘烤温度掌握在50~60℃，也可采用晒干的方法。成品要求糖分含量72%，水分含量不超过18%~20%，外表不皱缩、不结晶，质地紧密而不粗糙。

b. 上糖衣（糖衣蜜饯）　如制作糖衣蜜饯，还需在干燥后再上糖衣。所谓糖衣，就是用过饱和糖液处理干态蜜饯，使其表面形成一层透明状的糖质薄膜，糖衣蜜饯外观美，保藏性强，可减少贮存期间的吸湿、黏结和返砂等不良现象。上糖衣用的过饱和糖液，常以3份蔗糖、1份淀粉浆和2份水混合，煮沸到113~114℃，冷却至93℃。然后将干燥的蜜饯浸入上述糖液中约1min，立即取出，于50℃下晾干即成。另外，也可将干燥的蜜饯浸于1.5%的食用明胶和5%蔗糖溶液中，温度保持夕0℃，并在35℃下干燥，也能形成一层透明的胶质薄膜。此外，还可将80kg蔗糖和20kg水煮沸至118~120℃，趁热浇淋到干态蜜饯中，迅速翻拌，冷却后能在蜜饯表面形成一层致密的白色糖层。有的蜜饯也可直接撒拌糖粉而成。

c. 加辅料　凉果类制品在糖渍过程中，还需加用甜、酸、咸、香等各种风味的调味料。除糖和少量食盐外，还用甘草、桂花、陈皮、厚朴、玫瑰、丁香、豆蔻、肉桂、茴香等进行适当调配，形成各种特殊风味的凉果，最后干燥，除去部分水分即为成品。

⑨ 整理与包装　干态蜜饯由于在煮制和干燥过程中的收缩、破碎等，失去应有的形状；同时往往制品表面糖衣厚薄不一，糖衣太厚时会使制品不透明，口感太甜。所以在成品包装前要加以整理。整理包括分级、整形和搓去过多糖分等操作。分级时按大小、完整度、色泽深浅等分成若干级别；整形时要根据产品要求，如橘饼、苹果脯等要压成饼状；对糖分过多的制品，可在摊晾时，边翻边用铲子搓，使制品表层的糖衣厚度均匀。

果脯蜜饯的包装方法,应根据制品种类,采用不同方法。如糖渍蜜饯,往往装入罐装容器中,装罐后于90℃下杀菌20~40min,如糖度超过65%,则制品不用杀菌也可,成品用纸箱包装。对于干态蜜饯,通常用塑料盒装,每盒0.25~0.50kg,然后包上塑料薄膜袋,再行装箱。凉果的包装与水果糖粒的包装相仿,分三层包装,内层为白纸外层为蜡纸。包好后装入复合薄膜袋中,每袋0.25~0.50kg。

2. 果酱类加工

(1) 果酱类加工工艺流程(图5-24)

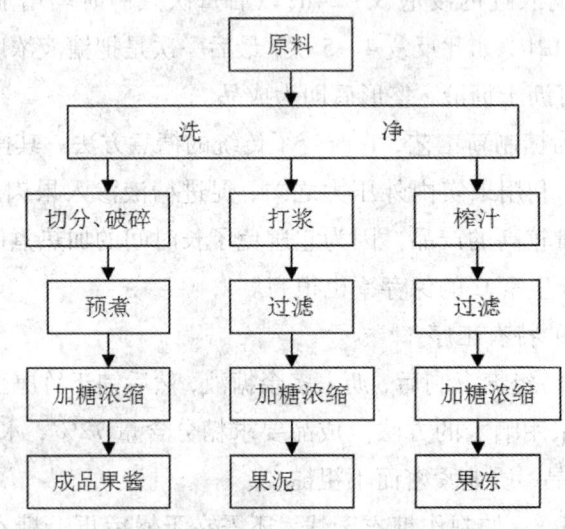

图5-24 果酱类工艺流程图

(2) 操作要点

① 果酱 制作果酱的原料要求成熟度高,含果胶1%左右,含有机酸1%以上。洗净后适当切分即可。原料与加糖量之比为1:(0.5~0.9),煮制时要经常搅拌,使果块与食糖充分混合,火力要大,煮制浓缩时间短则产品质量好。煮制的终点温度为105~107℃,可溶性固形物≥68%为标准。于85℃装罐,90℃下杀菌30min;当果酱可溶性固形物达70%~75%时,可不必杀菌,于68~70℃下装罐即可。

② 果泥 果泥加工方法和果酱基本相同。有所不同的是原料预煮后进行两次打浆、过筛,除去果皮、种子等、使质地均匀细腻。而后加糖浓缩,原料与加糖量之比为1:(0.5~0.8)。浓缩的终点温度为105~106℃,可溶性固形物为65%~68%。有的为了增进果泥的风味,还加有不超过0.1%的香料,如肉桂、丁香等。成品出锅装罐,杀菌方法与果酱同。

③ 果冻 制作果冻的原料要求含有足量的果胶和有机酸,不足时应在果汁中加入调整。为了提高果实的出汁率,预煮这道工序尤为重要,一般加水1~3倍,煮沸20~60min,然后压榨取汁;对于汁液丰富的果品类如草莓等,可以直接打浆取汁。果汁与加糖量之比为1:

(0.8~1.0)。果汁总酸度以加糖浓缩后达到0.75%~1.00%为宜,果汁pH应调整为2.9~3.0。调整后立即煮制,不断搅拌,防止焦化,避免加热时间过长而影响胶凝。浓缩的终点温度为104~105℃,可溶性固形物在65%以上,只装罐(瓶)密封,杀菌与果酱同。

④ 果丹皮 通常选用食糖、酸、果胶物质丰富的鲜果为原料,也可用加工的下脚料(皮、果实碎块等),其工艺操作基本同果泥,所不同的是果丹皮的加糖量较少,只有果酱的10%左右,适当浓缩后,摊于浅盘或玻璃板(预先在浅盘或玻璃板上涂上植物油,便于撕皮)上,放至60℃左右的烘房或烘箱中,烘烤至不粘手为度。撕下后将果皮切成条状或片状,包上玻璃纸,即为成品。

5.10 腌制品

蔬菜腌制是我国最传统、应用最普遍的蔬菜加工方法,腌制品也是蔬菜加工品中产量最大的一类,可占到蔬菜加工品的55%。我国蔬菜腌制起源于周朝,距今约有3000年历史。人民群众在生产、生活实践中创造了南北不同风味的腌菜方法,腌制工艺不同,风味各异。腌制品咸、酸、甜、辣皆有,具有调剂口味,增进食欲,帮助消化之功能,是男女老幼普遍喜爱的佐菜之一。大多数蔬菜腌制适合于家庭操作,成本低廉,操作简单,不需特殊设备,自制自食,风味好,易保存。制作腌菜供应市场,也是简便易行的致富方法。虽然腌制菜种类繁多,生产工艺各异,但其基本原理类似。

蔬菜腌制是将新鲜原料经清洗、整理、部分脱水或不脱水等预处理后,以食盐的保藏作用为基础的加工保藏方法。

如今,蔬菜腌制品已逐渐进入世界市场,如日本市场每年消费腌制蔬菜大约为40亿美元,每年从中国和韩国进口约24万t,金额约2.4亿美元,其中从外国进口19.2万t,占其进口总量的80%左右。我国出口产品中主要有浙江斜桥榨菜和四川榨菜、云南玫瑰大头菜,山东酱蘑菇等蔬菜腌制品。

5.10.1 腌制菜种类

按腌制菜生产中是否发酵,把腌菜分为发酵性腌制品和非发酵性腌制品。其中,按蔬菜原料分,可把腌菜分为根菜类、茎菜类、叶菜类、果菜类和其他类。

1. 发酵性腌制品

这类制品中食盐用量较少,有明显的乳酸发酵作用,伴随着微弱的酒精和醋酸发酵作用。

(1)湿态发酵 是原料在卤水中进行发酵腌制,如酸白菜和泡菜。所不同的是泡菜是在低浓度的盐水中发酵,而酸白菜是在清水中发酵。

(2) 半干态发酵　在发酵之前,将蔬菜中的水分通过不同方法脱掉一部分,然后再加食盐等辅料密封腌制,如榨菜、冬菜、萝卜干等。由于这类蔬菜腌制品本身含水量较低,加盐量也相应较少,制品保存期较长。

(3) 干态盐渍菜　在发酵前,将蔬菜水分大部分脱掉,然后加食盐及辅料腌制,或先腌后脱水。

2. 非发酵性腌制品

非发酵腌制品在腌制时,食盐用量较多,主要是利用食盐及其他调味品保藏制品,增进风味。需要强调的是,任何一种腌制菜在生产过程中都会进行一定程度的发酵,不存在绝对不发酵的腌制品。非发酵性腌制品依其所加配料及不同风味,又可分为盐渍品、酱渍品、糖醋渍品。

(1) 盐渍品(咸菜类)　含酸极少,以咸味为主,如咸萝卜、咸芥菜、咸大头菜等。

(2) 酱渍品(酱菜)　酱渍菜类是以蔬菜为主要原料,经盐水渍或盐渍成蔬菜咸坯后,经脱盐并脱水再酱渍而成的蔬菜制品,如酱姜片、酱黄瓜、酱芥菜、酱油萝卜等。此类腌制品特点具有酱色或酱及酱油的香味。

(3) 糖醋渍品　糖醋渍品是以蔬菜咸坯为原料,经脱盐,脱水后,用糖、食醋或糖醋液浸渍而成的蔬菜制品,如糖醋蒜、糖醋黄瓜、糖醋嫩姜等。

5.10.2　腌制原理

1. 食盐的保藏作用

(1) 高渗透压作用　一定的食盐浓度可产生一定的渗透压,而微生物细胞液的渗透压是有限的。高浓度的食盐使微生物死亡。

(2) 食盐对微生物的毒害作用　食盐溶液中常含有 K^{+1}、Na^{+1}、Ca^{2+}、Mg^{2+} 等离子,这些离子在浓度高时,对微生物产生毒害作用。

(3) 降低水分活性　食盐溶液中各种离子与水发生水合作用,大大降低水分活性,提高腌制品的保藏性。

2. 微生物发酵作用

腌制中发酵作用主要有 3 种,起主要作用的是乳酸发酵,酒精发酵次之,醋酸发酵最少。另外,也伴随着有害发酵,如丁酸发酵等。

(1) 乳酸发酵　乳酸发酵是乳酸菌将原料中的糖分,主要是单糖、双糖,分解成乳酸及其他代谢产物的过程。反应式如下

$$C_6H_2O_6 \rightarrow 2CH_3CH_2OHCOOH + 84J$$

如果发酵原料为双糖，则在乳酸菌作用下先生成单糖，然后再发酵生成乳酸。

（2）酒精发酵　酵母菌将蔬菜中的糖，分解生成乙醇和CO_2，其总反应如下：

$$C_6H_{12}O_6 \rightarrow 2CH_3CH_2OH + 2CO_2 \uparrow$$

酒精发酵生成的乙醇，可与乳酸反应，生成乳酸乙酯，使制品具有香味

$$CH_3CHOHCOOH + CH_3CH_2OH \rightarrow CH_2CHOHCOOCH_2CH_3 + H_2O$$

在蔬菜腌制过程中，还会出现有害的发酵和腐败作用，产生不良气味，导致制占的质量降低，甚至使制品完全败坏。

（3）醋酸发酵　蔬菜腌制过程中，还存在着微量的醋酸发酵。醋酸是由醋酸杆菌氧化酒精生成的，其反应式如下

$$CH_3CH_2OH + O_2 \rightarrow 2CH_3COOH + H_2$$

醋酸菌的活动仅在有空气存在的条件下才能使乙醇变成醋酸，醋酸含量多对制品不利。腌制品要及时装坛封口隔离空气，避免醋酸产生。制作泡菜、酸菜需要利用乳酸发酵；而制作咸菜、酱菜制品必须控制醋酸发酵在一定限度，否则制品变酸就是产品败坏的症状。

影响乳酸发酵的因素：

（1）食盐浓度　乳酸菌在食盐溶液中的活动能力，随食盐浓度增加而减弱。适宜乳酸发酵的食盐浓度为3%～5%。如浓度超过10%时，乳酸发酵大大减弱，达到15%时，则乳酸发酵作用几乎停止。

（2）温度　乳酸菌生活的适温为30～35℃，但这一温度也易让有害微生物繁殖，一般在15～20℃腌制菜，质量稳定，色泽风味较好，要求在腌渍初期时温度宜高，发酵完成后温度宜低。

（3）酸度与空气　乳酸菌的抗酸能力较强，pH为3～4.4最适。而丁酸菌、大肠杆菌等在pH低于4.5时就不生长，但酵母菌、霉菌抗酸能力也较强，然而两者都是好气性微生物，可通过密闭隔离空气进行抑制。乳酸菌为厌气性菌，必须在密闭条件下才能正常生长。如果容器密封不严，在腌渍液表面产生乳白色而光滑的膜状物，使制品败坏，在发生初期加入少量的白酒，可以消除这些膜状物。

（4）含糖量　一般当原料有1.5%～3.0%的含糖量时，乳酸菌才能很好地生长繁殖，如含糖量低，在腌渍初期适量加入糖。甘蓝、萝卜、黄瓜等原料中均含较多的糖分。为使乳酸菌发酵顺利进行，应给乳酸菌的繁育创造相应的厌氧条件。

3. 蛋白质的分解作用

蛋白质易受微生物及蛋白质分解酶的作用，逐渐分解为氨基酸。这一变化，主要发生在腌制过程的中、后期，使制品形成一定的光泽和香味。这是相当复杂的生物化学变化，对腌菜质量很重要。蛋白质分解反应式如下

$$蛋白质 \xrightarrow{蛋白酶} 多肽 \xrightarrow{肽酶} RCH(NH_2)COOH$$

(1) 色泽的变化　蔬菜腌制品在其发酵后期由蛋白质水解生成酪氨酸,在酪氨酸酶的作用下,经过氧化作用,再经复杂的变化生成黑色素,多为黑蛋白,使制品呈黑色。腌制后期时间越长,则黑色素形成越多,颜色越深。

色素除蛋白质分解产生外,还有非酶褐变引起的的色泽变化,叶绿素的变化,辅料颜色引起的变化。

(2) 香气的形成　蛋白质水解生成氨基酸和酒精发酵产生的酒精本身具有一定香气;酒精与有机酸的酯化作用生成酯类物质香气更浓;烯醛类物质是有香味的物质;乳酸菌发酵除产生乳酸外,还产生具有香味的双乙酰;在腌渍中加入所有香料带来的香气,属外来香气。

原料中的蛋白质在蛋白酶作用下生成的各种氨基酸都具有一定的鲜味。腌制品的鲜味主要是谷氨酸与食盐作用生成谷氨酸钠形成的。另外,微量的乳酸也是鲜味的来源之一。

4. 其他辅料的防腐作用

在蔬菜腌制时常加入的香料和调味品,都有不同程度的防腐能力。例如大蒜、姜、辣椒、醋、酱等。有些蔬菜含某些特殊的成分,其本身具有杀菌和防腐能力,如大蒜中的蒜素,十字花科芥菜中的黑芥子苷等。

5.10.3 蔬菜腌制工艺

1. 泡菜制作工艺

泡菜属于发酵性腌制品。

(1) 泡菜制作工艺流程(图5-25)

(2) 操作要点

① 原料选择　原料选择要学会掌握各种蔬菜的生长节令,品种区分,质地特点,并善择其上品,用于加工。要求质地鲜嫩,肉质硬健,可食部分大,盐浸渍后不易碎烂。

能泡制的蔬菜种类很多,可根据不同季节泡制不同种类,例如莴笋(分春莴笋和夏莴笋)、蒜薹、青菜头、青菜、牛角椒、鸡心椒、甜椒、子姜、鲜红辣椒、大蒜、地瓜(地梨也称草石蚕)、黄瓜、青豆、四季豆、苦瓜、红豆、青椒、藕、芋艿(芋头)、苤蓝、茄子、冬瓜、冬笋(竹笋)、芹菜心、卷心菜、花菜、马铃薯、萝卜、胡萝卜、洋姜、雪里蕻、香瓜、刀豆、豆芽、南瓜、番茄、香菇、苹果、柚子、栗、红薯和梨等,都是制泡菜的好原料。

② 修整　剔除不能食用部分,削去粗皮、伤迹、老茎,挖掉心瓤,操作中注意勿损伤菜品。

③ 清洗　先浸泡10min,然后洗涤,可根据蔬菜性质和种类不同采用不同方法。注重洗涤蔬菜表面嫩表皮上附着的泥沙、微生物、寄生虫等。

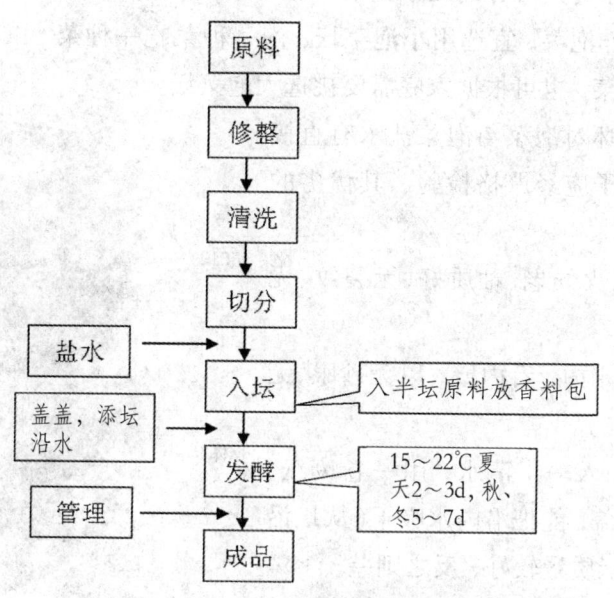

图 5-25 泡菜制作工艺图

④ 切分 按食用习惯切分，小型菜也可不切分。多采用块和粗条状。

⑤ 香料包配料 一般包括白菌、排草、八角、三奈、草果、花椒和胡椒；香料在泡菜盐水内起着增香味、除异味、去腥味的功效。但其中三奈只是在为保持泡菜鲜色，不宜使用八角、草果时采用，它的分量一般为八角的1/2；而胡椒也仅是泡鱼时，用它除去腥臭气味。

⑥ 香料包配料 一般包括白菌、排草、八角、三奈、草果、花椒和胡椒；香料在泡菜盐水内起着增香味、除异味、去腥味的功效。但其中三奈只是在为保持泡菜鲜色，不宜使用八角、草果时采用，它的分量一般为八角的1/2；而胡椒也仅是泡鱼时，用它除去腥臭气味。

通常香料与泡菜盐水的比例是：

盐水　100.0g

八角　0.1g

花椒　0.2g

白菌　1.0g

排草　0.1g

⑦ 泡菜坛准备泡菜坛（图5-26）又名上水坛子，是我国大部分地区制作泡菜必不可少的容器。由于泡菜坛子既能抗酸、抗碱、抗盐，又能密封且能自动排气，隔离空气使坛内能造成一种嫌气状态，有利于乳酸菌的活动，又防止了外界杂菌的侵害，因此，使泡菜得以长期保存。

泡菜坛子是用陶土烧成的，口小肚大，在距坛口边缘6～16cm处设有一圈水槽，称之为坛沿。槽缘稍低于坛口，坛口上放一菜碟作为假盖以防生水侵入。泡菜坛子的大小规格不一，形式也比较多。最小的只可容纳几千克菜，最大的则可容纳数十千克之多。

一般地讲，家庭制作泡菜，宜选用小泡菜坛，泡一种菜吃一种菜，以利保持菜品各自的风味。但若制作什锦泡菜，也可根据家庭需要挑选大泡菜坛。

泡菜坛本身质地好坏对泡菜与泡菜盐水有直接影响，故用于泡菜的坛子应经严格检验。其优劣的区分方法如下：

观型体　泡菜坛以火候老、釉质好、无裂纹、无砂眼、型体美观的为佳。

看内壁　将坛压在水内，看内壁，以无砂眼、无裂纹、无渗水现象的为佳。

视吸水　将坛沿加入一半清水，用一卷废纸，燃烧后放坛内，盖上坛盖，能把沿内水吸干（从坛沿吸入坛盖内壁）的泡菜坛质量较好，反之则差。

听声音　用手击坛，听其声，钢音的质量则好，空响、砂响、音破的质次。

图5-26　泡菜坛

以上述方法，严格选择出符合要求的坛子，按泡菜要求泡出的菜一般质量都较高。

此外，根据家庭取材条件，玻璃罐、土陶缸、罐头瓶、木桶等，也可用来泡菜，但必须注意加盖，保持洁净。这类容器，一般只宜泡制立即食用的泡菜，若要长期贮存，还需进行杀菌等处理。

挑选好容器后，应盛满清水，放置几天，然后将其冲洗干净，用布抹干内壁水分备用。

⑧ 盐水配制

井水和泉水是含矿物质较多的硬水，用以配制泡菜盐水，效果最好，因其可以保持泡菜成品的脆性。硬度较大的自来水亦可使用。经处理后的软水不宜用来配制盐水，塘水、湖水及田水均不可用。

有时为了增强泡菜的脆性，可以在配制盐水时酌加少量的钙盐，如氯化钙（$CaCl_2$）按0.05%的比例加入，其他如碳酸钙、硫酸钙、磷酸钙均可使用。食盐宜选用品质良好，氯化钠含量至少在95%以上者。

泡菜盐水的含盐量因不同地区和不同的泡菜种类而异，以5%~28%不等。按自己的口味习惯定。泡菜盐水制作方法相差很大，四川泡菜的盐水制作十分精细，而其他地区相比之下不大考究，形成了不同泡菜系列。

⑨ 入坛　入坛有几种不同方法，一是干装坛；二是间隔装坛；三是盐水装坛。不管哪种方法，入一半时加入香料包（用纱布包好香料）。

装坛注意　一是视蔬菜品种、季节、味别、食法、贮存期长短和其他具体需要，做到调配盐水时，既按比例，又灵活应变；二是严格做好操作人员个人、用具和盛器的清洁卫生，其中特别是泡菜坛内、外的清洁卫生;三是蔬菜入坛泡制时,放置应有次序,切忌装得过满,坛中一定要留下空隙,以备盐水热涨;四是盐水必须淹过所泡原料,以免因原料氧化而败味、变色、变质。

⑩ 盖坛盖、发酵　入完原料一定要及时盖坛盖,并及时在水槽内添满清水,放在适宜的条件下发酵。

⑪ 管理　一是坛沿水要常更换,并始终保持清净,如果坛沿水少了要及时添满,坛沿水也可加入适量的食盐;二是揭坛盖时,勿把生水带入坛内;三是取泡菜时,用专用具取食,严防油污;四是经常检查盐水质量,发现问题及时处理。

若发现坛内有生花现象,做如下处理:一是若遇生花较轻,可先去除生花层,加入大蒜、洋葱、红皮萝卜之类的蔬菜,由于蒜素、花青素等的杀菌作用,可以杀死酒花菌;二是若遇坛内霉花生长较多,可把坛口倾斜,徐徐灌入盐水,使之逐渐溢出;三是在去掉霉花的泡菜坛内,加入适量食盐、蔬菜,使之发酵,形成乳酸菌的优势种群,也可抑制其继续为害;四是生花严重又有霉烂味,应把菜及时倒掉,并清洗坛、杀菌。

⑫ 泡菜成品　优质的泡菜成品应该是清洁卫生、保持新鲜蔬菜固有的色泽,香气浓郁,组织细嫩,质地清脆,咸酸适度,稍有甜味和鲜味,尚能保持原料原有的特殊风味。

2. 酱菜制作工艺

(1) 酱菜制作工艺流程(图 5-27)

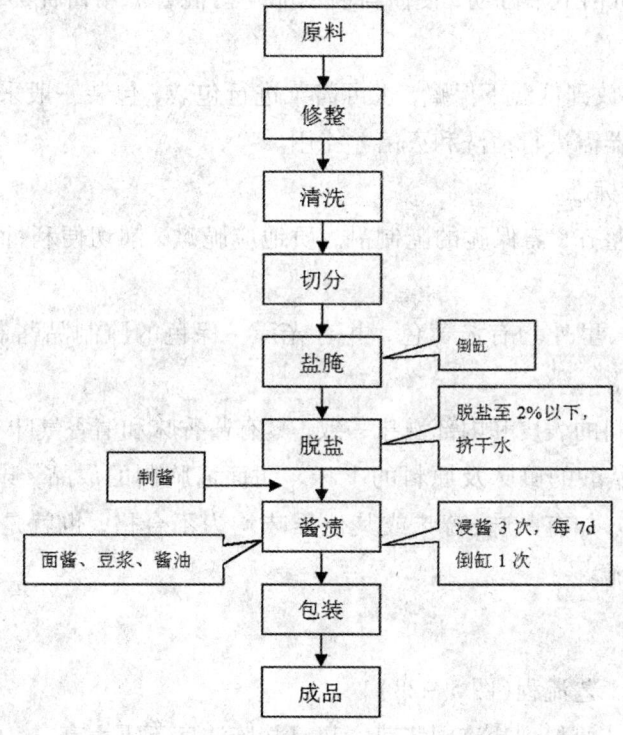

图 5-27　酱菜类制作工艺图

① 原料　选择、整理、清洗、切分 参考泡菜制作。

② 盐腌　食盐浓度控制在15%～20%，要求腌透，一般需20～30d。对含水量大的蔬菜可采用干腌法，3～5d要倒缸，腌好的菜坯表面柔熟透亮，富有韧性，内部质地脆嫩，切开后内外颜色一致。

③ 脱盐　脱除腌制品的多余盐量，析出部分盐分以利于吸收酱液。

用浸泡法脱盐，每天换1次水，浸泡时间根据气候条件决定，一般夏季1～2d，冬季2～3d。

浸泡过程中，要注意不要浸泡过度，腌制品内必须保留部分盐分，一般在2%以下，以防止微生物侵入，降低质量。脱盐后要挤干水分，或采用阳光晒干除去原料内含的部分水。

④ 酱渍　酱渍方法有两种，直接入缸酱渍和装袋入缸酱渍。一般蔬菜较小或切得较碎，如八宝菜可采取装袋入缸酱渍。除此外，均可采用直接入缸酱渍。采用装袋酱渍时，注意不可装得太满，以免影响酱汁渗入，或造成变质现象。

菜坯与酱的比例为1：(0.7～1)或7：3。要求经3次浸酱。第一缸浸酱7d，倒入第二缸，再浸7d，再倒入第三缸，再浸7d即成，共计21～30d。最后一罐酱必须是未用过的酱，第一次和第二次浸酱可是用过1～3次的泛酱。在酱渍过程中，每天必须打耙几次。打耙不仅能使酱品吸收酱液，着色均匀，提高酱渍速度，还可以避免因温度过高出现变质现象。打耙方法，即用酱耙在缸内上下翻动，使酱与酱制品均匀混合。用酱种类很多，有黄酱、面酱、酱油等。

⑤ 成品　把酱缸放到低温下保藏，也可酱菜进行包装，包装一般采用瓷罐、四旋口玻璃瓶和塑料袋。包装容器需进行清洗和灭菌才能用。

⑥ 酱制品的质量标准

组织形态　外形整齐，需保脆的腌制品，质地应脆嫩，削切便利；而柔软的腌制品应不绵软。

色泽　颜色鲜艳、里外均有酱黄色，并有光泽。保色的腌制品酱制后，应保持原来的颜色。

滋味和气味　原料的表皮和内部滋味一致，具有酱香味和清香气味。用黄酱腌制的产品应咸味适宜，并有氨基酸的鲜味及原料的本味。甜面酱腌制的成品，味道鲜美，甜咸适口，并能保持原料的本味。如有酸味、苦味或其他异味均为不合格，也就是说腌制过程不合理，应注意和加强腌制措施。

3. 糖醋菜制作

（1）糖醋菜制作工艺流程（图5-28）

（2）操作要点　从原料到盐淹同酱菜。只是盐腌浓度不需太高，一般6%～8%即可，然后捞出菜，沥干水，放到配好的糖醋液中浸泡20～40d即成。注意封严坛口搅动几次，保持卫生。

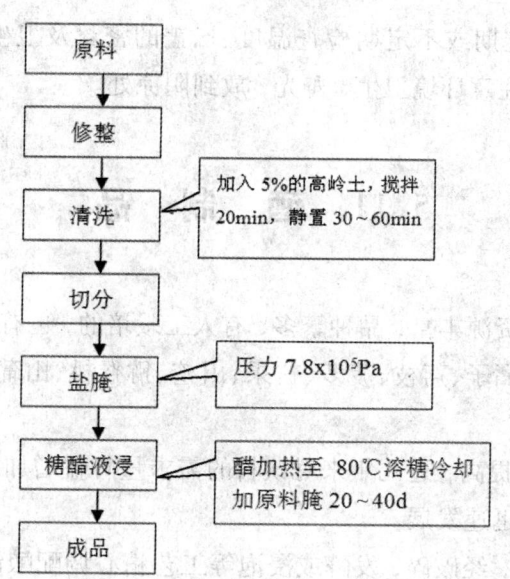

图 5-28 糖醋菜制作工艺流程

5.9.4 蔬菜腌制品常出现的问题和对策

常出现的问题

（1）腐烂败坏　腐烂败坏是变质、变味、变色、分解等不良变化的总称。发生败坏的原因如下：

① 生物败坏　由有害微生物生长繁殖引起的，危害的生物主要是好气性菌和耐盐菌。有空气存在的条件下容易造成腌制菜败坏，同时又促进氧化。败坏的现象有生花、酸败、发酵、软化、腐臭、变色等，严重时不能食用，造成人体健康危害。

② 物理性败坏　主要是光线和温度造成的。腌制菜在光照作用下，会使成品中物质分解，引起变色、变味和抗坏血酸的损失。

若腌制菜贮藏温度过高，会加速腌制品中各种化学和生物变化，增加挥发性物质的损失，使腌菜质地变软。

③ 化学性败坏　各种化学反应引起的变化，如氧化、还原、分解、化合反应都会使腌制品质量发生不同程度的败坏。

（2）采取对策

① 加强原料管理　要选用新鲜的蔬菜做为原料，注意保质，严防腐败变质；蔬菜在腌制前经过清洗、晾晒可以减少亚硝酸盐的含量，腌制用水要符合饮用水的卫生要求。

② 加强卫生措施　在蔬菜腌制过程中，要严防有害细菌生长；食盐加入量要充足；腌制时蔬菜原料要浸没于水下。如果发生有害微生物侵染时，把腌菜用清水洗净，放在阳光下曝晒数小时，然后继续腌制，这样做也有利于分解和破坏亚硝胺。

③ 注意经常检查　定期或不定期检查温度、坛盖的密封及卫生情况，发现问题及时处理，贮藏腌菜一定要特别注意环境卫生，避光，放到阴凉处。

5.11　酒　制　品

我国国土辽阔，水果资源丰富，品种繁多，有人工栽培的，也有天然野生的，适合于酿酒的种类很多，如苹果、梨、橘子、荔枝、菠萝、芒果、山楂、猕猴桃、山葡萄、桃等，可以因地制宜生产各种特色的果酒。

随着人们生活水平的提高，近几年来对饮料的需求量日益增加，对优质果酒的需求量也不断上升，果酒生产正在迅速发展。

果酒是以水果为原料，经破碎，发酵或浸泡等工艺精心调配酿制而成的。果酒生产由于直接利用水果中糖类发酵（或浸泡），因此与其他酒类生产相比，具有投资少、设备简单、技术容易掌握等特点。我国广大农村、山区和原料比较集中的地区，可以搞乡镇企业生产原酒供大型果酒厂进一步加工。在有条件时也可发展一些特色的果酒，就近供应市场。一些野生资源如沙棘、酸枣等开发利用，将为果酒提供更为广阔的发展前景。

5.10.1　果酒种类

葡萄酒按酿制方法不同分为四类。

1. 果实发酵酒

用果汁或果浆经酒精发酵而酿制成的酒，又称酿造果酒或发酵原酒。发酵果酒的酒度较低，多数在8%~18%（以容积计），如葡萄酒、苹果酒和山楂酒等。

2. 蒸馏果酒

将果汁或果浆进行酒精发酵后再经过蒸馏而得的酒，又称果实白酒或白兰地。蒸馏果酒酒度多在40%~50%，通常以葡萄酿制而成的简称为白兰地，以其他水果酿制成的，常冠以原料水果的名称，如苹果白兰地、樱桃白兰地等。

3. 配制果酒

是仿拟发酵果酒的色香味，用配制的方法制成的。通常是将果实或果皮和鲜花等用蒸馏或食用酒精浸饱提取，或用果汁加食用酒精，再加入糖分、香精、色素调配而成，如桂花酒、甘橘酒、味美思等。配制果酒的名称许多与发酵酒相同，但其品质、风味等相差甚远。

4. 起泡果酒

以发酵果酒为酒基，经密封二次发酵而制成。再发酵产生的大量 CO_2 溶解在酒中，饮用时有明显的爽口感，如香槟酒（也称汽酒）。

葡萄酒按酒中酒精含量不同,分为低度果酒(酒度≤17%)和高度果酒(酒度≥18%)。

按酒中含糖量的多少,分为干酒(每100mL含糖量0.4g以下);半干酒(每100mL含糖0.4~1.2g);半甜酒(每100mL含糖量12~5.0g)和甜酒(每100mL含糖量5.0g以上)。

葡萄酒按颜色划分为三种:一是白葡萄酒,指用白葡萄或红皮白肉的葡萄酿成的酒。酒度9%~13%,颜色近似无色或禾秆黄、金黄。以突出果香为主;二是红葡萄酒,用红葡萄酿制,颜色有红、棕红、深红、宝石红、紫红,酒度为9%~13%,以突出酒香为主;三是桃红葡萄酒,是把红葡萄破碎及时分离出果汁发酵而成,颜色有浅桃红、玫瑰红、桃红。

5.11.2 果酒酿造原理

果酒的酿造过程是由酵母菌分解果实中的可发酵性糖类生成酒精和CO_2的过程。同时发生一系列复杂的生物化学反应。

1. 果酒酵母

(1)酒酵母特性　果酒的酒精发酵是依赖酵母来进行的,所用酵母质量的好坏直接影响到酒的质量和产量。果酒酿造上的优良酵母是葡萄酒酵母。这种酵母一般附生在葡萄果皮上,在土壤中过冬,通过昆虫或灰尘传播。可用葡萄汁自然发酵分离、提纯而得。

葡萄酒酵母的形状为椭圆形至肥香肠形,大小为$8\mu m \times 7\mu m$,出芽繁殖。在不适的条件下,会变成圆形或长形,或形成孢子。其生长繁殖与发酵最适温度为20~30℃,低于16℃繁殖很慢。高于35℃,繁殖停止,发酵困难,40℃则停止发酵,保持1~1.5h开始死亡。在60~65℃时,10~15min酵母可全部死亡。其适宜的pH范围为酸性,在pH3.5左右,滴定酸量0.8~1.0g/100mL为最适宜,但pH降至2.5时,则可停止繁殖与发酵。葡萄酒酵母在有氧条件下繁殖个体,在无氧条件下进行酒精发酵。它不但适用于葡萄酒的酿制,也适合于其他果酒,如苹果酒、柑橘酒等。此外葡萄酒酵母还具有较强的抗SO_2能力。如1L果汁中含10mg游离SO_2,无明显的作用,而其他微生物则被抑制。若SO_2量增至20~30mg/L时,也仅延迟发酵进程6~10h,SO_2含量50mg/L时延迟18~20h,而其他微生物则完全杀死。

(2)优良纯种酵母应具备下列条件:

① 除葡萄(其他酿酒水果)本身的果香外,酵母也应产生良好的果香与酒香。

② 能将糖分全部发酵完,残糖在4g/L以下。

③ 具有较高的抗SO_2能力。

④ 有较高的发酵能力,一般可使酒精含量达到16%(体积分数)以上。

⑤ 有较好的凝集力和较快沉降速度。

⑥ 能在低温(15℃)或果酒适宜温度下发酵,以保持果香和新鲜清爽的口味。

(3)影响酒酵母繁殖和发酵的因素

① 温度　葡萄酒酵母一般在10℃以下很难出芽繁殖。但它对低温抵抗力极强,即使在-20℃也不能全部杀死。在20℃以上时酵母活力随温度增加而加强,葡萄酒酵母最适生长温度为28~30℃,在34~35℃以上酵母繁殖就开始受抑制,40℃以上酵母就停止出芽繁殖。

葡萄酒酵母最高发酵温度为35℃，在10℃以上时，耐酒精能力随温度升高而降低（表5-13）。

表5-13　　　　　　　　　　　酵母发酵温度和耐酒精能力

发酵温度/℃	10	15	20	25	30	35
葡萄汁发酵天数/d	8	6	4	3	1.5	1.0
最高形成酒精/%（体积分数）	16.2	15.8	15.2	14.5	10.2	6.0

提高发酵温度，可提高发酵速度，缩短发酵时间。但由于温度高会加强酒精毒害作用，导致最高发酵酒精极限显著地降低。同时由于提高发酵温度，加速发酵，会使葡萄果香味挥发氧化损失加大。发酵温度升高还会引起高级醇、挥发酸、醛类等副产物增加，使酒的风味降低；升高温度还将导致一些耐热细菌如乳酸菌、醋酸菌、野生酵母繁殖，它们的代谢产物会严重影响酒质量。

在传统红葡萄酒生产中，常在28~30℃下发酵；近代为了增加果香味，常采用18~25℃温度发酵。传统白葡萄酒发酵温度是22~28℃，近代采用15~18℃。近代的低温发酵虽然慢，更有利于提高葡萄酒质量。低温发酵酿成的葡萄酒果香浓郁、细腻、柔和、优雅怡人。

糖类发酵制酒是一个放热反应，每100g糖发酵同时伴随放出54.4k/（13kcal）热量。会引起发酵葡萄汁或浆升温。如每升葡萄汁中有10g糖发酵，理论上会使这升葡萄汁升高1.3℃设葡萄汁的热容量为4.186kJ/（kg·℃）。

② 氧气　葡萄酒酵母属兼性厌气菌。路易-巴斯德研究指出，酵母在有氧条件下生活是呼吸作用，繁殖大量细胞。在无氧厌气条件下生活是发酵作用，产生酒精和CO_2。近代学者研究指出，葡萄酒酵母出芽繁殖需有一定O_2。当培养液含氧量低于1mg/L时，酵母繁殖就停止。如果在繁殖酵母时（作酒母），对培养液适当通风，使培养液中含氧量保持在2.5~5.0mg/L，可缩短培养时间，增加健壮酵母细胞数[（30~90）×10^6个/mL]，此酵母使用时可缩短发酵时间。

在葡萄汁或浆发酵时，前期也是葡萄酒酵母繁殖生长阶段（不论自然发酵还是使用酒母发酵均是如此，两者差别仅仅是前者繁殖时间较长），需要O_2，氧来源于葡萄破碎或压榨成汁时，有空气溶解。在发酵初期，特别是自然发酵，有时还需要通过捣池来补充氧，促进酵母繁殖。当发酵液中酵母细胞数增加到（30~60）×10^6个/mL时，就进入旺盛发酵（厌氧发酵），此时不再需要厌氧，相反氧多对发酵是有害的。如果此时再进行搅拌，会使空气中的氧溶解在汁、浆中，造成所谓"巴斯德效应"，即糖过多消耗于繁殖细胞上，而酒精出率降低，同时也会形成较多的乙醛、高级醇、挥发酸等有害物质，使酒的口味变坏。葡萄酒贮存时接触氧也会使其果香物质、色素等受到氧化，或引起好气性醋酸菌、产醋酵母菌的生长，使酒变坏甚至酸败。

③ 酒精　微生物的代谢产物，经常对微生物自身有一定的毒害，如发酵产生的酒精对酵母自身的明显的毒害作用。酵母对酒精抵抗能力是随酵母品种、强壮程度、发酵温度和其他毒害物质（如SO_2）的浓度增加而变化的。

葡萄皮上常存在较多野生酵母，如柠檬形酵母，它在发酵初期十分活跃，使葡萄汁中糖分发酵形成酒精及特异的香气成分(但耗糖多)，当葡萄汁或浆中酒精浓度达5%(体积分数)以上时，柠檬形酵母活力就大大衰退，葡萄酒酵母才真正占优势，它可发酵酒精至至13%~15%(体积分数)。如果发酵温度低(如15℃)，可缓慢发酵至酒精16%~18%(体积分数)。但对大多数酵母来说很难使发酵酒精浓度超过20%(体积分数)。在20%或稍高的酒精度下，酵母和细菌均难于繁殖，所以有一些工厂常将破碎后的葡萄、苹果、梨等水果添加优质精馏酒精，使混合液浓度达20%，用此法来防止发酵，保存果汁或生产不发酵的果酒。

必须指出，虽然葡萄酒酵母一般可发酵酒精浓度达到16%(体积分数)左右，但实际上在酒精浓度超过8%(体积分数)时，发酵速率就开始显著降低，而且随酒精浓度提高其发酵速率降低越来越大。

④ 糖和渗透压　微生物细胞的细胞膜是一种半渗透膜，糖类、盐类、电解质溶于水后均能对细胞膜产生一定渗透压，此压力能促使这些物质被吸进细胞内。渗透压大小和溶质的浓度、溶质的分子质量有关。

每一种微生物细胞膜对渗透压耐力均有一定限度。如果渗透压大到超过微生物忍耐度，会发生与渗透相反作用，即微生物细胞内水分向细胞外渗透，称"反渗透"，而微生物细胞失水将会导致微生物死亡。葡萄酒酵母可耐50%~60%蔗糖溶液，但实际上由于糖发酵形成酒精，酒精对酵母既造成较大渗透压，又有毒害作用，因此当糖浓度超过20%就会减慢或抑制发酵。在酿造高酒精度甜酒时，为了防止渗透压太高而抑制酵母发酵，不能在葡萄汁或浆中一次加入糖分，应分次添加，才能保证发酵顺利进行。

⑤ 总酸度和pH　葡萄中的酸主要是酒石酸和苹果酸，成熟葡萄中总酸一般在0.4%~4.0%(以酒石酸计)，由于酸或酸性盐中氢离子解离，葡萄汁的pH范围在3.0~4.0。葡萄酒酵母生长繁殖的最适pH为5~6，但即使pH在3.0时酵母也能顺利生长繁殖和发酵。因此，为了发酵安全进行，防止有害微生物繁殖，我们经常采用pH3.2~3.5进行发酵。

葡萄生长在炎热地区或成熟过度时会缺乏酸，pH也高，在发酵时就需要外加一些酒石酸和柠檬酸采调整发酵时pH。

野生山葡萄或未成熟葡萄酸度过大，有时总酸会超过2.0%，pH低于3.2。此时葡萄酒酵母生长缓慢，发酵也滞缓。故需降低酸度才能顺利发酵。酿造干酒，原葡萄汁总酸常在0.65%~0.07%，酿造甜酒常用总酸在0.4%~0.6%的葡萄汁，这样可以发酵出风味优良的酒。

若使用在运输过程中已经破碎、感染杂菌(主要是醋酸菌)的葡萄，当醋酸含量超过0.1%(以醋酸计)时，也会引起发酵困难，其原因是含量过高的醋酸对酵母有毒害作用。

⑥ SO_2　SO_2是葡萄酒行业应用最广泛的杀菌剂，也是得到各国法律允许的杀菌剂。在葡萄汁发酵时，控制一定添加量，用来抑制除葡萄酒酵母以外的一切杂菌繁殖，使发酵能在相对纯种条件下安全进行。

在葡萄汁中加入25mg/L的SO_2就能延迟发酵，而要杀死酵母或停止发酵，SO_2的用量需达

1.2g/L。大多数微生物当SO_2的含量达100mg/L。时，被抑制生长。葡萄酒酵母比野生酵母对SO_2有较大的耐力。SO_2杀菌作用受温度与酸度的影响。温度较高时，要达到同样杀菌效果则需增加SO_2的用量;pH越小，杀菌能力越强。为了达到杀菌目的，SO_2应一次全量加入。

2. 果酒酿造原理

（1）酒精发酵的机理 酒精发酵过程相当复杂，在反应过程中有许多连续反应和不少中间产物，并且每一部反应需要一系列酶的作用。在发酵的最终产物中，除主要有酒精和CO_2外，还有其他一些产物，如甘油、琥珀酸、醋酸及杂醇油等，它们对果酒的风味有着重要的影响，如改变果酒的风味，增加爽口性等。

酒精发酵反应式如下

$$C_6H_{12}O_6 \xrightarrow{\text{酵母菌}} 2C_2H_5OH + 2CO_2 + 热量 \quad (1)$$

如果外加蔗糖，首先由酵母菌转化酶水解成葡萄糖和果糖，再由酵母菌进行酒精发酵，其反应式如下：

$$C_{11}H_{22}O_{11} + H_2O \xrightarrow[\text{(酒化酶)}]{\text{酵母菌}} 2C_6H_{12}O_6 \xrightarrow[\text{(酒化酶)}]{\text{酵母菌}} 4C_2H_5OH + 4CO_2 + 热量 \quad (2)$$

从(1)反应式可计算出理论酒精产量。

$180:(2\times46)=100:X$

$X=2\times46\times100/180=51.11(g)$

式中：180——葡萄糖摩尔质量，g；

46——酒精摩尔质量，g；

100——100g葡萄糖进行发酵；

X——100g葡萄糖发酵，理论上产生的酒精克数，g。100g葡萄糖发酵理论酒精产量为51.11g，纯酒精相对密度为$d=0.7936$，即相当于64.4mL。

在实际发酵时，由于除了酒精外还产生酸、甘油、琥珀酸等副产物，以及酵母细胞增殖等均需消耗少量糖分，再加上在发酵时，还有其他酵母(如柠檬形酵母、巴斯德酵母)存在，也要消耗糖分，因此在工厂实际计算时，一般常采用1.7g葡萄糖发酵可产生1%酒精。

（2）果酒陈酿期的化学变化

① 酯化作用 果酒中的醇类和酸类物质在陈酿过程中会逐步生成酯，从而赋予果酒以香味。葡萄酒中主要的酯类物质有醋酸、琥珀酸、异丁酸、己酸和辛酸的乙酯。除此之外还有癸酸、己酸和辛酸的戊酯等。

② 氧化还原作用 新酒由于死酵母和H_2SO_3的存在而具有还原能力，可逐渐与透过桶壁的O_2进行缓慢的氧化作用，同时酒中的醛类亦被氧化为酸类，再与高级醇合成为酯。但过度的氧化，尤其是白葡萄酒，也能使酒液变色和变味。

③ 减酸作用 葡萄酒在成熟期内酸分逐步下降，使酒味趋向温和、适口，这种现象是一

部分酒石酸在温度较低的条件下析出的结果。此外，通过人工加入微生物进行苹果酸发酵，使二羧酸的苹果酸变成——羧酸的乳酸。即 $COOHCH_2OHCOOH \rightarrow CH_3CHOHCOOH + CO_2$ 也能达到减酸的目的。但要注意含酸分较低的葡萄酒不必进行苹果酸发酵，反而应加入 H_2SO_3 以抑制发酵。

5.11.3 果酒酿造工艺

1. 果酒酿造工艺流程（图 5-29）

2. 操作工艺要点

（1）原料选择　果酒应选择含糖量高，含酸量适中（0.8%~1.2%），原料成熟度适宜、单宁物质及果胶物质含量较少的原料。

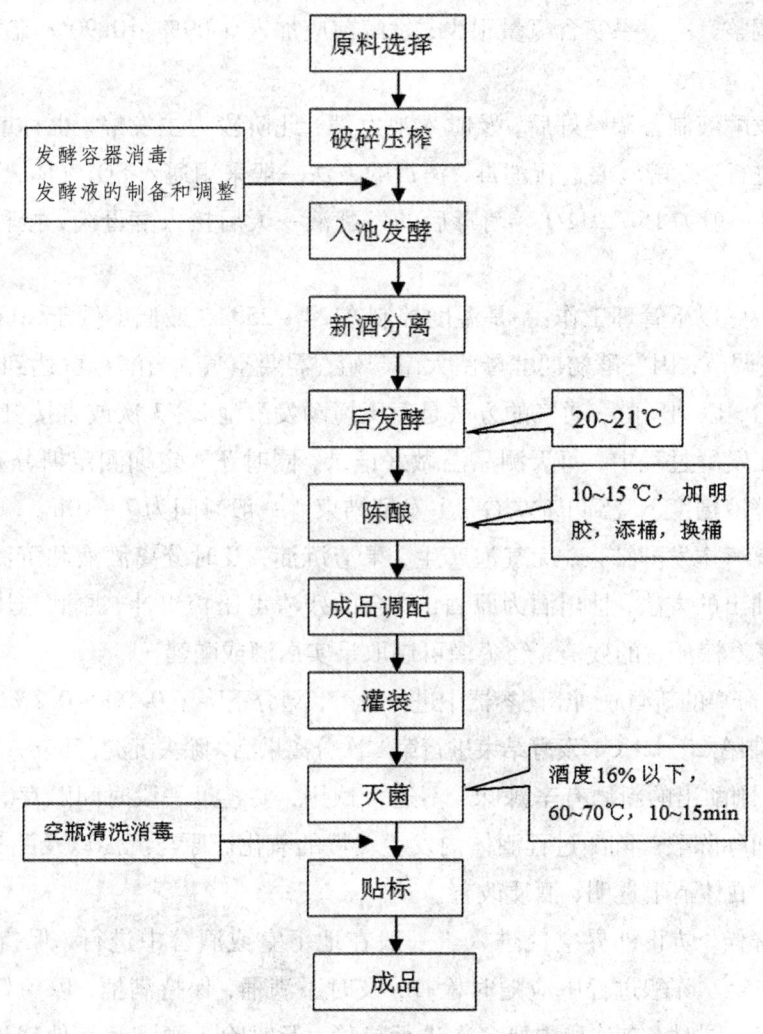

图 5-29　果酒酿造工艺流程图

（2）入池发酵　在发酵前对容器要进行消毒，常用的方法是将等量的亚硫酸氢钠和柠檬酸溶解于水中，产生SO_2具有杀菌作用。每500mL冷水中，加入3.5~4g的亚硫酸氢钠和3.5~4g的柠檬酸，冲洗容器，也可用硫磺熏蒸，每1m³体积用8~10g硫磺，点燃后密闭。

（3）糖分调整　根据反应式

$$C_6H_{12}O_6 \rightarrow 2C_2H_5OH + 2CO_2$$

果酒要求酒度13%，果实含糖17%，根据生产1%酒精，需葡萄糖1.7g计，果实发酵可酿成10%酒精的果酒，需加糖（13×1.7=22.1g/100mL，1L需加221g糖，221-170=51g，需补加糖51g。方法是把糖加入少量果汁加热溶化，温度控制在60℃以下防止糖焦化。若加入糖过多应分次加入，以免因糖度过高而影响酵母菌的活性。

（4）酸量调整　含酸量要求0.8%~1.2%为宜，pH以3.5为宜，适合酵母的活动。含酸少时，加入酒石酸或柠檬酸，含酸高时，可加入中性酒石酸钾中和。

（5）含氮量调整　一般果实含氮量很少，发酵前应加入0.09%~0.90%硫酸铵，以促进发酵的正常进行。

（6）发酵　发酵液制备调整好后，及时入池发酵，此阶段为主发酵，也称前发酵。为了保证发酵的正常进行，发酵液要进行消毒，消毒的方法一般采用通入SO_2气体；也可加入浓亚硫酸溶液，添加量一般为15~20g/L。消毒后的发酵液一天后接入酵母菌，接种量一般占发酵液的3%~5%。

发酵期间要做好以下管理工作：一是温度控制在24~25℃，最低不低于20℃，最高不高于30℃；二是空气调节，因发酵初期酵母菌大量繁殖，需要空气，当酵母菌达到一定数量时，应减少空气的供给，以利发酵，通气的方法是每天搅动发酵池2~3次或直接打入新鲜空气；三是浓度测定，在发酵过程中，每天测品温做好记录，同时还要定期测定糖分和酸分，以便及时调整。当发酵液糖度下降到1%左右，主发酵结束。一般时间为7~10h。

（7）新酒分离　主发酵结束，无气泡产生，果渣沉淀，及时分离酒液和沉淀的果渣。可采用虹吸或用泵抽出的方法，抽出酒为原酒，剩余的残渣可压榨出汁，原酒与压榨酒应分开贮存，进行后发酵。榨汁后的残渣，经蒸馏可制取果实白酒或酿醋。

（8）后发酵　分离的新酒放到密闭容器中进行发酵，糖分下降至0.1%~0.2%时即完成后发酵，后发酵温度控制在20~21℃，发酵结束进行第二次分离果酒，除去沉淀，可转入陈酿。

（9）陈酿　刚酿出的新酒有辛辣味，不适合饮用，要经过一段时间贮存。将发酵后的原酒贮存一段时间称陈酿。陈酿过程酒体内发生缓慢的氧化还原与沉淀以及酯化作用，使果酒口味醇和芳香，酒体清晰透明，酒质改善。

陈酿应装发酵栓，防止外界空气进入。一般在地下室或酒窖中进行，保持10~15℃温度，贮存半年到一年。陈酿过程中应随时检查，及时添满桶，保持满桶，以免好气性细菌生长，造成果酒病害。同时，在陈酿中要多次进行换桶，及时除去酒脚及其他残渣。第一次换桶在发酵后2~3个月（当年11~12月份），第二次换桶在翌年的2~3月份，第三次换桶在翌年8~9月份进行。陈酿中、后两次换桶时不能接触空气,防过度氧化,使酒质变劣。换桶时酒桶不满,要用同品种的同龄原酒添满进行贮存。

果酒在陈酿过程中,可采用人工加胶,加速澄清作用。加胶的方法有以下几种:一是加明胶,100L果酒中加明胶10~15g,单宁8~12g,用少量酒将单宁溶解,加入搅匀,8~10h后过滤;二是加鸡蛋清,100L果酒中加2~3个蛋清,每加一个鸡蛋清,添加单宁2g,先加单宁,经12~24h加蛋清,8~10d可澄清;三是加琼脂,把琼脂浸泡3~5h,加少量水溶化,加热60~70℃倒入酒中,静置8~10d过滤即可。用量每100L果酒加琼脂5~45g不等。

(10)成品调配　按产品标准调整酒度、糖度和酸度以及色泽和香气,以提高果酒的口感和保持质量的一致性。调配酒度时按下式计算

$$V_1 = V_2 \times (b-c)/(a-b)$$

式中:V_1——用酒精体积,l;

　　　V_2——原酒体积,L;

　　　a——加入酒的酒度,%;

　　　b——待配液达到的酒度,%;

　　　c——原酒的酒度,%。

(11)检验灌装　调配好的果酒应做短期贮藏(1周),进行检验成熟后,观察是否发生沉淀或混浊,如质量稳定即可装瓶。

(12)杀菌贴标　果酒酒精度在16%以下,装瓶后需进行杀菌,可于装瓶前使酒通过快速杀菌器(90℃,1min),杀菌后立即装瓶密封。也可装瓶后先密封,后经60~70℃,10~15min杀菌。

5.11.4　葡萄酒酿造工艺

1. 葡萄品种

良品种的葡萄应具备下列特点:一是含有较高的糖分,一般在160g/L以上,而酿造高级葡萄酒的葡萄含糖量应在200g/L以上,含糖在120g/L以下的葡萄是酿不出优质葡萄酒的;二是含有适当的酸度,葡萄的总酸含量对发酵和葡萄酒的风味都有很大的影响,葡萄汁总酸应在6~10g/L(以酒石酸计)之间;三是具有鲜美的色泽;四是具有典型的果香;五是具有较强的抗病力。国内常见优良葡萄品种见表5-14。

表5-14　　　　　　　　　国内常见的优良葡萄品种

名称	原产地	酿造酒种	我国栽培区
贵人香(意斯林)	意大利	干白、香槟	鲁、冀、豫、晋
白彼诺	法国	干白、香槟	冀、鲁、豫、辽
白羽	俄国	干白	鲁、豫、皖、冀
龙眼	中国	干白干白、半甜白	冀、鲁
红玫瑰	保加利亚	干白	辽、冀、晋、鲁
佳丽醇	西班牙	干白、干红	吉、辽、冀、京
巴米特	土耳其	干白	吉、辽、冀、京
雷司令	德国	干白、半甜白	黑、辽、鲁
法国蓝	奥地利	甜红、干红	京、冀、鲁、豫
新玫瑰	日本	干白、甜白	辽、冀、鲁
黑比诺	法国	干白、香槟	京、豫、鲁、陕
赤霞珠	法国	干白	辽、鲁
品丽珠	法国	干白、甜红	鲁
珊瑚珠	法国	干白	鲁

2. 白葡萄酒

白葡萄酒用白葡萄或红皮白肉的葡萄果汁酿成。酒色呈淡黄色或金黄色。

(1) 白葡萄酒工艺流程(图5-30)

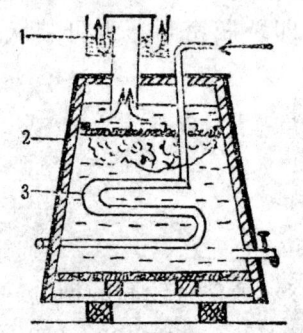

图5-30　密闭式带冷却器压帘发酵桶
1. 发酵栓 2. 木桶 3. 冷却管

(2) 工艺操作要点

① 品种选择白色或浅色葡萄品种如龙眼、白玫瑰、白羽等,含糖量高,含酸适当;② 及时剔除腐烂,剪成小串,清洗、破碎、分离出果汁并加入0.01%~0.02%焦亚硫酸钾防果汁变色和防止其他杂菌的生长;③ 为加速果汁沉清,可加入果胶酶同时通入二氧化硫消毒果汁,静止24小时;④ 进行果汁调整,按果酒度数,调整果汁含糖量,适当调整果汁含酸量、含氮物质;⑤ 置于25~28℃下发酵+待果汁含糖量下降至1%左右,发酵结束,时间需7~10d;⑥ 新酒分离,把酒和酒脚分开,转入陈酿;⑦ 把分离出的新酒置于12~15℃下贮存0.5~1年,

当年12月份进行第一次换桶,以后3个月换一次,共换2~3次;⑧把陈酿好的酒进行成品调配,即酒度、糖分、酸等调配后进行短期贮藏,待酒质稳定即可灌装,灌装后及时密封,在60~70℃下杀菌,时间为10min即为成品。或在装瓶置于90℃,加热1min,趁热装瓶密封。

3. 红葡萄酒

(1) 红葡萄酒工艺流程(图5-31)

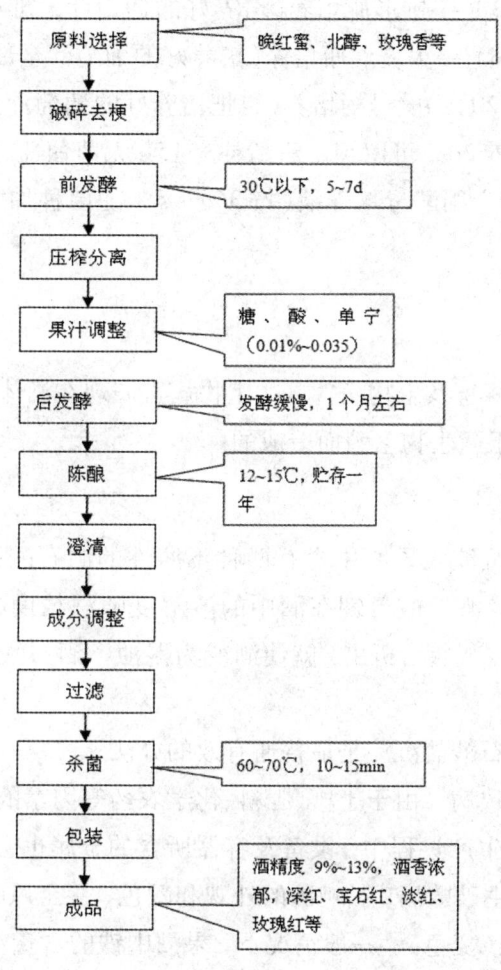

图5-31 红葡萄酒酿造工艺流程图

(2) 工艺操作要点

① 品种应选红色、深色或紫红色葡萄品种如品丽珠、赤霞珠、梅鹿辄等,糖量高,含酸适当;② 及时剔除烂果、剪成小串、清洗、破碎;③ 在果浆中通入二氧化硫消毒,以后工艺参考白葡萄酒酿造工艺;④ 酿造葡萄酒添加SO_2的作用有以下几方面:一是杀菌作用;二是抗氧化作用;三是增酸作用;四是溶解作用;五是澄清作用,增SO_2推迟发酵,保持静止状态,使悬浮物

澄清。

4. 纯种酒酵母的扩大培养

菌种来源于科研单位或生产单位。

纯种酒酵母的扩大培养过程，按微生物接种、培养过程操作。

菌种→固体斜面培养（试管）→液体试管培养（把一接种环菌，接入9mL无菌葡萄汁试管中，在25~28℃下培养3d）→锥形瓶培养（培养好的葡萄汁，到入100mL无菌葡萄汁锥形瓶，于25-28℃培养2~3d）→大玻璃瓶培养（培养好的葡萄汁全部倾倒在1L无菌葡萄汁的玻璃瓶中于25~28℃培养2d）→酵母桶培养（再把培养好的葡萄汁全部倾倒在20L无菌葡萄汁的桶中，于25~28℃培养2d。可留5L，重新补充15L无菌葡萄汁，在25~28℃培养培养1~2d，即可重复使用）→生产用酵母培养液（按3%~5%的菌种加入生产上处理好葡萄浆或汁中发酵。

5.11.5 果酒病害

果酒的病害分非生物病害及生物病害。非生物病害表现在酒体产生混浊、沉淀、褪色等现象，而生物病害主要是由于微生物繁殖而造成的。

1. 果酒的非生物病害

（1）酒石酸盐的结晶沉淀　果酒中含有两种不溶性的酒石酸盐即酒石酸氢钾和酒石酸钙，常引起果酒产生沉淀。酒石酸氢钾在酒中的溶解度随酒精度的增加和温度的降低而减少，从而以沉淀析出。若在装瓶后析出，就使酒变为混浊。酒石酸钙则不受温度影响，但同样与酒精度有关。

用低温和冷冻去除酒石酸盐沉淀是最普通有效的办法。

（2）重金属引起的破败病　由于土壤、肥料、化学农药等因素的影响，使葡萄本身含有一定量的金属元素。果酒在生产过程中，设备及容器所含的金属也会被溶解到酒中，其中以铁和铜的危害最大，使酒产生破败病，影响酒的外观和颜色，甚至风味。

① 铁与果酒的破败病（变色）　一般情况下，果酒中铁的含量小于10mg/L。若葡萄酒中铁含有过多，则二价铁离子逐渐被氧化成三价铁离子，三价铁离子与果酒中的单宁结合，生成黑色或蓝色的不溶性络合物，使果酒产生黑色（蓝色）混浊与沉淀，称为黑色（蓝色）破败病。三价铁离子又能与酒中磷酸盐生成磷酸铁的白色沉淀，称为白色破败病。黑色破败病将掩盖白色破败病。

由于红葡萄酒中含有充足的单宁，故黑色破败病常出现在红葡萄酒中。葡萄酒中过量铁的存在是一种潜在危险，因此红葡萄酒除铁是十分重要的。

铁破败病的预防方法：首先，要防止或减少铁侵入葡萄酒，用钢板制作的容器其内部必须有涂料，要注意贮酒水泥池内部涂料的完整；其次，葡萄破碎时要认真分选，避免铁质碎物混入。防止葡萄酒过分接触空气而氧化。保持酒中一定的 SO_2 含量。防止磷酸盐进入葡萄酒。

果酒中除铁的方法很多,现分述如下:

a. 氧化加胶法　适量给葡萄酒通气氧化,接着下胶促使生成不溶性络合物或磷酸铁沉淀,然后过滤分离(下胶用量需做小型试验)。

b. 植酸钙除铁法　植酸钙(又称菲汀)能与大多数金属盐类反应产生不溶性盐,尤与三价铁生成的植酸铁更难溶。所以经通气氧化的酒中,加植酸钙很快生成植酸铁沉淀。必须注意,如果不预先氧化而加入植酸钙则会给酒造成更大的隐患(万一再混入微量的铁即又产生沉淀)。

植酸钙的用量需视酒中含铁量而定,一般除去 1mg 铁需用植酸钙 5mg(或每 1L 酒中加 200mL 植酸钙),加入植酸钙后 3~4d 进行下胶,然后过滤除去沉淀物。

c. 麸皮除铁法　小麦皮层含有较丰富的植酸,其作用原理与添加植酸钙相同,但作用后无钙离子残留,一般用量为 0.5~1.5g/L 方法是先将麸皮用清水洗涤干净,除去淀粉、尘土,然后压干加入酒中(酒在处理前通入空气),每天搅拌一次,4~5d 后下胶过滤。

以上方法均需先将酒氧化,处理后应加 SO_2。

d. 柠檬酸络合法　柠檬酸能与二价或三价铁很快形成可溶性络合物,在酒中加入柠檬酸可有效地防止铁破败病,且不必预先通气氧化。但柠檬酸只能使铁隐蔽,不能使铁除去。由于柠檬酸不易消失,故对酒的稳定性来说还是有效的。柠檬酸的加入量一般是 0.12~0.20g/L,为了不使酒质变坏,应进行品尝试验。过量柠檬酸会使酒味酸涩。

e. 维生素 C 还原法　维生素 C(又称抗坏血酸)是一种还原剂,它能夺取酒中的氧(本身被氧化),从而保护了铁不被氧化。只要有 50~100mL/L 的维生素 C 存于酒中,就可以防止铁破败病,特别在装瓶时加入,对保持酒的稳定性起很大作用。

f. 铁破败病的治疗　对已经产生铁破败病的酒,可用下胶过滤法将其除去。澄清后加入 SO_2,也可以加些柠檬酸保护,使酒保持稳定。

② 铜与果酒的破败病(变色)

a. 铜破败病的形成　如果果酒中含有较多的铜,则铜在还原剂作用下被还原成亚铜,亚铜与酒中的 SO_2 作用生成氢硫酸,而本身则被氧化成铜,铜与氢硫酸生成硫化铜,硫化铜与葡萄酒中的胶体物质(如单宁、蛋白质)聚合成絮状凝聚物。

当果酒中铜含量超过 0.5mL/L 时,在 SO_2 充足而密闭贮存中,就容易产生棕色的絮状或雾状混浊。当通气氧化时,硫化铜被氧化成可溶性硫酸铜,使混浊现象消失。

铜破败病的预防:

b. 防止铜侵入果酒　生产中尽量少使用铜质工、器具,在水果成熟前 3 周应停止使用含铜农药(如波尔多液)。

c. 硫化钠除铜　加入硫化钠($Na_2S \cdot 9H_2O$)先与 SO_2 生成硫化铜,在单宁作用下形成混浊，通过皂土下胶将混浊除去。硫化钠用量为铜的2倍。

d. 皂土除蛋白质　蛋白质与多肽对铜破败病的形成有重要作用，用皂土从酒中除去它们有助于防止铜破败病。但不能使用明胶，以防止蛋白质增加。

e. 铜破败病治疗　对已出现铜破败病的酒，用添加皂土或硅藻土的方法过滤分离，硅藻土用量为0.10%~0.25%。

（3）果酒的棕色破败病　这是一种生化反应引起的病。它是由腐烂水果上生长的灰霉菌分泌的氧化酶，利用空气中的氧促使单宁及其他酚类氧化造成的。酚类物质氧化后变成不溶性化合物，常使酒表现为暗棕色混浊，严重时产生过氧化物。

产生这种病害的根本原因是水果腐烂和酒的氧化，因此要防止这种破败病应注意：

① 认真进行破碎前的分选工作，清除腐烂水果。

② 使葡萄酒保持一定含量的游离SO_2，对已经发病的酒则用下胶方法将其澄清，然后添加SO_2。

（4）变味　由于种子中或梗中的糖苷带入苦味，可加糖苷酶，分解或提高酸分使其结晶，过滤除去。

2. 果酒的微生物病害

果酒中含有丰富的营养，故酒精度低于12%（体积分数）的果酒很容易受各种杂菌的侵害。受到杂菌侵害的果酒，除不同的杂菌造成不同的现象外，它们的共同点：一是外观上失去正常的颜色，失光混浊；二是出现杂异气味；三是滋味发生改变；四是显微镜检查，有大量微生物生长；五是化学分析其挥发胶含量升高。

果酒中常见的微生物病害及防治方法如下：

（1）白膜病　半桶贮存的果酒[酒精度低于12%（体积分数）]，表现常会形成一层灰白色或暗黄色的薄膜，将酒覆盖，膜上有皱纹，一旦膜被破坏则分裂成无数小泡，这是酒花菌果酒酿酵母，造成的白膜病。

病菌感染初期酒的风味不会有很大的变化，但时间长了会出现令人不愉快的怪味（乙醛味）。酒花菌能分解酒精（低浓度酒精溶液）成水和CO_2，使酒度降低，酒味平淡。由于酒花菌是一种好气微生物，故常侵害酒面。

对于白膜病的预防，要考虑下面几个方面：一是果酒在贮存中酒精含量不低于12%（体积分数）；二是要满桶贮存。若不能装满时，应充CO_2或SO_2气体；三是游离SO_2含量应保持在20~30mL/L；四是低酒精度瓶装酒应杀菌后出售。

对于已经产生白膜病的酒，应将好酒缓慢注入桶的底部，使上面的膜溢出。若已经有菌分散到酒中时，应将酒进行除菌过滤或进行巴斯德杀菌。

（2）醋酸菌引起的酸败　醋酸菌是酿酒工业的大敌。受醋酸菌侵入的酒表现为先产生一种灰色或玫瑰色的膜，有皱纹，酒体变混浊，失光。长期被危害的酒桶底部有黏稠的"醋母"。醋酸菌最大的危害是利用氧(O_2)氧化葡萄酒中的酒精，先被氧化成乙醛，继续氧化成乙酸(醋酸)使酒中产生浓烈的醋味而难于下口。

醋酸菌在酒中的活动条件同酒花菌相同，它的最适生长温度是 33~38℃。因此发酵温度高，容易引起果酒的酸败。

预防办法除与酒花菌相同外，还要注意低温发酵，红葡萄酒发酵时不要使皮渣浮出液面。

对于被醋酸菌严重感染且醋酸含量很高的酒，目前没有良好的处理办法。用碱中和会破坏大部分不挥发酸。唯一的办法是进行加热杀菌(75~80℃,5~2min)，将醋酸菌杀死，制止醋酸的增长。

（3）乳酸菌引起的病害　并非所有乳酸菌都是病害菌，如前发酵后，适宜的苹果酸——乳酸发酵，有助于酒的品质改善与降酸。

当乳酸是由糖经乳酸菌发酵作用而产生时，酒中挥发酸增加，酒出现丝状混浊(白葡萄酒出现淡蓝色；红葡萄酒颜色减褪出现黄棕色)，这就是乳酸菌病害。

对已产生病害的酒只能用加热杀菌的方法将乳酸菌杀死。下列措施可防止这种病害：①发酵液中加入足够量的 SO_2；② 酸度低的果酒中加入酒石酸或柠檬酸，提高酸度，当酒中 pH 在 4.0 以下时，乳酸菌就被抑制生长。

（4）野生酵母的危害　水果皮上除了葡萄酒酵母外，还有其他酵母如尖端酵母(亦称柠檬形酵母)，巴氏酵母、圆酵母属等，统称野生酵母。

野生酵母的存在对发酵是不利的，它要比葡萄酒酵母消耗更多的糖才能获得同样的酒精(需 2.0~2.2g 糖才能生成 1% 酒精)，发酵力弱，生成酒精量少。

通常可通过添加适量的 SO_2 来控制，因酒酵母对乙醇与 SO_2 的抵抗力大于其他酵母。

5.12　速冻制品

果蔬速冻保藏是将经过处理的果蔬原料，以很低的温度(-35℃以下)在极短的时间内进行均匀的冻结，然后在 -20~-18℃的低温中保藏的方法。速冻产品能够保持新鲜果蔬的色泽、风味和营养成分，具有营养、卫生及方便的特点。

5.12.1　速冻原理

速冻主要是采用速冻方法排出果蔬中的热量，使果蔬中的水变成固态冰结晶结构，并在低温条件下保存，果蔬的生理生化作用得到控制，也有效地抑制了微生物的活动及酶的活性，从而使产品得以长期保存(图 5-32)。

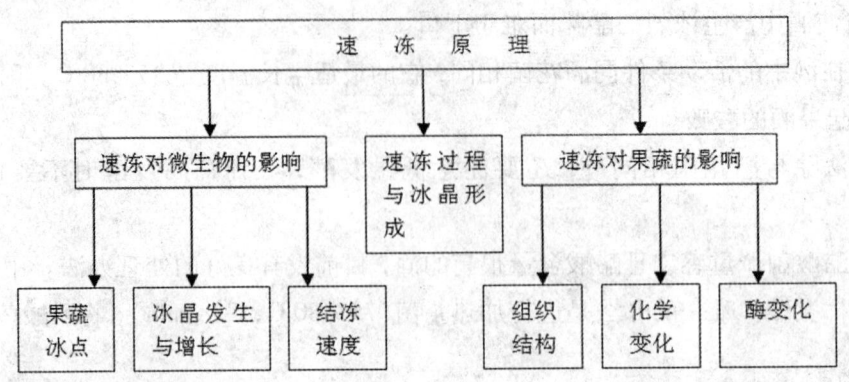

图 5-32 速冻原理图

1. 冻结过程与冰晶形成

果蔬产品的冻结，包括降温和结晶两个过程，首先是使果蔬原料品温由原始温度降到冰点，然后由液态变为固态即结冰。

(1) 果蔬冰点 果蔬组织细胞内含有大约 4/5 以上的水分。含有各种有机物和无机物，是一种复杂的胶体悬浮溶液。它的冰点低于水，一般果蔬冰点在 -4~-1℃，如表 5-15。

表 5-15 几种果蔬的冰点 单位:℃

种类	冰点	种类	冰点
苹果	-2.78 ~ -1.4	马铃薯	-1.29 ~ -1.04
梨	-3.16 ~ -1.5	甘蓝	-1.15 ~ -0.77
杏	-3.25 ~ -2.12	洋葱	-1.90 ~ -1.59
葡萄	-4.46 ~ -3.29	菠菜	-0.51 ~ -0.41
草莓	-1.08 ~ -0.85	番茄	-0.75 ~ -0.62
甜橙	-1.56 ~ -1.17	黄瓜	-0.62 ~ -0.44

(2) 冰晶形成与增长 当液体处于过冷状态时，其内部形成稳定的晶核，首先冻结的是细胞间隙的游离水和含盐量低的水分，先形成晶核，而细胞内的水分仍以液态存在，以渗透作用或以水蒸气状态透过细胞膜而扩散到细胞间隙中，使冰晶体积增长。在 0℃ 时纯水由液态变为固态，体积增加 9%，因为液态水分子排列结构较固态紧密。

(3) 冻结速度 按时间划分为食品中心从 -1℃ 降到 -5℃ 所需时间在 30min 之内为快速，超过 30min 为慢速；按距离划分通常时把单位时间内 -5℃ 的冻结层从食品表面伸向内部的距离称为冻结速度。将冻结速度($v=cm/h$)分成三类:

快速冻结 v>5cm/h

中速冻结 v=1~5cm/h

缓慢冻结 v=0.1~1cm/h

2. 速冻对果蔬的影响

(1) 组织结构变化　果蔬在速冻过程中可以导致细胞膜透性增强，膨压降低，这实质是组织损伤。随着冻结的进行，冰晶体的增长对细胞产生挤压使细胞组织的空间结构受到破坏；同时细胞内水分外流，原生质体中无机盐浓度增加，足以达到使蛋白质发生不可逆变性凝固，造成细胞死亡，组织解体，质地软化，品质下降。

(2) 生化变化　速冻产品经过降温、冻结、冻藏和解冻后都会发生色泽、风味、质地等变化，从而影响到产品的质量。

化学变化主要是指蛋白质的变性；其变性原因是细胞液中的无机盐浓缩、脱水作用及脂肪水解产生的不稳定的游离脂肪酸，氧化产生低级的醛、酮等产物均能促进蛋白质变性。

原果胶水解成果胶，造成组织结构分离，质地软化。

果蔬的色泽发生不同程度的变化，叶绿素转化成脱镁叶绿素，颜色由绿色变为灰绿色，多酚类物质发生酶促褐变，使产品颜色变暗。

(3) 酶变化　有些酶如脱氢酶在冻结时其活性受到强烈抑制。但大多数酶如转化酶、脂肪酶、脂肪氧化酶、催化酶、过氧化物酶、果胶酶等，在冻结的果蔬中仍继续有活性。故降温虽减少了生化反应的速度，但并没有使酶的活性钝化。多数酶在 $-30 \sim -20$℃ 才能完全受到抑制。

3. 速冻对微生物的影响

微生物的生长繁殖有合适的温度，在冷冻条件下大多数微生物的生长活动可被抑制或被杀死，同时在冻结条件下，由于冻结引起水分含量降低，水分活性也大大降低，微生物生长活动受到抑制，冷冻对微生物的影响情况，主要决定于冻结温度及冻结速度。冻结的温度越低，微生物的损伤越大；冻结的速度越慢，对微生物的伤害越大。

一般温度越低，微生物忍耐低温的能力越差。冻结的速度慢，特别是长时间处在 $-5 \sim -2$℃，形成量少粒大的冰晶体，对细胞产生机械性破坏作用，并促进蛋白质变性，以致微生物死亡率相应增加。速冻使有害温度停留时间短，并及时终止细胞内酶的反应和下级胶体变性。故微生物的死亡率也相应减少。

速冻可以杀死微生物，但不是全部微生物。果蔬解冻后，残存的微生物开始活动，可造成腐烂变质。

5.12.2 速冻技术

1. 技术工艺(图5-33)

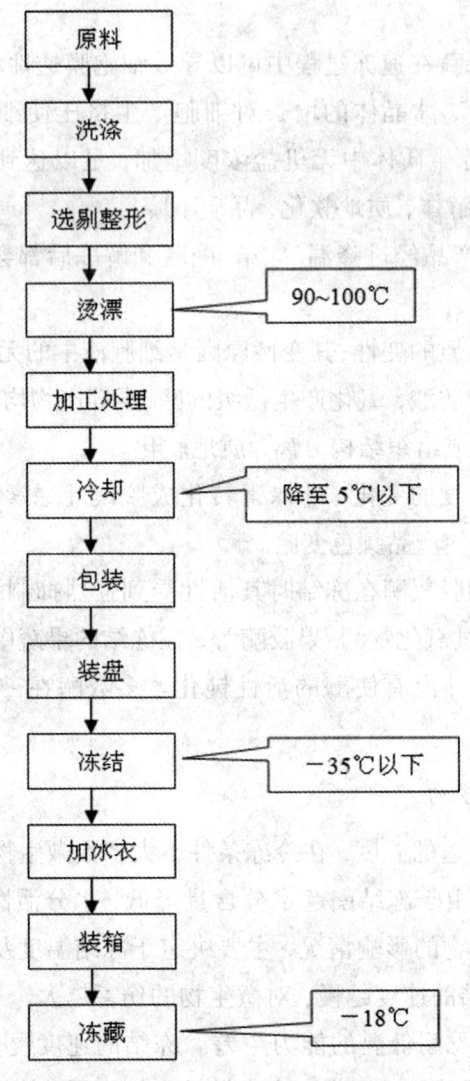

图5-33 速冻工艺流程图

2. 技术要点

(1) 原料选择 应选择适宜的种类、品种、成熟度、新鲜度及无病虫的原料进行速冻,才能达到理想的速冻效果。

适宜速冻的蔬菜主要有青豆、青刀豆、芦笋、胡萝卜、蘑菇、菠菜、甜玉米、洋葱、红辣椒、番茄等;果品有草莓、桃、樱桃、杨梅、荔枝、龙眼、板栗等。

(2) 成熟度 速冻的绝大多数蔬菜在未成熟时采收,其成熟度稍嫩于供应市场的鲜食蔬菜为速冻原料。

（3）新鲜度 速冻原料要求新鲜，放置或贮藏时间越短越好。

（4）原料预冷 为防止果蔬在高温下呼吸作用加强，营养物质消耗，采取预冷措施排除原料中的田间热和呼吸热。果蔬冷却方法，常用的有空气冷却、水冷却和冰冷却。冰冷却效果较好。

（5）原料处理 为了使果蔬冻结一致，保持品质，速冻前须进行选剔、分级、洗涤、去皮、切分、热烫等。

（6）选剔 去掉有病虫害、机械伤害或品种不纯的原料。有些原料要选剔老叶、黄叶、切去根须。修整外观等，使果蔬品质一致，做好速冻前的准备。

（7）分级 同品种的果蔬在大小、颜色、成熟度、营养含量等方面都有一定的差别。按不同的等级标准分别归类，达到等级质量一致，优质优价。

（8）洗涤 原料本身带有一定的泥沙、污物、灰尘及残留农药等，尤其根菜类表面。叶菜类根部带有较多的泥沙，要注意清洗干净。

（9）去皮 去皮的方法有手工、机械、热烫、碱液、冷冻去皮等，采用哪种方法因原料而异。

（10）切分 切分方法有机械或手工切分成块、片、条、丁、段、丝等形状。切分根据食用要求而定，但要做到薄厚均匀，长短一致，规格统一。切分后尽量不与钢铁接触，避免变色、变味。

（11）烫漂 加热烫漂是以 90~100℃ 为适。蒸汽烫漂是以常压下 100℃ 水蒸气为适（如表 5-16）。

表 5-16　　　　　几种主要蔬菜的烫漂时间（100℃沸水）　　（上海速冻蔬厂）　　单位：

蔬菜种类	烫漂时间	蔬菜种类	烫漂时间
菜花	2.0	青菜	2.0
刀豆	2.5	荷兰豆	1.5
菠菜	2.0	芋	10~12
黄瓜片	1.5	胡萝卜丁	2.0
蘑菇	3.0	蒜	1.0
南瓜片	2.5	蚕豆	2.5

（12）冷却沥水 经热处理后的原料，其中心温度在 80℃ 以上，应立即进行冷却，使其温度尽快降到 5℃ 以下，以减少营养损失。冷却的方法通常有三种：① 冰水喷淋；② 冷水浸泡；③ 风冷，即用冷风从不同的角度吹到原料上，以达到降温的目的。前两种方法简便易行，但喷淋和浸水过程中会加大原料可溶性固形物的损失，并且需要再沥去原料表面的水分；而风

冷却的同时，也沥去了水分，减少了环节，深受大家欢迎。

（13）防止褐变　采用0.2%～0.4%亚硫酸盐浸泡自理的果蔬原料，0.1%～0.2%柠檬酸溶液，0.1%的抗坏血酸都能有效地防止速冻产品的褐变。

（14）速冻　这是速冻加工的中心环节，是保证产品质量的关键。一般冻结的速度越快，温度越低越好。具体要求是：原料在冻结前必须冷透，尽量降低速冻物体的中心温度，有条件的可以在冻结前加预冷装置，以保证原料迅速冻结。在冻结过程中，最大冰晶生成温度带为-5～-1℃。在这个温度带内，原料的组织损伤最为严重。所以在冻结时，要求以最短的时间，使原料的中心温度低于最大冰晶生成的温度带，保证产品质量。为此，首先要求速冻装置要有一个较好的低温环境，通常在-35℃以下。其次要求投料均匀。二者合理配合，是确保产品质量的关键环节。

目前，我国速冻生产厂普遍应用的冻结方法有两种：一是采用食品冷库的低温冻结间，静止冻结，这种方式速度较慢，产品质量得不到保证，不宜大量推广；二是采用专用冻结装置生产，这种方式冻结速度快，产品质量好，适用于生产各种速冻蔬菜。但不论采用哪种方式冻结，其产品中心温度均应达到-18℃以下。

（15）包装　冻结后的产品要及时进行包装。

包装容器所用的材料种类和形式多种多样，通常有马口铁罐、纸板盒，纸盒内衬以胶膜、玻璃纸、聚脂层、塑料薄膜袋或大型桶装。一般多用无毒、透明、透水性低的塑料薄膜袋包装速冻品。

包装有先冻后包装和先包装后冻两种，目前国内绝大多数产品是冻结后包装，少数叶菜类是冻结前包装。

包装有两种形式：小包装和大包装。小包装一般每袋净重250～1000g，大包装采用瓦楞纸箱，净重10～20kg，包装物上应注明产品名称、生产厂家、净重和出厂日期，小包装还要注明食用方法和贮藏条件。

3. 贮存与解冻

（1）速冻果蔬贮存　果蔬经过一系列处理而迅速冻结后在-20～-18℃。在此温度下微生物的生长发育几乎完全停止，酶的活性大大减弱，水分蒸发少，也利于运输中的制冷。一般在此温度下贮藏1年左右的冻结食品其品质和营养价值都能得到良好的保持（表5-17）。

贮存期间维持相对稳定的低温，有利于保持速冻果蔬的品质。重结晶是贮存期间反复解冻和再结晶后出现的一种结晶体积增大的现象。重结晶不利于果蔬的保存。

速冻包装好的产品应及时入库。入库前，对库进行消毒，保持清洁卫生；入库后，按要求进行产品堆码，产品堆码不应直接接触地板、墙壁，垛与垛间也留有一定空隙，有利于空气的流通，维持均匀的温度。在堆码高度上要注意上层产品对下层的挤压，防止产品破碎。

（2）解冻　解冻是速冻的逆过程。冻结果蔬吸收热量决定于吸收水分复原的程度，吸收的水分越多,复原越好。

① 外部解冻法 外部解冻是指以热空气或热水作为解冻介质,对产品进行外部加热解冻。

a. 空气解冻 一般采用静止或流动空气解冻。温度以15℃以下缓慢解冻效果好。

表 5 – 17　　　　　　　　　不同温度下速冻果蔬贮藏期限　　　　　　　　　单位:月

速冻果蔬种类	-7℃	-12℃	-18℃	-23℃
香菇		3~4	8~10	12~14
甜玉米		4~6	8~10	12~14
芦笋		4~6	8~12	16~18
青刀豆		4~6	8~12	16~18
甘蓝	10d~1月	6~8	14~16	>24
青豆 菜豆	10d~1月	6~8	14~16	>24
桃(加维生素C)	6d	3~4	8~10	>36
杏(加维生素C)		3~4	8~10	12~24
草莓片	10d	8~10	18	12~24
橙汁	4d	10	27	24

b. 水解冻 由于水比空气传热性好,故对冻结果蔬的解冻速度快、时间短,但可溶性固形物在解冻过程中部分损失,易受微生物污染。

c. 真空解冻 利用水在真空状态下低温沸腾产生大量水蒸气与冻结产品进行热交换,水蒸气在冻结产品表面凝结而放出凝结热,这部分热量被冻结产品吸收,使其温度升高达到解冻目的。

② 内部加热法 是在冻结产品内部加热迅速解冻的方法。主要有低频电流加热解冻、高频电流加热解冻和微波解冻。

a. 低频电流加热解冻 交流电频率是50~60Hz/s,该方法比空气和水解冻的速度快2~3倍,耗电少、费用低。缺点是只能解冻表面块状食品,内部解冻不匀。

b. 高频电流加热解冻 交流电频率为1~50mHz/s。冻结食品表面和内部同时加热,解冻时间短。

c. 微波解冻 解冻速度快,食品质量变化小,不受污染,营养成分不流失,较好地保持食品的色、香、味,但成本较高。

无论采用哪种解冻方法,解冻后应立即食用,不能再进行冷藏或冻藏。否则食品品质迅速降低,汁液流失,氧化褐变,被微生物侵染以致不能食用。

5.12.3 速冻方法和设备

1. 速冻方法

果蔬速冻方法有鼓风冷冻法、间接接触冷冻法和直接接触冷冻法。

(1) 鼓风冷冻法　鼓风冷冻法实际上就是空气冷冻法,是利用高速流动的空气。促使食品快速散热,以达到迅速冷冻的目的。实际生产中多采用隧道式鼓风冷冻机,在一个长方形的,墙壁有隔热装置的通道中进行冷冻。产品放在传送带或筛盘上以一定速度通过隧道。冷空气由鼓风机吹过冷凝管道再送到隧道穿流于产品之间,与产品进入的方向相反,这种方法一般采用的空气温度是 $-34 \sim -18$℃,风速在 $30 \sim 100 \text{m/min}$。

目前有的工厂采用在大型冷冻室,内装置回旋式输送带,使食品在室内输送带盘旋传送过程中进行冻结。还有一种冷冻室为方形的直立井筒体,装食品的浅盘自下向上移动,在传送过程中完成冻结。一般可用于像青豆或豆类颗粒食品的冻结。薄层堆放的颗粒食品的冷结时间约 15min。

鼓风冷冻中,冷冻的速度取决于空气的温度与流速及产品的初温、形状的大小、包装与否、产品的铺放排列方式等。速冻关键是保证空气流畅,并使之与食品所有部分能充分接触。

鼓风冷冻法中,如让空气从传送食品的输送带的下方向上鼓送,流经放置于有孔眼的网带上产品堆层时,它就会使颗粒食品轻微跳动,增加食品与冷空气的接触面积,加速冷冻,此方法叫硫化冷冻法。解决了冷冻时颗粒食品的黏结现象,加速了颗粒食品的冻结,特别适于小型果蔬如草莓、菜豆等。一般冻结时间仅需几分钟到十几分钟。

(2) 间接接触冷冻法　用制冷剂或低温介质(如盐水)冷却的金属板和食品密切接触,使食品冻结的方法称为间接接触冻结法。可用于冻结未包装的和用塑料袋、玻璃纸或纸盒包装的食品。金属板有静止的,也有可上下移动的,常用的有平板、浅盘、输送带等。生产中多采用在绝热的厢橱内装置可以移动的空心金属平板,冷却剂通过平板的空心内部,使其降温,产品(厚 $2.5 \sim 7.5 \text{cm}$)放在上下空心平板之间紧密接触,进行热交换降温。由于冻结晶是上下两面同时进行降温冻结,故冻结速度比较快。冷冻速度依产品的种类、制冷剂的温度、包装的大小、相互接触的程度以及包装材料的差异而不同。此冷冻方式虽然冻结速度快,冻结效率高,但分批间歇操作,劳动强度大,日产量低。随着食品速冻技术的发展,半自动与全自动装卸的接触速冻设备相继问世,加速了速冻食品的生产,提高了生产量与劳动生产率。

(3) 直接接触冷冻法　直接接触冻结法是指散态或包装食品与低温介质或超低温制冷剂直接接触下进行冻结的方法。一般将产品直接浸渍在冷冻液中进行冻结,也有用冷冻剂喷淋产品的方法,又统称浸渍冷冻法。液体是热的良好传导介质,在浸渍或喷淋冷冻中,冷冻介质与产品直接接触,接触面积大,热交换效率高,冷冻速度快。进行浸渍或喷淋冷冻的产品有包装和不包装两种形式。包装冷冻像用于果汁的管状冷冻设备,冷冻液与产品以相对的方向进行，如一罐柑橘汁在 10~15min 可由 45℃ 降到 -18℃。果品也可在糖液中迅速冷冻，取出时用离心机将黏附未冻结的液体排除。

直接冷冻法有浸渍冷冻法和低温冷冻法两种类型。低温冷冻法是在一个沸点很低的制冷剂进行变态的条件下（液态变气态）获得迅速冷冻的方法。此法与浸渍冷冻法相比，冷冻效果还要快一些。浸渍冷冻法和低温冷冻法都要求所用的制冷剂应无毒、无异味、惰性的、导热性强、稳定、黏度低、经济合理。常用的制冷剂有液态氮、液态二氧化碳、一氧化碳、丙二醇、丙三醇、液态空气、糖液和盐液等，前五种制冷剂只能用于有包装的速冻产品。未包装的速冻产品冷冻时，在渗透的作用下，产品内部汁液向制冷剂内渗入，以致介质污染和浓度降低，并导致冻结温度上升。直接接触冷冻方法，产品表面会形成一层冰衣，可防止冻藏时未包装产品干缩。而此法与空气接触时间最短，多用于冻结易氧化的果蔬制品。

果蔬浸渍冷冻时，为了不影响产品的风味及质量，常采用糖液或盐液作为直接浸渍冷冻介质，糖液和盐液以一定温度由机械冷凝系统将其降温维持在要求的冷冻温度。

2. 速冻设备

（1）鼓风冻结设备

① 隧道式连续速冻器　隧道式连续速冻器是一种空气强制循环的速冻器见图 5-34。主要有绝热隧道、蒸发器、液压传动、输送轨道、风机等五部分组成。采用双极氨压缩制冷系统，速冻温度为 -35℃，隧道内装有四组蒸发器，每组蒸发器配置 6 台鼓风机。隧道内有两条轨道，每次同时进盘 2 只，又同时出盘 2 只，每盘装料 4~5kg，产品铺放在浅盘中，放在架子上以一定的速度通过隧道。冷空气由鼓风机吹过冷凝管束降温，而后吹送到通道中穿流于产品之间，速冻时间，可调范围 40~60min。刀豆、青豆为 45min，带壳毛豆为 55~60min。

隧道式速冻器的特点，操作连续、节省冷量、设备紧凑、速冻隧道空间利用较充分，但不能调节空气循环量。

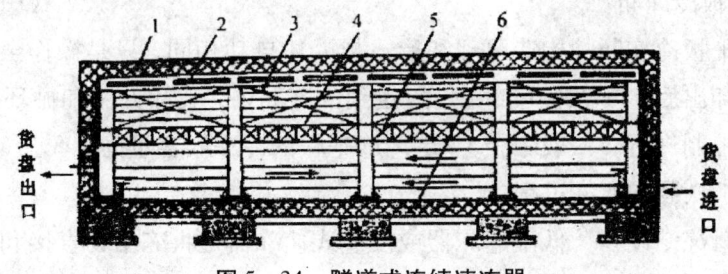

图 5-34　隧道式连续速冻器

1.绝热层；2.冲霜淋水器；3.翅片蒸发排管；
4.鼓风机；5.集水箱；6.水泥空心板

② 螺旋式连续速冻器　螺旋式连续速冻器是空气强制循环较新型的迅速装置，由螺旋传送带、冷风机、风幕等构成，外壳用绝热材料包裹，内部有一柔性传送链条组成的螺旋循环回路，食品从速冻器进料口至卸料口之间进行冻结，放在链条上的产品沿着转筒由下部螺旋向

上移动，同时被冷风机产生传送带上面吹来的冷风冷却，冷风的平均温度为 $-35℃$，产品在移动过程中被快速冻结。螺旋式速冻器采用双极压缩制冷系统，以氟里昂为制冷剂，并采用单独制冷机组的直接膨胀供液。

螺旋式速冻器的特点是，生产连续化，结构紧凑，占地面积小，食品在移动中，受风速均匀，冻结速度快，效率高，干耗质量损失小，但投资大，成本高。适合于水果、蔬菜、饺子等体积小、数量多的产品。

③ 流化床式速冻器　流化床式速冻器是强制循环的高速空气把被冻结产品吹起，形成悬浮状态（流化态），从而获得快速冻结。适用于小型颗粒产品或各种切分成小块的果蔬。流化床式速冻器由多孔槽、空气净化器、喷淋头、蒸发管、鼓风机、丙二醇储槽、振动筛等组成。冷冻时，将产品铺放在多孔槽内的网带上或盘子上，冷空气由网带下方向上方强制送风形成流化状态。此法冷冻迅速而均衡，一般 10min 左右即可冻结。

（2）间接接触冻结设备

① 间歇式接触冷冻箱　在一个隔热的箱中安置多层空心平板，平板内部流动着制冷剂，包装产品放在盘子中，进入上下平板之间或直接放在平板之间，紧密接触冷冻面，冷冻的速度受包装材料、体积、装填的松紧等因素的影响。这种冷冻方法快，费用较低，但装卸劳动量大。

② 半自动接触冷冻厢　它是在上述基础上，由人工控制的装卸器，改造成输送带把包装产品送到冷冻厢平板间，通过电钮控制装卸。冷却平板松散地装在一个升降厢内，全套安装在隔热室中。操作时产品在传送带上运到冷冻厢时，工作人员按下按钮，就有一个推动杆将一定数目的包装产品推进厢内两块冷冻平板之间，原来的一排产品则向前推进一排，最后的一排产品冻结完毕被推送到传送带上，运到装箱工序。待每批装完后，计算机停止传送带，并将此层冷冻板升起关闭，再重复另一层的装卸。直到各层冷却平板装完，升降器自动降落，重复另一层的装卸操作。这种类型的冷冻机同时只能进行一种大小包装的产品冷冻。

③ 全自动平板冷冻厢

这种接触式平板冷冻厢的构造原理和形式与上述自动相同，只是操作全自动化，包装好的产品由包装机卸出后，自动地由传送带运送到冷冻厢内，装卸方法和循环操作都由微型开关和继电器自动控制进行。一般一个 17 层冷冻平板的冷冻厢容量为 208 盒（10～13cm 厚）可在 45min 内完成 1 次装卸冷冻过程。

（3）直接接触冻结设备　低温速冻器或浸渍式速冻器是将冻结物直接和温度低的液化气体和液态制冷剂接触，从而实现快速冻结。如日本的大同酸素株式会社生产的 4150 型液氮快速装置见图 5-35 所示。

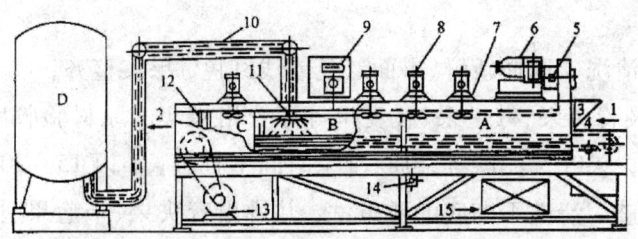

图 5-35 液氮速冻装置图

A、预冷区;B、冻结区;C、均温区;D.液氮贮罐

1.原料进口;2.原料出口;3.硅橡胶幕帘;4.不锈钢传送带;5.T 形碟形阀;
6.排气风机;7.硅橡胶密封垫;8.搅拌风机;9.温度指示计;10.隔热管道;
11.喷嘴;12.硅橡胶幕帘;13.无级变速器;14.电流开关;15.控制盘

液氮快速冷冻装置是由隔热隧道、喷淋装置、惯穿于隧道的网格传送带、减速器、搅拌机、离心排风机、电磁阀和电器控制箱等部件组成。产品在一个循环带上通过隔热的冷冻室,整个冷冻室分为预冷区 A、冻结区 B 和均温区 C 三个部分。产品与冷氮气以相对的方向进行,使产品在前进中不断降温。传送带携带产品前进到 B 室中时,上面的液氮向下喷淋在产品上,此时液态氮汽化,产品急速速冻,经过一定时间,由传送带将产品带进 C 室,使产品均匀一致,再由末端卸出。

5.12.4 速冻品制作实例

1. 速冻草莓

(1) 速冻草莓工艺流程(图 5-36)

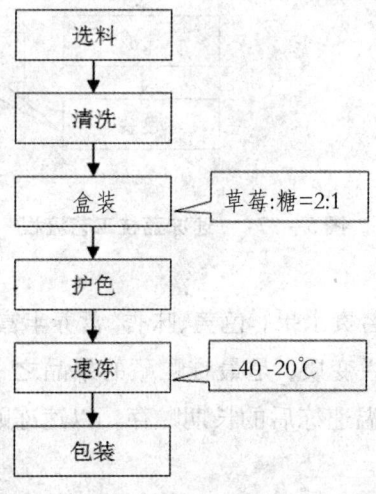

图 5-36 速冻草莓工艺流程图

(2)操作要点

① 原料的挑选、清洗　选择新鲜、果面红色或浅红色，果实整齐，成熟一致的草莓，剔除过熟软烂果、未熟果及青头果、霉烂果、破皮果等不合格果实。原料验收后倒入水槽中，用自来水缓缓冲洗，以除去果叶及泥沙等杂质；洗果时间不宜过长，以 15~20min 为宜，以防变质变味。捞出后认真检查，清洗不彻底的要重洗，并挑出青头果、干疤果、虫蛀果等，摘去萼片及蒂把。

② 装盒、加糖　清洗整理后的草莓迅速装入盒或桶中，并加入干糖（干糖中先加入适量的抗坏血酸，混合均匀），草莓与糖的比例为 2∶1。拌匀后送入速冻室速冻。

③ 速冻、冷藏　将装盒加糖后的草莓，送入速冻间速冻，-40~-20℃ 条件下速冻 20min 使中心温度下降到 -18℃。草莓速冻多采用硫化冷冻法，采用此法速冻的草莓应立即装盒或包装，在 -18℃ 冷藏库中保存。冷藏时要使用专用库，不能与肉、鱼或异味产品（如蒜薹等）共用一个冷库。

2. 速冻荔枝

(1) 速冻荔枝工艺流程（图 5-37）

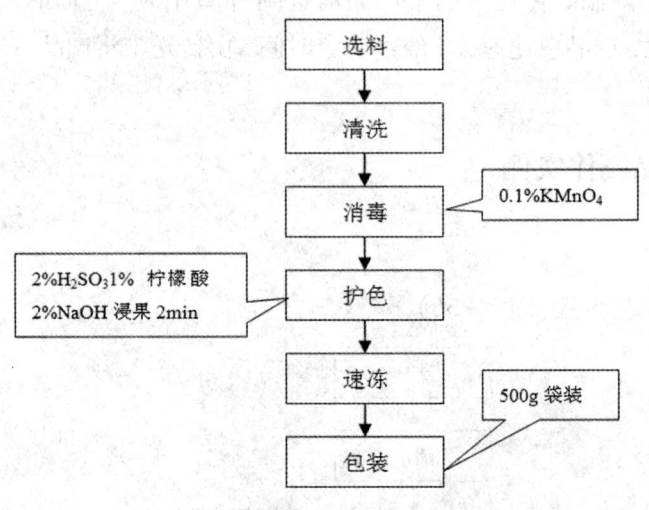

图 5-37　速冻荔枝工艺流程

荔枝原产我国，是亚热带名贵水果，色美、味香、营养丰富，主要产地为广东、福建。荔枝采收的季节炎热，采后极易腐烂变质，是最难贮藏的果品之一。目前荔枝主要采用 1~5℃ 温度结合气调的中短期贮存和低温速冻后的长期贮存。以速冻贮存为主要保存方式。

(2) 操作要点

① 原料验收与挑选　选择供速冻加工的荔枝，成熟度 8~9 成时采收，果皮呈鲜红色或暗红色，果实饱满，果肉洁白，肉质致密，嫩脆，味甜微酸，香气浓郁。原料进厂后，应仔细

挑选，剔除病虫害、腐烂、破裂、褐变、未熟、过熟以及直径大小不合格的果实。

② 清洗、消毒　经验收符合规格及质量要求的果实，倒入流动水中洗去果皮沾附着的泥沙杂质等，再放入 0.1% 高锰酸钾溶液中浸泡 3~5min，然后用流动水冲洗干净。

③ 护色处理　生产上多采用硫处理护色，方法是用 2% 亚硫酸钠，1% 柠檬酸和 2% 氯化钠溶液浸果 2min 后，进一步吹风降温，并使果皮干爽，而后立即速冻。

④ 速冻　荔枝在冷冻过程中，果实的组织结构会受到影响，荔枝细胞膜中的胶体溶液因不可逆的脱水而使其改变渗透性和弹性。解冻后失去坚实度，表现为泥软状态。还有的在冻结过程中失去水分，解冻后水分不能全部被吸收，致使果实失去新鲜多汁的风味。

⑤ 包装　包装必须 -5℃ 以下低温环境中进行，温度在 -4~-1℃ 以上时，速冻荔枝会发生重结晶现象，极大地降低了速冻荔枝的品质。包装材料在包装前必须在 -10℃ 以下低温间预冷，内包装可用耐低温、透气性差、不透水、无异味、无毒性、厚度为 0.06~0.08mm 聚乙烯袋，有条件的可采用真空包装。

外包装用瓦楞纸箱，每箱净重 10kg，纸箱外面必须涂油，内衬清洁蜡纸，外用胶带纸封口。

⑥ 检验　对每批次生产的速冻荔枝，需随机抽样检验，抽样数量按国家标准进行，待检样品应随机抽取。检验包括感观检验、卫生检验及理化检验。

感官检验
色泽：呈鲜红色，果肉呈雪白色，果面色泽一致，具有本品种固有成熟适度的色泽。
风味：具有本品种应有的鲜美芳香味，无异味。
组织状态：果皮完整，果肉组织不软烂，质嫩多汁，果型端正，果梗平整，果面清洁，脱蒂、虫蛀、冻裂现象。

卫生检验　包括农药残留量，微量元素允许量及微生物指标均按鲜果的国家标准。

理化检验　包括速冻荔枝的组织切片显微照相、观察细胞组织损伤情况；测定荔枝的主要营养成分及变化情况。

⑦ 冷藏　将检验符合质量标准的速冻荔枝迅速放入冷藏库中冷藏，冷藏温度 -20~-18℃，温度波动范围应尽可能小，一般控制在 ±1℃ 内。速冻荔枝冷藏时应存入专用库。

5.13　果蔬副产品的综合利用及开发

我国果蔬种类繁多，产量大，每年通过加工处理常剩余各种废料，统称为下脚料。包括残次果、破损果、果肉碎片、果皮、果心、果核、果梗、种子等，在原料产地，每年有大量的落果及病虫果，这些原料因不能及时加工处理而浪费，造成环境污染，降低了企业的经济效益。

果蔬综合利用，就是将副产品的加工提取同产品的生产连接成为一条龙的加工体系，通过一系列的加工工艺,对果蔬的果、皮、汁、肉、种子、根、茎、叶、花和落地果、野生果等进行全面而有效的利用,使之变废为宝,变无用为有用,变一用为多用,提高原料的利用率,增加产品的花色品种,降低生产成本,提高经济效益。因此果蔬综合利用对于减少浪费,降低生产成本,增加收入,减少环境污染具有重要意义。

我国目前果蔬加工综合利用还很不充分,综合利用程度很低,原料浪费十分严重,造成企业生产成本高,效益低下,缺乏竞争能力。少量企业开始重视综合利用工作,取得了较好效果。

5.13.1 果胶的提取

果胶物质是以原果胶、果胶、果胶酸三种状态存在与果实组织中,果胶呈溶液状态时,加入酒精或某些盐类(如硫酸铝、氯化铝、硫酸镁)能凝结沉淀,使它从溶液中分离出来。生产上就是利用果胶这一特性来提取果胶的。

果胶产品有高甲氧基果胶和低甲氧基果胶两种。高甲氧基果胶粉呈乳白色或淡黄色,溶于水,味微酸,含水7%~10%,胶凝力达到100~150级,含甲氧基9%~10%;低甲氧基果胶粉为乳白色,溶于水,甲氧基含量为2.5%~4.5%。

果胶用途很广,特别在食品工业方面,除用做果酱、果冻、果汁等的增稠剂外,又是冰淇淋的优良稳定剂;此外,在制药,编制工业中也广泛应用。低甲氧基果胶除了具有一般果胶的用途外,还可制成低糖、低热值的疗效果酱果冻类制品;它又是铅、汞、钴等金属中毒的良好解毒剂。所以,低甲氧基果胶的生产在工业上已日益受到重视。

1. 高甲氧基果胶的提取

(1)工艺流程(图5-38)

(2)操作要点

① 原料选择与处理 柑橘类果实的果胶含量为1.5%~6%以上,其中以柚皮含量最高(6%左右),其次为柠檬4%~5%,橙3%~4%,用压榨法提取香精油的橘皮渣及加工橘子罐头后的橘皮,囊衣,果园里的落果和残次果等,都是良好的原料。苹果果皮的果胶含量为1.24~2.0%、果心为0.43%,榨汁后的果渣中果胶含1.5%~2.5%。梨为0.5%~1.2%,李子为0.2%~1.5%,杏为10.5%~1.2%,桃为0.56%~1.25%,山楂高达6%左右,这些都可作为原料。

在提取果胶前,先将原料破碎,如原料为干品,则应先在清水中浸泡0.5h左右,然后加热即可。接着用清水将原料淘洗至色泽较浅,无不快气味时止,最后沥干备用。

② 抽提 原料中加入0.15%盐酸,将原料全部洗好投入。对幼果或未成熟的果实,其原果胶含量较多,可适当增加盐酸用量延长抽提时间。

③ 压滤与脱色 先用压滤机过滤抽提夜,以除去其中杂质,再加105%~2%的活性炭,

保温80℃,20min,再行压滤,以除去颜色。如果抽提液黏度高、不易过滤时,可加入硅藻土1%~2%助滤。

④ 浓缩　将滤清的果胶液送入真空浓缩锅中,保持中空度为88.93kPa以上,温度40~50℃浓缩至总固形物达7%~9%为止,制成果胶浓缩液。如在食物中直接应用果胶浓缩液,则应在抽提时添加柠檬酸为宜。

⑤ 沉淀　较简易的沉淀法是以95%酒精加入浓缩液中,使浓缩液中酒精含量达到60%以上,这时果胶从溶液中沉淀出来。并用酒精和水洗涤数次,最后经压榨得果胶。

⑥ 烘干　将所得果胶在60℃下的温度中烘干至含水分10%时止,然后通过粉碎,过60目筛,即得果胶粗制品。

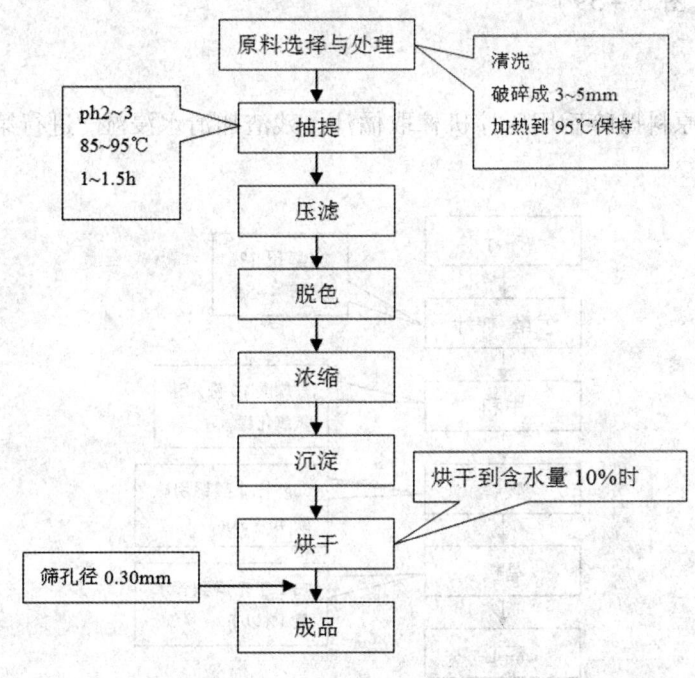

图5-38　提取果胶的工艺流程图

2. 低甲氧基果胶的提取

低甲氧基果胶提取主要有碱化法、酸化法、酶化法等,其目的主要是脱去果胶中原来含有得一部分甲氧基。现就碱化法介绍如下:

提取得果胶液经真空浓缩,使浓缩液中果胶含量达到4%,后把果胶液置于夹层锅中,加入氢氧化铵,调节pH为10.5,15℃度下保持3h,后加入等容积得95%酒精和适量盐酸,使pH降至5,搅拌混合物,静止1h,捞出沉淀果胶,压干酒精,打碎块状果胶,置于pH为5.2得50%酒精中,以除去氯化铵。后即沥干、压榨、破碎并将其置于95%酒精中1h。压干后,耙碎,摊与烘盘中,在65℃空烘箱20h。取出用100目(孔径0.172mm)筛过筛后立即包装。

5.13.2 柠檬酸的提取

果实中的有机酸主要有柠檬酸、苹果酸、酒石酸。柠檬含酸量达到5%以上，菠萝、葡萄、李、杏的果实中含酸量亦较高；此外，在未熟果中含酸量也较多；另外，在果坯(梅坯、李坯)半成品加工排出的汁液及葡萄酒酿造过程中所产生的酒石，其中都有相当的含酸量，也可以用作提取有机酸的原料。

有机酸在食品工业上用途很广，是制作饮料、蜜饯、果酱、糖果等所不可缺少的原料，也是医药、化学工业常用的原料之一。

果实有机酸经过中和作用生成钙盐析出，再以酸解取代钙，经过浓缩、晶析制得。

1. 工艺流程(图5-39)

2. 操作要点

(1) 榨汁　将原料捣碎后用压榨机榨取橘汁。残渣加清水浸湿，进行第二次压榨，以充分榨出所含的柠檬酸。

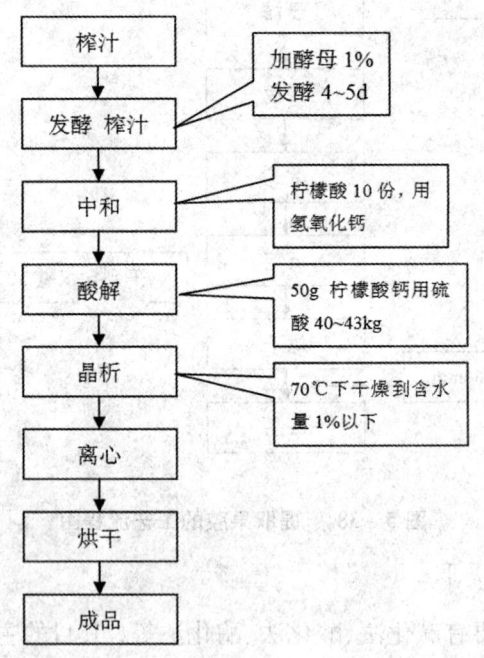

图5-39　提取柠檬酸工艺流程图

(2) 发酵澄清　经发酵处理，有利于澄清、过滤、提取柠檬酸。方法是将混浊橘汁加酵母液1%，经4~5d发酵，使橘汁变清。再加适量单宁，并搅拌均匀，加热，促使胶体物质沉淀。再经过滤，得澄清液。

(3) 中和　这是提取柠檬酸最重要的工序，它直接关系到柠檬酸的得率与质量。现将澄清橘汁加热煮沸,然后用石灰、氢氧化钙或碳酸钙中和,其用量以质量计算:柠檬酸10份,用石灰4份,或用氢氧化钙5.3份,或用碳酸钙7.1份。中和时,将石灰乳慢慢加入,不断搅拌,终点是待柠檬酸完全沉淀后汁液呈微酸性为准(检验柠檬酸钙是否完全沉淀,可再加入少许碳酸钙于汁液中,如未见泡沫发生说明反应完全)。将沉淀的柠檬酸钙分离出来,再将余液煮沸,促进残余的柠檬酸钙沉淀,最后用虹吸法将上部黄褐色清液排出。柠檬酸钙用清水反复洗涤。

(4)酸解、晶析 将上述柠檬酸钙放入装有搅拌器及蒸汽管的木桶中,加入清水,加热煮沸,不断搅拌,缓缓加入1.2625kg/L(30°Bx)硫酸,每50kg柠檬酸钙干品用40~43kg。既继续煮沸,搅拌0.5h,以加速硫酸钙沉淀生成(检验硫酸用量是否恰当的方法是:取溶液5mL,加5mL45%L氯化钙液,若仅有很少硫酸钙沉淀,说明硫酸用量恰当)。然后用压滤法将硫酸钙沉淀分离,用冷水洗涤沉淀,并将洗液加入溶液中。滤清后的柠檬酸溶液用真空浓缩法,将其浓缩到1.3835~1.4106kg/L(40~42°Bx),然后倒入洁净的缸中,经3~5d,柠檬酸结晶析出。

(5)离心、干燥 上述柠檬酸结晶还含有一定的水分与杂质,可用离心机除去。然后在70℃下干燥到含水量达1%以下,最后通过过筛、分级、包装,即为成品。成品贮藏时要注意防潮。

3. 余液的再利用

如用柑橘、菠萝等水果加工所榨出的汁液来提取柠檬酸时,余液仍保留相应糖分,还可供酿酒用。

如用腌制果坯后的腌渍液(如梅卤等)来提取柠檬酸时,在中和工序吸出的余液中,仍含相当高的盐分,且具有一定风味,可将其弄酸加色,制成酱油。

5.13.3 香精油的提取

各种水果中都含有香精油,以柑橘类香精油最为普遍,其中果皮中含量达到1%~2%。香精油广泛用于食品、食用化工工业、医药等方面。香精油的提取方法有如下几种:

1. 蒸馏法

香精油的沸点较低,可随水蒸气挥发,在冷却时与水蒸气同时冷凝下来,由于香精油密度比水轻,因而较易分离取得。通常先用破碎机将原料破碎成细粒,然后入蒸馏装置提取香精油。

蒸馏所得香精油称热油,一般含水量高,又经加热氯化,所得品质较差。用橘皮蒸馏香精油的得率为2%~3%。

核果类的种仁中大多含有苦杏仁苷,以杏为最多,其次为桃,它在苦杏仁苷酶的作用下,能水解成苯甲醛,即杏仁香精(约占76%)及氢氰酸、葡萄糖等。

氢氰酸有毒,所以蒸馏装置要严密,以防中毒。

2. 浸提法

应用酒精（或石油醚、乙醚）等有机溶剂，把香精油从组织中浸提出来。提取前先将原料破碎，再用有机溶剂在密封容器中进行浸提。反复浸提3次，得到较浓的带有原料色素的酒精浸提液，过滤后可作为带酒精的香油精保存。也可进行真空浓缩，制成稠状的软膏。柑橘类的落花适宜于这种方法，其中以橙花为最好。

3. 压榨法

简易的方法是将新鲜橘皮的白皮层朝上，晾晒1d，使水分减少到15%～18%，然后破碎到3mm的细粒，再行压榨。机械操作时，为提高出油率，在压榨前干橘皮浸在饱和的石灰水溶液中6～8h，使橘皮变脆弱，油胞易破，以利于压榨。压榨出的油液流入沉淀池，然后用压力泵打入高速离心机中，分离出香精油，此法称压榨离心法。

4. 擦皮离心法

把柑橘外果皮擦破让油胞中的香精油逸出，用高压水冲洗下来，再将油水分离，取得香精油。

用浸提法、压榨法及擦皮离心法所提取的香精油，称冷油，其品质好，价格高。

5.13.4 菠萝蛋白酶的提取

菠萝蛋白酶是菠萝下脚料利用的重要副产品。菠萝蛋白酶水解蛋白质的能力很强。工业上主要用于皮革脱毛、蚕茧脱胶、肉类软化、明胶制造啤酒澄清等方面；在医药上，用来治疗水肿及多种炎症。成品为灰黄色或淡灰色的粉粒，有特殊气味，微溶于水。

菠萝蛋白酶生产方法，有高岭土吸附法和单宁沉淀法两种。现将高岭土法介绍如下：

1. 工艺流程（图5-40）

2. 操作要点

（1）榨汁　用于提取菠萝蛋白酶的菠萝果皮及两端皮肉必须新鲜、清洁、无腐烂。然后采用螺旋式榨汁机榨取汁液。

（2）过滤　榨出的菠萝汁通过双层振荡筛上层为100目塑料纱、下层为绢布，除去果屑。过滤后的汁液流入贮汁池中。

（3）吸附　用不锈钢果汁泵把上述液抽到吸附桶捞去上层泡沫，并可适当添加泵甲酸钠或亚硫酸防腐。然后开动搅拌机，均匀的加入汁液重5%的高岭土，继续搅拌20min，静置澄清30～60min，开启上、中出水阀，让上、中层清液流出。

（4）洗脱　将残留下的泵液混合物，经搅拌使其吸附桶底部阀门流入洗脱桶内，然后用水冲洗吸附桶内吸附着的混合液。再在洗脱桶内搅拌边加入饱和出纯碱溶液，使pH调节到6.7～7.0，立即加入浆液重的7%～9%的食盐，继续搅拌，准备压榨。

（5）压滤　为便于压滤，先加入3～5kg经水洗去残糖及其他的甘蔗渣。压滤时应控制过滤压力不超过 8kg/C㎡，要求滤液澄清。

（6）盐析　将上述滤液分批再小桶中即使进行盐析，严防积压。盐析方法是将滤液用盐高渗透压为 4085.1Pa，再加入液重的 20% 硫酸铵，搅拌至硫酸铵全容，静置 8h 以上，酶即被盐析出来。

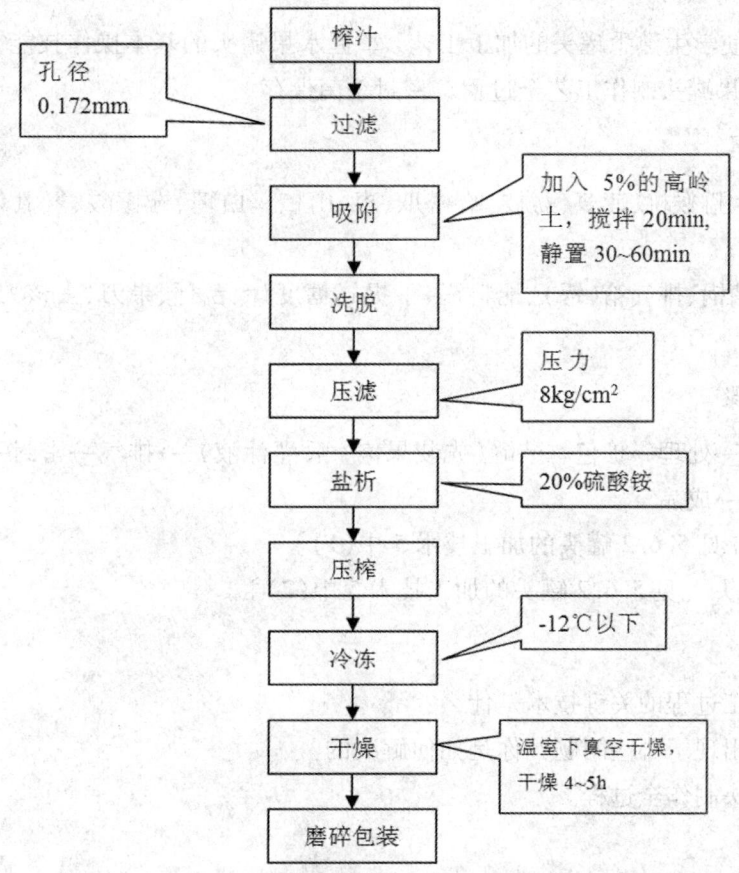

图 5-40　提取菠萝蛋白酶工艺流程图

（7）压榨　将糊状蛋白酶置于布袋中进行压榨，以脱除残余的硫酸铵溶液。压时应掌握先轻后重，并勤翻动，达到酶饼不粘手为止。

（8）冷冻　将酶饼均匀地摊于铝盘中，厚度 6~8mm，迅速送至 -12℃ 以下的冷库中冻藏，不仅能保护酶的活力而且还能加速脱水干燥。

（9）干燥　酶饼干燥工序操作得当与否，对酶的活力影响很大。通常在温室下采用真空干燥，在真空度不低于 90.66kPa 的条件下，干燥 4~5h 即可。

（10）磨碎包装　烘干的酶饼用小球磨机磨碎、过筛，用聚乙烯袋包装，外包装用铁罐包装，即为成品。

实验实训一　水果罐头制作

1. 目标原理

通过实训,使学生熟悉罐头的加工工艺,掌握水果罐头的基本操作技能。若给出其他水果能熟练设计水果罐头制作工艺全过程。密封杀菌保存。

2. 材料用具

梨、苹果、桃、猕猴桃、菠萝、荔枝、哈密瓜、枣、山楂。白糖、柠檬酸、氢氧化钠、氯化钙、食盐、次氯酸钠等。

封罐机、杀菌锅、排气箱(锅)、配料锅、手提式糖度计、台秤、果刀、去核刀、罐头瓶、盖、胶圈、刺针等。

3. 操作步骤

原料→挑选→处理→护色→装罐(先装果肉,后灌汁液)→排气→密封→杀菌→冷却→保温检验→贴标→成品

糖水桃罐头〔见5.6.2罐头的加工技术5中(1)〕

糖水橘子罐头〔(见5.6.2罐头的加工技术5中(2)〕

4. 作业

(1)罐头加工过程的关键技术是什么?

(2)实验中出现了哪些问题?你是如何解决的?

(3)总结罐头制作全过程。

实验实训二　果蔬干制品制作

1. 目标原理

果蔬干制是我国传统的果蔬保藏方法之一,近几年出现了许多现代干制方法,通过实训使学生掌握果蔬干制品原料选择及加工方法,掌握几种干制方法及干制设备的优缺点。

2. 材料用具

豇豆、萝卜、笋、马铃薯、甘蓝、金针菜、蘑菇、葡萄、苹果、桃、杏、硫酸或亚硫酸盐类、食盐、小刀、锅、盆、干燥箱、烘房、晒盘等。

3. 操作步骤

(1) 葡萄干的制作

原料选择→清洗→晾晒或烘烤→回软→包装→成品

将采收以后将大的果串剪为几小串,再将果串在1.5%~3%的氢氧化钠溶液中浸渍5g后立即放到清水中漂洗干净。将果串以单层铺放在晒盘内,在阳光下晒20~25d或放在60~70℃的烘房中烘干,干燥至果实含水量约为15%时为止,将果串用聚乙烯塑料袋包装,每袋约20kg。密封后放置15~20d,除去果梗,再用食品袋每袋500g真空包装,即为成品。

质量要求: 碧绿、晶莹、透亮,肉质细腻,酸甜可口。

(2)杏干的制作

原料选择→清洗→切分→去核→熏硫→干制→回软→包装→成品

取充分成熟的杏果,在洗果水池中洗净后,切分、去核、杏果切面向上铺放在烘盘中,送进熏硫室进行硫磺熏蒸处理,每1000kg杏果用硫磺3~4kg,燃烧密闭3~4h。将熏硫以后的杏果晒至7成干时,再置于通风处晾干,或在人工条件下进行人工干制。要求烘盘单位面积装载量7~9kg/m²,初温50~55℃,终温70~80℃,干燥12h。干燥到用手紧握,松开后不互相粘连为止。良好的杏干应具有金黄或橙红的色泽,肉质柔软不易折断。干燥结束后,应将杏干放在容器中回软3~4d,再进行整理和分级,最后用l0~20kg装的塑料食品袋密封包装。

(3)原料 选择→清洗解散→热处理→晾晒或烘烤→回软→包装→成品

选择花蕾充分发育,外形饱满,颜色由青绿转黄,花蕾有弹性,花瓣结实不虚的金针菜为原料,进行热处理,即用蒸汽或沸水加热,快速杀死花蕾细胞活性,待花蕾由黄转深,花柄开始变软里生外熟时取出自然散热。

晾晒:将晾透的花蕾摊在竹帘、席或晒盘上晾晒,每隔2~3h翻动一次,2~3d即可晒干。

烘干:将热处理后的金针菜按5kg/m²装烘盘,初期85~90℃高温,有利于水分蒸发,随着原料的大量吸热,烘房温度下降,当降到75℃时,保持10h,使水分大量蒸发。然后将烘房温度降至50℃直至干燥结束,同时相对湿度达到65%以上时应立即通风排湿,维持相对湿度在60%以下。干燥结束后自然冷却,回软均湿后的含水量为15.5%即可包装。

4．作业

(1)果蔬干制的关键技术是什么?
(2)总结果蔬干制的全过程。

※复习思考

1. 果蔬加工厂筹建的原则是什么?如何设计加工厂?
2. 果蔬加工的原理是什么?加工品的分类有哪些?
3. 果蔬加工对水质有何要求?水质的处理方法有哪些?
4. 选择各种果蔬加工原料的原则是什么?
5. 果蔬加工原料处理的关键技术是什么?如何掌握?
6. 果蔬加工中所用食品添加剂的种类有哪些?
7. 简述果蔬加工原料的处理方法。
8. 简述果蔬副产品综合利用的意义。

主要参考文献

北京农业大学.2000.果品贮藏加工学.北京:中国农业出版社
王兆松.李爽.1993.果品罐头加工.北京:中国农业出版社
王彩霞.2010.果蔬贮藏与加工学.兰州:甘肃民族出版社
蔡同一.1987.果蔬加工原理及技术.北京:北京农业大学出版社
仇志荣.1990.名优酱菜腌菜家庭制法300种.北京:金盾出版社
侯启昌等.2002.果蔬无公害生产及采后处理技术.北京:中国农业科学技术出版社
胡小松等.1992.蔬菜贮藏保鲜实用技术.北京:科学普及出版社
李喜宏.2001.实用果蔬保鲜技术.北京:科学技术文献出版社
梁殿右等.1987.果品蔬菜贮藏保鲜方法.北京:宇航出版社
乔旭光等.2000.果品加工使用加工技术.北京:金盾出版社
刘兴华等.1998.果品蔬菜贮运学.西安:陕西科学技术出版社
彭克勤.2000.果蔬保鲜与加工新技术画本.长沙:湖南科学技术出版社
陕西省仪祉农业学校.1999,果蔬贮藏加工学.北京:中国农业出版社
毛文辉等.2003..果品采后处理及贮运保鲜.北京:金盾出版社
叶兴乾等.2002.果品蔬菜加工工艺学.北京:中国农业出版社
张德权等.2003 蔬菜深加工新技术.北京:化学工业出版社
赵晨霞.2006.果蔬贮藏加工技术.北京:科学出版社
吴卫华.1996.苹果综合加工新技术.北京:中国轻工业出版社
朱维军.1999.果蔬贮藏保鲜与加工.北京:高等教育出版社
郑友军等.1993.果脯蜜饯制作技艺.北京:金盾出版社